녹색기술융합대계-I

환경생태, 조경, 산림, 도시, 건축 분야 전공자들이 알아야 할

포인트 녹색기술 100選

김정호 저

문운당

머리말

"우리는 지구를 조상에게서 물려받은 것이 아니라, 자식에게서 빌려온 것이다" (We do not inherit the Earth from our ancestors, we borrow it from our children)라는 미국 원주민 속담이 요즘 자꾸 생각이 난다. 우리가 살아가는 이 지구는 앞으로 몇 년 동안 우리가 무엇을, 그리고 어떻게 하느냐에 따라 우리의 미래가 결정된다고 해도 과언이 아니다. 녹색기술(Green Technology)이 우리 인류가 지구와 함께 공존할 수 있는 가장 확실한 대안이 될 수 있지 않을까 생각합니다.

21세기 인류는 문명의 경이로운 발전 속에서 새로운 위기를 마주하고 있다. 기후변화, 자원 고갈, 생물다양성의 상실, 해양과 대기의 오염 등 복합적이고 상호 연결된 환경문제는 단순한 기술 혁신만으로는 해결할 수 없는 수준에 이르렀다. 우리는 지금, 기술이 만들어낸 풍요 속에서 기술이 변화시킨 환경의 반작용과 맞서고 있는 셈이다.

이러한 시대적 과제 앞에서 주목받고 있는 것이 바로 녹색기술(Green Technology)이다. 녹색기술은 단지 환경을 덜 오염시키는 친환경 기술을 넘어, 지속가능한 사회를 실현하기 위한 기술적 기반으로 정의된다. 이는 에너지 전환, 순환경제, 생태계 복원, 스마트시티, 환경정책 등 다양한 분야에 걸쳐 새로운 접근을 요구하며, 산업과 사회, 생태계를 통합적으로 바라보는 총체적 전환의 관점을 필요로 한다.

『포인트 녹색기술 100選』은 이러한 변화의 흐름 속에서, 대학생과 전공자를 위한 체계적이고 실천적인 녹색기술 입문서로 기획되었다. 이 책은 단순한 기술 설명에 머물지 않고, 기후과학적 배경, 정책 및 제도적 기반, 현장 적용 사례, 미래 기술 전망을 총망라하여 녹색기술을 총체적으로 조망할 수 있도록 구성되었다. 특히 10개 분야로 나뉜 100개의 핵심 포인트는 기술 간의 연계성과 시대적 맥락을 반영하며, 각각의 개념이 독립적이면서도 상호 연결된 녹색 지식 네트워크를 형성하도록 설계되었다.

이 교재는 기후위기 시대를 살아가는 학생들에게 환경 문제를 지구적 관점에서 이해하고, 녹색기술을 지역과 현장에 적용할 수 있는 실천적 안목을 길러주기 위한 교육적 도구이다. 각 장에서 제시하는 기술과 제도, 평가 기준은 오늘날 지속가능한 사회를 설계하는 데 있어 반드시 알아야 할 핵심 개념이자 실무의 언어다. 또한, 녹색산업, 환경계획, 도시생태, 탄소중립, 친환경 건축, 생물다양성 보전 등 여러 분야로의 진출을 희망하는 미래 인재들에게도 유용한 길잡이가 될 것입니다.

기술은 언제나 인간의 삶을 변화시켜 왔다. 그러나 오늘날 우리가 다루어야 할 기술은 단순히 효율성을 높이는 것이 아니라, 지구와 인간이 공존할 수 있는 방향으로 설계된 기술이어야 한다. 녹색기술은 바로 그런 기술이며, 이 책은 그 방향을 모색하는 첫걸음이자 미래를 위한 선언입니다.

이 책이 학생들과 독자들에게 녹색기술에 대한 올바른 이해와 비전, 그리고 지속가능한 미래를 위한 실천의 출발점이 되기를 진심으로 바란다. 이제, 당신의 작은 배움이 더 나은 지구를 만드는 변화의 시작이 될 것입니다.

마지막으로 이 책이 출간되기까지 많은 노력과 도움을 준 대학원생들에게 모든 공을 돌리고 싶습니다. 학술연구와 공부에 정신이 없는 시기에 본 교재가 완성될 수 있도록 늦은 시간까지 자료를 찾아주고 그림을 작성해 준 대학원생들 덕분인 거 같아 다시 한번 감사하다는 말을 전하면서 글을 마무리합니다.

2025년 5월 연구실에서 저자 씀

목차

PART Ⅰ.

녹색기술의 개념

Point 1. 녹색기술의 정의와 필요성

[1] 기후변화대응과 탄소중립 녹색기술 필요성

녹색기술의 패러다임 변화는 전 지구적인 기후변화와 에너지 문제와 연계되어 있다. 토머스 프리드먼[1]은 미래를 위협하는 3대 요소로 지구온난화, 전 세계 중산층의 폭발적 증가, 급속한 인구 증가를 언급하고 있다.

기후변화는 현재의 기후계가 자연적, 인위적 요인에 의하여 점차 변하는 것으로 정의된다. 그중 인위적 요인으로 인간 활동에 의해 필요 이상 늘어난 온실가스[2]가 지표에서 방출되는 지구복사에너지의 일부를 가두어 지구 평균기온을 높이는 지구온난화를 발생시키고, 지속적인 지구온난화는 기후변화를 빠르게 진행시킨다.[3]

탄소중립은 대기 중 온실가스 농도 증가를 막기 위해 인간 활동에 의한 온실가스 배출량을 감소시키고 흡수량을 증대하여 온실가스 순배출량을 '0'으로 만드는 것을 말한다. 국제사회는 급격한 기후변화에 대응하기 위해 탄소중립을 선언하고 탄소중립 목표를 달성하기 위해 다양한 논의를 진행하고 각종 정책을 이행하고 있다. 이러한 맥락에서 기후변화와 환경훼손을 줄이고 경제와 환경이 조화를 이루는 녹색성장과 이를 뒷받침할 기술력인 녹색기술이 탄소중립 시대의 중요한 키워드로 떠오르고 있다.

---

1) 토머스 프리드먼은 CODE GREEN에서 미래를 위협하는 3가지 요인으로 지구온난화(hot), 세계화와 중산층의 확산(flat), 인구증가(crowded)를 제시하였으며 녹색기술을 통해 미래의 위협을 극복할 수 있다고 제시하였다.

2) 「기후위기 대응을 위한 탄소중립·녹색성장 기본법」 제2조에서 정의된 '온실가스'에는 이산화탄소(CO_2), 메탄(CH_4), 아산화질소(N_2O), 수소불화탄소(HFCs), 과불화탄소(PFCs), 육불화황(SF_6) 등이 있다.

3) 환경부(2022) 2050 탄소중립교육 참고자료집 자료 재구성

녹색기술은 환경위기 대응 그리고 경제적 기회 창출 측면에서도 반드시 필요한 기술이다. 녹색기술은 기후변화, 환경오염, 자원의 고갈 등 현대사회가 직면한 위기에 효과적으로 대응하고 탄소중립을 달성할 수 있는 필수적 기술이다. 또한 녹색기술은 녹색기술을 활용한 산업 즉, 재생에너지 분야, 친환경 제품 분야, 환경 및 생태기술 등 분야에서 새로운 일자리와 경제적 기회를 제공할 수도 있다.

유엔의 지속가능발전목표(SDGs)[4] 에서 제시하는 17개 목표에서도 다양한 녹색기술의 필요성이 포함되어 있다. 지속가능발전목표 7(모두를 위한 깨끗한 에너지), 지속가능발전목표 11(지속가능한 도시와 공동체), 지속가능발전목표 13(기후변화와 대응), 지속가능발전목표 14(해양생태계 보존), 지속가능발전목표 15(육상생태계 보호) 등이 대표적이다.

이외 지속가능발전목표 9와 지속가능발전목표 12에도 녹색기술의 필요성이 포함되어 있다. 지속가능발전목표 9는 2030년까지 자원 사용 효율성을 높이고 깨끗하고 환경적으로 건전한 기술 및 산업 프로세스를 더 많이 채택하여 인프라를 업그레이드하고 산업을 지속가능하게 개선하는 목표가 포함되어 있다. 지속가능발전목표 12에는 2030년까지 천연자원의 지속가능 경영과 효율적 이용을 달성한다는 목표를 포함하고 있다.

[2] 녹색기술(Green Technology)

녹색기술에 대한 정의는 다양하게 이루어지고 있지만, UN은 녹색기술을 “지속가능하고 자원 효율적인 사회에서 살고, 개발하고, 지원하는 데 필요한 지식, 능력, 가치 및 태도” 라고 정의하고 있다.

녹색기술은 환경문제 해결을 위한 기술로서 자연과 인간, 기술의 조화를 통해 지속가능한 발전을 추구하는 기술로 정의할 수 있다. 녹색기술은 환경오염 방지, 환경 및 생태복원, 에너지 절약, 자원 보존 등에 대한 기술로서 친환경적이며 지속가능한 발전을 지향한다.

녹색기술은 환경에 미치는 부정적인 영향을 최소화하면서 자원을 효율적으로 활용하는 기술을 의미한다. 여기에는 재생 가능한 에너지, 에너지 저장 시스템, 전기차, 스마트 그리드, 탄소포집 및 저장, 친환경 건축기술 등을 포함할 수 잇다. 국제에너지기구(IEA)는 2023년 보고서에서 “2025년은 넷제로(Net-Zero)[5] 목표를

4) 유엔 지속가능발전목표(SDGs)는 2015년 유엔에 의해 채택된 글로벌 목표로서 빈곤을 종식하고 지구글 보호하며 2030년까지 모든 사람들이 평화와 번영을 누릴 수 있도록 보장하기 위한 17개의 목표로 구성되어 있다. 이들 목표는 서로 밀접하게 연계되어 있으며 총 169개의 세부목표가 수립되어 있다.

달성하기 위해 녹색기술의 확대는 필수적"이라고 강조한 바 있다.

지구환경의 보호와 보전을 위한 녹색기술의 근본은 자연에서 찾아야 한다. 이를 반영한 기술이 자연기반해법(NbS)이다. 즉, 최고의 녹색기술이 바로 자연이라는 의미이다. 자연기반해법(NbS)란 자연의 본래 기능을 살려 탄소중립을 이루고 지속가능한 지구를 만들자는 것으로 친환경 경제를 달성하기 위해 우리 모두 자연과 협력해야 한다는 것을 의미한다.

함께 알아야 할 포인트

■ 그린워싱(Greenwashing)

그린워싱(Greenwashing)**이란 기업이나 기관이 실제로는 환경에 유의미한 노력을 기울이지 않으면서, 마치 친환경적인 활동을 하고 있는 것처럼 허위 또는 과장된 마케팅이나 홍보를 통해 대중을 기만하는 행위를 말한다. 이는 '녹색(green)'과 '눈속임(whitewashing)'의 합성어로, 1980년대 미국에서 처음 등장한 개념이다.

그린워싱은 환경에 대한 사회적 관심이 높아지면서 더욱 교묘하고 다양하게 나타나고 있다. 대표적인 예로는 탄소중립을 달성하지 못한 상태에서 '탄소제로'라는 용어를 사용하는 경우, 플라스틱 포장재를 그대로 유지하면서 '친환경 제품'이라 홍보하는 경우, 기업의 환경 파괴 활동을 숨기고 소규모의 친환경 캠페지만을 강조하는 경우 등이 있다. 이러한 행위는 소비자와 시민의 판단을 왜곡하고, 진정한 친환경 기술·제품의 시장 가치를 떨어뜨리며, 나아가 기후위기 대응 노력의 신뢰성을 훼손시킨다.

결과적으로 그린워싱은 단순한 마케팅 문제가 아니라 환경윤리, 기업의 사회적 책임(CSR), 지속가능성 전환의 핵심을 훼손하는 심각한 사회적 문제로 인식되고 있다. 이에 따라 국제적으로는 EU의 녹색 분류체계(EU Taxonomy)나 탄소배출 검증 제도, 그린워싱 규제 가이드라인 등을 통해 대응이 강화되고 있으며, 소비자들의 '그린 클레임(green claim)'에 대한 감시도 활발히 이루어지고 있다.

자연, 그 본래의 기능을 되찾게 하고 자연을 재평가하여 기후위기의 해결을 자연에서 찾는 것이야 말로 진정한 녹색기술(Geen Technology)라고 할 수 있다.

우리나라 법에서도 녹색기술에 대한 정의와 유형을 제시하고 있는데, 「기후위기 대응을 위한 탄소중립·녹색성장 기본법(약칭: 탄소중립기본법)」 제2조 제16호에서 기후변화대응 기술, 에너지 이용 효율화 기술, 청정생산기술, 신·재생에너지 기술,

---

5) 국제에너지기구(IEA) 넷제로 로드맵 2023에서는 파리협정에서 제시한 1.5℃ 제한 목표를 달성하기 위한 경로제공을 목표로 한다. 넷제로 시나리오 달성을 위해서는 첫째, 재생에너지 발전량 확대, 둘째, 에너지 집약도를 개선, 셋째, 메탄(CH_4) 배출량 감축 등을 제시하였다.

자원순환 및 친환경 기술(관련 융합기술을 포함한다) 등 사회·경제 활동의 전 과정에 걸쳐 화석에너지의 사용을 대체하고 에너지와 자원을 효율적으로 사용하여 탄소중립을 이루고 녹색성장을 촉진하기 위한 기술로 정의하고 있다.

특히 위 법에 명시된 '기후변화대응 기술'이란 「기후변화대응 기술개발 촉진법(약칭: 기후기술법)」 제2조, 제6조에 의거해 온실가스 감축에 관한 기술이나 기후변화 적응에 기여하는 기술을 말한다.

즉, 녹색기술이란 환경 보전과 지속 가능한 발전을 동시에 추구하는 기술을 의미한다. 에너지 효율을 높이고, 자원을 절약하며, 오염을 줄이거나 제거하는 데 목적이 있으며, 장기적으로는 탄소중립과 생태계 보호에 기여하는 기술 전반을 포괄한다.

함께 알아야 할 포인트

■ 기후위기시계(Climate Clock)

기후위기시계(Climate Clock)는 기후위기에 대응하기 위한 탄소예산(carbon budget) 개념을 바탕으로, 인류가 지구 평균기온 상승을 1.5℃ 이내로 억제하기 위해 남은 시간을 실시간으로 보여주는 시각적 도구이다. 이 시계는 기후위기의 긴박함을 직관적으로 알리고, 행동의 필요성을 환기하기 위한 목적으로 설계되었다.

이 개념의 과학적 기반은 독일의 기후 연구기관인 메르카토르 기후변화 연구소(MCC, Mercator Research Institute on Global Commons and Climate Change)가 제공한 탄소예산 계산 모델이다. MCC는 IPCC(기후변화에 관한 정부간 협의체)의 데이터를 바탕으로, 남은 탄소예산이 소진되는 시점을 '시간'으로 환산하여 웹사이트 상에서 실시간으로 제공하였고, 이 과학 기반은 이후 다양한 시각화로 발전하는 데 핵심 역할을 하였다.

한편, "기후위기시계"라는 시각적 캠페인 도구로 세계적으로 주목받게 된 계기는 2020년, 미국의 예술가 겐트 필립스(Gan Golan)와 활동가 앤드루 보이드(Andrew Boyd)가 뉴욕 타임스퀘어 대형 전광판에 MCC의 데이터를 시각화한 '디지털 시계' 형태로 구현하면서부터이다. 이들은 MCC에서 제공하는 남은 시간 데이터를 바탕으로 "Climate Clock"이라는 이름을 붙이고, 공공 예술과 기후 행동의 상징으로 발전시켰다.

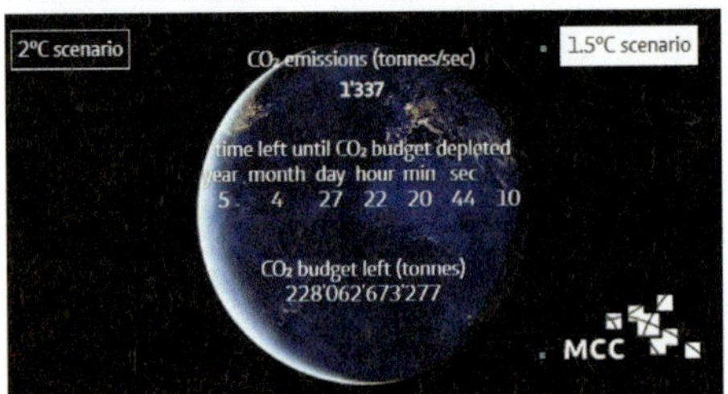

[독일메르카토르기후변화연구소(MCC)홈페이지에 게시된 기후위기시계]

함께 알아야 할 포인트

■ 기후 지구공학기술(Climate Geoengineering)[6)]

기후 지구공학(Climate Geoengineering)이란, 지구의 기후 시스템에 인위적으로 대규모 개입을 하여 지구온난화와 같은 기후변화를 완화하거나 역전시키기 위한 기술적 접근을 의미한다.

기후변화의 속도가 예상보다 빠르게 진행되면서, 단순한 온실가스 감축만으로는 지구 평균기온 상승을 1.5°C 이하로 억제하기 어려운 상황에 직면하고 있다. 이러한 한계를 극복하고자, 과학기술계에서는 지구의 기후시스템에 인위적으로 개입하여 기후위기를 완화하고자 하는 기후 지구공학(Climate Geoengineering) 기술에 대한 관심이 급격히 높아지고 있다.

기후 지구공학 기술은 크게 두 가지 유형으로 나눌 수 있다. 첫째는 태양복사관리(Solar Radiation Management, SRM) 기술로, 태양으로부터 지구에 도달하는 에너지의 양을 조절하여 온난화를 억제하는 방식이다. 예로는 성층권에 반사성 에어로졸을 주입하는 방식, 바다 위에 인공구름을 생성해 일사량을 감소시키는 방법 등이 있다. 이러한 기술은 단기간 효과가 클 수 있지만, 생태계 교란, 강수 패턴 변화, 지역 간 불균형 효과 등의 부작용과 윤리적 논란이 크다.

둘째는 탄소 제거 기술(Carbon Dioxide Removal, CDR)로, 대기 중의 이산화탄소를 직접 제거하거나 흡수하는 기술이다. 대표적으로는 대기 직접 포집(DAC), 바이오에너지 탄소 포집 및 저장(BECCS), 해양 비료화(철분 살포), 광물 탄산화, 바이오차 생산 등이 있다. 이와 함께 산림조성 및 생태복원도 대표적인 CDR 기술에 포함된다. 산림은 자연적인 탄소 흡수원이자 생물다양성 보전의 핵심 생태계로, 조림·재조림·습지 복원 등의 활동은 이산화탄소 제거뿐 아니라 토양 보전, 수자원 순환 등 다양한 생태계 서비스를 제공한다.

자연 기반 해법(Nature-based Solutions, NbS)의 일환으로 주목받는 생태복원(ecological restoration) 또한 지구공학의 실용적 분야로 떠오르고 있다. 생태복원은 훼손된 생태계를 원래 상태로 회복시켜 생물학적 탄소 흡수력을 강화하는 방식으로, 도시 숲 조성, 해안 염습지 복원, 퇴적지 재자연화 등 다양한 형태로 실행된다.

기후 지구공학 기술은 현재 대부분 초기 연구 단계이거나 시험 적용 단계에 머물러 있으며, 생태적 안정성과 사회적 수용성에 대한 충분한 검토가 선행되어야 한다. 특히 일부 기술은 인위적 개입의 규모가 광범위한 만큼, 국제적인 규범 마련과 과학적 검증, 윤리적 논의가 함께 이루어져야 한다.

결론적으로, 기후 지구공학은 기후위기 시대에 기존의 감축·적응 전략을 보완하거나 마지막 수단으로 활용될 수 있는 잠재적 대응책이다. 그러나 단기적 기술 효과에만 의존할 것이 아니라, 자연과 공존하며 생태적 회복력을 강화하는 방향으로 통합적이고 신중한 접근이 요구된다.

---

6) 한국과학기술기획평가원(2024) 기후변화와 기후 지구공학 자료 재구성

Point 2. 녹색기술의 원칙과 방향

녹색기술은 재생에너지, 청정에너지 등 환경친화적 자원 활용 기술인 전통적 녹색기술을 초월한 융합녹색기술을 지향하고 있다. 우리나라 초기의 녹색기술 개념은 전통적 녹색기술을 환경친화적 자원 활용으로 언급하면서 경제적 성장 측면을 강조하였다. 그러나 기후변화시대의 녹색기술이란 자원활용 기술이라기보다는 지속 가능한 발전을 원칙으로 하는 환경기술(environmental technology) 또는 청정기술(clean technology)이라고 할 수 있다[7].

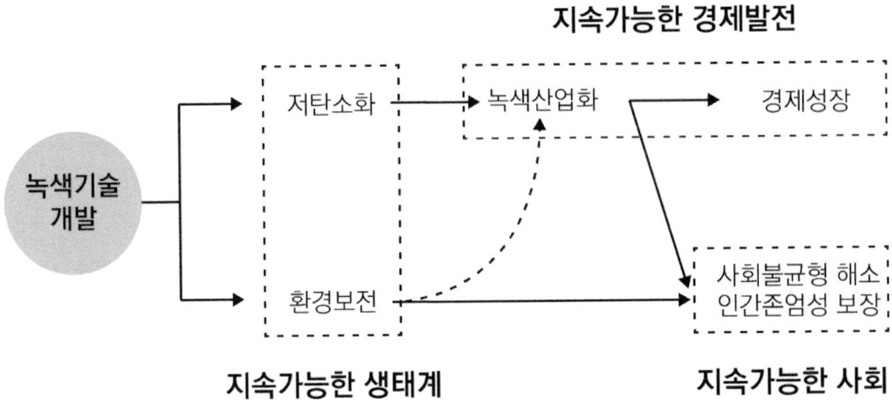

[녹색기술개발에 따른 지속가능성 확보 과정[8]]

심각해지는 기후변화와 기후재난에 대응하면서 새로운 녹색시장의 선점을 위해 미국, 유럽, 중국, 일본 등 선진국들의 녹색기술에 대한 경쟁이 치열하게 전개되고 있다. 우리나라는 2009년에 녹색경쟁력 제고를 통해 2020년까지 세계 7대 녹색강국 진입을 목표로 하는 「녹색성장 국가전략 및 5개년 계획」을 발표하였다('09.7.). 「녹색성장 5개년 계획」은 녹색기술 R&D에 대한 적극적인 투자 확대 방안을 주요 내용으로 포함하는 계획이다.

2010년대에 들어서 우리나라는 기후변화대응, 녹색경제·산업 육성에 대한 내용을 담은 「저탄소 녹색성장 기본법」을 제정하였고('10.1.) 2020 국가 온실가스 감축목표('14.1.)와 2030 국가 온실가스 감축목표('15.6.) 및 로드맵('16.12.)을 수립하는 등 온실가스 배출을 최소화하고 저탄소 녹색사회를 지향하는 방향으로

7) Wikipedia, http://en.sikipedia.org/wiki/Environmental_technology
8) 한국과학기술기획평가원(2012) 녹색기술 개념과 정책 발전방향 자료 재구성

나아갔다.

2020년 이전에는 온실가스와 저탄소에 초점을 맞추었다면 2020년 이후에는 '탄소중립'을 키워드로 기후위기 대응을 위한 탄소중립·녹색성장 기본법을 제정 및 시행('22.3.)하고, 탄소중립녹색성장 기본계획 비전 및 추진전략을 발표(환경부, '22.10.)했다.

특히 탄소중립·녹색성장 제1차 국가 기본계획(2023~2042)은 탄소중립·녹색성장, 글로벌 중추국가로의 도약을 목표로 2050년까지 탄소중립을 목표로 하여 탄소중립 사회로 이행하고, 환경과 경제의 조화로운 발전을 도모한다는 비전을 설정하였다. 3대 정책방향과 4대 전략 추진을 위한 12대 과제를 세부적으로 살펴보면 다음과 같다.

[3대 정책방향과 4대 전략 추진을 위한 12대 과제]

구 분		내 용
3대 정책방향	책임있는 실천	과학과 합리에 바탕을 둔 의사결정과 정책 추진
	질서있는 전환	법과 절차의 준수, 초당적 협력과 사회적 합의 중시
	혁신주도 탄소중립 · 녹색성장	혁신에 기반한 온실가스 감축 및 경제 · 사회 구조 전환
4대 전략 추진을 위한 12대 과제	책임감 있는 탄소중립	① 원전 · 신재생e 등 무탄소 전원을 최대한 활용하여 온실가스 감축
		② 저탄소 산업구조 및 순환경제로의 전환
		③ 국토의 저탄소화를 통한 탄소중립 사회로의 전환
	혁신적인 탄소중립 · 녹색성장	④ 과학기술 혁신과 규제개선을 통한 탄소중립 · 녹색성장 가속화
		⑤ 핵심산업 육성을 통한 세계시장 선도 및 新시장 창출
		⑥ 탄소중립 친화적인 재정 · 금융 프로그램 구축 · 운영 및 투자 확대
	함께하는 탄소중립	⑦ 에너지 소비절감과 탄소중립 국민선언
		⑧ 지방이 중심이 되는 탄소중립 · 녹색성장
		⑨ 근로자 고용안정과 기업 혁신 · 성장을 위한 산업 · 일자리 지원
	능동적인 탄소중립	⑩ 적응주체 모두가 함께 협력하는 기후위기 적응 기반 구축
		⑪ 국제사회 탄소중립 이행 선도
		⑫ 모든 과제의 전 과정 상시 이행관리 및 환류체계 구축

녹색기술은 우리나라의 사회 및 생태적 역사를 고려하여 이를 토대로 미래세대를 위한 포괄적인 환경(사회, 문화, 경제, 생태 모두 포함)을 전망하는 개념의 도입이 필요하다. 즉 녹색기술의 개념에서는 오염사전예방, 저감처리, 관리 및 보전 등 환경기술의 중요성이 보다 강조되어야 하며, 에너지 기술의 경우 경제성에 앞서 반드시 환경친화성이 선행되어야 한다. 아울러 인류와 지구생태계의 존속을 위한 지속가능한 발전, 자연환경의 관리·보전과 훼손 및 오염된 환경을 재생(복원)하기 위한 노력, 생태와 기술 간의 관계 고찰을 통해 기술과 녹색의 개념적 병립성 반영, 자연생태계가 받아들일 수 있는 범위 내에서 인간의 생활기준과 생존능력을 향상하거나 유지하는 기술 등의 방향으로 진행되어야 한다.

녹색기술은 자연생태계에 악영향을 주지 않거나 그 영향을 회피할 수 있는 방법론을 제시할 수 있어야 한다. 따라서 녹색기술의 범위는 기술의 적용에 따른 환경영향의 예측, 평가 그리고 모니터링 기술 등이 포함되어야 한다.

이상을 종합하면, 녹색기술은 사회·경제활동의 전 과정에 걸쳐 에너지와 자원의 절약, 온실가스 및 오염물질 배출 최소화의 개념을 포함하면서 다음의 내용이 반드시 포함되어야 한다.

첫째, 녹색은 수단이 아니라 지향해야 할 목표임이 명확히 나타날 수 있는 개념이며 인류와 지구생태계의 존속을 위한 포괄적 개념 역할을 포함해야 한다.

둘째, 생태학의 환경수용능력(carrying capacity)[9] 개념을 적용할 때, 녹색기술은 그 생태계 또는 그 지역의 환경수용능력의 범위 내에서 인간의 삶을 윤택하게 하거나 환경수용능력 자체를 향상시키는 기술이어야 한다.

셋째, 경제성장에 따른 생태계 훼손이 많아 자연생태계의 회복력 및 저항력이 매우 낮아진 상태이므로 변형된 생태계를 복원하고 자연성이 남아 있는 생태계를 보전하고 지속가능성을 향상하기 위하여 환경기술이 녹색기술의 중심이 되어야 한다.

[1] 27대 중점 녹색기술[10]

녹색기술을 추진하기 위해 우리나라에서는 2009년에 75개 후보기술을 도출하여 경제성장, 환경지속성, 기술역량, 투자우선순위 등을 고려하여 27대 중점기술을 선정하였다.

---

9) 환경수용능력: 주어진 환경에서 특정종의 개체군이 지속적으로 생존할 수 있는 최대 개체군 크기 즉, 환경이 감당할 수 있는 생물의 최대량

10) 녹색기술센터(2014) 2014 녹색기술정책백서 자료 재구성

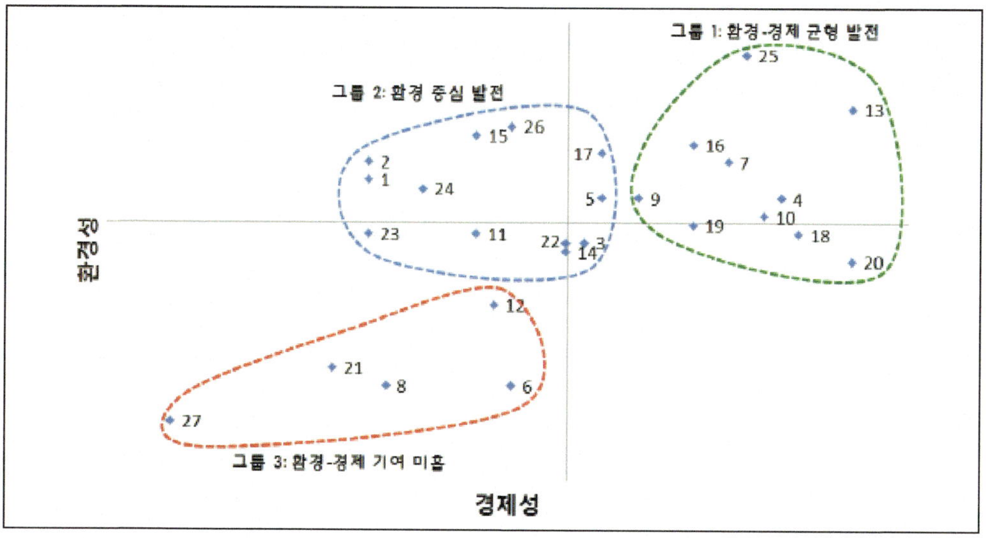

주: 교차선은 환경성과 경제성의 평균점수이며, 번호별 기술명은 아래 참조

1 기후변화예측및모델링개발
2 기후변화영향평가및적응기술
3 실리콘계태양전지의고효율저가화기술
4 비실리콘계태양전지양산및핵심원천기술
5 바이오에너지생산요소기술및시스템기술
6 개량형경수로설계및건설기술
7 CO_2 포집,저장,처리기술
8 핵융합로설계및건설기술
9 고효율수소제조및수소저장기술
10 차세대고효율연료전지시스템기술
11 친환경식물성장촉진기술
12 석탄가스화복합발전기술
13 고효율저공해차량기술
14 지능형교통,물류기술
15 생태공간조성및도시재생기술
16 친환경저에너지건축기술
17 환경부하및에너지소비예측을고려한GREENPROCESS기술
18 조명용LED · 그린IT기술
19 전력IT및전기기기효율성향상기술
20 고효율2차전지기술
21 친환경핵비확산성고속로및순환핵주기시스템개발기술
22 NON-CO_2(이산화탄소제외온실가스)처리기술
23 수계수질평가및관리기술
24 대체수자원확보기술
25 폐기물저감,재활용,에너지화기술
26 유해성물질모니터링및환경정화기술
27 가상현실기술

[환경성과 경제성을 기준으로 한 27대 중점 녹색기술 분류[11]]

[2] 18대 중점 녹색기술[12]

2012년에는 녹색기술의 재선정을 위한 기준·로드맵을 수립하고 녹색기술의 범위 조정을 통해 18대 중점 녹색기술을 재선정하였다.

18대 중점 녹색기술은 크게 예측기술, 에너지원기술, 고효율화기술, 사후처리기술로 구분되며, 예측기술은 기후변화 예측 및 대응기술 등 1개 기술, 에너지원기술은 태양광

11) 한국과학기술기획평가원(2012) 녹색기술 개념과 정책발전방향 자료 재인용
12) 녹색기술센터(2014) 2014 녹색기술정책백서 자료 재구성

발전기술, 풍력에너지 이용기술 등 총 6개 기술, 고효율화기술은 생태공간 조성 및 도시재생기술 등 총 7개 기술, 사후처리기술은 이산화탄소 포집·저장·처리기술(CCS) 등 총 4개 기술이 각각 선정되었다.

예측기술	에너지원기술	고효율화기술	사후처리기술
◎ 기후변화 예측 및 대응기술	◎ 태양광 발전기술	◎ 고효율 저공해 차량기술	◎ CO_2 포집 · 저장 · 처리기술(CCS)
	◎ 풍력 에너지 이용기술	◎ 지능형 교통 · 물류기술	◎ 하폐수 자원화 · 재이용기술
	◎ 바이오 에너지 제조 및 활용기술	◎ 생태공간 조성 및 도시재생기술	◎ 대체수자원 확보기술
	◎ 개량형 · 일체형 경수로 설계 및 건설기술	◎ 친환경 저에너지 건축기술	◎ 폐기물 저감, 재활용, 에너지화기술
	◎ 고효율 수소제조 및 저장기술	◎ 전력 그리드 및 전기기기 지능화기술	
	◎ 고효율 연료전지 기술	◎ 고효율 2차전지기술	
		◎ 전력저장기술	

[18대 중점 녹색기술]

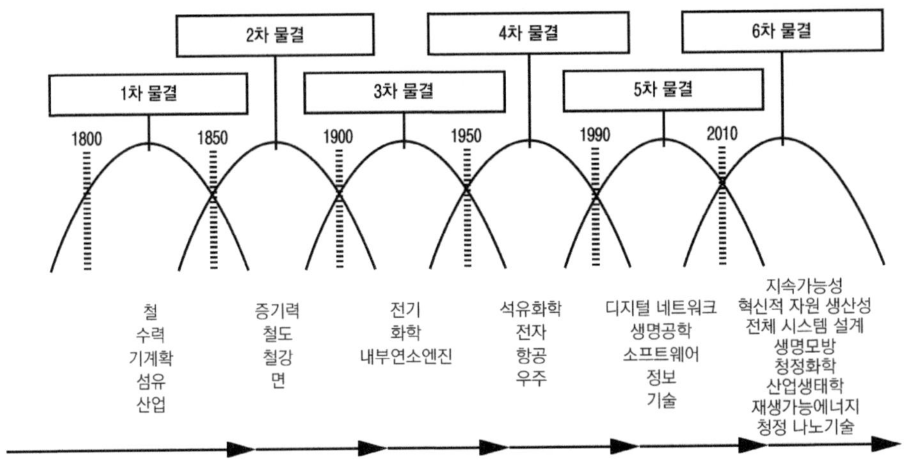

[기술의 변화와 녹색기술의 등장]

[3] 탄소중립 핵심 100대 녹색기술[13)]

2021년에는 좁은 국토면적, 제조업 중심 산업구조 등의 국내 여건 검토와 탄소중립 중점기술('21.8.) 및 분야별 민간 전문가 의견 수렴을 통해 탄소중립 100대 기술(안)을 도출하였으며, 2022년 12월, 국가과학기술자문회의를 통해 관계부처 합동으로 탄소중립 핵심 100대 녹색기술을 최종 확정지었다.

[탄소중립 핵심 100대 녹색기술]

분야	탄소중립 100대 핵심기술(안)	분야	탄소중립 100대 핵심기술(안)
태양광	초고효율 태양전지기술, 사용처 다변형 태양광 시스템 기술 등 3개	무탄소 선박	무탄소 연료 활용 내연기관 기술, 선박용 연료전지 및 배터리 시스템 기술 등 4개
풍력	초대형 풍력터빈 기술, 해상풍력 부유체 기술 등 4개	철강	탄소저감형 고로 및 전로 기술, 순산로 고로 기술 등 8개
수소 공급	수전해 수소 생산 기술, 수소 저장 및 운송 기술 등 3개	석유 화학	전기 가열로 시스템 기술, 부생가스(메탄) 고부가전환 기술 등 15개
무탄소 신전원	수소 혼소/전소 방식의 가스 발전 기술, 미분탄 보일러 암모니아 혼소 기술 등 6개	시멘트	비탄산염 원료 전처리/소성 기술, 저온 소성 원료 대체 기술 등 7개
전력 저장	단/장주기 에너지 저장 시스템 기술 등 3개	산업 일반	화석연료 대체 전기화 기술(보일러 등), 수소, 암모니아 바이오 매스 연료 활용 기술 등 7개
전력망	지능형 송배전 시스템 기술, 실시간 전력거래 플랫폼 기술 등 3개	친환경 자동차	차세대 이차전지 기술, 구동 모터 성능 향상 기술 등 5개
에너지 통합 시스템	히트펌프 기술, 태양열 기술, 전력-열-수소 하이브리드 시스템 기술 등 4개	환경	폐기물 발생저감 대체소재 기술, 토양 탄소저장 및 탄소흡수원 등 국토복원 기술, 블루카본(해조류, 염생습지 등) 증진기술 등 5개
제로 에너지 건물	초단열 외피자재 및 설비 기술, 그린 리모델링 기술 등 9개		
CCUS	연소 후 포집 기술, 산업공정 포집 기술 등 11개	원자력	소형 모듈형 원자로(SMR) 기술, 선진 원자력시스템 기술 등 3개

13) 관계부처 합동(2022) 탄소중립 녹색성장 기술혁신 전략 자료 재구성

인공지능(AI)이 알려주는 핵심 포인트

녹색기술(Green Technology) 전망

21세기 인류가 직면한 가장 중대한 과제 중 하나는 바로 기후위기와 자원 고갈, 생물다양성 손실 등 복합적인 환경 문제에 대한 대응이다. 이러한 위기를 극복하기 위한 핵심 수단으로 주목받는 것이 바로 녹색기술(Green Technology)이다. 녹색기술은 환경오염을 최소화하고 에너지와 자원의 효율성을 극대화하며, 지속가능한 발전을 가능하게 하는 과학기술을 통칭한다. 과거에는 환경 보호의 보조적 수단으로 간주되었지만, 오늘날에는 경제와 산업, 사회 전반을 혁신하는 미래 전략 기술로 자리매김하고 있다.

먼저, 정책적 측면에서 녹색기술은 글로벌 기후정책의 핵심 수단으로 부상하고 있다. 유럽연합은 '유럽 그린딜'을 통해 2050년까지 탄소중립을 실현하겠다는 목표를 수립하고, 재생에너지, 순환경제, 녹색교통 등의 분야에 대규모 투자를 진행하고 있다. 한국 역시 2020년 '2050 탄소중립 선언'과 함께 녹색기술 연구개발 및 산업 육성을 위한 전략을 발표하며 정책적 기반을 강화하고 있다. 이러한 흐름은 녹색기술이 국가 경쟁력 확보와 미래 산업 선점을 위한 핵심 요소로 인식되고 있음을 보여준다.

산업적으로도 녹색기술의 확장 가능성은 매우 크다. 전 세계적으로 화석연료 기반의 경제 구조가 전기, 수소, 재생에너지 중심으로 빠르게 재편되고 있으며, 이에 따라 관련 기술의 수요도 급증하고 있다. 예를 들어 태양광과 풍력 같은 신재생에너지 기술, 이산화탄소 포집 및 저장(Carbon Capture and Storage, CCS) 기술, 전기차 및 수소차 등 친환경 모빌리티 기술은 이미 상용화 단계를 넘어 대규모 산업 생태계를 형성하고 있다. 또한 제로에너지건축, 스마트농업, 친환경 소재 개발 등 다양한 산업 분야에서 녹색기술이 핵심 경쟁 요소로 자리잡고 있다. 국제에너지기구(IEA)는 2050년까지 전 세계 에너지 공급의 70% 이상이 저탄소 기술 기반으로 전환될 것이라고 전망하고 있으며, 이는 곧 녹색기술 산업의 비약적 성장을 예고한다.

기술적인 측면에서도 녹색기술은 급속한 진화를 거듭하고 있다. 특히 최근에는 인공지능(AI), 사물인터넷(IoT), 블록체인, 빅데이터 등 디지털 기술과 융합되어 스마트 그린기술로 발전하고 있다. 예를 들어 AI 기반의 에너지 수요 예측, 자율운행 전기차, 탄소배출권 블록체인 거래 시스템, 스마트팜의 자동 관개 시스템 등은 녹색기술의 지능화된 형태를 보여준다. 이러한 기술들은 환경 효율성을 높이는 동시에 운영비용 절감과 생산성 향상을 가능하게 하여 경제성과 지속가능성을 동시에 추구할 수 있는 미래형 기술로 주목받고 있다.

또한 사회·문화적 측면에서도 녹색기술의 수요는 계속해서 증가할 것으로 보인다. 전 세계적으로 환경 문제에 대한 시민 인식이 고조되고 있으며, 윤리적 소비와 지속가능한 라이프스타일이 확산되면서 기업과 정부에 친환경 기술의 도입을 요구하는 사회적 압력이 증가하고 있다. ESG(환경·사회·지배구조) 경영이 기업의 지속가능성을 평가하는 기준으로 자리잡으면서, 녹색기술은 단순한 친환경 전략을 넘어 기업 생존과 투자 유치의 핵심 요소가 되고 있다.

이러한 맥락에서 볼 때, 녹색기술은 더 이상 선택이 아닌 기후위기 시대의 생존전략이다. 탄소중립 사회로의 전환은 불가피하며, 이를 가능하게 하는 기술적 기반으로서 녹색기술의 중요성은 앞으로 더욱 커질 것이다. 나아가 녹색기술은 지속가능한 발전 목표(SDGs)의 실현과도 밀접하게 연결되어 있으며, 환경과 경제, 사회가 조화를 이루는 포용적이고 회복력 있는 미래를 구축하는 데 핵심적인 역할을 할 것으로 기대된다.

PART II.

기후변화와 녹색기술

Point 3. 기후(Climate)의 개념

기후(climate)란 특정 지역에서 오랜 기간(일반적으로 30년 이상)에 걸쳐 반복적으로 나타나는 대기 상태의 평균적인 특성을 말하며, 기온, 강수량, 습도, 풍향, 일조량 등 다양한 기후 요소들의 평균값과 변동성을 포함한다. 기후는 날씨(weather)처럼 단기적인 현상이 아니라 장기적인 통계적 성격을 가지며, 지구의 위도, 고도, 해양과의 거리, 지형 등의 요인에 따라 지역별로 다양한 유형으로 나타난다.

[1] 기후의 3가지 요건

기후의 3가지 요건을 정리하면 다음과 같다.

1. 장소 또는 지역과 연결되어 있다는 것
2. 그 장소 또는 지역에서 출현 확률이 가장 큰 정상인 상태
3. 1년을 주기로 해서 반복되는 종합적인 상태

[2] 기후요소

기후는 다양한 요소로 구성되며 대표적인 기후요소로는 기온, 강수량, 적설, 풍향·풍속 등이 있다. 예를 들어, “여름은 무덥고 비가 많이 내린다”에서 기후요소는 강수량과 기온이다.

함께 알아야 할 포인트

■ 태양복사에너지와 지구복사에너지[14)]

열의 전달은 전도(conduction), 대류(convection), 복사(radiation)를 통해 온도가 높은 곳에서 낮은 곳으로 전달된다.

- 전도: 열이 분자운동의 형태로 물체 내부를 통해 전달되는 현상
- 대류: 유체 내부에서 온도차로 인한 밀도의 차이가 발생하여 열이 전달되는 현상
- 복사: 열이 전자기파의 형태로 전환되어 매개체 없이 고온의 물체에서 저온의 물체로 전달되는 현상

복사에너지는 물체가 온도에 따라 방출하는 에너지로 다른 물질의 도움 없이 직접 전달된다.

- 태양복사에너지: 태양표면온도는 약 6000K로서 자외선, 가시광선, 적외선 등의 형태로 복사에너지를 방출한다.
- 지구복사에너지: 지구표면온도는 약 15℃의 저온이므로 적외선 형태로 복사에너지를 방출한다.

태양복사에너지는 감마선, X선, 자외선(0.38㎛ 이하), 가시광선(0.38~0.75㎛), 적외선(0.75㎛ 이상) 등으로 구성되며, 자외선은 다시 UV-A(0.32~0.38㎛), UV-B(0.29~0.32㎛), UV-C(0.25~0.29㎛)로 구분된다. 일반적으로 파장이 0.3㎛ 이하인 단파복사라고 구별하여 부른다. 지금까지의 관측결과에 따르면, 태양복사에너지의 경우 약 99%가 0.15~0.3㎛의 범위에 포함된다.

태양복사에너지가 지구로 유입만 된다면, 지구는 계속 뜨거워져 생물이 살 수 없을 것이다. 지구는 받은 태양복사에너지를 다시 우주공간으로 방출함으로써 생물이 살 수 있는 적절한 온도를 유지하는데, 이 때 지구에서 나가는 에너지를 지구복사라고하며 이러한 일련의 과정을 지구복사수지라고 한다. 만일 태양복사에너지를 100%라고 가정하였을 경우, 이중 31%는 대기의 산란과 지표면의 반사로 인해 우주로 바로 방출되고 나머지 69% 중 49%는 지표에 흡수되며 20%는 대기에서 흡수하게 된다. 지표면에 흡수된 49% 중 30%는 대류와 전도, 증발의 형태로 대기 중으로, 나머지는 지구복사형태로 방출된다. 이때 에너지 평형을 위한 공기와 물의 순환과정에서 바람 등 기상현상과 해류의 이동이 발생하게 된다.

대기에는 태양으로부터 직접 흡수한 20%와 지표로부터 방출된 49%를 합한 69%의 에너지가 존재하는데, 이렇게 흡수된 복사에너지는 대기-지표간의 재복사 과정을 거쳐 지구의 온도를 높이고 마지막으로 우주공간으로 빠져나가게 된다. 즉, 지표와 대기가 흡수한 복사에너지의 양과 방출하는 복사에너지의 양은 같은 복사평형을 이루며 이 결과로 지구의 연평균 기온이 거의 일정한 것이다.

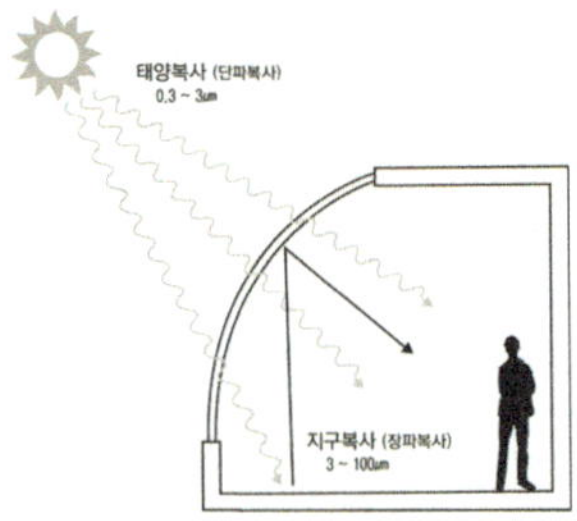

14) 전의찬 등(2014) 기후변화 25인의 전문가가 답하다 일부 자료 재구성

함께 알아야 할 포인트

■ 태양상수(Solar Constant)

태양상수는 지구 대기 상단 1㎡ 면적에 수직으로 도달하는 평균 태양복사에너지의 양을 나타내는 물리 상수이다. 일반적으로 그 값은 약 1,361 W/m^2로, 이는 태양과 지구 사이의 평균 거리(1 AU)에서 측정한 수치이다.

태양상수는 지구가 외부에서 받는 에너지의 총량을 결정짓는 기준값이며, 지구 기후 시스템의 복사 평형(radiative balance)과 에너지 수지를 설명하는 데 필수적인 요소다. 하지만 이 수치는 고정된 절대값이 아니라, 태양 흑점 활동, 태양 플레어 등 태양의 변동성에 따라 소폭(±1~2 W/m^2) 변화할 수 있다.

태양에서 방출된 전체 복사에너지 중, 지구가 받는 부분은 극히 일부에 불과하지만, 생물권 유지와 기후 형성에 결정적인 영향을 미친다. 이 복사에너지는 지구 대기에서 일부 반사되고 일부는 흡수되어 기온, 날씨, 순환계를 구성하는 에너지 흐름의 근간이 된다.

■ 슈테판-볼츠만의 법칙(Stenfan-Boltzmann Law)

슈테판-볼츠만 법칙은 복사에너지와 온도 사이의 관계를 설명하는 물리 법칙으로, 어떤 물체가 복사하는 총 에너지의 양은 그 물체의 절대온도(T)의 네제곱에 비례한다는 내용을 담고 있다. 이 법칙은 열역학과 기후과학에서 복사에너지를 정량적으로 설명할 때 핵심적으로 사용된다.

$$E=\sigma T4$$

E: 단위 면적당 방출 복사에너지 (W/m^2)
T: 절대온도(K)
σ: 슈테판-볼츠만 상수, 약 $5.670\times10^{-8} W/m^2K^4$

즉, 온도가 두 배가 되면 복사에너지는 16배 증가한다. 이 법칙은 이상적인 흑체(모든 파장의 복사에너지를 흡수하고 방출하는 물체)에 적용되며, 실제 물체에는 **방사율(ε)**을 곱하여 다음과 같이 표현한다:

$$E=\varepsilon\sigma T^4$$

여기서 방사율 ε은 0과 1 사이의 값을 가지며, 1은 완전한 흑체를 의미한다.

슈테판-볼츠만 법칙은 지구 복사에너지 계산, 기후모델링, 천체의 표면온도 추정, 인공위성 센서 분석 등 다양한 분야에서 활용된다. 예를 들어, 지구가 방출하는 복사량을 계산하면 지구의 에너지 균형과 온도 조절 메커니즘을 이해할 수 있다.

[3] 쾨펜의 기후 구분(Köppen climate classification)

독일의 기후학자 블라디미르 쾨펜(Wladimir Peter Köppen, 1846~1940)이 세계의 식생 분포로 기후를 구분한 것이다. 한 지역에 분포하는 식생은 그 지역의 기온 및 수분 특성과 밀접하게 관련되어 있을 것이라고 가정하여 식생 경계를 기후 구분 경계로 이어간 구분이다. 식생 분포에 영향을 미치는 월평균기온, 월평균 강수량, 연평균 강수량이 쾨펜의 기후 구분에 기본 자료가 된다.

오늘날 일반적으로 쓰이는 쾨펜의 기후 구분은 독일의 기상학자 루돌프 가이거(Rudolf Geiger, 1894-1981)가 쾨펜의 기후 구분을 일부 수정한 것이기에 '쾨펜-가이거 기후 구분(Köppen-Geiger climate classification)'이라고도 한다.

[쾨펜의 기후 구분 기준]

<table>
<tr><th colspan="3">1차 기후구분</th><th>2, 3차 기후구분</th><th>기후형</th></tr>
<tr><td rowspan="4">습윤기후</td><td>열대기후
(A)</td><td>최한월 평균기온
18℃ 이상</td><td rowspan="3">2차 구분: 건조한 계절
f: 연중 습윤
s: 여름 건조
w: 겨울 건조
m: 계절풍(몬순)기후
(f와 w의 중간형)
3차 구분: (Cf 기후)
a: 최난월 평균기온 22℃ 이상
b: 최난월 평균기온 22℃ 미만이고 10℃ 이상인 달이 4개월 이상</td><td>Af (열대우림)
Aw (사바나)
Am (열대계절풍)</td></tr>
<tr><td>온대기후
(C)</td><td>최한월 평균기온
-3~18℃</td><td>Cfa (온대습윤)
Cfb (서안해양성)
Cs (지중해성)
Cw (온대겨울 건조)</td></tr>
<tr><td>냉대기후
(D)</td><td>최한월 평균기온
-3℃ 미만
최난월 평균기온
10℃ 이상</td><td>Df (냉대습윤)
Dw (냉대겨울 건조)</td></tr>
<tr><td>한대기후
(E)</td><td>최난월 평균기온
10℃ 미만</td><td>T: 툰드라 (최난월 0~10℃)
F: 빙설 (최난월 0℃ 이하)</td><td>ET (툰드라)
EF (빙설)</td></tr>
<tr><td colspan="2">건조기후(B)</td><td>연 강수량 500mm 이하
강수량<증발량</td><td>S: 스텝 (연 강수량 250~500mm)
W: 사막 (연 강수량 0~250mm)</td><td>BS (스텝)
BW (사막)</td></tr>
</table>

열대기후
- Af 열대우림기후
- Am 열대계절풍기후
- Aw 사바나기후

건조기후
- BS 스텝기후
- BW 사막기후

온대기후
- Cs 지중해성기후
- Cw 온대겨울 건조기후
- Cfa 온난습윤기후
- Cfb 서안해양성기후

냉대기후
- Df 냉대습윤기후
- Dw 냉대겨울 건조기후

한대기후
- ET 툰드라기후
- EF 빙설기후
- H 고산기후

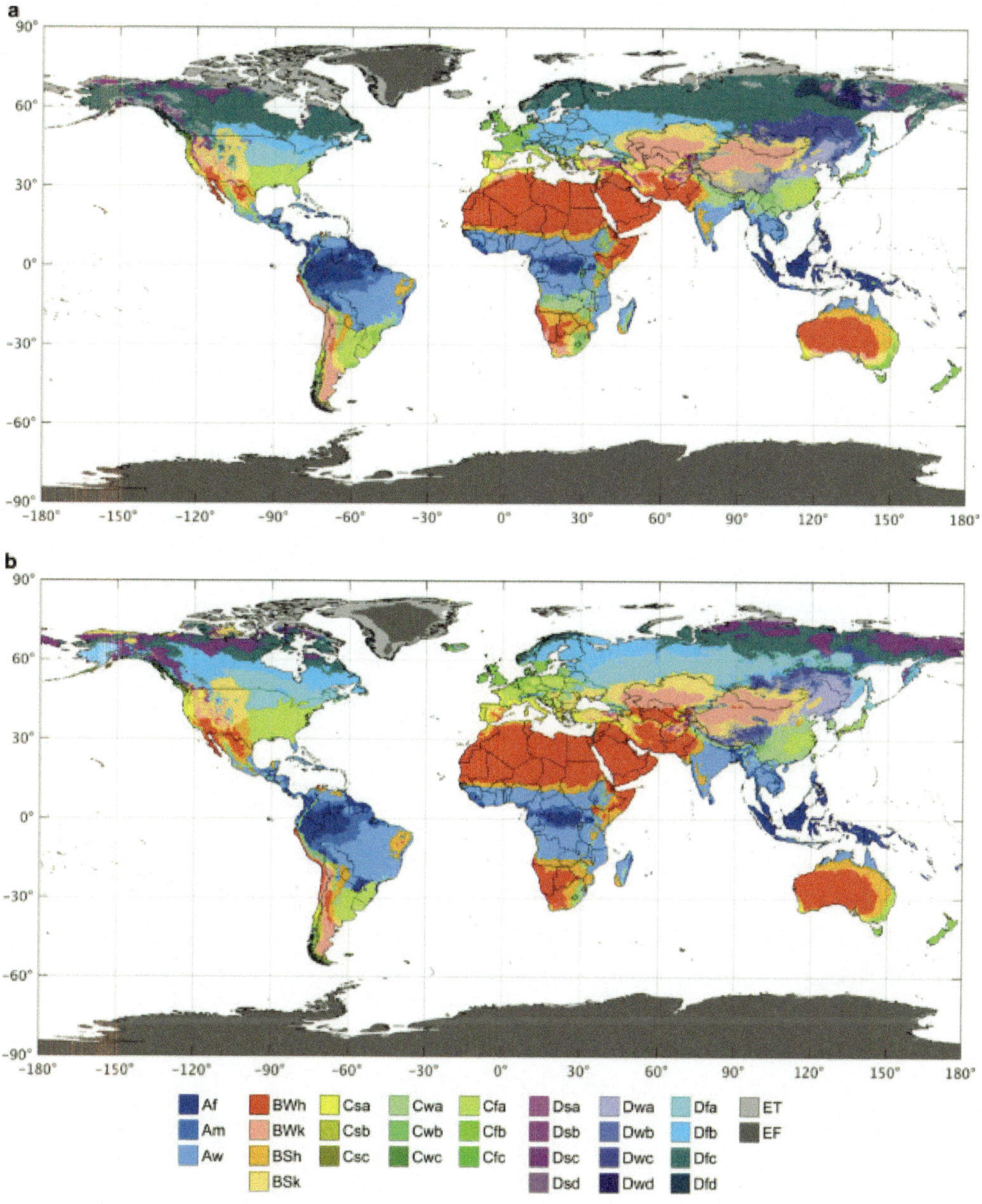

[쾨펜의 기후기분지도[15]]
(a)는 1980~2016년대의 기후구분 지도이며 (b)는 미래(2071~2100년) 기후구분 지도

---

15) https://people.eng.unimelb.edu.au/mpeel/koppen.html, 그리고 Beck et al. (2018)의 기후구분 데이터를 사용한 온라인 지도로서 https://www.nature.com/articles/sdata2018214 내용을 재인용

함께 알아야 할 포인트

블라디미르 쾨펜(Vladimir Peter Köppen)

블라디미르 쾨펜(1846-1940)은 독일 출신의 저명한 기상학자이자 식물지리학자이다. 그는 기후가 생물, 특히 식물의 분포에 지대한 영향을 미친다는 점에 주목하며 생물과 기후 간의 관계를 체계적으로 이해하려는 과학적 시도를 시작하였다. 이러한 관심은 그가 기후학(climatology)과 생물지리학(biogeography)을 연결하는 통합적 관점에서 연구를 수행하게 된 배경이 되었다.

쾨펜은 평생에 걸쳐 수많은 기후 데이터를 수집하고 분석하였으며, 이를 바탕으로 1884년에 최초의 기후 구분 체계를 발표하였다. 이후 1918년과 1936년에 걸쳐 지속적으로 수정·보완하면서, 오늘날까지도 널리 사용되는 쾨펜의 기후구분 체계를 완성하였다. 그는 특히 기온과 강수량이라는 과학적이고 측정 가능한 변수를 기준으로 전 세계의 기후를 분류함으로써, 당시 추상적이고 지역 중심적이던 기후 이해를 획기적으로 발전시켰다.

쾨펜은 이 체계를 통해 단순히 기후를 분류하는 데 그치지 않고, 식생대(vegetation zones)와 기후대의 일치성을 강조했다. 실제로 그의 기후구분은 전 세계 식물의 분포 패턴과 매우 높은 상관성을 보여주며, 생물기후학(bioclimatology)의 기초를 놓는 데 크게 기여하였다. 그는 생물과 기후 사이의 상호작용을 수치적으로 해석한 선구자 중 한 명으로 평가받는다.

쾨펜의 기후구분 체계는 이후 그의 사위이자 기후학자인 루돌프 가이거(Geiger)에 의해 더욱 발전되었고, 현재는 고해상도 위성자료와 GIS 기반 분석을 통해 계속해서 보완·활용되고 있다.

함께 알아야 할 포인트

생물지리학(Biogeography)

생물지리학(Biogeography)은 생물이 지구상에 어떻게 분포되어 있는지를 공간적, 시간적 관점에서 연구하는 학문이다. 즉, 식물과 동물 등 생물 종이 어떤 지역에 존재하며, 왜 그러한 분포 양상을 보이는지를 과학적으로 설명하는 데 목적이 있다. 생물지리학은 생태학, 진화생물학, 지리학, 기후학, 지질학 등 다양한 학문과 밀접하게 연결되어 있으며, 과거의 지구 환경 변화와 생물 진화의 역사를 이해하는 데 중요한 단서를 제공한다.

생물지리학은 크게 두 가지 하위 분야로 나뉜다. 첫째, 생태지리학(Ecological Biogeography)은 현재의 기후, 토양, 지형 등 환경 요인이 생물의 분포에 어떤 영향을 미치는지를 연구하며, 둘째, 역사지리학(Historical Biogeography)은 대륙 이동, 빙하기, 고생물학적 사건 등 과거의 지구사적 변화가 생물의 분포에 어떤 흔적을 남겼는지를 추적한다.

예를 들어, 오스트레일리아에만 서식하는 유대류(캥거루, 코알라 등)는 대륙의 고립과 관련된 역사지리학적 설명을 필요로 한다. 반면, 해발고도에 따라 식생대가 뚜렷이 달라지는 산악 지역의 식물 분포는 생태지리학적 접근이 적합하다.

오늘날 생물지리학은 기후변화, 외래종 침입, 생물다양성 보전, 보호지역 설계 등 실제 환경 관리와 정책 수립에도 널리 응용되고 있다. 특히 위성자료, GIS, 종분포 모델링(SDM: Species Distribution Modeling) 등 현대적 분석 도구의 발달은 생물지리학의 정량적 분석을 더욱 정교하게 만들고 있다.

함께 알아야 할 포인트

■ 엘스워스 헌팅턴(Ellsworth Huntington)의 저서 『문명과 기후(Civilization and Climate)[16]』

"기후는 인간의 생리적 · 심리적 능력과 사회의 생산성을 결정하며, 결국 문명의 발전 수준을 좌우하는 주요 요인이다."

『문명과 기후(Civilization and Climate)』는 20세기 초 미국의 지리학자 엘스워스 헌팅턴(Ellsworth Huntington, 1876~1947)이 집필한 대표작으로, 기후가 인류 문명의 형성과 발전, 쇠퇴에 결정적인 영향을 미친다는 주장을 바탕으로 한다.

헌팅턴은 이 책에서 인간 활동의 대부분이 자연환경, 특히 기후의 영향 아래 놓여 있다고 보았다. 그는 기후가 인간의 생리적, 심리적 상태에 영향을 미쳐 노동력, 집중력, 창의성 등 다양한 요소에 영향을 주고, 궁극적으로 문명의 진보 수준을 결정한다고 주장했다. 특히 헌팅턴은 온대 기후 지역, 특히 서유럽과 북아메리카의 중위도 지역이 인간의 활력과 효율성을 가장 잘 끌어낼 수 있는 환경이라고 보았다. 반면, 열대 지방은 고온다습한 환경으로 인해 생산성과 문명 수준이 저조하고, 극지방은 혹독한 추위로 인해 인간의 활동이 제한된다고 평가했다.

이러한 시각은 오늘날에는 다소 일방적이고 결정론적인 관점으로 비판받기도 하지만, 당시로서는 기후와 인간 사회의 관계를 과학적으로 분석하려는 초기 시도였다는 점에서 학문사적으로 중요한 의미를 지닌다. 헌팅턴은 다양한 기후대에 대한 생리학적 연구, 교육 수준과 경제활동에 대한 통계 자료, 역사적 문명의 흥망 사례 등을 광범위하게 분석하며 자신의 이론을 정립하였다.

특히 그는 고대 문명들이 대부분 기후 조건이 적절한 지역에서 발달했음을 예로 들며, 기후 변화가 문명의 전성기와 쇠퇴기에 영향을 미쳤다고 보았다. 예를 들어, 메소포타미아 문명의 몰락이나 로마 제국의 쇠퇴 또한 기후의 불안정과 연관이 있다고 분석하였다. 그는 이러한 기후적 조건들이 단지 배경이 아니라, 인간 능력의 한계를 규정짓는 직접적인 원인이라 주장했다.

『문명과 기후』는 현대의 복합적이고 상호작용적인 환경-사회 분석과는 거리가 있지만, 기후가 인간 사회에 영향을 미친다는 관점을 공론화한 최초의 대표 저작 중 하나로 평가된다. 또한 이후 인간-환경 관계를 분석하는 지역연구, 지리교육, 생태인문학 등 여러 학문 분야에서 이 책은 기초 문헌으로 자주 인용되었다.

즉, 기후는 인류 문명의 형성과 발전, 쇠퇴에 결정적인 영향을 미치는 자연 환경 요소로, 기온, 강수, 계절성 등의 변화는 농업 생산력, 정착 가능성, 사회 조직의 안정성 등에 직결된다. 온난하고 안정된 기후는 생산성을 높여 인구 증가와 도시 발달을 유도하는 반면, 가뭄이나 냉해, 기상이변은 기근과 이주, 정치적 불안정으로 이어져 문명의 붕괴를 초래할 수 있다. 따라서 기후는 단순한 배경이 아니라, 문명 진화의 경로를 결정짓는 핵심 요인 중 하나로 작용해 왔다.

---

16) 문명과 기후(Civilization and Climate)는 1915년 초판 출간되어 기후와 문명사이의 인과관계를 강조하는 대표적 환경결정론적 입장의 저서로서 우리나라에는 2013년 한국지역지리학회가 번역하여 2013년에 출간되었다. 본 내용은 이 책을 요약하여 제시한 것이다.

Point 4. 기후변화(Climate change)

기후변화(climate change)란 지구 기후 시스템 내에서 수십 년 이상의 장기적 시간 규모에서 나타나는 기후 요소(예: 기온, 강수량, 해수면, 기단 분포 등)의 평균값이나 변동성의 유의미한 변화로 정의된다.

IPCC(2021) 정의[17)]에 따르면, 기후변화는 기후의 평균 상태나 변동성에 있어서 통계적으로 식별 가능한 변화가 수십 년 이상의 장기적 시간 규모에 걸쳐 지속되는 현상으로 정의된다.

기후변화는 자연적 요인(예: 태양 복사량의 변화, 화산활동, 해양 순환의 변동, 지구공전궤도의 변화[18)] 등)뿐만 아니라, 산업화 이후 가속화된 온실가스 배출, 토지이용 변화, 에어로졸 증가 등 인간 활동에 의해 유발된 외적 강제력(external forcing)에 기인한다.

기후변화는 단순한 기상 현상의 변화가 아니라, 전 지구적 규모에서 대기, 해양, 빙권, 생태계 간의 상호작용을 통해 지구 시스템의 구조적 안정성을 변화시키는 복합적 현상으로 간주되며, 이는 생물다양성 손실, 수자원 불균형, 농업생산성 저하, 기후 재난 등 다양한 사회 · 환경적 영향을 초래하는 핵심적인 지구환경 이슈로 인식된다.

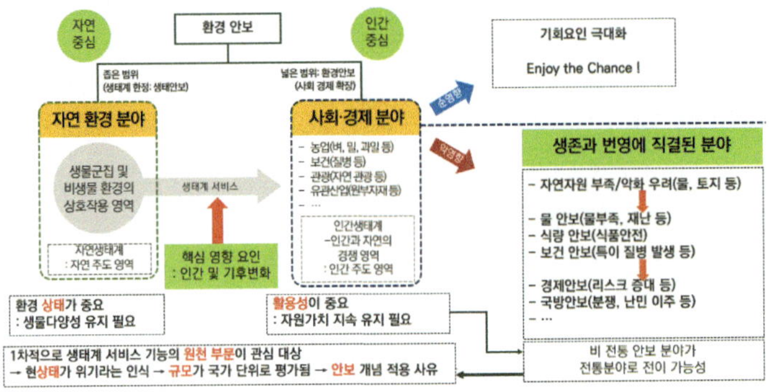

[기후변화와 생물다양성 관계 모식도[19)]]

---

17) IPCC(2021, AR6) 정의에 따른 기후변화: "Climate change refers to a change in the state of the climate that can be identified (e.g., using statistical tests) by changes in the mean and/or the variability of its properties, and that persists for an extended period, typically decades or longer. It may be due to natural internal processes or external forcings, or to persistent anthropogenic changes in the composition of the atmosphere or in land use."

18) 밀란코비치 이론 혹은 밀란코비치 순환은 세르비아 천체 물리학자인 밀루틴 밀란코비치(Milutin Milankovitch, 1879~1958)에 의해 제안된 것으로 지구궤도의 변화에 의해 결정되는 태양 입사열의 계절적이고 지리적인 변동에 따른 기후변화를 말한다. 지구 기후변화에 영향을 주는 지구궤도 변화로는 23,000년 주기를 갖는 분점의 세차운동(precession of equinoxes), 41,000년의 주기를 갖은 자전축의 기울기 변화, 100,000년 주기를 갖는 이심률의 변화가 있다(한국지구과학회, 2009 지구과학사전).

19) 한국환경·정책평가연구원(2013) 기후변화에 대응하기 위한 생태계 환경안보 강화 방안(I) 자료 재구성

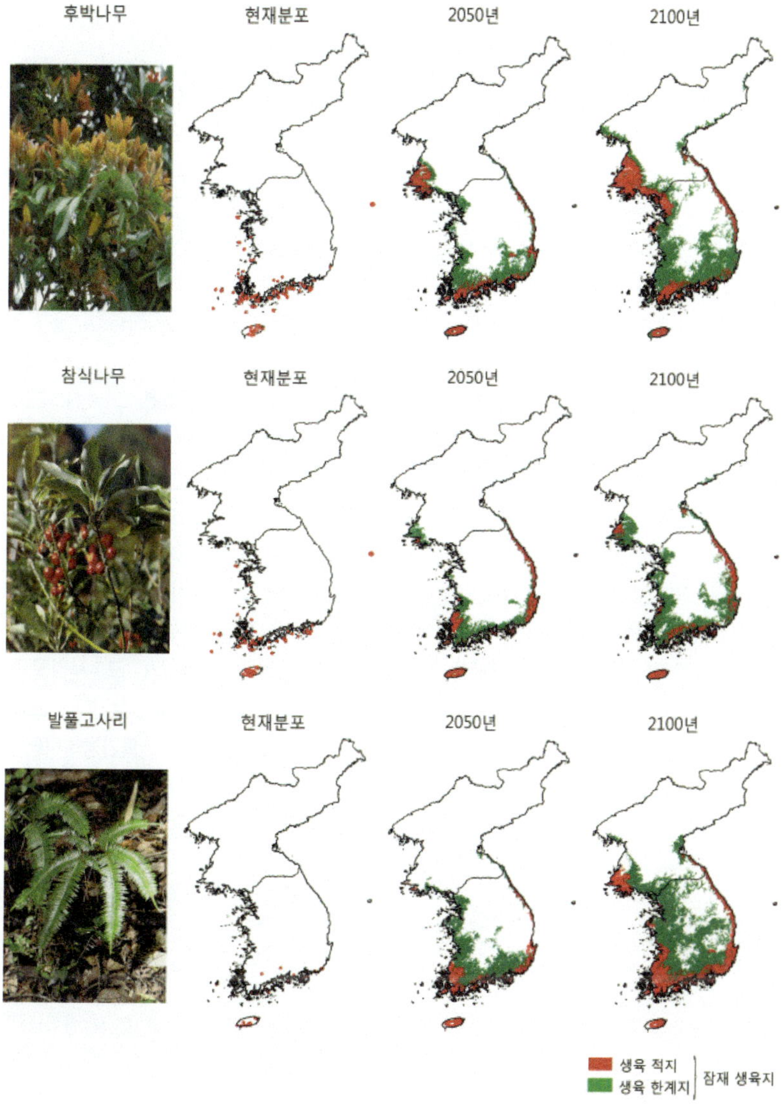

[주요 난대성 식물자원의 기후변화에 따른 잠재 생육지 예측 결과[20]]

20) 박찬호(2103), 박찬호 외(2011)의 자료를 재구성한 한국환경·정책평가연구원(2013) 기후변화에 대응하기 위한 생태계 환경안보 강화 방안(Ⅰ) 자료 재인용

함께 알아야 할 포인트

기후변화와 생태계[21)]

최근 지구에 발생하는 기후변화와 인간 활동이 부정적 효과로 인해 적어도 수천 년 내에 6차 대절멸[22)]이 발생할 수 있다고 주장하는 학자도 있다(Chapin *et al.*, 2000). 산업혁명 이후 지난 200여 년 동안 CO_2 농도는 337ppm(2012년)으로 100ppm 이상 증가하였다. 하와이 미우나로아에서 실측한 이산화탄소 농도는 1959년 이후 2013년 4월까지 약 100ppm이 증가하였다.

지구상 CO2의 농도가 1,000ppm에 이르면 지구 평균기온은 2~4℃ 이상, 극지방의 경우 6℃ 이상의 기온상승을 일으킬 수 있다. 이러한 기온변화는 약 1±0.5m의 해수면 상승, 기후변동성과 극단기후 발생빈도의 증가, 온난화의 공간적 변이 증가를 가져올 것이다(Lavergne *et al.*, 2010).

과거 PETM 동안에도 현재와 유사한 정도의 급격한 기온상승 시기가 수 회 발생하였지만, 이 때 식물종수가 감소했다는 화석적 증거는 찾지 못했다(Willis and MacDonald, 2011). 그러나 과거에 일어났던 동일한 형태의 반복은 다시 일어나지 않을 것이며 앞으로 닥칠 현상은 인간영향에 의해 과거와는 또 다른 신세계를 경험할 지도 모른다. 즉, 인간에 의한 토지이용 변화, 토양오염, 질소부하, 외래종 침입에 생물종의 변화 및 새로운 조합은 놀라운 신세계(Harris *et al.*, 2006), 신기한 생태계(Seastedt *et al.*, 2008)를 야기할 수도 있다(강혜순, 2013)

IPCC의 제4차 평가보고서에서는 기후변화에 의한 생물다양성의 영향이 수록되어 있다. 기후변화에 따라 생물종의 생물계절(phenology) 변화, 생육지의 북상 및 상승이 관측되어 이미 동·식물은 분명히 이동하고 있다. 급격한 기후변화 시 생물들은 내성(tolerance)을 발달시켜 그 자리를 유지하거나, 단거리(1~10km)를 이주하여 적절한 향, 고도, 지질을 갖춘 미서식지를 찾거나, 또는 분산력이 뛰어나다면 장거리(100~1,000km)를 이주한다. 이 모든 것이 불가능하다면 생물종은 절멸한다(Dawson *et al.*, 2011). 즉, 생물들은 다양한 생태계 특성을 통해 다양하게 반응한다.

---

21) 한국환경·정책평가연구원(2013) 기후변화에 대응하기 위한 생태계 환경안보 강화 방안(Ⅰ) 자료 재구성

22) 지구생성 이후 지금까지 5번의 대멸종(대절멸)의 사건이 발생했는데,

* 1차 대멸종은 4억 4500만년 전 고생대 오르도비스기말(일명 오르도비스기-실리아기 멸종)에 발생하였는데, 해양 생물 50% 멸종. 해양 무척추동물의 100여 과(family)가 멸종. 완족류, 태선류(이끼벌레)의 2/3가 멸종, 삼엽충, 필석류, 극피동물, 그리고 코노돈트의 쇠퇴. 대륙 이동으로 말미암은 빙하와 관련이 있을 것으로 추정된다. 다른 추정으로는 초신성 폭발에 의한 감마선폭풍(Gamma-ray burst), 화산(에팔라치아 산맥을 만든)도 있다.
* 2차 대멸종은 3억 7천만 년 ~ 3억 6천만 년 전 고생대 데본기말(일명 후기 데본기 멸종)에 발생한 것으로 추정되며, 한순간의 멸종이 아닌 약 천만 년에 걸친 '멸종박동'으로 여겨진다. 모든 생물종의 약 70%를 사라지게 했다. 두족류, 복족류, 완족류, 삼엽충 등의 쇠퇴. 사방산호 절멸, 갑주어와 판피어 절멸. 원인은 해저의 무산소화와 운석 충돌의 가능성을 놓고 의견이 분분하다.
* 3차 대멸종은 2억 5100만 년 전 고생대 페름기말(일명 페름기 대멸종)에 발생하였으며,역대 대멸종 중 가장 피해가 큰 것으로 추정된다.
* 4차 대멸종은 2억 5백만 년 전 중생대 트라이아스기말(일명 트라이아스기 멸종)으로 추정된다. 해양에서는 원시어류로 추정되는 코노돈트의 절멸, 암모나이트를 비롯한 연체동물의 쇠퇴 등이 있었고, 육상에서는 거대한 초기 양서류, 포유류의 조상인 테랍시드(수궁류)를 제외한 시냅시드와 공룡과 익룡 및 악어를 제외한 대부분의 지배파충류가 역사의 뒤안길로 사라졌다. 그리고 이런 멸종이 다른 육상 지배파충류 경쟁자가 사라져 쥐라기부터 본격적인 공룡의 전성기를 연다. 초대륙인 판게아의 분열로 인한 지구 사상 최대 규모의 화산활동과 이로 인한 점진적인 기후변화(특히 온도 및 이산화탄소 분압의 상승) 원인으로 추정되고 있다.
* 5차 대멸종은 6,600만 년 전 중생대 백악기말에 발생하였다.

함께 알아야 할 포인트

■ 우리나라에는 기후변화가 발생하는가?

우리나라의 온실가스 농도가 1991년 360ppm이었으나, 매년 1.4~1.5ppm씩 증가하여 1997년에는 368.7ppm으로 증가하고 2000년대에는 370ppm을 초과하였다.

이러한 상승 추세는 제주 고산지역의 관측에서도 유사하게 나타났으며, 미국 해양기상청(NOAA)의 세계 49개 공식관측 지점 중 가장 높은 상승치를 기록했다.

우리나라 기온도 지난 1908년 관측을 시작한 이래 꾸준히 상승한 것으로 나타났으며, 기상연구소에 의하면 우리나라는 1980년대 후반부터 기온이 현저하게 상승하고 있으며 호우강도도 증가하는 것으로 관측되었다.

1908년부터 1940년까지 우리나라 연평균 기온은 10~11℃ 정도였으나 1970년대부터 최근까지는 12~13℃로 나타났다.

1960~1965년 4월의 평균기온은 11.5℃이나 1995~2000년 4월의 평균기온은 12.9℃로 그 상승률이 지구평균치보다 높은 경향을 보이고 있으며, 각종 기상이변이 속출하고 있다.

함께 알아야 할 포인트

■ 기후변화 생물지표종

기후변화 생물지표종(CBIS; Climate-sensitive Biological Indicator Species)이란 기후변화로 인해 계절활동, 분포역 및 개체군 크기 변화가 뚜렷하거나 뚜렷할 것으로 예상되어 지표화하여 정부에서 지속적인 조사·관리가 필요한 생물종을 말한다.

2010년 환경부와 국립생물자원관이 구상나무 등 100종을 첫 기후변화 생물지표종으로 지정하였다. 그후 2017년에 국민의 관찰과 구별이 쉽고, 기후변화 예측에 유리하도록 이동성이 큰 곤충과 생물계절이 뚜렷한 종을 반영하여 「국가 기후변화 생물지표종」 100종과 30 후보종으로 개정하였다. 가장 최신 개정은 2024년 9월로 '한국 생물다양성 변화관측 네트워크(K-BON)[23]' 사업을 통해 축적된 자료 분석 결과와 관련 분야 전문가 평가를 통해 기후변화에 따라 서식분포 변화가 예측되는 25종을 교체하였다.

이 생물종들은 기후 온난화에 의해 북쪽으로 서식지를 넓혀가거나, 우리나라에서 사라질 것으로 예상되거나, 지구상에서 멸종이 우려되는 대표적인 생물종이라 할 수 있다.

[기후변화 생물지표종 지정 현황('24. 9.)]

합계	균류	해조류	식물	무척추	곤충	어류	양서류	조류
100	5	3	41	6	19	5	3	18

23) Korea-Biodiversity Observation Network: 한반도 생물다양성 변화를 관측 및 보전하기 위해 2011년부터 국립생물자원관이 운영 중인 일반시민과의 민·관협력 시스템

함께 알아야 할 포인트

■ 지구에너지 균형(Earth's Energy Balance)

지구 에너지 균형이란, 지구가 외부(태양)로부터 받아들이는 에너지와 지구가 우주로 방출하는 에너지 사이의 평형 상태를 의미한다. 이 균형은 지구의 평균기온, 기후시스템, 해양·대기 순환 등 모든 환경 과정을 지배하는 핵심 원리이다.

지구는 태양으로부터 100%의 복사에너지를 받으며, 이 에너지는 대기, 구름, 지표면과의 상호작용을 거쳐 다양한 경로로 흡수되거나 반사되고, 다시 우주로 방출된다. 이 과정을 통해 지구는 에너지 균형을 이루며 기후 시스템을 유지한다.

1. 태양에너지의 반사 (총 30%)

대기에서 반사: 6%, 구름에서 반사: 20%, 지표면에서 반사: 4% → 총 30%의 에너지는 지구에 흡수되지 않고 알베도(albedo)[24] 효과에 의해 바로 우주로 반사된다.

2. 태양에너지의 흡수 (총 70%)

대기에서 흡수: 16%, 구름에서 흡수: 3%, 지표면(육지와 해양)에서 흡수: 51% → 지구 시스템 내에서 에너지로 활용되는 부분이며, 기온 상승, 수분 증발, 생물학적 과정 등을 유도한다.

3. 지구복사 및 에너지 재배출 경로

지표면에 흡수된 51%의 에너지는 다음과 같이 대기와 우주로 다시 방출된다. 복사에 의해 직접 우주로 방출: 6%, 대기에 흡수된 복사: 15%, 수증기 응결 시 방출되는 잠열을 통해 대기로 전달: 23%, 지표에서 대기로의 전도 및 상승 기류: 7% → 이렇게 전달된 에너지는 구름과 대기에서 방출되어 최종적으로 64%가 우주로 복사된다.

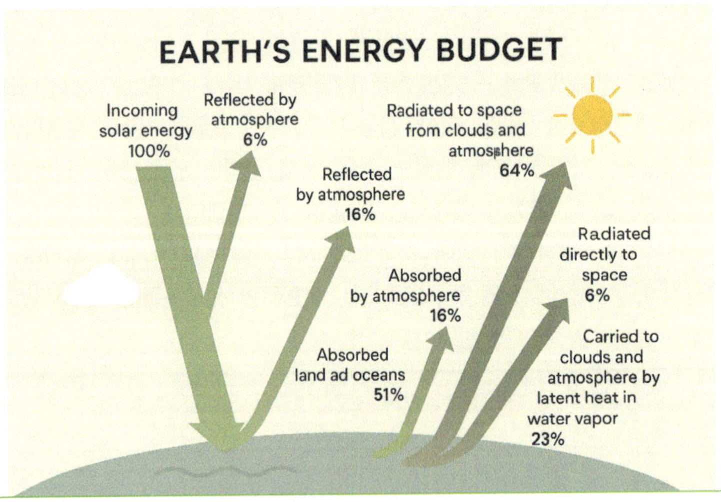

24) 알베도(Albedo)는 어떤 물체에 입사한 전 파자으이 에너저에 대한 반사된 에너지의 양을 의미한다. 0~1 사이의 값을 가진다.

Point 5. 지구온난화와 지구온난화지수

[1] 지구온난화(Global warming)

지구온난화(global warming)란 지구의 평균 기온이 장기적으로 상승하는 현상을 말하며, 이는 주로 인간 활동에 의해 유발된 온실가스(GHG: Greenhouse Gases) 증가에 기인한다. 특히 산업혁명 이후 대기 중 이산화탄소(CO_2), 메탄(CH_4), 아산화질소(N_2O) 등의 농도가 급격히 증가하면서, 지구 복사 에너지 균형이 변화하고 지표면과 하층 대기의 온도가 지속적으로 상승하고 있다.

지구온난화는 기후변화(climate change)의 한 구성 요소로, 기후시스템 전반에 걸친 비선형적 반응과 피드백 메커니즘을 통해 다양한 양상의 기후 변화를 초래한다. 대표적으로 해수면 상승, 빙하와 만년설의 용해, 극한기후(폭염, 가뭄, 집중호우 등) 증가, 해양 산성화, 생태계 교란 등이 지구온난화의 직접적 혹은 간접적 영향으로 나타난다.

IPCC(2021)에 의하면, 지구온난화란 기준 시기(가장 일반적으로 1850~1900년 평균값)와 비교하여, 지구 평균 지표면 온도(global surface temperature)가 상승하는 현상을 의미한다.

[2] 지구온난화지수(GWPs; Global Warming Potentials)

지구온난화지수는 대기 중 농도 변화를 직접 측정하지 않고 서로 다른 기체들의 상대적인 복사 흡수 능력을 측정하기 위해 공통적인 수단으로 방출 수준을 해석하기 위한 지수를 말한다. 각각의 기체들을 기준이 되는 기체들과 비교했을 때 대기하층에서 성층권까지의 상대적 가열 정도의 척도로써 나타낸 것이다.

복잡한 대기 중 화학 반응에 의해 방출된 기체들은 그 복잡성 때문에 GWPs를 활용하여 측정되었다. 지구온난화지수는 일정 기간(보통 100년) 동안 1kg의 온실가스가 야기하는 적외선 흡수 능력(가열효과)과 이산화탄소 1kg의 영향에 대한 비율로 측정된다. IPCC는 새로운 회기마다 이 GWPs를 업데이트한다. 100년을 기준으로 이산화탄소(CO_2)를 1로 볼 때, 메탄(CH_4)은 21, 아산화질소(N_2O)는 310, 수소불화탄소(HFCs)는 1,300, 과불화탄소(PFCs)는 7,000, 육불화황(SF_6)은 23,900 정도가 된다.

함께 알아야 할 포인트

■ 온실가스(온실기체, GHGs; Greenhouse Gases)란 무엇인가?

온실가스란 대기 중에 가스 상태로 장기간 체류하며 대부분의 태양복사를 투과시키고 지표면에서 방출하는 지구복사를 흡수하거나 재방출하여 온실효과를 유발하는 물질을 말한다.

만약 온실가스가 없다면 지구 평균기온은 -19℃가 되겠지만, 대기 중 이산화탄소, 메탄, 수증기 등 온실가스에 의해 지구 평균기온은 약 14℃로 인류가 살기 좋은 기온을 유지하고 있다.

UN 산하 '기후변화에 관한 정부 간 협의체(IPCC)' 제5차 보고서는 1950년 이후 나타난 지구온난화가 화석연료의 사용 등 인간 활동 때문일 가능성이 매우 높다(95% 이상의 확률)고 결론 내렸다.

지구온난화에 영향을 미치는 온실가스로는 이산화탄소(CO_2), 메탄(CH_4), 아산화질소(N_2O), 수소불화탄소(HFCs), 과불화탄소(PFCs), 육불화황(SF_6)의 직접 온실가스와 일산화탄소(CO), 질소가스(NOx), 비-메탄휘발성 유기물질(NMVOCs)의 간접 온실가스로 구분한다.

또한, 이에 더하여 IPCC는 2006년 반도체 공정장비 내 체임버(Chamber) 세정용 특수 가스인 삼불화질소(NF_3)를 주요 온실가스로 추가하였다. NF_3는 지구온난화지수가 이산화탄소의 1만 7700배나 되는 매우 안정적인 기체다.

이러한 온실가스들은 국가 경제의 원동력인 산업활동과 우리의 일상생활과 밀접하게 연관되어 발생 및 배출되고 있다.

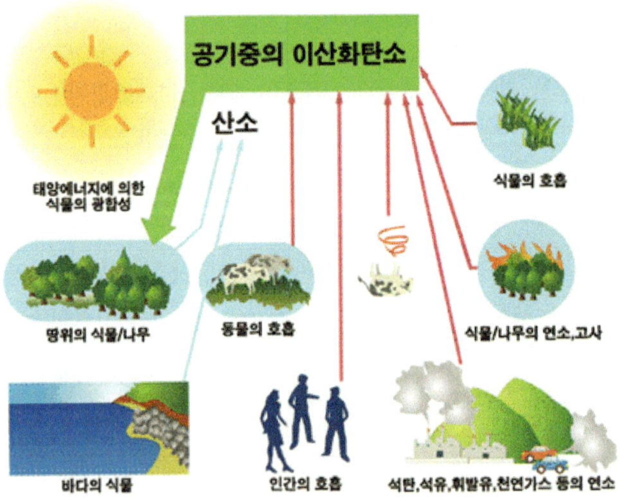

함께 알아야 할 포인트

■ 온난화 줄무늬(Warming Stripes)

온난화 줄무늬(Warming Stripes)는 지구 평균기온 혹은 특정 지역의 연평균 기온 변화를 색상으로 표현한 시각화 기법으로, 기후변화의 장기적인 추세를 직관적으로 보여주는 도구이다. 이 개념은 2018년 영국 레딩대학교의 기후학자 에드 호킨스(Ed Hawkins)에 의해 처음 제안되었으며, 복잡한 수치 없이도 누구나 기후변화의 방향성을 쉽게 이해할 수 있도록 고안되었다.

이 그래픽은 일반적으로 1850년 또는 1900년부터 최근까지 각 연도의 기온을 하나의 세로 줄무늬로 표현한다. 평균 기온이 낮은 해일수록 파란색 계열, 높은 해일수록 빨간색 계열로 나타나며, 전체적으로 시간이 흐를수록 색상이 점차 짙은 파랑에서 진한 빨강으로 변화하는 경향을 보인다. 이 시각자료는 지구온난화의 진행을 상징적으로 드러내며, 숫자나 축 없이도 기후위기의 현실을 전달하는 데 매우 효과적이다.

온난화 줄무늬는 전 세계적으로 기후 커뮤니케이션 수단으로 활용되며, 각국 정부, 기후 운동가, 교육자들에 의해 적극적으로 보급되고 있다. 특히 교과서, 포스터, 웹사이트, 대중 캠페인 등에 널리 활용되며, 과학과 대중의 간극을 줄이는 대표적인 기후 시각화 사례로 평가받는다.

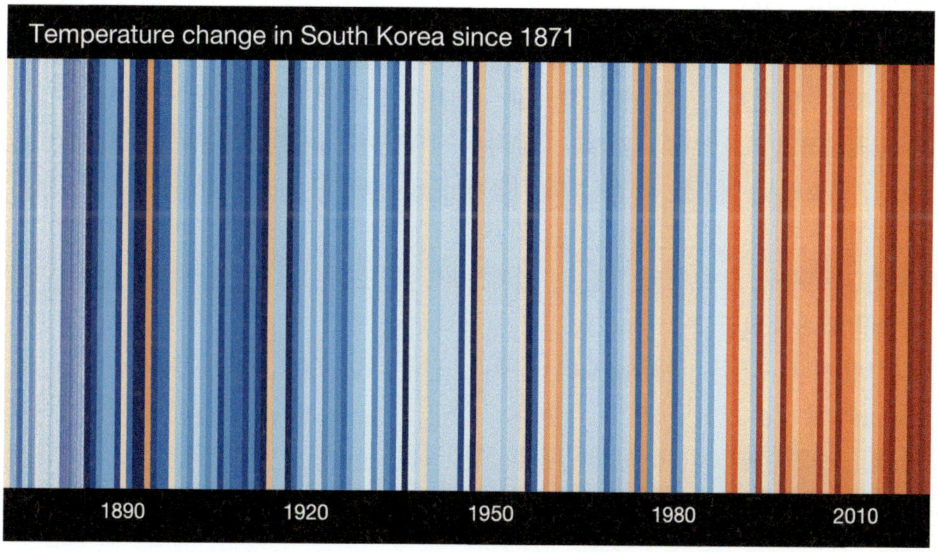

[1871년부터 현재까지 우리나라의 기온변화 줄무늬]

함께 알아야 할 포인트

■ 온실가스에 대한 최초의 실험은?

1896년, 스웨덴의 과학자 아레니우스가 대기 중으로 배출된 이산화탄소가 적외선을 흡수함으로써 온실효과(Greenhouse effect)를 가져올 수 있다는 사실을 처음으로 지적하였다.

당시 그는 지구 대기 중에 이산화탄소의 양이 두 배가 되면 지구 표면의 평균온도가 5~6℃ 상승할 것이라는 연구논문을 발표했다.

우리가 숨을 내쉴 때마다 나오는 이산화탄소는 나무와 석유, 석탄과 같은 화석연료가 탈 때, 탄소가 공기중의 산소와 결합하여 발생한다.

자연계에서 이산화탄소는 식물이 광합성작용 및 바다에 흡수되며, 일부 대기 중에 계속 쌓이게 되나 산업혁명 이후 과다한 배출로 대기 중 농도가 증가하였다.

Point 6. 기후변화예측 및 모니터링

[1] 우리나라 기후변화 모니터링

기후변화 모니터링(climate change monitoring)이란, 기후 시스템의 구성 요소(예: 대기, 해양, 빙권, 생물권 등)에서 장기적으로 나타나는 변화 추세와 이상 징후를 정량적·체계적으로 관측, 기록, 분석하는 활동을 의미한다.

우리나라의 기후변화 관측 업무는 1987년 충북 단양군에 위치한 소백산 기상관측소에서 대기질, 산성비, 대기복사 등을 관측하는 것으로 처음 시작되었다. 이후 1992년 전남 무안군에서 온실가스를 관측하기 시작해 포항, 안면도, 고산, 울릉도·독도에 기후변화감시소를 설치하여 한반도를 삼각형으로 감시하는 기후변화 관측망을 구축하였다.

현재는 세계기상기구(WMO)의 지구대기감시 프로그램(GAW; Global Atmosphere Watch)에 참여하여 국제적 수준의 기상관측자료를 WMO 세계자료센터와 공유하고 있다. 2023년부터는 저궤도 인공위성을 통해 관측한 한반도 및 동아시아 온실가스 표출정보를 분석하여 제공하고 있다.[25)]

25) 기상청(2023) 탄소중립을 위한 기후변화과학의 이해 자료 재구성

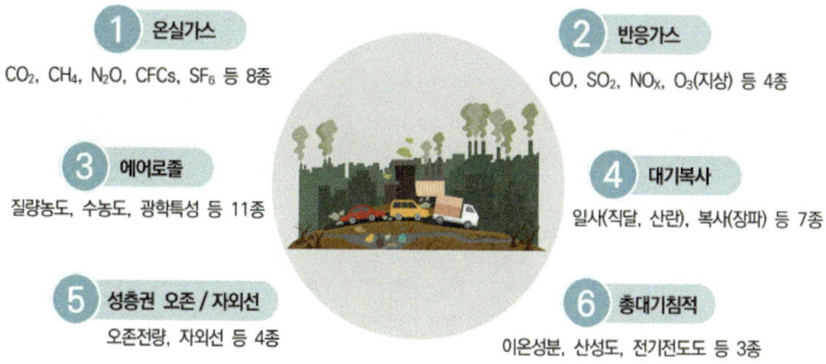

[우리나라 기후변화 관측 요소]

[2] 기후변화 시나리오를 통한 기후변화예측[26)]

기후변화 시나리오는 온실가스, 에어로졸, 토지이용 변화 등 인위적인 원인으로 발생한 복사에너지 변화 등을 지구 기후시스템 모델에 적용하여 산출한 미래 기후변화 전망 정보(기온, 강수량, 바람, 습도 등을 포함한다)를 말한다.

기후변화에 관한 정부 간 협의체(IPCC; Intergovernmental Panel on Climate Change)가 2021년 발간한 제6차 평가보고서(AR; Assessment Report)에 SSP 시나리오를 기반으로 전망한 미래 기후변화가 실려 있다.

우리나라의 상세 기후변화 시나리오를 산출하기 위해서는 전지구 기후변화 시나리오와 이를 기반으로 산출한 동아시아·한반도 기후변화 시나리오가 필요하다.

전지구 기후변화 시나리오는 IPCC 국제 기후변화 시나리오 비교·검증 프로젝트(CMIP6)의 국제 표준 규격에 따라 135km 공간 해상도로 산출된 시나리오이며(국립기상과학원, 2019; 2020) 동아시아·한반도 기후변화 시나리오는 전지구 시나리오에서 표현하기 힘든 작은 규모의 대기현상과 지형효과 등이 반영된 시나리오이다.

우리나라의 상세 기후변화 시나리오는 동아시아·한반도 시나리오(25km)를 기반으로 통계적 상세화를 통해 육상지역에 대한 1km 공간해상도로 기후변화 시나리오를 산출한 것이다(국립기상과학원, 2021). 이를 활용하여 광역시도, 시군구, 읍면동 등 행정구역 기후변화 시나리오를 산출할 수도 있다.

전국값(남한평균값)은 1km 격자자료 산출결과(우리나라 상세 기후변화 전망보고서)를 이용하고, 행정구역 자료 기반의 전국값은 별도 산출하지 않는다.

26) 기상청(2022) 기후변화 시나리오 활용사례집 자료 재구성

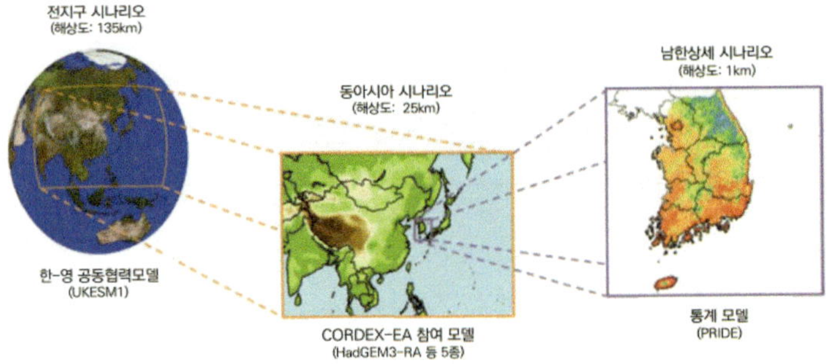

[SSP 기후변화 시나리오 생산체계(전지구→동아시아 · 한반도→남한상세)]

함께 알아야 할 포인트

SSP 시나리오

SSP(Shared Socio-economic Pathways)는 2100년 기준 복사강제력 정도와 함께 기후변화 적응과 온실가스 감축 여부에 따라 인구, 경제, 토지이용, 에너지 사용 등 미래의 사회경제 지표의 정량적인 변화 내용을 포함하여 5개 그룹으로 구성된다(O'Neill et al., 2014; 2017).

[3] 인공지능을 활용한 기후변화예측[27)28)]

최근 인공지능(AI)은 분야를 가리지 않고 접목되어 기술의 새로운 지평을 열어가고 있다. 기후변화예측 분야도 예외는 아니다.

기존의 기후예측 모델은 대규모 시뮬레이션을 통해 다양한 지구 시스템의 물리 법칙을 설명하는 미분 방정식의 수치적 해를 구하는 방식이었다. 이러한 구형 모델은 일반적으로 슈퍼컴퓨터에서 실행해야만 원활한 구동이 가능하며, 지구상에 존재하는 모든 물리 법칙을 수치적으로 표현할 수 없기에 명백한 한계가 존재한다. 필연적으로 실제 지구와의 계통적 오차가 발생하는 것이다.

반면, 데이터 기반의 인공지능 기후 예측 모형은 위성, 레이더 및 센서처럼 다양한 관측 데이터를 모델의 학습 데이터로 이용하여 기후예측 모델을 좀 더 실제의 지구와 같아지도록 만들 수 있다. 또한, 딥러닝 기법이 적용된 인공지능 기반 기후예측 모델의 개발은 주어진 데이터로부터 실제 지구 요소들의 관련성, 동작 원리를 더욱 효율적으로 학습하여 다양한 시간과 공간 해상도에서의 기후 예측 성능을 비약적으로 향상시키기에 이르렀다. 대표적인 인공지능 기반 기후변화예측 모델의 종류는 다음과 같다.

---

27) 통계청 통계교육원(2023) 기후 변화 예측 인공지능, 어디까지 와있나 자료 재구성
28) KISTEP(2024) 구글 등 AI와 머신러닝을 접목한 기후 예측 모델 연구 전개 자료 재구성

[AI 기술력을 기반으로 개발된 기상예측 모델]

기업	내용
마이크로소프트	파운데이션 모델 ClimaX 공개 ('23. 1.)
화웨이	기후예측 모델 '판구웨더(Pangu-Weather) 공개 (네이처, '23. 7.)
엔비디아	AI 기술력을 기후 예측에 적용해 만든 '디지털 트윈' 형태의 기상 예측 AI '어스-2' 공개 ('24. 3.)
구글	그래프 기반으로 미래 기후 예측하는 '그래프캐스트'공개 ('23. 11.) 머신러닝, AI 활용한 기후예측 모델 '뉴럴GCM' 연구 논문 공개 (네이처, '24. 7.)

함께 알아야 할 포인트

■ IPCC(기후변화에 관한 정부간 협의체) 등 주요 기관에서 제시하는 미래 기후변화 기반 기후변화 예측

(1) 지구 평균기온 상승
- 현재 대비 이미 +1.1℃ 상승함 (2023 기준)
- 2040년 전후로 1.5℃ 돌파 가능성 매우 높음
- 고탄소 시나리오에서는 2100년경 4℃ 이상 상승 위험 존재

(2) 강수 패턴 변화
- 강한 집중호우와 폭우 빈도 증가
- 일부 지역(중동, 북아프리카, 남유럽, 서미국 등)은 극심한 가뭄 증가
- 강수량 증가와 감소의 양극화 심화

(3) 해수면 상승
- 2100년까지 최대 1미터 상승 가능 (SSP5-8.5 기준)
- 남태평양 섬나라, 저지대 해안도시(방글라데시, 플로리다 등) 침수 위험
- 해안 인구 10억 명 이상 영향권 진입 예상

(4) 극지방 빙하 감소
- 북극 해빙은 여름철 완전 소멸 가능성 (이르면 2030년대)
- 그린란드, 남극의 빙상 손실은 돌이킬 수 없는 전환점(Tipping Point) 유발 가능

(5) 생태계와 생물 다양성 영향
- 생물 종의 6번째 대멸종 가속화
- 산호초 90% 이상 소멸 위기
- 토착 생물의 서식지 변화 → 생태계 붕괴

최근 수십 년간 축적된 기후과학 문헌과 IPCC의 다층적 예측 시나리오를 종합해 볼 때, 지구는 지금까지 경험하지 못한 기후 체계의 전환점을 향해 빠르게 접근하고 있다. 인간 활동이 초래한 온실가스 배출은 단순한 기온 상승을 넘어, 생물다양성 손실, 극한기상 현상의 빈발, 해양 및 극지 생태계의 불안정화를 유발하며 전 지구적 위험을 증폭시키고 있다. 특히 1.5℃ 혹은 2℃ 임계점 초과는 복합적인 피드백 메커니즘을 통해 회복 불가능한 지구시스템 전환을 촉진할 가능성이 높다. 이러한 변화는 단지 자연환경의 위기가 아니라 인류 문명의 지속 가능성을 근본적으로 위협하는 구조적 도전이며, 따라서 기후변화 대응은 기술적 수단뿐만 아니라 정치적, 윤리적 선택을 포함한 전 지구적 총체 대응이 요구된다.

인공지능(AI)이 알려주는 핵심 포인트

■ 2025년 인공지능(AI) 기술이 예측하는 2100년의 지구의 기후환경

지구 기후에 대한 예측은 기후과학의 정수이자, 인류 문명의 지속가능성을 가늠하는 중요한 잣대다. 산업혁명 이후 지속적인 온실가스 배출로 인해 지구는 빠르게 온난화되고 있으며, 그 영향은 이미 전 세계 곳곳에서 가시화되고 있다. 그렇다면 21세기 말, 즉 2100년의 지구 기후는 어떤 모습일까? 이는 단지 날씨나 평균기온의 변화만을 의미하지 않는다. 인간 사회, 생태계, 경제 구조 전반에 걸친 기후 체계의 총체적 전환을 의미한다.

2100년 지구의 기후는 인류가 향후 몇십 년 동안 어떤 선택을 하느냐에 따라 크게 달라질 것이다. 기후과학계는 이와 같은 다양한 미래 가능성을 설명하기 위해 대표농도경로(Representative Concentration Pathways, RCP) 또는 최근의 사회경제경로(SSP, Shared Socioeconomic Pathways) 시나리오를 사용한다. 이 중에서도 가장 우려되는 시나리오는 '고배출 시나리오(RCP 8.5 또는 SSP5-8.5)'인데, 이 경로를 따를 경우 2100년까지 지구 평균기온은 산업화 이전 대비 약 4.3도 상승할 것으로 예측된다. 반면, 강력한 감축정책을 이행하는 최적 시나리오(RCP 2.6 또는 SSP1-1.9)에서는 상승폭이 1.5도 이내로 제한될 가능성도 존재한다.

그러나 지금의 배출 추세가 계속된다는 가정하에, 필자는 2100년의 지구는 다음과 같은 양상을 보일 것이라 예측한다.

첫째, 기후시스템의 불안정성이 일상화될 것이다. 평균기온 상승은 단지 '덥다'는 문제를 넘어서, 전 지구적 강수 패턴의 왜곡, 해수면 상승, 폭염·가뭄·홍수·태풍의 극한 현상 빈도 증가로 이어질 것이다. 열대 지역에서는 인간의 생리적 생존한계를 초과하는 습도-온도 조합이 나타나고, 북극권은 영구동토층의 융해로 인한 메탄가스 방출과 해빙 확장으로 기후 피드백 루프를 가속화할 수 있다.

둘째, 해수면 상승은 저지대 연안 도시와 섬 국가를 위협할 것이다. IPCC의 예측에 따르면, 해수면은 2100년까지 0.6~1.1미터가량 상승할 수 있으며, 이로 인해 방글라데시, 몰디브, 투발루 같은 지역은 물리적으로 소멸하거나 대규모 이주가 불가피해진다. 이러한 '기후 난민'의 등장은 지정학적 긴장을 야기하고, 국가 간 환경 외교와 인도주의 대응의 재정비를 촉발할 것이다.

셋째, 생태계의 구조적 재편이 일어날 것이다. 기온 상승과 강수 변화로 인해 전통적인 생물군계의 경계는 북쪽 혹은 고지대로 이동하며, 일부 생물종은 멸종에 직면할 것이다. 특히 해양 생태계는 산성화와 수온 상승의 이중고로 인해 산호초 생태계의 붕괴, 어종 분포의 변화, 해양 먹이망의 재구조화를 겪게 될 가능성이 크다. 생물다양성의 손실은 단순한 종의 소멸을 넘어, 생태계 서비스의 약화와 인간 삶의 기반 위협으로 이어질 수 있다.
넷째, 사회경제 시스템 또한 기후 변화에 의해 심각한 영향을 받을 것이다. 농업 생산성은 지역에 따라 극명한 차이를 보이며, 식량·물·에너지의 안보 문제가 부각될 수 있다. 일부 지역에서는 농경이 불가능해지고, 수자원 고갈이 도시 기능의 붕괴를 초래할 수 있다. 극한 기후와 그에 따른 이주·갈등은 정치 불안정성을 증대시키고, 세계화의 구조 자체를 재편할 가능성도 있다.

그러나 이러한 전망이 전적으로 비관적인 것은 아니다. 기술과 정책, 그리고 국제협력이 뒷받침된다면, 인류는 파국적 전환이 아닌 지속가능한 전환의 길을 선택할 수 있다. 2100년의 지구는 고도로 디지털화된 녹색 사회로 진입해 있을 수도 있다. 탄소중립을 실현한 국가들은 재생에너지와 순환경제, 생물기반 기술(Bio-based tech)을 중심으로 한 저탄소 산업 체계를 구축하고, 기후복원 기술(Climate Restoration Technology)로 불리는 탄소포집 및 생태계 복원 솔루션을 통해 기후 안정화를 추진하고 있을 것이다.

결국 2100년의 기후는 단순한 과학적 시뮬레이션의 결과가 아니라, 지금 우리의 선택과 행동이 축적된 결과다. 인류는 과거 수천 년의 지구 역사를 바탕으로 자연에 적응해왔지만, 이제는 인위적으로 변화시킨 환경 속에서 스스로를 적응시켜야 하는 전환점에 서 있다. 우리는 2100년의 지구를 예측할 수는 있어도, 그 미래가 긍정적인지 부정적인지는 우리에게 달려 있다. 그러므로 현재의 기후행동은 미래세대에게 남겨줄 지구의 형태를 결정짓는 책임 있는 선택임을 우리는 결코 잊어서는 안 된다.

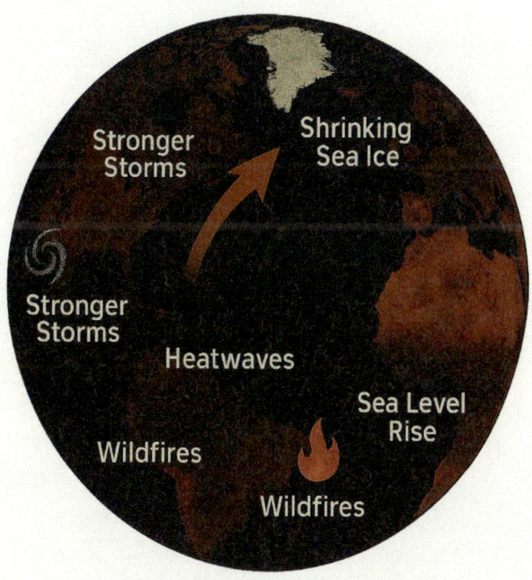

[ChatGPT 4.0이 작성한 2100년 기후시대를 반영한 지구의 모습]

Point 7. 기후기술 분류체계

국가 기후기술 분류체계는 과학기술정보통신부와 국가녹색기술연구소(NIGT)가 수립한 '기후기술협력 중장기 추진계획(2018~2020)'을 바탕으로 감축, 적응, 융·복합의 3개 분야 45개 기술분류로 구분된다.

대분류 감축(Mitigation)은 크게 '온실가스 저감' 영역과 '온실가스 고정'으로 이분화된다. 이중 '온실가스 저감' 영역의 경우 '에너지 공급', '에너지 저장·운송' 및 '에너지 수요' 세 가지 영역으로 분화된다.

적응(Adaptation)은 인간 및 자연시스템에서 기후변화로 인해 발생하는 환경적, 사회적 및 경제적 위험과 영향에 대응하기 위한 기술 전반을 포함한다.

감축/적응 융·복합(Mitigation/Adaptation Convergence)은 기술의 진보성에 의한 신기술 출현 및 학제간의 융합으로 융·복합 기술의 출현이 예상됨에 따라 기후기술 분류체계 수립 과정에서 새롭게 신설된 대분류이다.

[국가 기후기술 분류체계]

<table>
<tr><th>대분류</th><th colspan="4">중분류</th><th>소분류 범위</th></tr>
<tr><td rowspan="22">감축</td><td rowspan="20">온실가스 저감</td><td rowspan="13">에너지 생산&공급</td><td rowspan="13">발전&전환</td><td rowspan="3">(1) 비재생 에너지</td><td>1. 원자력 발전</td></tr>
<tr><td>2. 핵융합 발전</td></tr>
<tr><td>3. 청정화력 발전 · 효율화</td></tr>
<tr><td rowspan="8">(2) 재생 에너지</td><td>4. 수력</td></tr>
<tr><td>5. 태양광</td></tr>
<tr><td>6. 태양열</td></tr>
<tr><td>7. 지열</td></tr>
<tr><td>8. 풍력</td></tr>
<tr><td>9. 해양에너지</td></tr>
<tr><td>10. 바이오에너지</td></tr>
<tr><td>11. 폐기물</td></tr>
<tr><td rowspan="2">(3) 신에너지</td><td>12. 수소제조</td></tr>
<tr><td>13. 연료전지</td></tr>
<tr><td colspan="2" rowspan="4">에너지 저장&운송</td><td rowspan="2">(4) 에너지 저장</td><td>14. 전력저장</td></tr>
<tr><td>15. 수소저장</td></tr>
<tr><td rowspan="2">(5) 송배전 &전력IT</td><td>16. 송배전 시스템</td></tr>
<tr><td>17. 전기지능화 기기</td></tr>
<tr><td colspan="3" rowspan="3">(6) 에너지 수요</td><td>18. 수송효율화</td></tr>
<tr><td>19. 산업효율화</td></tr>
<tr><td>20. 건축효율화</td></tr>
<tr><td colspan="4" rowspan="2">(7) 온실가스 고정</td><td>21. CCUS</td></tr>
<tr><td>22. Non-CO_2 저감</td></tr>
</table>

[국가 기후기술 분류체계(계속)]

대분류	중분류	소분류 범위
적응	(8) 농업&축산	23. 유전자원&유전개량
		24. 작물재배&생산
		25. 가축질병관리
		26. 가공, 저장&유통
	(9) 물관리	27. 수계&수생태계
		28. 수자원 확보 및 공급
		29. 수처리
		30. 수재해 관리
	(10) 기후변화예측 및 모니터링	31. 기후 예측 및 모델링
		32. 기후 정보&경보 시스템
	(11) 해양, 수산&연안	33. 해양생태계
		34. 수산자원
		35. 연안재해 관리
	(12) 건강	36. 감염 질병 관리
		37. 식품 안전 예방
	(13) 산림&육상	38. 산림 생산 증진
		39. 산림 피해 저감
		40. 생태 모니터링&복원
감축/적응 융·복합	(14) 다분야 중첩	41. 신재생에너지 하이브리드
		42. 저전력 소모 장비
		43. 에너지하베스팅
		44. 인공광합성
		45. 분류체계로 다루기 어려운 기후변화 관련 기타 기술

국가기후기술분류체계

감축
Mitigation

크게 **온실가스 저감** 영역과 **온실가스 고정**으로 이분. 온실가스 저감 영역의 경우 에너지 공급, 에너지 저장·운송 및 에너지 수요의 세 가지로 분화

적응
Adaptation

기후변화로 인해 발생하는 환경적·사회적·경제적 위험과 영향에 **대응하기 위한 기술** 전반을 포함

감축/적응 융복합
Mitigation/Adaptation Convergence

IPCC 용어집에서는 별도로 구분하지 않으나 **신기술 출현 및 학제간 융합으로 융·복합 기술 출현이 예상**됨에 따라 기후기술 분류체계 수립 과정에서 신설

Point 8. 기후변화에 관한 정부 간 협의체(IPCC)

기후변화에 관한 정부 간 협의체(IPCC; Intergovernmental Panel on Climate Change)는 유엔 산하의 세계기상기구(WMO)와 유엔환경계획(UNEP)이 인간의 활동이 기후변화에 미치는 위험을 평가하기 위해 1988년 11월 공동으로 설립한 조직이다.

기후변화에 관련된 과학적, 기술적 사실에 대한 평가를 제공하고 국제적 대책을 마련하기 위한 유엔 산하의 정부간 협의체 성격을 띠고 있다. 유엔 기후변화협약의 이행과 관련한 특별보고서를 작성하는 것이 주요 임무다. 2023년에 발표된 IPCC 제6차 평가보고서를 포함해 지금까지 6차례 발표한 보고서[29]를 통해, 인간이 만든 오염물질로 인해 발생하는 기후변화와 관련된 과학적, 기술적, 사회경제학적 정보를 제공해 왔다.

IPCC 평가 보고서는 기후변화에 관한 가장 포괄적인 최신의 정보를 제공하며, 이 보고서는 전 세계 학계, 정부 및 산업 부문에서 기후변화와 관련된 모든 사항에 대해 표준 참고자료로 평가받는다.

2023년 발표된 「IPCC 第6차 평가보고서(AR6, The Sixth Assessment Report) 종합보고서」는 통합적인 단기 기후 행동의 시급성을 강조하고 있다. 주로 온실가스 배출을 통한 인간 활동은 명백히 지구온난화를 유발했으며, 인간이 초래한 지구온난화를 제한하려면 CO_2 배출량이 넷제로(Net-Zero)가 되어야 한다고 언급한다. 넷제로 CO_2 배출량에 도달할 때까지의 누적 탄소 배출량과 이번 10년 동안의 온실가스 배출량 감소 수준은 온난화를 1.5℃ 또는 2℃로 제한할 수 있는지 여부를 크게 결정할 것이라고 명시하였다.

IPCC는 2008년 4월 헝가리 부다페스트에서 열린 28차 연례회의에서 제5차 기후변화보고서를 2014년까지 내기로 합의하였고 제5차 기후변화보고서에서는 온실가스 감축 이행을 하지 않는다면, 각종 기후변화 재해의 발생 가능성에 대해 제시하고 있다.

---

29) * 제1차 평가보고서(1990년)는 지구온난화의 과학적 증거 확인 → 각국의 온실가스 배출 억제 노력을 촉구하는 유엔기후협약을 발족하는 결정적 계기가 되었다.
* 제2차 평가보고서(1995년)는 지구온난화는 인간에 의한 영향으로 결론지었으며, 이에 온실가스를 줄이기 위한 장치로 1997년 교토의정서를 채택하였다.
* 제3차 평가보고서(2001년)는 현재의 기후시스템의 이해와 미래 기후변화에 대한 예측값과 이의 불확실성을 제기하였다.
* 제4차 평가보고서(2007년)는 시나리오에 따른 미래 기후변화 전망을 제시하였고 기후변화는 명백한 사실임을 증명하였다.
* 제5차 평가보고서(2014년)는 온실가스 감축을 이행하지 않는다면, 2100년까지 지구 온도가 19세기 산업화 이전 대비 4℃ 이상 상승하여 가뭄과 홍수 등 각종 기후변화 관련 재해가 발생할 것을 예측하였다.
* 제6차 평가주기 종합보고서(2023년)는 온실가스 배출을 통해 인간의 활동이 지구온난화를 초래한 것이 명백하며, 각국이 온실가스감축목표(NDC)를 상향하지 않으면 지구 평균온도 상승 폭이 2100년까지 2.8도에 달할 것이라는 전망이 제시되었다.

Point 9. 기후변화에 관한 국제연합 기본협약(기후변화협약, UNFCCC)

기후변화협약의 정식명칭은 기후변화에 관한 유엔 기본협약(UNFCCC; United Nations Framework Convention on Climate Change)이며 리우환경협약이라고도 한다.

유엔 기후변화협약은 1992년 6월 브라질의 리우환경회의에서 지구온난화에 따른 이상기후현상을 예방하기 위한 목적으로 채택되었다. 이 협약은 인류에 의해 발생하는 위험하고 인위적인 요소들이 기후시스템에 영향을 미치지 않도록 대기 중 온실가스의 농도를 안정화시키는 것을 궁극적인 목적으로 하고 있다. 회의 시 도서 국가연합 및 EU 등은 구속력 있는 감축의무를 규정하자고 주장하였으나, 미국 여타 선진국들이 반대하여 단순한 노력사항으로 규정됐다.

우리나라는 1993년 12월 14일 47번째로 가입하였으며 2024년 현재 팔레스타인, 니우에, 쿡 제도, 유럽연합(EU) 등 198개국이 가입한 상태이다. 기후변화협약의 기본원칙은 첫째, 공동의 차별화된 책임 및 능력에 입각한 의무부담의 원칙이다. 이것은 온실가스 배출에 역사적인 책임과 기술, 재정 능력이 있는 선진국들의 역할을 강조한 것이다.

둘째, 모든 국가의 지속 가능한 성장의 보장 원칙이다. 기술을 발전시키면서 이상기후현상 예방에 힘쓴다는 뜻이다.

기후변화협약의 의무원칙 모든 국가들이 부담하는 공통적인 의무사항으로는 온실가스 배출감축을 위한 국가전략을 자체적으로 수립 및 시행하고 공개하는 것과 온실가스 배출량 및 흡수량에 대한 국가 통계와 정책이행에 관한 국가보고서 작성 및 당사국 총회에 제출하는 것이 있다. 그리고 일부 회원국만이 부담하는 특정 의무사항에는 공동, 차별화 원칙에 따라 국가별로 각기 다른 의무를 부담토록 하는 규정도 포함하고 있다.

UNFCCC 로고

IPCC 제6차 평가보고서

Point 10. 교토의정서와 파리기후협약

[1] 교토의정서(Kyoto Protocol)

지구온난화 규제 및 방지의 국제협약인 기후변화협약의 구체적 이행 방안으로서 선진국의 온실가스 감축 목표치를 규정하고 있다. 1995년 3월 독일 베를린에서 개최된 기후변화협약 제1차 당사국총회에서 협약의 구체적 이행을 위한 방안으로서, 2000년 이후의 온실가스 감축 목표에 관한 의정서를 1997년 제3차 당사국총회에서 채택키로 하는 베를린 위임사항(Berlin Mandate)을 채택함에 따라 1997년 12월 제3차 당사국총회에서 최종적으로 채택되었다.

의정서가 채택되기까지는 온실가스의 감축 목표와 감축 일정, 개발도상국의 참여 문제로 선진국 간, 선진국과 개발도상국 간의 의견 차이로 심한 대립을 겪기도 했지만, 2005년 2월 16일 공식 발효되었다.

의무이행 대상국은 오스트레일리아, 캐나다, 미국, 일본, 유럽연합(EU) 회원국 등 총 38개국이며 각국은 2008~2012년 사이에 온실가스 총배출량을 1990년 수준보다 평균 5.2% 감축하여야 한다.

각국의 감축 목표량은 -8 ~ +10%로 차별화하였고 1990년 이후의 토지 이용변화와 산림에 의한 온실가스 제거를 의무이행 당사국의 감축량에 포함하도록 하였다. 그 예로 유럽연합 -8%, 일본 -6%의 온실가스를 2012년까지 줄여야 한다.

의무이행 당사국의 감축 이행시 신축성을 허용하기 위하여 배출권거래(Emission Trading), 공동이행(Joint Implementation), 청정개발체제(Clean Development Mechanism) 등의 제도를 도입하였으며, 1998년 11월 부에노스아이레스에서 개최된 제4차 당사국총회에서는 신축적인 제도운용과 관련한 작업을 2000년까지 완료한다는 부에노스아이레스 행동계획(Buenos Aires Plan of Action)이 채택되었다.

한국은 제3차 당사국총회에서 기후변화협약상 개발도상국으로 분류되어 의무대상국에서 제외되었으나, 몇몇 선진국들은 감축목표 합의를 명분으로 한국과 멕시코 등이 선진국과 같이 2008년부터 자발적인 의무부담을 할 것을 요구하였고 제4차 당사국총회 기간에 아르헨티나, 카자흐스탄 등의 일부 개발도상국은 자발적으로 의무를 부담할 것을 선언하였다. 미국은 전 세계 이산화탄소 배출량의 28%를 차지하고 있지만, 자국의 산업보호를 위해 2001년 3월 탈퇴하였다.

온실가스 배출량의 많은 지분을 차지하는 중국과 인도가 개발도상국으로 분류되어 온실가스 감축 의무를 지지 않자 형평성에 문제를 제기하던 캐나다, 일본, 러시아도 2013년 탈퇴하였다.

[2] 파리기후협약(Paris Agreement)

2020년 만료되는 교토의정서를 대신하여 2015년 12월 프랑스 파리에서 열린 제21차 UN 기후변화 협약 당사국 총회 본회의에서 195개의 당사국이 채택하였다. 신기후체제라고도 불린다.

지구온난화로 인한 기온 상승을 산업화 이전 대비 2℃ 아래로 막고 산업화 이전 대비 1.5℃ 이상 기온 상승을 제한하도록 하였으며, 2100년까지 지구 온도가 2015년 기준 +1.15℃를 초과하지 않을 것을 목표로 하는 협약이다. 이를 위해 5년마다 각국이 온실가스 감축 목표를 설정하는 것 등이 요구된다. 최종적으로 모든 국가는 이산화탄소 순배출량 0을 목표로 해야 한다.

우리나라는 2016년 12월부터 발효된다.

미국은 2017년 6월 파리협정 비준을 거부하였으나 2021년 1월에 무효화된 바 있는데, 2025년 재탈퇴 의사를 밝혔다. 파리협정 탈퇴 서류가 곧바로 UN에 제출되면 미국은 2026년 1월부터 협정의 의무를 지지 않게 된다.

[교토의정서와 파리기후협약의 차이]

체제	교토의정서	파리기후협약
채택	1997년 12월	2015년 12월
발효	2005년	2016년
만료시기	2020년	없음
대상국가	주요 선진국으로만 37개국	참석 대상 195개국
적용의의	2020년까지 기후변화 대응방식 규정	2020년 이후 새로운 기후체제 도입
주요내용	온실가스에 해당하는 기체 지정 온실가스 감축 목표 설정	지구 온도 상승을 최대한 제한하도록 노력 개발도상국의 기후변화 대책 사업 지원
대한민국	해당되지 않음	2030년 예상되는 배출전망치(BAU; Business As Usual) 약 8.5억 톤을 37% 감축하겠다는 목표를 UN 기후변화 협약 사무국에 제출

[3] 발리 로드맵(Bali Roadmap)

2007년 12월 인도네시아 발리에서 열린 UN 기후변화협약 당사국 총회에서 결정된 협약이다. 교토의정서는 39개국의 선진국이 온실가스를 의무적으로 감축해야 하는 것을 선언했고 그 유효기간은 2012년에 끝나므로 2012년 이후 협상의 가장 큰 쟁점이었던 미국과 개도국의 참여 계기를 마련하여 전 세계가 온실가스 감축을 위해 힘을 합하기로 한 데에서 그 의의가 있다. 그러나 미국의 반대로 장기목표 설정에 실패하였고, 개도국에 주어진 '감축행동'은 정량적 목표 설정과 목표의 지속적 달성을 담보할 수 없다는 한계가 있다.

긍정적 영향으로는 첫째, 국가별로 다양한 기후정책의 도입과 함께 이를 위한 경제적 수단 도입이 가능하다. 둘째 기존 화석연료 중심의 에너지 사용에서 친환경 에너지의 전환을 의미한다. 셋째, 기후변화 적응 문제와 관련한 연구 활성화 및 지원/방지제도의 적용이 활발하게 일어날 가능성이 크다. 넷째, 탄소시장 확대 가능성이 높다(기후변화 관련 규제의 도입과 온실가스 감축 사업이 동시에 활발해지며 기존 탄소시장의 규모와 범위가 확대될 수 있음)는 점 등이다.

함께 알아야 할 포인트

기준연도(Base year)란 무엇인가?

감축목표 설정 시 이용되는 특정 연도를 지칭하는 것으로 선진국의 경우 1990년을 기준연도로 사용한다. 다만, 교토의정서가 제안하는 세 가지 산업가스【수소불화탄소(HFCs), 과불화탄소(PFC), 육불화황(SF_6)】는 자연계에 존재하지 않고 인공적으로만 만들어졌기 때문에 1995년을 기준연도로 선택할 수 있다.

Point 11. 당사국 총회(COP; Conference of the Parties)

UNFCCC의 최고 의사결정 기구로서 기후변화협약의 진행을 전반적으로 검토하기 위해 1년에 1회 개최된다. 제1차 총회는 1995년 베를린, 제2차 총회는 1996년 제네바, 제3차 총회는 1997년 교토에서 개최되었으며 2015년 프랑스 파리에서 제21차 총회가 개최되었다. 최근에는 2023년 11월 아랍에미리트 두바이에서 제28회 총회가, 2024년 11월 아제르바이잔 바쿠에서 제29회 총회가 개최되었다. COP30은 2025년 브라질로 예정되어 있다.

인공지능(AI)이 알려주는 핵심 포인트

■ 인공지능(AI) 관점에서 바라본 파리기후협약(Paris Agreement)의 장점과 단점

2015년 채택된 파리기후협약(Paris Agreement)은 인류 역사상 처음으로 선진국과 개발도상국 모두가 참여하여 지구 평균기온 상승을 산업화 이전 대비 2℃ 이하로 제한하고, 가능하면 1.5℃ 이내로 억제하는 데 합의한 전 지구적 기후 체제이다. 이 협약은 국가별로 자발적인 온실가스 감축 목표(NDC: Nationally Determined Contributions)를 설정하고, 이를 5년 주기로 갱신하며 이행 상황을 투명하게 공유하는 구조로 설계되었다. 특히 법적 강제력보다는 자율성과 유연성에 초점을 두어 대부분의 국가가 참여할 수 있도록 한 것이 큰 특징이다.

파리협약의 가장 큰 장점은 포용성과 지속가능성에 있다. 선진국뿐만 아니라 개발도상국까지 포함된 보편적인 합의 구조는 국제사회 전반의 기후 대응 의지를 제도적으로 뒷받침하였다. 또한 자율적으로 목표를 정하고, 점진적으로 강화해 나가는 '하향식(bottom-up)' 구조는 각국의 정치·경제적 현실을 고려하면서도 국제적인 압력과 협력을 유도하는 데 효과적이었다. 더불어 감축 목표뿐 아니라 기후변화 완화(mitigation), 적응(adaptation), 기후금융, 기술 이전, 역량 강화 등 종합적인 기후 대응 체계를 담고 있어, 글로벌 파트너십의 토대를 마련하였다는 점에서도 평가받는다.

또한 인공지능 및 디지털 기술 기반의 기후 데이터 수집과 분석이 점점 보편화되는 현시점에서, 파리협약의 "투명성 강화 체계(Enhanced Transparency Framework)"는 감축 실적의 객관적 검증과 국제적 신뢰 구축의 기반이 된다. 이는 장기적으로 위성관측, 사물인터넷(IoT), AI 기반 탄소 회계 기술 등이 통합되며, 과학적 감시체계로 발전할 수 있는 여지를 제공한다.

하지만 파리협약에는 구조적인 한계와 실효성 문제도 내재되어 있다. 가장 중요한 비판은 각국의 NDC가 법적 구속력이 없다는 점이다. 목표를 이행하지 않아도 제재가 없기 때문에, 실질적인 감축보다는 선언적 목표에 그칠 위험이 존재한다. 실제로 IPCC는 현재까지 제출된 감축 계획만으로는 2100년까지 지구 평균기온이 2.5~2.9℃ 상승할 가능성이 높다고 경고한다. 이는 협약의 핵심 목표인 1.5℃를 달성하기 위해서는 더 빠르고, 더 강력한 감축 조치가 필요하다는 것을 시사한다.

또한, 기후 정의(climate justice) 측면에서도 논란이 지속되고 있다. 역사적으로 온실가스를 대량 배출해온 선진국과 이제 막 경제성장을 시작한 개발도상국 사이의 책임과 부담 배분이 여전히 공정하지 않다는 인식이 강하며, 기후금융이나 기술 이전이 기대만큼 이행되지 않고 있다는 점도 문제로 지적된다. 일부 국가는 감축 실적을 과대 보고하거나, 불충분한 데이터를 제출하는 등 보고 체계의 신뢰성 문제도 존재한다.

결론적으로, 파리기후협약은 완벽한 제도는 아니지만, 기후위기에 대한 국제사회의 공동 대응 기반을 마련했다는 점에서 그 상징적·정치적 의미는 매우 크다. 향후 인공지능 기반 감시기술과 기후 데이터 분석이 정교해짐에 따라, 파리협약은 보다 강력한 투명성과 이행력을 갖춘 실질적 감축 체계로 진화할 수 있을 것이다. 기후위기를 늦추고 전환을 이끌어낼 수 있을지의 열쇠는, 이 협약을 얼마나 진지하게 이행하느냐에 달려 있다.

Point 12. 녹색기후기금(GCF; Green Climate Fund)

녹색기후기금이란 개발도상국의 이산화탄소 절감과 기후변화에 대응하기 위해 만들어진 국제금융기구이다. 2010년 12월 멕시코 칸쿤에서 개최된 COP16에서 기금 설립이 승인된 UNFCCC의 대표적 기후기금이다.

녹색기후기금은 온실가스를 감축하거나 개도국의 기후변화 적응 능력을 높이는 사업에 기금을 투자하며, 투자한 기금이 적절하고 투명하게 운용되고 있는지 평가하는 역할을 수행한다. 한국에서는 2013년 12월에 인천 송도에 정식 사무국이 출범하였다.

2023년 10월 개최된 제37차 GCF 이사회 승인 내역을 포함하여 총 243건의 사업이 승인되었으며, 누적 지원액은 총 135억 달러, 협조금융(co-financing)을 포함한 GCF 지원사업의 총규모는 519억 달러에 달한다. 243건의 사업이 감축한 온실가스 배출량은 총 29억 tCO_2e, 직·간접적 수혜자는 총 10.2억 명으로 추산된다.[30)]

Point 13. 기후변화영향평가

기후변화영향평가란 국가의 주요 계획 또는 대규모 개발사업에 대해 기후변화 영향을 사전에 평가하도록 하여 기후위기 적응과 온실가스 감축을 유도하려는 제도를 말한다.

온실가스를 다량 배출하거나 기후위기에 취약한 10개 분야(에너지 개발, 산업입지 및 산업단지 조성, 도시 개발, 수자원 개발, 항만 건설, 산지 개발, 하천의 이용 및 개발, 도로 건설, 공항 건설, 폐기물·가축분뇨 처리시설 설치)의 계획 및 사업을 기후변화 대응·적응 관점에서 사전 평가하는 것으로, '기후변화영향평가'의 계획수립기관이나 사업자는 사전에 온실가스 감축 또는 기후위기 적응 측면에서 해당 계획과 사업을 평가해야 한다.

[전략 · 환경영향평가&환경영향평가와 기후변화영향평가의 차이점]

분류	전략 · 환경영향평가&환경영향평가	기후변화영향평가
목표	친환경적 발전	탄소중립
기대효과	건강 피해 최소화	기후변화영향 최소화
중점평가	생태, 인체 등 유해 오염물질로 인한 주변 환경피해	국가 전체의 탄소중립 목표

30) 관계부처합동(2021) 제3차 국제개발협력 종합기본계획(2021-2025) 자료 재구성

Point 14. 기후변화 취약성 평가[31)]

기후변화 연구에서는 '취약성(vulnerability)'을 주로 어떤 스트레스에 대한 노출과 사회적 시스템, 인간 역량을 종합한 관점으로 다루어 접근하고 있다. IPCC는 2001년, 취약성 개념을 기후에 대한 노출, 민감도, 적응능력의 함수로 제시하며 '기후변동 및 극단기후 등 기후변화로 인한 부정적 영향에 민감하거나 대응할 역량이 없는 정도'로 정의하였다.[32)]

취약성 = f (노출, 민감도, 적응능력)

[기후변화 취약성의 정의]

연구자 또는 기관	정의
IPCC(2001)	기후변동 및 극단기후 등 기후변화로 인한 부정적 영향에 민감하거나 대응할 역량이 없는 정도
UK CIP(2003)	기후다양성과 극한을 포함한 기후변화의 역효과에 시스템이 취약하거나 대처할 수 없는 범위 시스템의 민감성뿐만 아니라 적응능력에도 의존함
UNDF(2005)	기후변화, 스트레스에 대한 노출과 이에 대한 대응, 적응, 회복 능력에 따른 위험에 대한 민감도
UNFCCC	인구, 생물, 생태, 사회, 지역, 농업 등이 기후변화로 인한 역효과에 민감하고, 대처하지 못하는 정도

[기후변화 취약성 평가의 목적]

연구자 또는 기관	정의
국립환경과학원	지자체 적응대책 세부시행계획 수립 지원을 위해 전국 대상 기후변화 취약성 평가 실시 지자체 중심의 정책 지원을 위한 부문별 기후변화 취약성 평가 실시
UNITAR, 2007	기후변화 영향에 따른 위험을 순위화하여 적응대책 수립
UNEP, 2009	기후변화 적응 대책 수립을 위한 환경 조사
European Commission, 2005	대응대책, 적응대책의 목표에 맞는 지표 구축 및 구축 과정에 대한 확인
European Environment Agency, 2012	유럽지역에 대한 기후변화 취약성 변화 파악을 목적으로 하며, 이를 통해 기후변화 영향평가 및 취약한 분야 및 지역 분석에 따른 적응대책의 필요성 논의

31) 국가녹색기술연구소 외(2018) 기후변화적응 정책과 기술 자료 재구성
32) IPCC(2001) Climate Change 2001: Impacts, Adaptation and Vulnerability 자료 재구성

Point15. 사막화(Desertification)

기후변동과 인간 활동을 포함한 여러 가지 요인으로부터 건조, 반건조 및 건조한 준습지 지역에서 토지가 악화하는 것을 말한다. UNCCD(유엔 사막화방지협약)의 정의는 다음과 같다.

첫째, 바람 또는 물에 의한 토양 침식, 둘째, 토양의 물리적, 화학적, 생물학적 또는 경제적 특성의 악화, 셋째, 자연 상태의 초목의 장기적인 손실과 같이, 인간 활동 및 거주 유형으로 인해 야기되는 과정을 포함하여, 하나의 과정 또는 각 과정의 조합에서부터 기인하거나 토지 이용도로부터 기인하는 천수답, 관개한 농경지, 또는 목장, 방목장, 삼림 및 삼림지의 생물학적·경제적 생산성과 복잡성을 감퇴시키거나 잃어버림으로써 건조, 반건조 및 건조한 준 습지 지역에서 땅이 악화되는 것 사막화는 자연적 요인과 인위적 요인이 복합적으로 작용해 발생한다.

자연적 요인으로는 극심한 가뭄과 장기간에 걸친 건조화 현상이 있고, 인위적 요인으로는 과도한 경작 및 관개, 산림 벌채, 환경오염으로 인한 기후변화 등이 있다. 이러한 원인으로 숲이 점차 사라지게 되면 지표면의 태양에너지 반사율이 증가하고 이에 따라 지표면이 냉각되면서 온도가 낮아진다. 차가워진 지표면에는 건조한 하강기류가 형성되고 강우량이 감소해 토양의 수분이 적어지므로 사막화는 더욱 빠른 속도로 진행된다.

함께 알아야 할 포인트

■ 엘니뇨와 라니냐

[1] 엘니뇨(El nino)

열대 태평양의 광범위한 구역에서 해수면 온도가 평년과 비교 약 2~3℃ 높아지는 현상을 엘니뇨(스페인어로 남자아이 혹은 아기 예수를 뜻함)라고 하며 3~7년의 주기로 발생한다. 이 경우 태평양상의 대기가 해수면으로부터 평년보다 더 많은 에너지를 공급받게 되며, 증가한 에너지가 중·고위도로 수송되면서 대기순환이 왕성하게 이루어진다.

지구 대기순환이 평년과 상당히 달라져 여러 지역에 이상기후를 초래하는데, 예를 들어 1994년의 경우 기상관측 이래 가장 높은 기온이 나타난 사례가 있다.

[2] 라니냐(La nina)

적도 무역풍이 평년보다 강해지면 서태평양의 해수면과 수온이 평년보다 상승하게 되고, 찬 해수의 용승 현상 때문에 적도 동태평양에서 저수온이 강화되어 엘니뇨의 반대 현상인 라니냐(스페인어로 여자아이)가 발생한다.

동태평양을 가로지르는 대기 하층에서의 편동풍의 증가와 열대 동태평양의 대류권계 상층에서의 편서풍의 증가로 동태평양의 수온이 평년보다 낮아진다.

함께 알아야 할 포인트

■ 산성비(acid rain)

석탄, 석유와 같은 화석연료를 태우면 황산화물과 질소산화물이 배출되고, 이것이 공기 중에 떠돌다가 빗물에 녹아서 다시 땅으로 내려온다. 이 오염물질이 많이 존재하면 빗물이 산성을 띠는데 이를 산성비라고 한다. 황산화물이나 질소산화물이 없더라도 빗물은 pH 7의 중성이 아니라 pH 5.6 정도의 약한 산성을 띤다. 공기 중의 이산화탄소(탄산가스)가 녹아들기 때문이다.

따라서 산성비는 산성도(pH) 5.6 보다 더 강한 산성을 나타낼 때를 말한다. 강한 산성비가 내리면 식물이 죽거나 성장에 해를 끼치고, 호수에 사는 생물도 피해를 입는다. 또 건축물이 녹아내리기도 한다. 산성비 원인물질인 황산화물과 질소산화물은 먼 거리를 이동하고, 때로는 국경을 넘기 때문에 월경성 오염물질이라고 한다. 대표적으로 미국 동부지역에서 발생한 오염물질로 인한 산성비가 캐나다에, 과거 동유럽에서 발생한 오염물질이 서유럽에 피해를 주는 바람에 논란과 분쟁이 벌어지기도 했다. 중국에서 많은 석탄을 사용하는 바람에 산성비 원인물질이 한반도로 다가옴에 따라 생태계 피해가 예상된다.

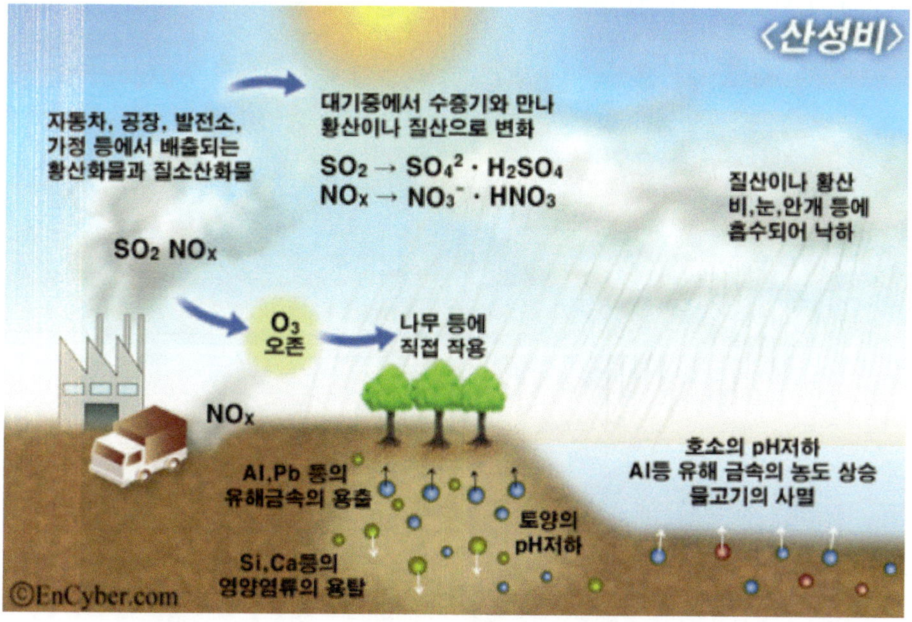

[산성비의 발생기작]

Point 16. 인류세(Anthropocene)[33)]

인류세는 네덜란드의 기상학자 파울 크뤼천(Paul Jozef Crutzen, 1933~2021)이 2000년대 초에 처음 제안한 개념이다. 그리스어 '인류(anthropos)'와 '시대(-cene)'의 합성어로 인간의 활동이 지구 환경을 바꾼 시기를 가리키는 새 지질시대의 명칭으로서 제안되었다.

국제지질과학연맹(IUGS)은 2009년 인류세 지정 연구를 위해 인류세실무그룹(AWG)을 설립하고 본격적인 인류세 도입 연구에 들어간 바 있다. 2023년 7월 AWG는 인류세를 대표할 지역(국제표준층서구역(GSSP), 지질연대를 구분하는 지질 기록이 보존된 곳)으로 캐나다 온타리오 주의 '크로퍼드 호수'를 선정하였다. 또한 인류세의 시작 시기를 1950년대로 설정하였으며 해당 시기에 전 지구에 흔적을 남긴 '플루토늄'을 주요 마커(표지)로 정했다고 밝혔다.

2024년 3월 IUGS 산하 '제4기 층서 소위원회'가 진행한 인류세 도입 투표 결과, 반대표 66%가 나와 공식적인 '인류세' 도입은 최종 부결되었다. 다만 이는 지질학적인 용어를 정의하는 관점에서 인류세 도입이 아직 이르기에 숙고가 필요하여 부결된 것으로 '인류세'에 담긴 의미를 부정하는 것은 아니라고 해석되고 있다.

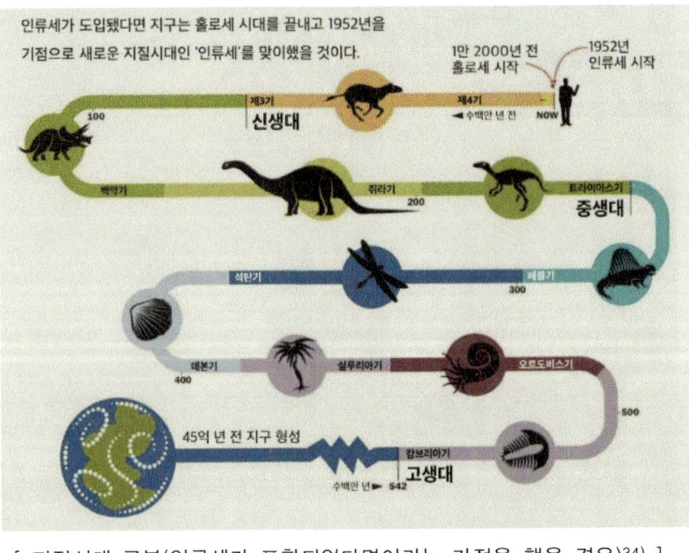

[지질시대 구분(인류세가 포함되었다면이라는 가정을 했을 경우)[34)]]

33) 인류세의 대표적인 증거로는 1. 대기중 이산화탄소 농도, 2. 지구 평균기온 상승, 3. 지층내 플라스틱·콘크리트·알루미늄 흔적, 4. 생물다양성 붕괴 및 대량 멸종 현상, 5. 핵실험으로 인한 방사성 동위원소 검출, 6. 인류 활동 흔적이 전 지구적으로 확인됨

34) 미국 지질조사국(USGS) http://www.usgs.gov 자료 참조 재작성

함께 알아야 할 포인트

■ 파울 크루첸(Paul J. Crutzen, 1933-2021)

파울 크루첸은 인류세 개념을 대중화 시킨 인물로 평가받고 있다. 특히 지구 대기와 기후시스템에 대한 인간의 영향을 지적하고 기후변화와 인류세의 논의에 중심에 있는 과학자이다.

파울 크루첸은 1933년 12월 네델란드 암스테르담에서 출생하였으며 그의 전공은 대기화학, 지구화학, 지구시스템과학으로 속일 막스플랑크 대기화학연구소(Max Planck Institute for Chemistry) 에서 근무하였다.

오존층 파괴의 화학적 메카니즘을 규명한 공로를 인정받아 1995년에 노벨화학상을 수상하기도 하였다. 2000년에 인류세에 문헌[35]을 발표하여 많은 사람들이 인류세에 대해 관심을 가지게 하였다. 크루첸은 국제 지구시스템 학술대회(IGBP)에서 강연 도중 "우리는 이미 홀로세(Holocene)를 지나 인류세(Anthropocene)에 들어섰다"라고 주장하였다. 이 발언이 과학계, 철학계 전반에 걸쳐 지구환경에 대한 인간의 책임을 묻는 전환점으로 평가받고 있다.

35) Crutzen, P. J., & Stoermer, E. F. (2000). The "Anthropocene" - Global Change Newsletter (IGBP), No. 41, pp. 17-18.

PART Ⅲ.

탄소중립과 녹색기술

Point 17. 지구 탄소순환[36)]

지구 탄소순환이란, 탄소가 대기 중 이산화탄소(CO_2), 해양 내 용존 무기탄소, 생물체 내 유기탄소, 토양 및 퇴적물, 암석 속 탄산염 등의 형태로 존재하면서, 광합성, 호흡, 분해, 침강, 풍화, 화산활동 등의 생물·화학·물리적 과정을 통해 지구 시스템 내에서 이동하고 재분배되는 일련의 순환 과정을 말한다.

산업화 이후 화석연료의 과다 연소나 지나친 산림 벌채 등 인간 활동으로 인해 공기 중으로 배출된 탄소가 타 권역의 흡수량을 초과하게 되었다. 이에 초과 발생한 탄소가 대기 중에 남아 지구 기권의 이산화탄소 농도를 증가시켰고, 이 이산화탄소가 온실효과를 유발하여 지구 평균기온을 상승시켰다.

1850년부터 2018년까지 인류는 총 645GtC의 탄소를 배출하였다. 이 중 약 68%는 에너지 생산, 산업활동, 교통 등을 위한 화석연료 사용에 의해 배출되었으며 약 32%는 토지 개간, 건축, 벌목 등 토지이용에 의해 배출되었다.

최근 10년간(2009~2018) 이산화탄소의 배출량은 화석연료의 연소 및 시멘트 생산으로 34.7GtCO_2, 산림훼손 등 자연환경변화로 5.5GtCO_2가 배출되고, 식물의 광합성과 대기및 해양의 흡수로 96%가 소멸되어 나머지 4%가 남아 탄소 수지 불균형 야기하고 있다.

36) ChatGPT 4.0에서 제공한 지구탄소순환 모식도

[지구 탄소수지 불균형 모식도]

함께 알아야 할 포인트

■ 지구탄소순환의 개념과 의의

탄소순환이란, 지구계(대기, 해양, 육상, 생물 등) 내에서 탄소가 다양한 형태로 이동하고 상호작용하는 자연적 순환 과정을 말한다. 이 과정은 지구의 기후 조절, 생물의 생존, 에너지 흐름에 깊게 관여하며, 탄소는 이산화탄소(CO_2), 유기물, 탄산염 등의 형태로 존재한다.

[탄소순환의 주요 구성요소]

구분	설명
대기	• CO_2의 형태로 존재, 광합성과 연소 등의 경로를 통해 이동
육상 생물권	• 식물의 광합성 → 탄소 흡수 / 호흡 → 배출
해양	• 표층해수의 용존 CO_2 흡수 및 심해로의 침강
암석권	• 석탄, 석유, 석회암 등 지질에 저장된 탄소
화석연료	• 인간에 의해 연소되면서 대기 중 CO_2 증가의 주요 원인

탄소는 대기 ↔ 생물권 ↔ 토양 ↔ 해양 ↔ 암석권을 거쳐 단기적/장기적으로 순환합니다. 지구탄소순환은 첫째, 지구의 기후를 조절한다. 둘째, 생명 유지 기반이 된다. 셋째, 탄소중립 기반 정보를 제공한다. 넷째, 기후변화 대응 전략의 수립 근거가 된다.

Point 18. 탄소중립[37)]

탄소중립은 대기 중 온실가스 농도가 인간 활동에 의해 더 이상 증가하지 않도록 탄소 순배출량을 0으로 만드는 것을 말한다. 넷제로(Net-Zero)라고도 부른다. 인간 활동에 의한 온실가스 배출량이 전 지구적 흡수량과 균형을 이룰 때 탄소중립이 달성된다.

탄소중립을 달성하기 위해서는 이산화탄소의 인위적 배출을 가능한 한 0에 가깝게 최대한 줄여야 하며, 배출된 온실가스는 숲 복원 및 산림관리 등을 통하여 육상생태계 흡수원을 개선하고 해양 흡수원을 확대함으로써 전체 자연계 흡수량을 증가시키거나 탄소 포집, 활용, 저장과 같은 탄소제거 기술을 활용해 제거해야 한다.

[지구 평균기온 상승 시나리오]

함께 알아야 할 포인트

■ 탄소중립의 의의

□ 과학적 의의
- 지구 온난화 속도 조절을 위한 기후 임계치(1.5°C) 달성 핵심 수단
- 기후변화에 따른 극단 기후, 해수면 상승, 생물 다양성 붕괴를 예방

□ 정책적 의의
- 글로벌 ESG 경영, 탄소국경세(CBAM), 국제 교역 조건화 대응
- 국가 산업구조 전환 및 녹색일자리 창출

□ 생태·윤리적 의의
- 생태계 회복력 증진, 미래세대 지속가능한 삶 보장
- 생명 중심 패러다임으로의 전환

---

37) 환경부 외(2022) 탄소중립교육 참고자료집 자료 재구성

인공지능(AI)이 알려주는 핵심 포인트

■ 탄소중립은 가능할까? 가능하다면 언제쯤 가능할까?

탄소중립(Carbon Neutrality)은 인간 활동으로 배출되는 이산화탄소를 포함한 온실가스를 흡수하거나 제거함으로써 순배출량을 '0'으로 만드는 것을 의미한다. 이는 단순히 배출을 줄이는 것을 넘어서, 남은 배출량을 산림이나 탄소 포집기술 등으로 상쇄하는 것을 포함한다. 최근 전 세계는 기후위기의 심각성을 인식하고 탄소중립을 핵심 전략으로 채택하고 있으며, 이는 기술적·정책적·사회적 전환을 동시에 요구하는 거대한 과제이다.

탄소중립은 이론적으로 충분히 가능하다. 이미 풍력, 태양광 등 재생에너지 기술은 빠른 속도로 발전하고 있으며, 에너지 저장장치(ESS), 전기차, 스마트 전력망 등도 상용화 단계에 들어섰다. 또한 탄소를 직접 포집·저장하는 탄소포집저장기술(CCS), 인공광합성, 직접공기포집(DAC) 등의 기술도 개발되고 있다. 이 외에도 농업·산림 기반 탄소흡수원 관리, 순환경제 기반 자원 활용, 친환경 건축 및 수송체계 구축 등 다양한 분야에서 탄소중립 실현을 위한 접근이 가능하다.

하지만 기술적 가능성과 현실적인 실현 가능성 사이에는 간극이 존재한다. 첫째, 여전히 세계 에너지 공급의 약 80%는 화석연료에 의존하고 있으며, 일부 개발도상국은 산업화 과정에서 배출량이 증가하고 있다. 둘째, 정치적 의지와 국제적 합의가 부족한 경우도 많고, 탄소세나 배출권 거래제도에 대한 반발도 존재한다. 셋째, 무엇보다도 산업 전환과정에서의 사회적 저항과 형평성 문제도 주요 과제로 남아 있다.

이러한 조건을 고려하면, 탄소중립은 단기적으로 실현되기 어렵지만 장기적인 목표로는 충분히 가능하다.

현재 국제사회는 '2050 탄소중립(Net-Zero by 2050)'을 표준 목표로 설정하고 있다. 유럽연합(EU), 영국, 한국, 일본 등은 이 시기를 법제화했으며, 미국과 중국도 각각 2050년과 2060년을 목표로 하고 있다. 유엔 기후변화에 관한 정부 간 협의체(IPCC) 또한 지구 평균기온 상승을 1.5℃ 이내로 제한하려면 2050년까지 전 세계가 순배출 0을 달성해야 한다고 강조하고 있다.

결론적으로, 탄소중립은 기술과 제도의 결합을 통해 실현 가능하며, 그 시점은 전 지구적 협력의 수준에 달려 있다. 기술 발전의 속도, 정책의 일관성, 그리고 시민사회의 수용성과 실천이 뒷받침될 경우, 21세기 중반인 2050년경 탄소중립 실현은 결코 불가능한 목표가 아니다. 그러나 이를 위해서는 지금 이 순간부터의 근본적 전환과 장기적 비전이 반드시 필요하다.

Point 19. 탄소흡수원

「탄소흡수원 유지 및 증진에 관한 법률(약칭: 탄소흡수원법)」에서는 탄소흡수원을 '탄소를 흡수하고 저장하는 입목, 죽, 고사유기물, 토양, 목제품 및 산림바이오매스 에너지'라고 정의하고 있으며, 한국임업진흥원에서는 '자연적이거나 인위적으로 대기 중의 이산화탄소를 저장하는 것'이라고 정의하고 있다. 이를 고려하였을 때 탄소흡수원은 공통적으로 '대기 중의 탄소를 흡수하여 저장 및 이용하는 곳'을 의미한다고 할 수 있다.

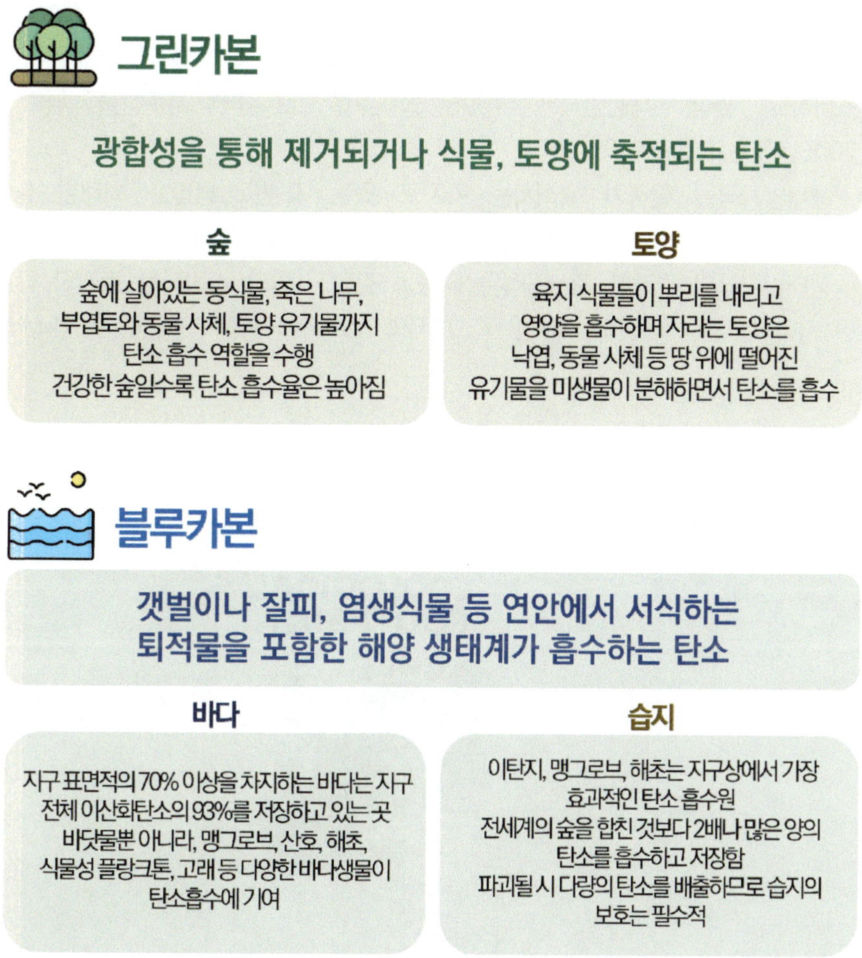

[탄소흡수원의 종류]

Point 20. 생태발자국과 탄소발자국

[1] 생태발자국(EF; Ecological Footprint)[38)]

생태발자국은 1996년 캐나다 경제학자 마티스 웨커네이걸과 윌리엄 리스가 개발한 개념이다. 인간이 지구에서 삶을 영위하는 데 필요한 의·식·주 등을 제공하기 위한 자원의 생산과 폐기에 드는 비용을 토지로 환산한 지수를 말한다. 인간이 자연에 남긴 영향을 발자국으로 표현한 것이다.

지구가 기본적으로 감당해 낼 수 있는 생태발자국 면적 기준은 1인당 1.8㏊이며 면적이 넓을수록 환경문제가 심각하다는 의미를 지닌다. 선진국으로 갈수록 이 면적이 넓은 것으로 나타났으며, 선진국에 사는 사람들 가운데 20%가 세계 자원의 86%를 소비하고 있다. 대한민국은 1995년을 기준으로 이 기준점을 넘기 시작했고, 2005년에는 3.0㏊에 이르렀다.

생태발자국을 줄이기 위해서는 가지고 있는 자원의 낭비를 최대한 줄이고, 대체 에너지를 개발하여 환경오염의 가속화와 자원의 고갈을 막아야 한다.

생태발자국의 간략한 계산공식은 다음과 같다. 1인당 소비되는 토지의 양 (ha/인) = 한 지역의 1인당 소비량 (㎏/인) / 그 지역 토지의 산출률 (단위생산량 (㎏/㏊))

$$EF = \Sigma\ (Ci\ /\ Pi \times YFi \times EQFi),$$

여기서 EF: 총 생태발자국 (Global Hectares, gha), Ci: 항목 i의 연간 소비량, Pi: 항목 i의 단위 생산성, YFi: 국가별 생산성 보정 계수 (Yield Factor), EQFi: 생태계 유형별 보정 계수 (Equivalence Factor)

38) Wackernagel, M. & Rees, W. (1996). Our Ecological Footprint: Reducing Human Impact on the Earth
Global Footprint Network (https://www.footprintnetwork.org)
생태발자국은 경작지, 목초지, 산림, 어장, 건설지, 탄소흡수에 필요한 산림면적 등 6가지 생물생산면적 범주로 구성된다.

[2] 탄소발자국(Carbon Footprint)

탄소발자국이란 사람의 활동이나 상품을 생산, 소비하는데 직-간접적으로 발생하는 이산화탄소(CO_2)의 총량을 말한다. 개인 또는 단체가 직접·간접적으로 발생시키는 온실가스의 총량을 의미하며, 여기에는 일상생활에서 사용하는 연료, 전기, 용품 등이 모두 포함된다.

최근에는 디지털 기기 사용량이 늘어나며 발생하는 탄소가 큰 문제로 부상하고 있다. 글로벌 비영리 단체인 '기후 케어(Climate Care)'는 현재 전 세계적으로 25억 명 사람들이 인터넷을 사용하고 있으며, 이로 인해 발생하는 이산화탄소 발생량이 연간 8억 3,000만 톤에 달한다고 보고했다. 이는 전 세계 탄소 배출량의 약 2%를 차지하는 수치다. 불필요한 이메일 정리, 디지털 기기의 화면 밝기 조정, 개인 데이터 수집에 대한 추적 보호 기능 사용, 일상생활에서 디지털 기기 사용량 줄이기 등을 통해 디지털 탄소발자국 배출량을 절감할 필요가 있다.

Point 21. 온실가스 고정과 이산화탄소 포집·전환·저장 기술(CCUS)[39)]

온실가스 고정이란 대기 중의 온실가스를 물리적으로 한곳에 고정시키는 등의 기술을 통해 궁극적으로 온실가스 저감을 실천하는 일을 말한다.

이산화탄소를 줄이기 위한 이산화탄소 고정화 기술은 일반적으로 '이산화탄소 포집·전환·저장 기술(CCUS; Carbon Capture, Utilization and Storage)' 기술로 통칭된다. CCUS 기술은 화력발전소, 철강, 시멘트 공장 및 석유화학 공장과 같이 화석연료의 연소 및 특정 공정 중 발생하는 CO_2 배출원으로부터 이산화탄소를 포집한 후 수송해, 지하의 안전한 지층에 저장하여 대기로부터 격리하는 기술로 정의된다.

최근에는 포집한 CO_2를 석유나 천연가스의 회수증진에 활용하거나, 화학적 혹은 생물학적인 방법을 이용해 CO_2를 고분자나 액체연료 등의 유용한 물질로 전환하는 재활용적 격리기술까지 CCUS에 포함하고 있다.

비이산화탄소(Non-CO_2) 고정화 기술은 CO_2 이외의 온실가스를 지구온난화 지수가 낮거나 온난화 유발효과가 없는 물질로 대체하는 기술과 Non-CO_2 온실가스의 사용을 최소화하는 기술, 그리고 발생하는 Non-CO_2 물질을 친환경적이면서 고효율로 회수, 재활용, 파괴하는 기술 등을 포함한다.

39) 녹색기술센터(2020) 기후변화? 기후기술! 자료 재구성

함께 알아야 할 포인트

■ 일반생활에서 온실가스를 줄이는 방법은 무엇인가?
우리 일상에서 국민이 온실가스를 줄이는 방법은 자원의 절약과 에너지 저소비, 환경친화적 생활방식을 정착시키는 노력에서 시작한다.

* 이산화탄소의 좋은 흡수원인 나무 심고 가꾸기
* 에너지도 절약하고 건강도 지키기 위한 냉난방 전력 아끼기(여름철 적정 냉방 온도는 26~28℃, 겨울철 적정 난방온도는 18~20℃)
* 온실가스 중의 하나인 메탄은 폐기물 매립 처리 과정에서 발생하므로 불필요한 폐기물의 발생을 억제하기 위한 재활용하기
* 에너지효율이 높은 제품 사용하기
* 환경친화 상품 구입하기 등

함께 알아야 할 포인트

■ 국가 온실가스 감축 목표(NDC; National Determined Contributions)
각 국가는 지구 평균기온 상승을 2℃ 이하로 제한하기 위해 NDC를 제출하고 이를 이행해야 한다.

NDC는 5년마다 갱신되며, 이전 목표보다 더 높은 수준의 감축 목표를 제시한다.

한국의 경우 2030년까지 온실가스 배출량을 2017년 대비 24.4% 감축하는 것을 목표로 한다.

Point 22. 온실가스 인벤토리

온실가스 인벤토리란 온실가스가 어디에서 얼마만큼 발생하고 있는지를 조사하여 온실가스 배출원별로 자료를 구축한 것을 말한다. 온실가스 인벤토리는 에너지 사용량, 폐기물 처리량 등 관련 통계자료를 확보하기까지 약 2년이 소요되므로 특정 연도의 온실가스 인벤토리는 그로부터 최대 2년이 지나는 해의 12월에 공개된다.

우리나라의 국가 온실가스 인벤토리 보고서(NIR; National Inventory Report)는 교토의정서에서 규정한 6대 온실가스인 이산화탄소(CO_2), 메탄(CH_4), 아산화질소(N_2O), 수소불화탄소(HFCs), 과불화탄소(PFCs), 육불화황(SF_6)의 배출·흡수량을 보고한다.

온실가스는 종류에 따라 대기 잔류기간 동안 방열(radiative activity) 수준이 서로 다르므로 배출량의 수준 파악 및 원활한 상호 비교를 위해 지구온난화지수를 사용하여 계산한 CO_2 환산량(CO_2-eq; carbon dioxide equivalent)으로 국가 총배출량을 산정한다.[40]

국가 온실가스 인벤토리 보고서는 서론, 국가 온실가스 배출 및 흡수 추이, 분야별(에너지, 산업공정, 농업, 토지이용·토지이용 변화 및 임업, 폐기물) 온실가스 배출량, 부록으로 구성되어 있다.

온실가스 인벤토리 작성의 목적은 다음과 같다.

첫째, 온실가스 배출 실태 파악
둘째, 정책 수립 및 감축 목표 설정
셋째, 국제협약 이행 점검 및 보고(UNFCCC, 파리협정 등)
넷째, 배출권 거래제 및 탄소세의 기초자료
다섯째, 부문별 배출 특성 분석을 통한 효율적인 감축 방안 도출

Point 23. 배출권거래제(ET; Emissions Trading)

배출권거래제란 온실가스인 이산화탄소 배출 감축의무와 배출 허용량을 정한 뒤, 할당량만큼의 감축이 불가능한 기업이나 국가가 감축 목표를 초과 달성한 기업이나 국가로부터 배출권을 사들여 감축 목표를 달성하도록 한 것을 말한다. 교토의정서에 따라 각국에 부여된 온실가스 감축 의무 이행에 신축성을 두기 위해 도입했다.

온실가스 감축 의무를 지닌 국가들은 모두 의무 감축량을 달성해야 한다. 만약 의무 감축량 이상의 실적을 올렸다면 해당 양만큼의 배출권을 다른 국가에 팔아 금전적인 수입을 올릴 수 있도록 장려하는 것이다.

목표 감축량을 달성하지 못했다면, 그만큼의 탄소배출권을 다른 국가에서 구매해 의무 실적을 채워야 한다. 이렇게 탄소배출권을 상품처럼 자유롭게 사고팔 수 있게 허용함으로써 세계 각국이 자발적으로 온실가스 배출을 줄여나가도록 유도한다. 국가마다 일정량의 온실가스를 감축하는 데 드는 비용이 다르므로, 배출권 국제 거래를 통해 전체적으로 가장 효율적이고 저렴한 비용으로 기술개발 및 오염 방지를 해결할 수

40) 환경부 온실가스종합정보센터(2024) 2023 국가 온실가스 인벤토리 보고서 자료 재구성

있다.

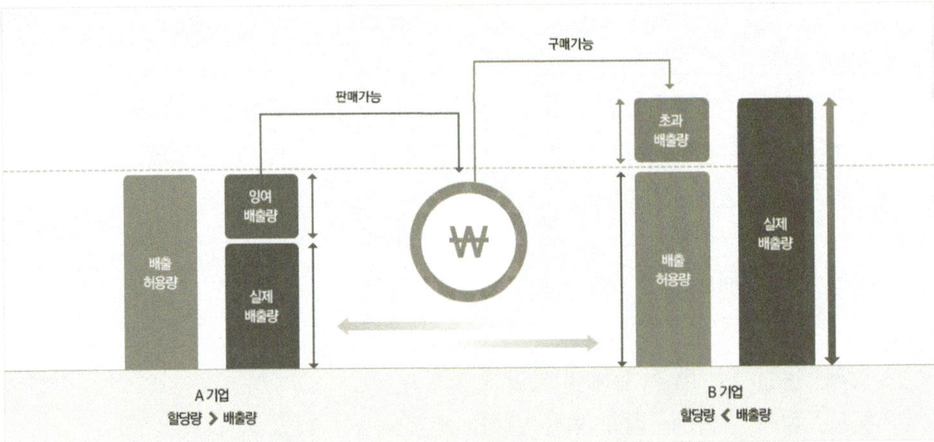

[배출권거래제 개념]

함께 알아야 할 포인트

■ 배출권거래제의 장·단점은 무엇인가?

배출권거래제란 "온실가스를 배출할 수 있는 권리(또는 허가)"를 하나의 상품으로 간주하여, 시장에서 국가간 또는 기업간 구매·판매함으로써 할당받은 온실가스 감축목표를 충당하는 데 활용하게 하는 제도로서 다음과 같은 장점이 있다.

* 환경목표를 최소비용으로 달성
* 오염총량의 직접 관리가 가능
* 배출권 판매 및 구입업체에 대한 기술개발 유인이 높음
* 효율적인 자원배분을 촉진하는 가격기구 역할

반면, 감시, 행정 및 거래비용이 크고 시장의 불확실성에 따른 위험비용이 발생할 수 있으며, 적정 환경목표 설정이 선행되어야 하는 단점도 존재한다.

Point 24. 탄소세(Carbon Tax)와 탄소가격체계

[1] 탄소세

탄소세란 온실가스 감축을 위한 경제적 수단(market instruments) 중 하나이다. 석유·석탄 등 각종 화석에너지에 함유된 탄소량에 기초하여 세금을 부과하는 것으로, 화석연료의 소비억제나 효율적 사용을 유도하는 것을 주요 목적으로 한다.

1990년 핀란드를 시작으로 1991년 스웨덴, 노르웨이, 1992년 덴마크가 도입한 이래, 2020년을 기준으로 스위스, 아일랜드, 포르투갈 등 23개국 이상이 탄소세를 도입하여 시행하고 있다.[41]

탄소가격 강화를 통해 기대할 수 있는 정책효과로는 단기적으로 탄소세 부과를 통한 화석연료 소비(수요량) 감소와 이로 인한 탄소배출 감축, 장기적으로 탄소 다배출 설비장치 대체 및 산업구조 개편을 통한 저탄소 산업구조로의 전환, 저탄소 기술의 선도적 개발시장 안착, 저탄소 산업구조 구현 및 국제시장 선점 등을 통한 지속가능 성장기반 구축 등을 꼽을 수 있다.

[2] 탄소가격체계[42]

2022년 4월을 기준으로 총 68개 국가에서 국가 주도로 배출권거래제와 탄소세가 실시되고 있다. 이는 2022년 세계 총 탄소 배출량의 약 23%를 커버하는 것으로써, 2000년대 이래 커버 비중은 꾸준히 증가하고 있다.

배출권거래제나 탄소세 외에도 다양한 탄소가격 부과 형태가 존재한다. OECD는 다음과 같이 탄소시장을 세분류하고 있다.

[탄소시장 분류 및 탄소가격 부과 체계]

구분	시장수단		비시장수단
	명시적 수단	기타 수단	
직접 기후정책수단 (온실가스 감축 중심)	◆ 배출권거래제 ◆ 탄소세	◆ 배출량 기반 차량세 ◆ 발전차액제(FIT) ◆ 환경부담금제 ◆ 법인세 혜택 등	◆ 배출집약도 목표설정 제도 ◆ 기술규제 및 금지 등
간접 기후정책수단 (기후 관련성이 높은 기타 정책 동기 수단)	-	◆ 연료소비세 ◆ 화석연료보조금 ◆ 전기소비세 ◆ 전기요금 보조금제 ◆ 기타 보조금(산업, 농업, 가정 등)	◆ 대기오염기준 ◆ 비료규제 ◆ 연료효율규제 등

41) 한국환경연구원(2022) 탄소중립 정책연구 자료 재구성
42) 한국환경연구원(2023) 탄소중립 정책연구(Ⅱ) 자료 재구성

함께 알아야 할 포인트

탄소세의 국제적 전망

기후위기 가속화로 온실가스 감축을 위한 **가격 신호(price signal)**의 중요성이 강조될 것이다. 탄소세는 가장 단순하면서도 효과적인 시장 기반 수단이며 “오염자 부담 원칙(Polluter Pays Principle)” 실현의 대표적 수단이라고 할 수 있다.

[국제적 동향]

지역/국가	탄소세 도입 연도	주요 특징
EU	• 국가별 상이 (1990년대 초부터 도입)	• ETS(배출권거래제)와 혼합 운영, CBAM 도입 추진
스웨덴	• 1991년	• 세계 최고 수준 세율 (100€ 이상/tCO_2)
일본	• 2012년	• ‘온실가스배출억제세’, 에너지 관련 세와 통합 운영
캐나다	• 2019년 연방 탄소세 도입	• 2030년까지 tCO_2당 170캐나다달러 목표
중국	• 미도입 (ETS 중심)	• 일부 지역에서 시범 적용 중, 장기적으로 병행 가능성
대한민국	• 미도입 (ETS 운영 중)	• ‘탄소세 도입’은 정치·경제적 논쟁 중 (2030 이후 가능성 있음)

[5가지 키워드로 제시하는 향후 전망]

구분	설명
대기	• CO_2의 형태로 존재, 광합성과 연소 등의 경로를 통해 이동
육상 생물권	• 식물의 광합성 → 탄소 흡수 / 호흡 → 배출
해양	• 표층해수의 용존 CO_2 흡수 및 심해로의 침강
암석권	• 석탄, 석유, 석회암 등 지질에 저장된 탄소
화석연료	• 인간에 의해 연소되면서 대기 중 CO_2 증가의 주요 원인

탄소는 대기 ↔ 생물권 ↔ 토양 ↔ 해양 ↔ 암석권을 거쳐 단기적/장기적으로 순환합니다. 지구탄소순환은 첫째, 지구의 기후를 조절한다. 둘째, 생명 유지 기반이 된다. 셋째, 탄소중립 기반 정보를 제공한다. 넷째, 기후변화 대응 전략의 수립 근거가 된다.

Point 25. 청정개발체제(CDM)와 지속가능개발체제(SDM)

[1] 청정개발체제(CDM; Clean Development Mechanism)

2005년 2월 16일 발효된 교토의정서 제12조에 의거, 선진국(부속서 I국가)이 개발도상국(비부속서 I국가)의 온실가스 감축사업에 자본과 기술을 투자하는 체제를 말한다. 선진국은 개도국에서 줄인 온실가스를 자국의 감축 실적에 반영할 수 있다. 감축목표가 없는 개발도상국은 선진국으로부터 지속가능한 발전을 지원받을 수 있는 윈-윈 게임인 셈이다. 감축량 거래를 통해 발생한 이익의 2%는 기후변화에 취약한 개발도상국이 적응할 수 있도록 지원하는 기금(Adaptation Fund)으로 적립된다.

CDM에 참여하기 위해서는 세 가지 조건을 갖춰야 한다. 각 국가의 자발적 참여와 CDM 기관의 설립, 교토의정서 비준이다. 원자력을 이용한 사업은 제외된다. 권장되는 사업으로는 최종소비의 에너지효율 개선, 공급측면의 에너지효율 개선, 신재생에너지 연료전환, 농업 부문에서의 메탄·아산화질소 배출 감축, 시멘트 생산과정 등 산업공정에서의 온실가스 저감, 조림(造林)과 재조림에 한정된 산림 및 토지이용 프로젝트 등이 있다.

함께 알아야 할 포인트

■ 산림을 조성하는 것도 CDM 사업 대상인가?

조림 및 재조림 CDM: 제3차 당사국 총회에서 채택된 교토의정서에서는 신규조림, 재조림, 산림전용(3.3조) 및 산림경영(3.4조)으로 발생한 온실가스 흡수량 또는 배출량을 탄소배출권으로 인정한다.

제7차 당사국 총회에서 채택된 마라케쉬 합의문에서는 제1차 공약기간 동안에는 신규조림, 재조림 CDM 사업은 기준연도 총배출량의 1%를 상한으로 정하고, 산림경영 CDM 사업은 인정하지 않기로 하였다.

산림경영은 제1차 공약기간에는 국내 산림경영 및 JI사업으로 발행한 총 CO 흡수량에 대해 기준연도 총 배출량의 3% 이내로 인정하기로 결정한다.

신규조림 CDM 사업은 50년간 산림이 아니었던 토지를 산림으로 전환하는 사업을 말하며, 재조림 CDM 사업은 1990년 이전에 산림이 아니었던 토지를 산림으로 전환하는 사업을 말한다.

※ 우리나라 산림 1ha당 연간 이산화탄소 순 흡수량은 대략 7 CO_2톤

[2] 지속가능개발체제(SDM; Sustainable Development Mechanism)

CDM의 기반이 되는 교토의정서는 2020년에 만료되었고, 2021년 1월부터는 파리기후협약이 지구온난화를 막기 위한 국제협약으로 기능하고 있다. 기존 CDM 체계가 SDM(A6.4 Mechanism)으로 전환된 것이다.

지속가능개발체제는 2015년 이루어진 파리협정 당사국총회(COP21)에서 지정한 감독기구(UNFCCC)가 탄소시장을 관리하는 메커니즘으로, UNFCCC가 감축실적의 발행 및 국가 감축 목표 이행을 관리한다. 따라서 모든 국가가 동일한 이행 절차에 따라 사업을 수행하게 된다.

COP25에서 논의된 협상안에 따르면 기존의 CDM 사업은 다음과 같은 조건을 따라 빠르면 2023년에 SDM 사업으로 전환될 것으로 예상된다.43) SDM 사업으로의 전환 후 감축실적 발행은 2024년, 국내 외부사업 인증실적(KOC)으로의 발행은 2025년으로 전망된다.

■ 파리협약 당사국총회가 결정하는 규칙/양식/절차와 SDM 관리기구가 채택하는 요건 준수
* 유치국에서 SDM 전환 승인서를 2023년까지 SDM 관리기구에 제출
* CDM 사업이 SDM 전환되는 경우,
  - 2023년 12월 31일까지 전환 완료
  - 2021년 1월 1일부터 감축실적은 SDM 배출권(6.4ER)으로 발급
  - 기존 CDM 방법론은 2023년末 또는 현재 유효기간(Crediting Period)의 종료일 중 빠른 날까지만 적용

[CDM과 SDM의 차이점]

구분	CDM (청정개발체제)	SDM (지속가능발전체제)
근거	교토의정서	파리기후협정
기간	~2020년 만료	2021년~
대상	선진국을 감축의무국으로 지정	모든 당사국으로 확대
차이점	선진국과 개발도상국이라는 이분법적 접근	각국의 상황에 맞도록 보편성 지향

43) 과학기술정책연구원(2021) 신기후체제에서의 과학기술을 활용한 국제 탄소시장 참여전략 연구 자료 재구성

Point 26. 산림탄소상쇄제도

산림탄소상쇄제도란 기업, 산주, 지방자치단체 등이 자발적으로 조림, 산림경영 등 온실가스 배출 저감을 위한 탄소흡수원 증진 활동을 수행하고, 이를 통해 확보한 산림탄소흡수량을 정부가 인증해주는 제도를 말한다.

「탄소흡수원 유지 및 증진에 관한 법률」의 시행(2013.2.23.)과 함께 도입되었으며, 사업 유형으로는 신규조림/재조림, 산림경영 등 7가지 유형이 있다. 산림탄소흡수량의 거래 가능 여부에 따라 거래형과 비거래형으로 나눌 수 있다.44)

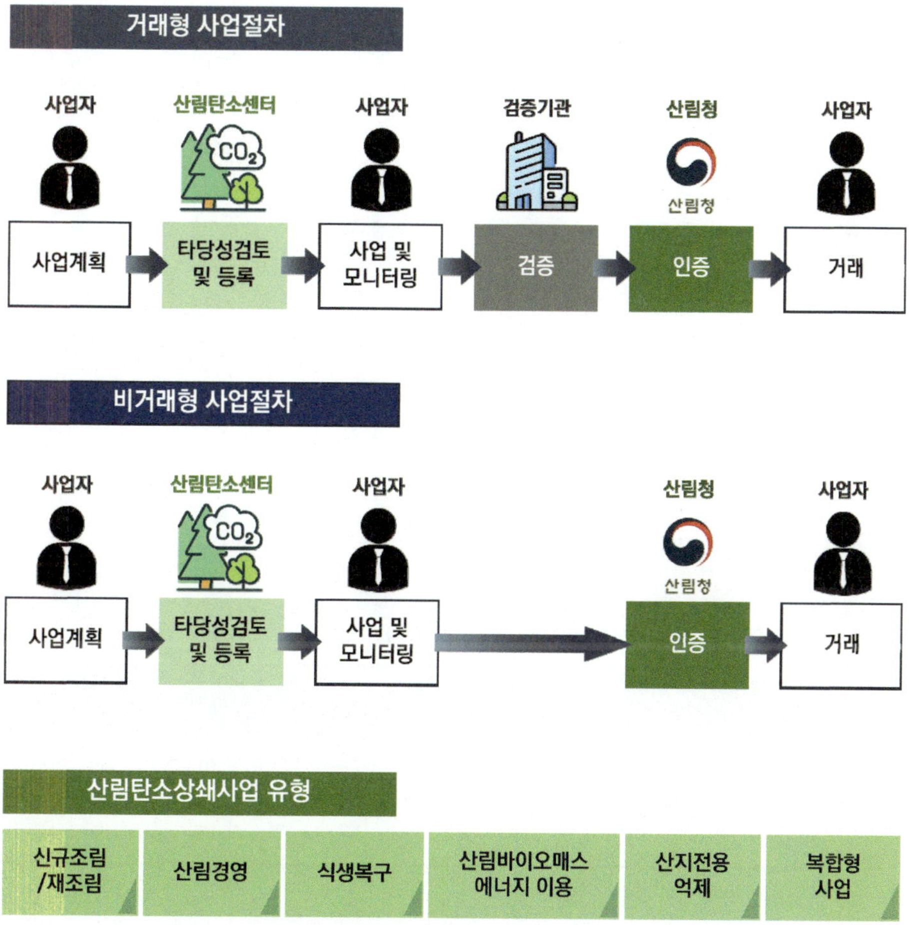

[산림탄소상쇄사업 유형]

44) 산림청, 산림탄소상쇄제도 요약 자료 재구성
https://www.forest.go.kr/newkfsweb/html/HtmlPage.do?pg=/fcm/UI_FCS_111000.html&mn=KFS_02_10_11_10&orgId=fcm#top

함께 알아야 할 포인트

■ 주요 산림수종의 표준 탄소흡수량 산정법[45)]

주요 산림수종의 표준 탄소흡수량 산정을 위해 IPCC 가이드라인의 탄소저장량 산정방법에 따라 표준 산소흡수량을 산정한다(IPCC, 2006). 2009년 기준의 임분수확표의 수종별 정기평균생장량에 목재기본밀도, 바이오매스 확장계수, 뿌리함량비, 탄소전환계수를 곱하여 산정한다.

$$CO_2removals = Vol \times WD \times BEF \times (1+R) \times CF \times \frac{44}{12}$$

여기서, $CO_2removals$: 수종별 탄소흡수량($tCO_2/ha/yr.$)

Vol : 수종별 정기평균생장량(m^3/ha)

WD : 목재기본밀도($t\ d.m/m^3$)

BEF : 바이오매스 확장계수

R : 뿌리함량비

CF : 탄소전환계수

$\frac{44}{12}$: 탄소-이산화탄소 분율

위 산정식에 따른 주요 수종별 온실가스 감축효과는 다음과 같다.

[주요 수종별 온실가스 감축 효과 (단위: 그루)]

	강원지방 소나무	중부지방 소나무	잣나무	낙엽송	리기다 소나무	편백	상수리 나무	신갈나무
승용차 1등급	8	9	7	7	7	10	5	6
승용차 3등급	12	15	11	11	12	15	8	9

* 승용차 1대의 주행거리 15,000㎞ 가정
* 1그루 감축 효과: 조림 후 60년간 1그루가 흡수할 수 있는 누적 흡수량

45) 국립산림과학원(2019) 주요 산림수종의 표준 탄소흡수량(ver. 1.2) 자료 재구성

Point 27. 지속가능발전목표(SDGs)

[1] 지속가능한 성장(Sustainable development)

경제와 환경이 상호 보완적인 관계이고 지속적인 경제성장이 환경문제 개선에도 긍정적으로 작용한다는 견해를 말한다. 진정한 성장은 환경보전과 병행해서 이루어지는 것이 바람직하며 장기적으로는 환경과 자연자원을 보호하는 것이 뒷받침될 때 경제성장도 가능하다는 것이다.

1987년 이 용어를 처음 사용한 세계환경개발위원회는 “미래 세대의 욕구를 충족시킬 능력을 손상시키지 않으면서 우리 세대의 욕구를 충족시키는 개발”을 지속가능한 개발이라고 정의했다. 즉 인간의 기본욕구 충족을 위해 경제개발을 할 때 생태계의 수용능력인 환경용량을 초과해서는 안 되며, 생활수준만이 아닌 삶의 질에도 관심을 기울이고, 환경과 경제를 통합적 차원에서 다루어야 한다는 것이다.

이 개념은 1992년 세계 178개국 정부대표들이 모인 리우 유엔환경개발회의에서 세계환경정책의 기본규범으로 정식 채택되었다. 2002년에 열린 ‘세계 지속가능발전 정상회의(WSSD)’에서 각국 대표들은 지구촌의 환경보전과 경제발전의 조화를 위한 ‘선언문’을 채택하고 이에 대한 실행방안을 담은 ‘이행계획’ 문안 작성에 합의하였다.

[2] 지속가능발전목표(SDGs; Sustainable Development Goals)

지속가능발전목표란 인류의 보편적 문제와 지구 환경문제, 경제 사회문제를 2030년까지 17가지 주요 목표와 169개 세부목표로 해결하고자 이행하는 국제적 공동목표를 말한다.

2023년 시행된 유엔 중간평가 결과에 따르면, 현 추세로는 달성가능한 세부목표가 15% 정도에 불과하다. 한국의 SDG 이행현황 2024 주요 결과를 표로 정리하면 다음과 같다.[46)]

[한국의 SDG 이행현황 2024 주요 결과]

항목	내용	항목	내용
1 빈곤퇴치	2023년 교육, 보건 및 사회복지 분야 세출이 50%를 넘어 한국의 사회 보장은 확대 추세에 있으나, 상대적 빈곤율 감소세는 둔화, 비정규직 고용보험 가입률은 정규직에 비해 크게 낮음	2 기아종식	정부의 농업지출은 높은 편이나 농가인구의 고령화 등으로 농업 노동생산성이 수년간 저하, 영양섭취부족자 비율 및 여성 빈혈 유병률 증가 추세 관찰됨에 따라 취약계층의 생활 개선 노력 필요

46) 통계청(2024) 한국의 SDG 이행보고서 2024 자료 재구성

[한국의 SDG 이행현황 2024 주요 결과(계속)]

항목	내용	항목	내용
3 건강과 웰빙 증진	알코올소비량 감소, 낮은 수준의 비의도적 중독사망 등 건강행태와 환경에서 눈에 띄는 개선 효과가 있으나, 보건의료인력의 지역 간 편차 확대는 도전과제	4 양질의 교육 보장	코로나19에 따른 중·고등학생의 학력 저하와 평생교육의 위축은 아직 회복되지 않고 있으며, 청소년과 성인의 정보통신기술(ICT) 역량은 높아지고 있으나 연령 등에 따른 편차 극복 필요
5 성평등 달성	성폭력 및 가정폭력 피해는 여성에 집중되고, 정부·공공기관·공기업 및 민간기업, 그리고 교육행정 분야 관리자급에서의 여성 대표성이 낮은 현실이 지속	6 깨끗한 물과 위생 보장	식수와 위생서비스 보급 수준은 계속해서 향상되고 있지만 공공 하수도 등의 지역 격차 해소를 위한 노력 필요, 물 이용 효율성은 개선되고 있으나 부문별 세부 전략을 통한 효율화 증대 요구
7 모두를 위한 에너지 보장	신재생에너지 공급은 늘어나고 있으나 최종에너지소비 중 재생에너지 비율은 OECD 국가 중 현저히 낮은 수준이며, 산업구조 특성에 따라 에너지 원단위가 높은 편이나 장기적으로는 개선 추세	8 경제성장과 양질의 일자리	실업률은 2000년대 이래 최저 수준, 성별 임금 격차는 좁혀지지 않고 있으며 OECD 국가 중 가장 높은 수준, 2022년 산재 사망자는 전년대비 증가추세로 특히 50인 미만 사업장에서 높은 현황
9 사회기반 시설 산업화 및 혁신	국가혁신을 위한 연구개발 투자와 인력 수준은 높은 편이며, 제조업 고용 비율은 최근 감소 추세로 성장전략 측면에서 모니터링 필요	10 불평등 감소	은퇴연령층의 2022년 소득불평등은 전년대비 나빠졌으며, 최근 5년간 지속되던 자산 불균형의 악화 추세는 2023년 둔화세, 난민법 시행 이후 급증하고 있는 난민 신청 건수에 비해 인정자 수는 낮은 수준
11 지속가능한 도시와 주거지	최저주거기준 미달가구 비율은 감소하고 주거환경 만족도는 전반적으로 상승하였으나 수도권에서 무주택자의 주거비 부담이 높은 편, 문화 및 자연유산 보호를 위한 지자체 수준의 공공지출은 2019~2020년 급감	12 지속가능한 소비와 생산	음식물류폐기물 발생은 다소 줄었으나 식품의 생산 단계까지 고려하는 식품폐기물의 관리 확대가 필요하며, ESG와 지속가능 경영에 대한 기업의 관심이 높아짐에 따라 지속가능성 보고서 발간 기업 크게 증가
13 기후변화 대응	코로나19 이후 산업계의 생산 활동 회복으로 2021년 온실가스 배출량이 다시 증가하고 있고, 이상기후와 자연재난으로 인한 인명피해 중 폭염의 비중이 높아 대응 필요	14 해양생태계 보존	해양보호지역 확장 속도는 느리고, 해안 플라스틱 쓰레기는 증가 추세인 한편 유엔해양법협약 및 원양어업 등 국제적 기준 준수 및 총허용어획량 제도 개선 등 해양 자원의 보존을 위한 국가차원의 노력은 지속
15 육상생태계 보호	생물다양성 보호지역과 지속가능한 산림경영 면적의 증가세는 미약하고, 적색목록지수도 장기적으로 악화 추세	16 평화 정의 포용적인 제도	아동에 대한 부모 및 교사의 체벌과 폭언은 줄었으나 코로나19 시기 감소했던 또래폭력은 다시 증가하여 아동의 학교생활에 위협으로 작용, 성별과 연령 등 다양한 사유에 따른 차별경험 존재
17 글로벌 파트너십	한국의 ODA 규모는 전년도에 비해 소폭 증가, 최저개발국에 대한 양자원조 비중은 35.8%로 높은 편이며 교역규모도 증가, 한국의 통계역량은 상위권으로 최저개발국 등의 통계역량강화 지원 책무		

Point 28. 녹색산업

「기후위기 대응을 위한 탄소중립·녹색성장 기본법」에서 정의하는 녹색산업이란 “온실가스를 배출하는 화석에너지의 사용을 대체하고 에너지와 자원 사용의 효율을 높이며, 환경을 개선할 수 있는 재화의 생산과 서비스의 제공 등을 통하여 탄소중립을 이루고 녹색성장을 촉진하기 위한 모든 산업”을 말한다.

녹색산업은 크게 자원의 효율적 이용, 오염 방지, 화학물질 안전 관리 등을 포함하는 ‘기존 산업의 친환경화’와 풍력 터빈, 에너지 컨설팅 등 녹색 기술·서비스 산업에 해당하는 ‘새롭게 창출된 친환경 산업’으로 구분할 수 있다.

최근 EU, 미국, 일본 등 주요국은 탄소중립/넷제로 목표와 산업부문의 탈탄소화(decarbonization)를 달성하고자 ‘녹색산업’을 활성화하기 위한 정책적 노력을 강화하고 있다. 2023년을 기준으로 전 세계 녹색경제 규모는 약 6조 5,000억 달러로 추정되며, 각국이 탄소중립 또는 넷제로 목표를 달성하기 위해 투자를 확대할 것으로 예상됨에 따라 향후 녹색경제 규모는 지속적으로 확대될 것으로 전망된다.[47]

47) 대외경제정책연구원(2023) 주요국의 녹색산업 활성화 정책 동향과 시사점 자료 재구성

[기관별 녹색경제 관련 전망]

기관명	내용
GFANZ	전세계 넷제로 달성 및 기후변화 대응을 목표로 자본지출(고정자산)에 125조 달러 투자 필요
McKinsey	넷제로 달성을 위한 물리적 자산(전력, 모빌리티, 수소, 바이오연료 등) 연관 투자(약 275조 달러) 필요
FTSE Rusell	넷제로 달성을 위해 녹색경제 성장률 상성 필요 7%(2021년) → 16~25%(2025년)
IEA	넷제로 달성을 위해 에너지 분야 투자 확대 필요 2030년 약 5조 달러, 2050년 약 4조 5,000억 달러
Oxford Economics	넷제로 전환 사업은 2050년까지 약 10조 3,000억 달러(누적) 가치의 기회를 창출한 것으로 전망

* 기관별로 녹색경제에 관한 정의는 다르지만, 넷제로 달성을 목표로 한 투자 전망을 발표하였음

정부는 녹색경제 전환을 통해 '국가 온실가스 감축 목표(2030년)'를 달성하고 녹색산업 규모를 30% 이상 확대할 계획이며, 2021년 제정된 「탄소중립기본법」에서도 녹색산업 활성화의 중요성을 강조하였다.

특히 2023년에는 '탄소중립·녹색성장 국가전략 및 제1차 국가 기본계획'에서 저탄소 소재·부품·장비 산업 육성, 에너지 신산업 육성, 규제 합리화 등을 통해 녹색산업을 육성하겠다는 방침을 수립하였다.

함께 알아야 할 포인트

■ 그린 택소노미(Green Taxonomy)

그린 택소노미는 환경적으로 지속가능한 경제활동을 체계적으로 분류한 기준 체계로, 정부·금융기관·기업이 '녹색 활동'을 명확히 판단하고 투자 및 정책 결정을 내리는 데 활용된다. 이는 단순한 친환경 선언을 넘어, 과학적이고 기술적인 기준에 기반해 어떤 산업·기술·프로젝트가 실제로 환경적 기여를 하는지 구분해주는 도구다.

이 개념은 유럽연합(EU)이 2020년 법제화한 EU 택소노미(EU Taxonomy)를 통해 본격화되었으며, 이후 한국을 포함한 여러 국가에서 자국 산업 특성을 반영한 그린 택소노미 모델을 도입하고 있다. 예를 들어, 한국형 K-택소노미는 탄소중립 목표를 고려해 수소, 폐기물, 일부 원자력 기술 등을 조건부 녹색활동으로 포함하였다.

그린 택소노미는 녹색금융 활성화, ESG 경영 기반 강화, 그린워싱 방지, 기후변화 대응 투자 유도 등의 효과를 기대할 수 있으며, 기후위기 시대의 산업 구조 전환과 정책 정렬의 핵심 기준으로 자리 잡고 있다.

한국형 녹색분류체계인 K-택소노미(K-Taxonomy)는 우리나라의 산업 구조와 탄소중립 정책을 반영하여 제정된 환경적으로 지속가능한 경제활동 분류 체계이다. 이는 2021년 환경부가 초안을 발표하고 시범 운영한 뒤, 녹색금융 활성화와 친환경 투자 유도를 목적으로 마련되었다.

K-택소노미는 EU 택소노미의 6대 환경목표(기후변화 완화, 기후변화 적응, 물의 지속가능성, 순환경제, 오염 방지, 생태계 보호)를 기본으로 삼으면서도, 국내 현실을 반영해 원자력, LNG 발전 등을 조건부로 포함시킨 점이 특징이다.

예를 들어, 수소·재생에너지, 에너지효율, 청정운송, 폐기물 자원화, 녹색건축 등의 분야가 포함되며, 전환 기술이나 과도기적 활동에 대한 정의도 구체화하고 있다.

K-택소노미는 향후 ESG 공시 기준, 녹색채권 인증, 정부 녹색 투자 기준 등에 핵심 기준으로 활용될 예정이며, 그린워싱 방지와 지속가능한 산업 전환을 위한 기반 체계로 주목받고 있다.

K-택소노미의 3가지 원칙은 환경목표에 기여, 심각한 환경피해 없음, 최소한의 보호장치이다.

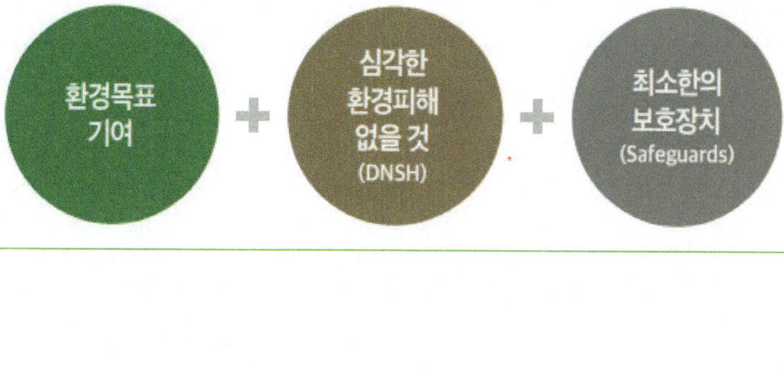

함께 알아야 할 포인트

그린 Job (Green Job)

국제적으로 통용되는 명문화된 정의는 없으나, 일반적으로 '친환경적인 제품 및 서비스를 생산(environmental-friendly output)하거나 친환경적인 생산과정(environmental-friendly process)을 통해 환경을 보존하고 회복하는데 기여하는 일자리'를 의미한다.

농업, 산업, 서비스 및 행정 부문에서 환경질(質)을 개선하는 것과 관련된 일자리로서 절대적인 개념이 아니라 시간 경과에 따라 진화하고 있다. 예를 들어, 태양열·풍력 등 재생에너지 기술자, 바이오디젤(식물에서 추출하는 연료)용 옥수수를 재배하는 농부 같은 직업, 넓게 보면 온실가스 배출권 중개업자나 에너지 저소비형 주택 설계사도 포함할 수 있다.

[부문별 Green Job 유형48)]

부문	유형
에너지공급	integrated gasification/탄소고정화, 열병합발전, 재생에너지, fuel cells
교통	에너지 고효율 자동차, 하이브리드, 전기, fuel cells 자동차, 카풀, 대중교통, non-motorized 교통(자전거, 걷기), 토지이용 및 정주패턴 변화(자동차 교통 의존도 감소)
제조업	오염통제, 에너지 및 물질효율화, 청정생산기술(toxic avoidance), closed-loop system
건물	에너지 효율적 전구, 전기장치 및 사무기기, solar heating and panels, retrofiting, green building, passive solar houses, zero-emission building
물질관리	재활용, EPR, De-materialization, 내구성 높은 제품
소매	에코라벨제품 촉진, 주거지역에 근접한 소매점, minimization of shipping distances
농업	토양보전, water efficiency, 유기농법, 농장과 시장간 거리축소
산림	재조림, agroforestry, 지속가능한 산림관리 및 인증, deforestration 방지

48) UNEP(2008) 'Green Jobs: Towards decent work in a sustainable, low-carbon world' 자료 재구성

인공지능(AI)이 알려주는 핵심 포인트

■ 녹색직업

녹색직업이란, 환경 보호, 자원 효율성 향상, 기후변화 대응, 지속가능한 발전에 기여하는 직업을 의미한다. 유엔환경계획(UNEP) 정의에 따르면,

"Green jobs are positions in agriculture, manufacturing, R&D, administration, and service activities that contribute substantially to preserving or restoring environmental quality."

즉, 녹색직업은 경제 활동과 환경 보호를 동시에 실현하는 일자리이다.

녹색직업에 요구되는 역량은 기술적 전문성, 데이터 분석력, 융합사고력, 지속가능성 이해, 커뮤니케이션 능력 등이다.

우리나라 고용노동부에서는 녹색일자리 로드맵(2021)을 통해 신재생에너지, 탄소중립 기반 산업을 중심으로 100만개 이상 일자리 창출을 목표로 하였고 EU에서는 유럽 그린딜(Green Deal)에서는 2030년까지 100만개 이상으로 녹색직업을 확대하겠다고 발표하였다.

녹색직업은 4차 산업혁명형 일자리와 결합해 고도화될 전망 (AI, IoT, Big Data + 환경)이며 대학에서는 녹색직무 역량 기반의 융합전공, 직무 실습, 국제 인증 등 교육 체계를 강화해야 하고 학생들은 전공 연계 녹색자격증(에너지관리기사, 환경영향평가사, ESG 전문가 등)을 통해 커리어를 확보해야 할 것이다.

[녹색직업의 분류]

대분류	세부 유형	예시
환경보호형	오염 저감, 자원 재활용	대기질 분석가, 폐기물 처리 전문가
자원관리형	에너지 · 물 자원 효율화	에너지 컨설턴트, 물 발자국 분석가
신재생에너지형	탄소감축, 에너지전환	태양광/풍력 기술자, 수소연료 전문가
생태복원형	자연 보호 및 생태계 복원	생태복원사, 환경영향평가 전문가
지속가능관리형	ESG, 친환경경영	ESG 실무자, 환경회계사, 기후금융 전문가
ICT융합형	디지털 기반 녹색기술	환경 데이터 분석가, 스마트팜 엔지니어

[대표적 녹색직업 사례]

직업명	주요 업무
기후변화 분석가	온실가스 배출량 분석 및 감축 시나리오 개발
신재생에너지 기술자	태양광, 풍력, 수소 등 신기술 개발 및 유지
환경영향평가 전문가	개발사업의 환경적 영향 예측 및 저감방안 수립
녹색건축 전문가	에너지 절약형 건물 설계 및 친환경 자재 적용
탄소관리 컨설턴트	기업의 탄소배출량 계산, 감축 로드맵 수립
생태관광 전문가	생물다양성 보전과 관광이 조화를 이루는 프로그램 기획

Point 29. 녹색제품

「기후위기 대응을 위한 탄소중립·녹색성장 기본법」에서는 제66조제4항에서 '에너지·자원의 투입과 온실가스 및 오염물질의 발생을 최소화하는 제품'으로 녹색제품을 정의하고 있다.

2014년 12월 31일 제정된 「친환경상품 구매촉진에 관한 법률」을 전신으로 하여 현재 시행 중인 「녹색제품 구매촉진에 관한 법률[49]」은 녹색제품 구매를 촉진함으로써 자원의 낭비와 환경오염을 방지하고 온실가스 감축에 기여하며 국민경제의 지속가능한 발전에 이바지함을 목적으로 하는 법률이다.

위 법 제4조(녹색제품 구매촉진 기본계획)에 의하여 공공기관은 녹색제품을 의무적으로 구매해야 하며, 환경부장관은 5년마다 녹색제품의 구매 촉진을 위한 기본계획을 수립하여야 한다. 최근 시행되고 있는 기본계획은 '제4차 녹색제품 구매촉진 기본계획(환경부, 2021~2025)'이다.

구분		
비전	친환경소비 생활화로 녹색사회로의 전환 촉진	
목표	환경적 가치를 소비하는 친환경 문화 확산	지속가능 녹색사회를 위한 정책기반 강화
전략	1. 녹색소비 인프라 강화	2. 수요자 중심 녹색제품 확대
세부 전략	① 시장 참여자 중심 협력기반 마련 ② 녹색소비 인센티브 확대 ③ 공공 녹색구매 안정화 ④ 녹색소비 촉진 법·제도 기반 구축	① 생활 밀착형 녹색제품 확대 ② 사회·환경변화 대응 녹색제품 인증 개선 ③ 서비스분야 녹색제품 인증 활성화
전략	3. 친환경 착한소비 생활화	4. 녹색 신시장 창출
세부 전략	① 녹색소비 교육 확대 ② 녹색소비 홍보 강화 ③ 녹색소비 문화 형성	① 신경제(구독·공유) 활용 녹색제품 체험 확대 ② 소비트렌드 맞춤형 유통채널 제공 ③ 녹색제품 국제협력 및 해외진출 지원

[녹색제품 구매촉진 기본계획의 비전과 전략]

49) [시행 2022. 3. 25.] [법률 제18469호, 2021. 9. 24., 타법개정]

함께 알아야 할 포인트

■ 생태효율성(EE; Eco Efficiency)

생태효율성은 녹색성장의 척도로서 에너지를 포함한 물, 공기, 토지 등 모든 생태자원 사용의 효율과 청정성을 의미한다. 경제적 효용가치를 환경적 영향으로 나눈 값으로 정의할 수 있는데, 이는 어떤 활동의 경제적 및 환경적 영향도를 동시에 측정할 수 있어 효율적인 판단기준이 될 수 있다.

$$\text{Eco-efficiency} = \frac{\text{Value added}}{\text{Environmental impact added}}$$

Point 30. 녹색인증

[1] 녹색인증의 정의

「녹색인증제 운영요령」은 「기후위기 대응을 위한 탄소중립·녹색성장 기본법」 제60조 및 동법 시행령 제57조를 따라 녹색기술 인증, 녹색전문기업 및 녹색기술제품 확인 등 녹색인증제 운영에 필요한 사항을 정하는 행정규칙이다.

위 행정규칙에서는 녹색인증을 녹색기술의 인증기준, 녹색전문기업 및 녹색기술제품 확인기준과의 적합성을 증명하는 행위로 정의한다. 또한, 녹색인증을 녹색기술 인증, 녹색전문기업 확인, 녹색기술제품 확인의 3가지로 구분하고 있다.

[2] 녹색기술 인증기준

녹색기술 인증은 에너지와 자원을 절약하고 효율적으로 사용하여 온실가스 및 오염물질의 배출을 최소화하는 기술을 대상으로 수행하며, 다음의 기준을 따라 100점(기술우수성 60점, 녹색성 40점) 만점에 70점 이상을 취득하여야 한다.

[녹색기술 인증기준 평가항목별 평가내용]

기술성	녹색성
기술의 완성도(10점), 기술의 탁월성(15점) 기술의 차별성(20점), 기술의 권리성(5점), 기술의 파급성(10점)	환경기대효과(30점), 정책부합성(10점)

* 신청한 기술이 「녹색인증제 운영요령」 [별표 3]의 기술수준을 만족하지 못하는 경우, 최종 평균점수가 70점 이상이라고 하더라도 부적합 처리한다.

[3] 녹색전문기업 확인 기준

녹색전문기업 확인은 전년도 총매출액에서 인증받은 녹색기술에 의한 매출이 20% 이상인 기업을 대상으로 수행하며, 다음의 기준을 모두 만족하여야 한다.

[녹색전문기업 확인 평가항목 및 판정 기준]

사업기간	매출액 비중
창업 후 1년이 경과된 기업	인증받은 녹색기술과 확인받은 녹색기술제품에 의한 직전년도 매출액 합이 신청 기업의 직전년도 총매출액의 20% 이상 - 인증받은 녹색기술의 라이선스 또는 기술이전 수입 및 공사수주액 등과 같은 매출액 - 확인받은 녹색기술제품의 매출액

* 녹색기술인증 또는 녹색기술제품 확인을 받기 전에 발생한 매출액은 포함하지 않는다.

[4] 녹색기술제품 확인 기준

녹색기술제품 확인은 인증된 녹색기술을 적용한 제품으로 판매를 목적으로 상용화한 제품을 대상으로 수행하며, 다음의 4개 항목을 모두 만족하여야 한다.

[녹색전문기업 확인 평가항목 및 판정 기준]

녹색기술 인증 확인	제품생산 가능 여부	품질 경영	제품 성능
◆ 녹색기술인증서 보유 여부 ◆ 인증받은 녹색기술이 제품 기능 발현에 핵심적 기여 여부 ◆ 신청 제품(모델) 보유 유무	◆ 공장 등의 생산시설 보유 유무 (단, OEM 제조제품의 경우 증빙서류) ※ 신청제품의 지속적인 생산 가능성	◆ ISO 등 품질 경영 관련 인증의 보유 유무 또는 기타 품질 경영 관련 증빙서류 ※ 제품의 지속적인 생산 품질경영관리 체계	◆ 외부기관(또는 자체)의 시험·인증 증빙 등

Point 31. 환경라벨링

[1] 환경라벨링 제도(Environmental labelling system)

환경라벨링 제도란 제품에 도안이나 표시의 형태로 환경성 관련 정보를 표시함으로써 기업체는 환경친화적 제품의 개발 및 생산을 촉진하고, 소비자는 환경친화 제품을 구매·사용하도록 하여 환경보전에 참여하게끔 유도하는 제도를 말한다.

1979년 독일에서 처음 시행된 이후 현재는 유럽연합(EU), 독일, 일본, 중국 등 59개국에서 ISO 14024 환경라벨 프로그램을 운영하고 있다.[50)]

전 세계적으로 환경라벨링 제도에 대한 논의는 국제표준화기구(ISO), 세계무역기구(WTO) 등의 국제기구와 세계 각국의 환경라벨링 운영기관 협의기구인 국제에코라벨링네트워크(GEN; Global Ecolabelling Network) 등이 주도하여 수행한다. 이들 기구는 환경라벨링의 무역차별효과를 예방하고, 환경라벨링 정보공유를 통해 협력사업을 추진한다.

환경라벨링 제도는 3가지 유형으로 나눌 수 있다. 정부나 공공기관에서 환경성적이 우수한 제품에 일정한 표시를 하는 환경마크제도(Type Ⅰ), 기업스스로의 제품의 환경성 자기주장제도(Type Ⅱ), 모든 제품에 대한 환경성적표지제도(Type Ⅲ)이다.

우리나라에서 시행하고 있는 환경표지 인증(환경마크제도)은 ISO 환경라벨링의 3가지 유형[51)] 중 Type Ⅰ에 속하며, 환경성적표지제도는 Type Ⅲ에 속한다.

[ISO 환경라벨링 기준 인증 규격 기준]

유형	내용
Type Ⅰ (ISO 14024, 환경표지)	제품의 환경성과 품질 기준을 설정하여 기준에 부합하는 경우 환경표지를 인증하는 제도이다. 주로 동일 제품군 중에서 상위 20%의 탁월한 상품에 환경표지를 부여한다.
Type Ⅱ (ISO 14021, 환경성 자기주장)	생산자가 제품의 환경성을 주장할 수 있는 방법과 조건을 설정하는 제도이다. 소비자의 혼란과 기만행위를 방지하기 위해 환경적 특성의 주장 방법과 조건을 규정한다.
Type Ⅲ (ISO 14025, 환경성적표지)	제품의 전과정 평가(LCA; Life Cycle Assessment)를 기반으로 하여 제품의 환경성을 계량적으로 분석하고 이를 인증하는 제도이다. 제품 이용자에게 정확한 환경정보를 제공하여 환경적 수요에 맞는 제품의 소비를 유도하며, 제품 생산 단계에서 계량적 환경 관리 체계를 구축하도록 장려한다.

50) 한국환경산업기술원(2024) 환경표지 인증제도 안내 자료 재구성
51) 이소라(2024) 전과정 단계를 고려한 환경표지의 환경성 평가체계 연구

[2] 환경표지 인증제도(환경마크)

환경표지 인증제도란 같은 용도의 다른 제품과 비교했을 때 환경성이 개선된 제품에 환경표지 로고와 설명을 표시할 수 있는 자격을 부여하는 자발적 인증제도를 말한다. 이때 '환경성 개선'이란 재료와 제품을 제조·소비·폐기하는 전 과정에서 오염물질이나 온실가스 등의 배출 수준 및 자원·에너지 소비 정도 등 환경에 미치는 환경에 미치는 영향력의 정도를 말하며, 법적 근거는 「환경기술 및 환경산업 지원법」[52] 제17조(환경표지의 인증)이다. 환경마크제도라고도 한다.

1991년 5월 중앙환경보전위원회가 환경마크제도 도입을 의결하였고, 1992년 4월 환경마크위원회가 구성되어 환경마크제도가 처음 시행되었다. 현재는 환경산업기술원(KEITI)에서 인증업무를 담당하고 있다.

2023년 기준 사무용기기 및 사무용품, 주택·건설용 자재·재료 및 설비, 개인용품 및 가정용품 등 8개 분야, 22개 분류, 158개 제품군을 대상으로 하며 인증기준의 특징은 다음과 같다.

[환경표지 인증제도 인증기준 특징]

구분	내용
환경성	대상 제품군별 전과정 단계(원료취득, 제조, 유통 · 사용 · 소비, 폐기, 재활용)에서 발생 가능한 7대 환경부하*를 최소화할 수 있는 평가항목에 대한 정량적 기준 설정 * 자원소비, 에너지 소비, 지구적 환경오염, 지역적 환경오염, 유해물질 배출, 생활 환경오염, 소음 · 진동
품질	해당 제품의 한국산업표준(KS) 품질 및 성능기준 동등 이상
안정성	관계법령에서 정하고 있는 규제기준 적합 필수

국문 영문 국문 영문

[환경표지 인증도안]　　[프리미엄 환경표지* 인증도안]

* 「환경표지 대상제품 및 인증기준」에 따른 프리미엄 인증제품만 활용 가능

52) [시행 2022. 3. 25.] [법률 제18469호, 2021. 9. 24., 타법개정]

[환경표지 인증제도 인증사유 범주별 도안 및 세부 인증사유]

인증사유 범주	범주도안	세부 인증사유
자원순환성 향상		자원 절약, 물 절약, 재활용성 향상, 유효자원 재활용 등
에너지 절약		에너지 절약, 재생에너지 사용 등
지구 환경오염 감소		온실가스 배출 감소, 오존층파괴물질 배출 감소 등
지역 환경오염 감소		대기 오염물질 배출 감소, 수계 오염물질 배출 감소, 토양 오염물질 배출 감소, 폐기물 발생 감소, 생분해가 잘 됨 등
유해물질 감소		유해물질 사용 감소, 인체 유해물질 노출 감소 등
생활 환경오염 감소		실내 공기오염물질 배출 감소, 빛공해 감소 등
소음 · 진동 감소		저소음, 진동 감소

[3] 환경성적표지(Environmental Product Declaration)

환경성적표지 제도란 제품 및 서비스의 환경성 제고를 위해 제품 및 서비스의 원료채취, 생산, 수송·유통, 사용, 폐기 등 전과정에 대한 환경영향을 계량적으로 표시하는 제도를 말한다. 소비자의 환경을 고려하는 구매활동을 지원하기 위하여 제품에 대한 정확한 환경영향을 쉽고 투명하게 공개함으로써 잠재적으로 시장주도의 지속적인 환경개선을 유도하는데 그 목적이 있으며, 법적 근거는 「환경기술 및 환경산업지원법」 제18조(환경성적표지의 인증 등)이다.

환경성적표지 환경영향범주는 자원발자국, 탄소발자국, 오존층영향 등의 7대

영향범주이다. 2016년 7월 「환경기술 및 환경산업 지원법」이 개정됨에 따라 탄소성적표지 제도와 환경성적표지 제도가 통합되어 현재까지 운영되고 있다.

[환경성적표시 인증도안_국문]

[환경성적표시 인증도안_영문]

[환경성적표지 환경영향범주 및 환경영향범주별 도안]

영향범주(Impact category)		제품의 환경성에 관한 정보 (「환경기술 및 환경산업 지원법 시행규칙」 제37조의2)	범주도안
범주명	설명		
자원발자국 (Resource Footprint)	광물 및 화석연료 등의 개발 및 소비로 인한 전지구적 영향	폐기물 발생 및 자원순환에 미치는 영향	
탄소발자국 (Carbon Footprint)	대기로 방출된 이산화탄소 등 온실가스 물질이 지구의 기후변화에 미치는 영향	기후변화에 미치는 영향	
오존층영향 (Ozone Depletion)	대기중으로 배출된 프레온가스 등 오존층 파괴 물질이 성층권에 존재하는 오존층에 미치는 영향	대기질에 미치는 영향	
산성비 (Acidification)	대기 중의 산성화물질(NOx, SOx)이 빗물에 녹아 지표로 떨어지면서 인간활동 및 생태계에 미치는 영향	토양 환경에 미치는 영향	
부영양화 (Eutrophication)	대기, 수계, 토양에 질소, 인 등 유기물질의 농도가 과다해짐에 따른 생태계 영향	수질 및 수자원에 미치는 영향	
광화학 스모그 (Photochemical Smog)	인간 활동으로 발생된 활성 물질이 빛과 반응하여 생성된 지표면의 오염물질로 인한 인체 및 생태계 영향	대기질에 미치는 영향	
물 발자국 (Water Footprint)	농업, 공업 등 인간 활동이 수질, 수량 등 수자원에 미치는 영향	수질 및 수자원에 미치는 영향	

PART Ⅳ.

에너지와 녹색기술

Point 32. 화석연료와 원자력 에너지

지구와 모든 건물에 열을 제공하는 에너지의 99%는 태양[53]으로부터 얻게 되며, 나머지 1%는 대부분 화석연료로부터 얻는다.

[1] 화석연료(Fossil fuel)

화석연료란 태양복사에너지를 화학에너지로 변화시킨 과거의 광합성을 하는 유기물의 화석화된 유해를 말한다. 석탄, 석유, 천연가스 등이 해당한다.

화석연료는 화석에너지를 수소와 탄소로 이루어진 분자 사슬의 형태로 저장한다. 화석연료를 태우면, 분자 사슬이 깨지며 더 작은 분자로 분리된다. 이때 물과 이산화탄소, 오염물질, 블랙카본 입자들도 함께 생성된다. 화석연료가 연소될 때 화석연료에 저장된 에너지는 주로 열의 형태로 변화한다.

[화석연료의 비교]

구분	확인매장량	연간소비량	가용년수
석탄	1조 316억 톤	46.8억 톤	220년
석유	1조 200억 Bbl	249억 Bbl	41년
천연가스	144조 ㎥	20억 TOE	68년

※자료: BP(1998) Statistical Review of World Energy

53) 태양에너지가 없다면 지구의 평균온도는 -240℃ 정도이며, 우리가 알고 있는 모든 생명체는 존재하지 않을 것이다.

[2] 석탄(Coal)

석탄은 높은 압력과 온도 아래 수백만 년에 걸쳐 생성된 탄소와 에너지 함량이 높은 퇴적암 또는 변성암을 말한다. 탄소와 에너지 함량에 따라 토탄, 갈탄, 아역청탄, 역청탄, 무연탄 등으로 구분54)한다.

우리나라의 부존 에너지는 주로 석탄이다. 우리나라에 매장되어 있는 석탄 중 캐낼 수 있는 석탄의 양은 40%를 약간 상회하는 정도이며, 이미 개발이 중지된 탄전들을 포함한 전국의 매장량은 약 14억 톤 수준이다.

[석탄의 분류]

구분	내용	활용처
토탄 (土炭, Peat)	◆ 땅속에 묻힌 지 얼마 되지 않아 식물의 형태가 보인다. ◆ 암갈색의 광택이 없고 토괴 상의 발열량이 낮다. ◆ 우리나라 평야지대에서도 산출, 생성되고 있다.	-
갈탄 (褐炭, Lignite)	◆ 토탄과 역청탄 중간에 속하고 탄화가 불충분, 탄소분 50% 이하, 수분이 많고 갈색, 흑갈색을 띠며 발열량이 낮다. ◆ 점결성이 없고 연소 속도가 빠르며 탈 때 매연과 악취가 난다. ◆ 건조되면 덩어리가 부숴져 버리며 우리나라에는 일부 지역에 신생대 제3기층에 부존한다(남한: 북평, 포항).	◆ 연료, 건류 가스화
아역청탄 (亞瀝青炭 Sub-bituminous coal)	◆ 탄화 정도가 역청탄과 갈탄 사이에 속하며 역청탄에 비하여 휘발분이 상대적으로 높고 발열량이 낮다(4,600~6,400 KCal/Kg). 저급 역청탄에 속한다.	◆ 건류 가스화, 발전용.
역청탄 (瀝青炭, Bituminous coal)	◆ 통상 무연탄 외 유연탄을 지칭할 때 역청탄이라 칭한다. ◆ 무연탄보다 탄화가 덜 진행, 탄소분 50~91%, 착화가 쉽고 노란 불꽃을 내며 연 기가 나고 화력이 강하다. ◆ 점결성이 양호한 고도 역청탄과 점결성이 미약한 저도 역청탄으로 분류할 수 있고 석탄 중에 가장 용도가 많다. ◆ 산출지마다 생성 시기가 다르며 우리나라에서는 북한의 일부 지역에 신생대 제3기 탄층이 분포한다.	◆ 점결성(Coking)이 양호한 것은 제철용(코크스용) ◆ 시멘트, 발전용, 연료용
무연탄 (無煙炭, Anthracite)	◆ 석탄 중 탄화작용이 가장 많이 이루어져 탄소분 91% 이상, 금속광택이 있으며 불순물이 적어 태워도 연기가 나지 않는 것이 특징이다. ◆ 탄화가 더욱 진행되면 Meta-Anthracite, 흑연으로 변해간다. ◆ 연소 시 유독한 CO 가스가 발생하여 연탄가스 중독사고를 일으키기도 한다. ◆ 우리나라의 석탄은 대부분 무연탄으로 고생대 탄층이 주로 분포한다.	◆ 연료, 발전용

54) 대한석탄공사(2020) FAQ: 석탄의 분류와 이용 자료 재구성

[3] 석유(Petroleum)

석유라는 말 자체는 지하에서 생성된 액체, 기체, 고체 상태의 탄화수소 혼합물을 총칭하지만, 보통은 액체 및 기체 상태의 원유를 말한다. 수백만 년에 걸쳐 해양 바닥에 쌓인 조류(algae)와 동물성 플랑크톤의 유해가 퇴적암층을 거쳐 케로진으로 변환되었다가 석유가 된다.

일반적으로 석유는 매장 위치가 깊을수록 내부 압력이 높고 가스 물질의 함량이 높다. 가공되지 않은 자연적인 석유는 주로 여러 종류의 탄화수소를 주성분으로 하고 미량성분으로 황, 질소, 기타 금속 등을 함유하고 있는데, 발견 위치상 천연가스나 물과 공존하기도 하므로 불순물로 수분과 가스분을 함유하고 있기도 하다. 따라서 수출 또는 정유공장으로 이송하기에 앞서 간단한 처리를 거쳐 수분이나 가스분을 제거하는데 이 단계까지의 것을 원유라고 한다.

[4] 천연가스(NG; Natural Gas)

천연가스는 자연적으로 발생하여 지하에 매장되어 있는 혼합기체이다. 주로 가스전에서 직접 채취하거나 액화천연가스를 기화시킨 기체 상태의 연료용 가스를 말하며, 생산지에서 소비지까지 유통 형태에 따라 PNG와 LNG로 구분한다.

PNG(Pipeline Natural Gas)는 가스전에서 채굴한 천연가스(NG)를 소비지까지 배관을 통해 공급하는 가스이며 LNG(Liquefied Natural Gas)는 천연가스를 −162℃까지 냉각시켜 부피를 1/600로 축소한 액화가스를 말한다.

[천연가스의 이점]

구분	내용
깨끗한 에너지	천연가스는 액화과정에서 분진, 황, 질소 등이 제거되어 연소시 공해물질을 거의 발생시키지 않는 무공해 연료이다.
편리한 에너지	천연가스는 배관으로 공급되므로 별도 수송 수단이나 저장공간이 필요 없고 모든 가스기구에 다용도로 사용되어 편리하다.
안전한 에너지	천연가스는 공기보다 가벼워 누출되어도 쉽게 날아가며 발화온도가 높아 폭발의 위험이 적어 안전하다.
안정적인 에너지	천연가스는 전세계에 광범위하게 매장되어 장기 안정적 공급이 가능하고 석유대체 에너지로서 중요한 역할을 수행한다.
경제적인 에너지	천연가스는 타연료에 비해 열효율이 높고 냉난방은 물론 자동차, 유리, 전자, 섬유 및 금속처리 산업 등에 다양하게 이용된다.

[5] 원자력 에너지

원자력 에너지란 원자핵이 분열되거나(핵분열) 두 원자핵이 융합될 때(핵융합) 방출되는 에너지를 말한다. 특히 이러한 핵분열이나 핵융합 과정이 연쇄적으로 일어나면서는 막대한 에너지가 생성되는데, 이를 동력으로 하여 전기를 생성하는 것이 원자력 발전이다.

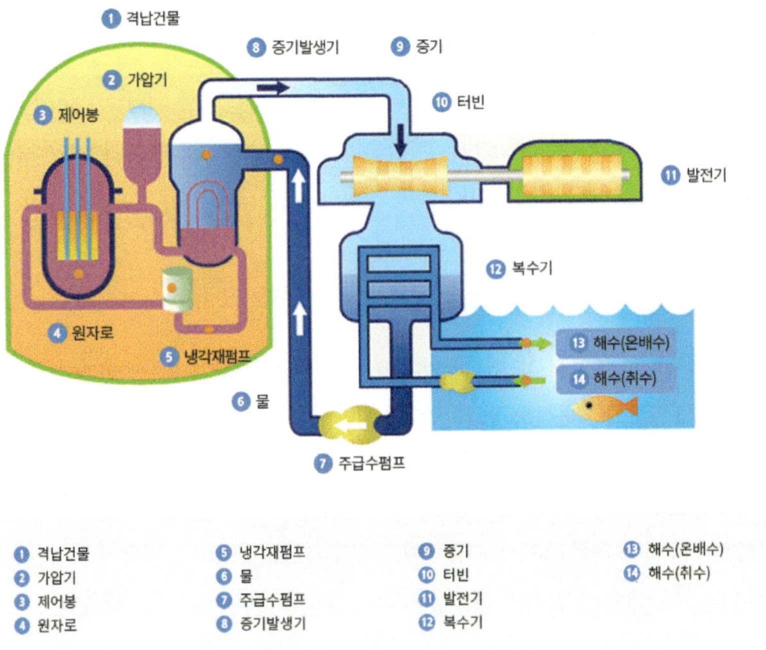

[원자력발전소 개념도55)]

원자력 발전 개발은 환경 비용을 수반하여 이루어진다. 원자력 발전이 등장한 초기인 1945년, 원자력 발전에 대한 미국 원자력위원회의 주요 쟁점은 "원자력 발전을 통해 생산한 전기는 아무리 사용해도 값이 지나치게 저렴하여, 우리 아이들은 집에서 맘껏 전기 에너지를 사용할 것이다"였다. 그러나 1960~1970년대 이후, 원자력 발전에 대한 주요 쟁점은 환경 문제가 되었다. 환경운동가 연합은 우라늄 채광, 방사성 폐기물 처분, 원자력 발전소 사고의 위험 등에 대한 문제를 제기했다.

55) 출처: 한국원자력발전소 - 원자력발전소개념도
https://www.knfc.co.kr/board;jsessionid=s19wFl5aJpdBdanbb1ZXDIHiEKSAUVYcdR5XM9YOcfaA3wrBv85YnGAiu5zaBKId.pictor_servlet_engine2?menuId=MENU00519&siteId=null

원자력 발전에 사용되는 우라늄은 땅속 깊은 곳에 매장되어 있다. 이를 채굴하기 위하여 기존의 생태계를 엎고 땅을 깊이 파헤치는 것도 문제가 되며, 우라늄은 자연적인 상태로도 생물에 해가 되는 방사능을 방출한다. 방사능에 의한 토양과 식수의 오염으로 인간 건강 및 타 생물에 큰 피해를 줄 수 있다.

원자력 발전소에 사고가 발생하면 치명적인 피해가 뒤따른다는 점이나, 원자력 발전으로 발생한 방사성 폐기물의 처분 방법 또한 고려해야 할 사항이다. 원자력 발전소에 들어가는 폐연료봉의 경우 고준위방사성 폐기물로, 인체에 치명적인 양의 방사능을 내뿜는다. 우라늄-238, 플루토늄-239 등의 고준위방사성 연료를 사용한 폐연료봉은 지하 깊은 곳에 파묻거나 만년설 아래 매장하기, 해양 심부에 매장하는 방법 등을 사용해 처리하고 있다. 이와 같은 고방사성 물질은 10,000~240,000년 저장하면 여러 차례 반감기[56]를 지나 저방사성물질(저준위)로 전환된다.

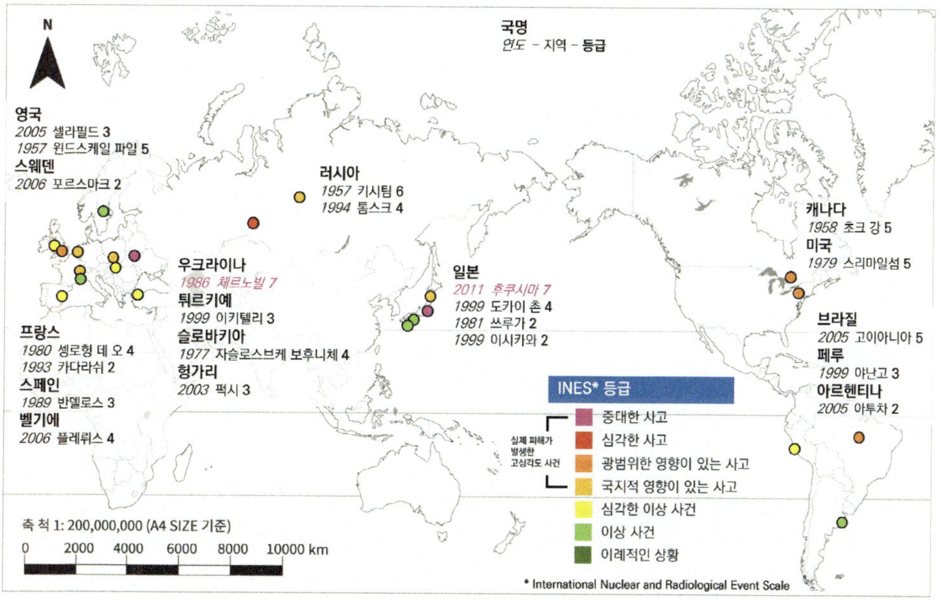

[1956년부터 현재까지의 전 세계 원자력 사고 지도[57]]

56) 어떤 양이 초기값의 절반이 되는데 걸리는 시간

57) Source: International Atomic Energy Agency.

인공지능(AI)이 알려주는 핵심 포인트

■ 인공지능이 예상하는 2100년 시대의 화석연료

21세기 초반의 지구는 여전히 화석연료(Fossil Fuels)에 크게 의존하는 에너지 시스템 속에서 작동하고 있다. 석탄, 석유, 천연가스는 산업혁명 이후 전 세계 에너지 소비의 주된 원천으로 인류 문명을 빠르게 확장시켰지만, 그 대가로 심각한 기후변화와 환경위기를 초래하였다. 이산화탄소를 비롯한 온실가스 배출의 주범으로 지목되는 화석연료는 이제 더 이상 무한정 사용할 수 있는 자원이 아닌, 에너지 전환(Energy Transition)의 대상이자 기후정책의 핵심 쟁점으로 자리잡고 있다.

그렇다면 2100년의 시대, 인류는 과연 화석연료로부터 완전히 벗어날 수 있을까? 혹은 기술적 진보와 정치적 타협 속에서 일부 형태로 생존해 있을까? 이에 대한 대답은 단순히 '소멸'이나 '존속'이라는 이분법으로 나눌 수 없다. 오히려 2100년의 화석연료는 형태의 변화와 기능의 재정의, 그리고 정치적·경제적 영향력의 재조정이라는 세 가지 흐름 속에서 이해되어야 할 것이다.

우선 첫 번째로, 화석연료의 에너지 자원으로서의 지위는 급격히 축소될 가능성이 높다. 21세기 중반까지 진행될 것으로 예측되는 탄소중립(Net Zero) 전략은 석탄과 석유의 단계적 퇴출을 전제로 하고 있다. 국제에너지기구(IEA), 유엔기후변화협약(UNFCCC) 등의 시나리오에 따르면, 2050년을 전후로 석탄은 거의 대부분 퇴출되고, 석유와 가스도 사용량이 급감할 것으로 보인다.

둘째, 화석연료는 단순 연소형 에너지원이 아니라 '전환형 자원'으로 재해석될 수 있다. 탄소포집·저장(CCS) 기술, 블루수소 생산, 합성연료 개발 등은 남아 있는 화석연료 자원을 저탄소 혹은 탄소중립적인 방식으로 활용하려는 시도들이다. 특히 천연가스에서 생산되는 블루수소는 수소경제 초기 단계에서 과도기적 역할을 할 수 있으며, 고온 공정이 필요한 일부 산업(철강, 시멘트 등)에서는 여전히 제한적 역할을 수행할 가능성이 있다. 즉, 2100년의 화석연료는 더 이상 '지배적 연료'가 아닌, 기술적 조건이 충족되는 틈새 산업에서 보완적으로 활용되는 한정된 자원이 될 수 있다.

셋째, 화석연료가 가진 정치·경제적 영향력은 새로운 국제 질서 속에서 재편될 것이다. 20세기와 21세기 초반까지 중동과 러시아, 미국 등 화석연료 자원 보유국들은 세계 경제와 외교의 중심에 서 있었지만, 2100년에는 재생에너지·탄소배출권·녹색기술의 보유 여부가 국가 경쟁력의 핵심이 될 가능성이 높다. 이는 곧 자원의 패권이 아니라 기술과 환경외교의 패권이 중심이 되는 '탈탄소 시대의 질서 변화'를 의미한다.

그러나 여기서 주의할 점은, 모든 지역과 계층이 동시에 탈화석연료 전환을 이루지는 못할 것이라는 사실이다. 에너지 접근성이 낮은 개발도상국에서는 석탄과 석유가 여전히 저렴하고 가용한 에너지원으로 남아 있을 수 있으며, 이는 기후불평등의 양상을 심화시킬 우려가 있다. 따라서 2100년을 향한 탈화석연료 전략은 기술적 진보뿐 아니라 국제적 협력, 정의로운 전환(Just Transition)의 원칙을 전제로 추진되어야 할 것이다.

결론적으로 2100년의 시대, 화석연료는 에너지 산업의 주류 자원으로서의 위상은 상실할 가능성이 크지만, 완전히 사라지지는 않을 것이다. 일부 산업 및 지역에서 한정적으로 활용되거나, 탄소중립 기술과 결합된 새로운 형태의 에너지 자원으로 전환될 수 있다. 그러나 그 영향력은 과거에 비해 대폭 축소되며, 국제 사회는 화석연료로부터 자유로운 순환형·분산형·청정형 에너지 체계로 전환되어 있을 것이다. 이는 곧 화석연료의 '소멸'이 아니라, **기후 정의와 기술 혁신 속에서 이루어지는 의미 있는 '퇴장'**이라 할 수 있다.

Point 33. 신·재생에너지(New and Renewable Energy)

우리나라에서 신·재생에너지의 정의는 「신에너지 및 재생에너지 개발·이용·보급 촉진법」 제2조(정의)의 규정을 따른다.

신에너지는 "기존의 화석연료를 변환시켜 이용하거나 수소 · 산소 등의 화학 반응을 통하여 전기 또는 열을 이용하는 에너지"로 정의되며 수소에너지, 연료전지, 석탄의 액화·가스화 에너지 등 3개 분야를 범위로 한다.

재생에너지는 "햇빛·물·지열·강수·생물유기체 등을 포함하는 재생 가능한 에너지를 변환시켜 이용하는 에너지"로 정의되며 태양에너지, 풍력, 수력, 해양에너지, 지열에너지, 바이오에너지, 폐기물에너지 등 7개 분야를 범위로 한다.

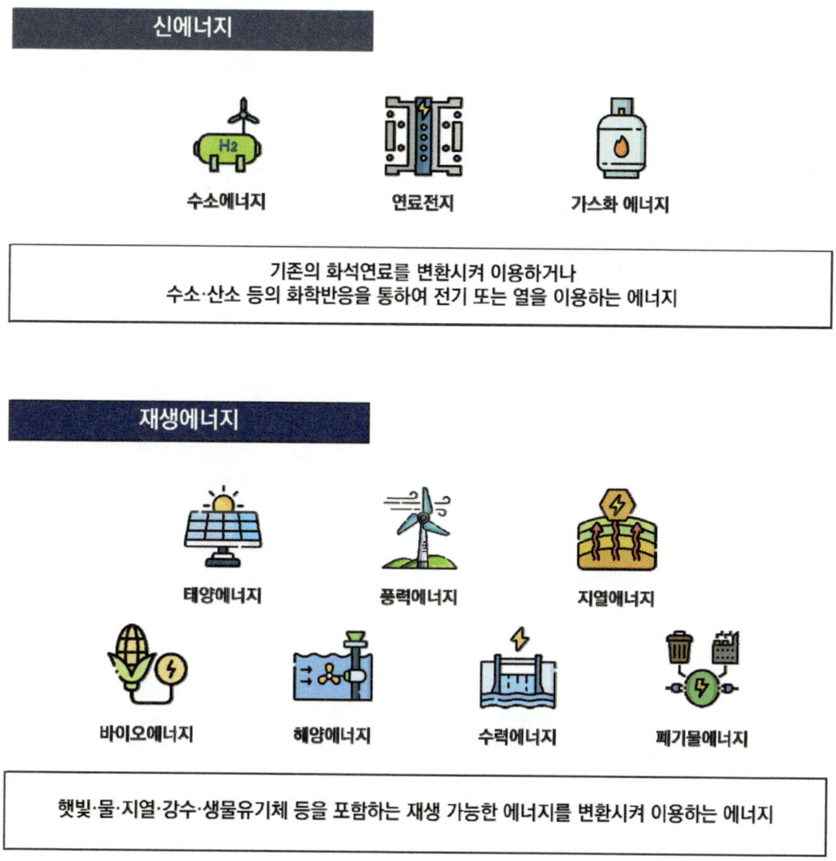

[신 · 재생에너지의 종류]

[1] 태양에너지

신·재생에너지로서 태양에너지의 대표적 사례에는 태양광 발전, 태양열 발전 그리고 자연광 이용 기술이 있다.

태양광 발전은 태양의 빛을 직접 전기 에너지로 바꾸는 기술이다. 빛 에너지를 전기 에너지로 바꿔주는 장치인 태양전지를 만들어서 빛을 받아 전기를 만들어낸다. 태양광 발전을 하기 위해서는 태양전지와 전기를 모으는 축전지, 그리고 모아진 전기를 실제로 쓸 수 있는 전기로 바꾸어주는 역할을 하는 전력변환장치가 필요하다. 전지에 태양빛이 닿으면 그 빛은 전지 속으로 흡수되고, 그 에너지가 전지 내에서 전기의 흐름인 전류를 발생시킨다. 이 전류를 인버터라는 장치를 이용해서 전기로 바꾼다.

태양열 발전은 태양광선, 즉 태양의 빛에서 나오는 열을 흡수하고 모아 바꿔서 이용하는 기술이다. 태양열이용시스템은 태양빛의 에너지를 모아 열로 바꿔주는 집열부, 그 열을 모으는 축열부 그리고 실제로 이용하는 이용부로 이루어진다. 이 시스템으로 태양열을 모아서 물을 뜨겁게 만들어 이 물로 건물의 난방을 하거나 따뜻한 물을 사용할 수 있게 만드는 것이다. 또 여기서 만들어진 에너지를 이용해서 냉방을 할 수도 있다. 태양열 에너지는 태양빛에 따라서 만들 수 있는 에너지의 양이 달라지기 때문에 빛을 받아서 모아둘 수 있는 기술이 가장 필요하다. 태양광 방식과 비슷하게 생각할 수 있지만, 태양광 방식은 전지를 통해서 직접 전기를 만들지만 태양열 방식은 열을 이용해서 물을 데워 그 물을 이용한다는 점이 다르다.

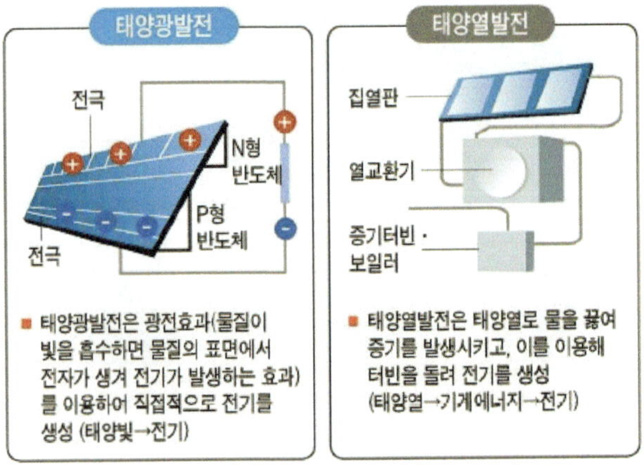

[태양광발전과 태양열발전의 차이58)]

58) 출처: 우리동네햇빛발전협동조합

[2] 풍력 발전

풍력 발전은 바람의 힘을 이용해서 전기를 만들어 보내는 기술이다. 바람이 불면 바람개비의 날개가 돌아가는 것을 볼 수 있듯이 풍력 발전은 이렇게 부는 바람의 힘을 이용해 풍차의 날개를 돌려서 전기를 만들어 낸다. 바람이 발전기의 날개를 돌리면 이 힘이 풍력발전 시스템(운동량변환장치, 동력전달장치, 동력변환장치, 제어장치)을 통해서 전기로 바뀌게 된다.

풍력 발전이 각광을 받는 것은 전력생산단가가 저렴해진 데다 연료와 폐기물이 없는 청정에너지이기 때문이다. 장점은 자연 상태의 에너지이므로 공해가 발생하지 않고, 바람만 있으면 만들 수 있기 때문에 전기를 만들 때 사용되는 비용이 적게 든다. 사람들이 살지 않는 산이나 바다 등의 외진 땅을 효율적으로 이용할 수 있다. 단점은 새나 야생동물에게 피해를 입힐 수 있고, 또 새나 야생동물 때문에 기계 고장이 일어날 수도 있다. 바람이 늘 똑같이 부는 것은 아니기 때문에 전력량이 고르지 못하고, 대부분 전기를 많이 쓰는 곳에서 멀리 떨어진 곳에 있기 때문에 만든 전기를 보내는데 비용이 많이 든다는 단점이 있다.

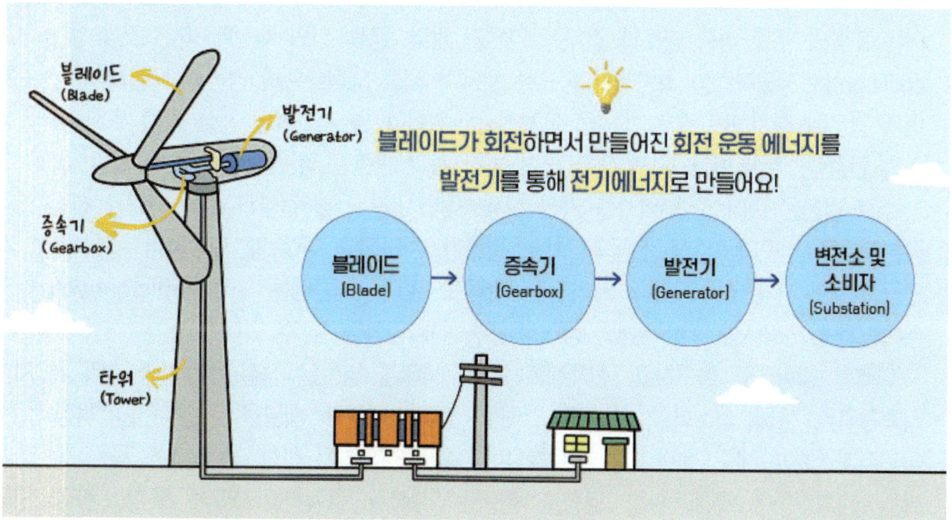

[풍력발전의 원리59)]

59) 출처: 한국에너지공단 신·재생에너지센터
https://www.knrec.or.kr/biz/korea/intro/kor_wind.do

함께 알아야 할 포인트

■ 환경을 과도하게 훼손하는 신재생에너지가 과연 착한 에너지인가?

신재생에너지는 온실가스를 거의 배출하지 않는 친환경 에너지원으로 인식되고 있으며 지구온난화와 기후위기에 대응하기 위한 핵심 대안으로 주목받고 있다. 그러나 이러한 기술이 '친환경적'이라는 평가에도 불구하고, 실질적인 시설 설치 및 운영 과정에서 자연생태계에 미치는 영향은 매우 크다. 신재생에너지의 확대는 환경적 편익과 함께 생물다양성, 토지이용, 서식지 보전 문제 등 다양한 생태적 문제에 대해서도 관심을 가져야 한다.

가장 대표적 사례로는 태양광시스템 시설 건설이다. 대규모로 건설되는 태양광시스템 단지는 설치 면적 확보를 위해 산림 벌채 혹은 초지, 습지, 농지 등을 전환하는 경우가 많다. 이는 양호한 자생식생의 파괴, 토양 침식, 경관 훼손을 초래할 뿐만 아니라, 해당 지역생태계에 서식하는 양서류, 조류, 포유류 등 다양한 생물종의 서식지 훼손과 단절 그리고 종수 및 개체수 감소로 이어질 수 있으며 결국 멸종 더나아가 절멸을 야기할 수도 있다. 특히 산림지역내 태양광시스템의 경우, 집중호우 시 산사태와 토사 유출 위험도 높아져 생태계뿐만 아니라 인근 주민에게도 악영향을 미친다(우리나라에서 2010년대 태양광단지의 무분별한 확대 정책으로 산림황폐화 및 산사태를 야기하여 인명피해 등 지역 주민들에게 많은 피해가 있었다).

풍력 발전 역시 생태계에 영향을 미친다. 육상 풍력은 주로 산악지나 해안 언덕에 설치되며, 이는 조류의 주요 비행 경로와 겹치는 경우가 많다. 풍력 터빈 회전에 따른 조류 충돌사고(bird collision)는 생물다양성 측면에서 중요한 문제가 되고 있다. 특히 맹금류나 철새 같은 보호종의 이동 경로에 설치되는 경우 개체군 유지에 큰 위협이 될 수 있다. 해상 풍력 또한 해양 생물의 소음 민감성, 수질 변화, 저서 생물 군집 변화 등과 관련된 영향을 동반할 수 있다.

수력 발전은 이미 오랜 역사를 가진 신재생에너지이나, 댐 건설과 수로 변경은 하천 생태계를 근본적으로 바꾼다. 수생 생물의 회유 경로가 차단되고, 유속과 퇴적물이 변화하며, 저수지 인근의 서식지가 침수되거나 사라지는 사례도 많다. 최근에는 소수력(micro-hydro) 개발이 주목받지만, 그마저도 자연하천의 생태적 연속성에 영향을 줄 수 있다.

이러한 영향에도 불구하고, 신재생에너지의 생태계 영향은 적절한 계획과 설계, 입지 선택, 사후관리를 통해 최소화할 수 있다. 예를 들어, 태양광 패널을 기존 건물 옥상이나 도심 유휴지에 설치하거나, 철새 이동 경로를 피한 풍력단지 입지 선정, 생물 이동 통로 설치, 서식지 복원 계획 등을 통해 환경 영향을 줄이는 사례가 증가하고 있다. 또한, 환경영향평가와 생태모니터링을 강화함으로써, 에너지 전환과 생태계 보전의 균형을 모색하는 노력이 필요하다.

결론적으로, 신재생에너지는 지속가능한 미래를 위한 핵심 전략이지만, 생태계의 속성을 고려하지 않으면 그 피해는 더욱 더 커질 것이다. 생태계와의 조화 없는 에너지 전환은 새로운 환경갈등과 생물다양성 손실을 초래할 수 있다. 따라서 친환경 에너지 시대에 진입하기 위해서는 기술적 효율성과 함께 생태적 감수성과 생태과학적 고려가 반드시 필요하다.

[3] 수력 발전

수력 발전이란 하천 또는 호소(湖沼) 등에서 물이 갖는 위치에너지를 수차를 이용해 기계에너지로 변환하고, 이것을 다시 전기에너지로 변환하는 발전 방식이다. 높은 곳에 있는 물이 아래로 떨어지며 수차(水車)를 돌리면 수차 축에 붙은 발전기가 돌아가며 전기를 생산하는 것이다. 물이 갖는 위치에너지가 클수록 발전량도 늘어나므로 인공적으로 댐을 건설해 활용하거나 수로(水路)를 바꾸기도 한다.

$$P[kW] = 9.8 \times Q[m^3/sec] \times H[m]$$

P: 이론상의 수력(水力), Q: 사용수량, H: 유효낙차

[4] 해양에너지

해양에너지는 바다의 조수·파도·해류·온도차 등을 변환시켜 전기 또는 열을 생산하는 기술을 말한다. 이때 전기를 생산하는 방식은 조력·파력·조류·온도차 발전 등이 있다.

[해양에너지의 종류 및 입지조건]

종류	내용	입지조건
조력발전	조석간만의 차를 동력원으로 해수면의 상승하강운동을 이용하여 전기를 생산하는 기술	◆ 평균조차 : 3m이상 ◆ 폐쇄된 만의 형태 ◆ 해저의 지반이 강고해야 함 ◆ 에너지 수요처와 근거리
파력발전	연안 또는 심해의 파랑(波浪)에너지를 이용하여 전기를 생산하는 기술	◆ 자원량이 풍부한 연안 ◆ 육지에서 거리 30㎞ 미만 ◆ 수심 300m 미만의 해상 ◆ 항해, 항만 기능에 방해되지 않을 것
조류발전	해수의 유동에 의한 운동에너지를 이용하여 전기를 생산하는 발전기술	◆ 조류의 흐름이 2㎧ 이상인 곳 ◆ 조류흐름의 특징이 분명한 곳
온도차발전	해양 표면층의 온수(예 : 25~30℃)와 심해 500~1000m 정도의 냉수(예 : 5~7℃)와의 온도차를 이용하여 열에너지를 기계적 에너지로 변환시켜 발전하는 기술	◆ 연중 표·심층수와 온도차가 17℃ 이상인 기간이 많을 것 ◆ 어업 및 선박 항행에 방해되지 않을 것

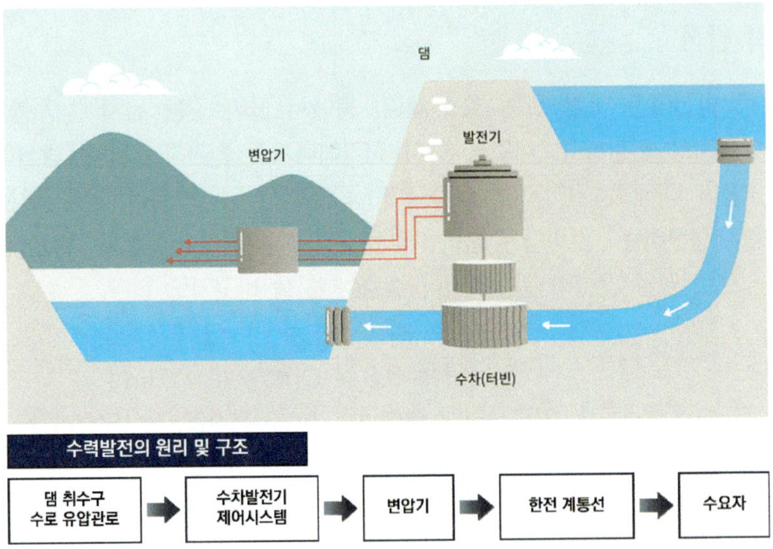

[수력발전의 원리 및 구조[60]]

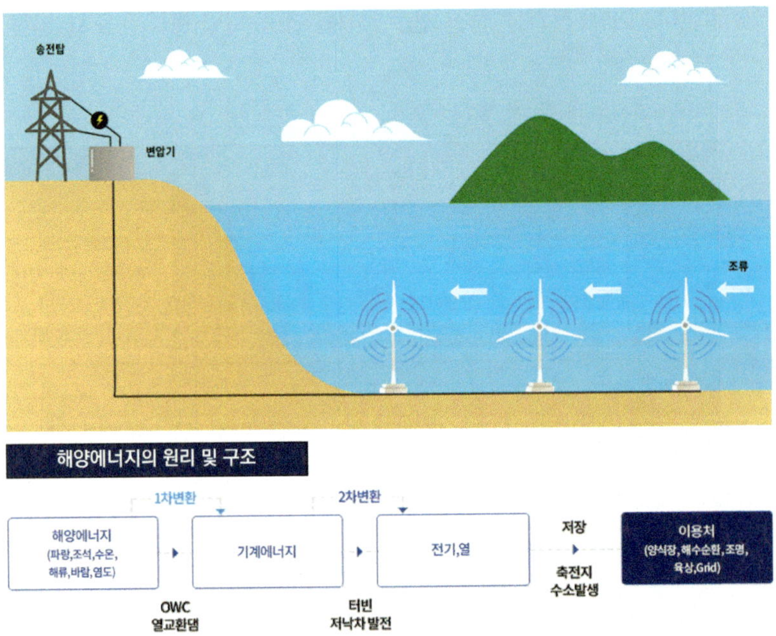

[수력발전의 원리 및 구조[61]]

60) 출처: 한국에너지공단 신·재생에너지센터
https://www.knrec.or.kr/biz/korea/intro/kor_water.do

61) 출처: 한국에너지공단 신·재생에너지센터
https://www.knrec.or.kr/biz/korea/intro/kor_sea.do

[5] 지열에너지

지열이란 지표면의 얕은 곳에서부터 수 km 깊이에 있는 뜨거운 불과 암석을 포함하여 땅이 가지고 있는 에너지를 말한다. 뜨거운 물인 온천, 녹아있는 암석, 즉 마그마가 가지고 있는 에너지를 이용하는 기술이 바로 지열을 이용한 에너지 이용이다. 태양열의 절반 정도가 지표면을 통해 지하에 저장되고 이렇게 흡수한 열 때문에 땅속 깊은 곳의 온도는 40℃~150℃ 이상을 유지한다. 지열은 건물의 냉난방에 필요한 에너지를 얻는 데 이용된다. 열교환기로 지열을 모으고 히트펌프(heat pump)라는 기계가 모은 열을 실제로 사용할 수 있게 바꿔준다. 이 히트펌프를 이용하면 난방뿐 아니라 냉방도 가능하다. 지열은 태양과 지구가 있는 한 계속 만들어지는 에너지로 없어지지 않는다고 볼 수 있다.

[지열에너지의 활용[62]]

[6] 바이오에너지

바이오 연료(Bio fuel)란 바이오매스(Biomass), 즉 생물체로부터 얻는 연료로서 바이오매스 에너지라고도 한다. 유기체뿐만 아니라 동물의 배설물 등 생물체의 대사활동에 의한 부산물까지 모두 포함한다.

바이오 연료는 화석연료와는 다른 신재생에너지이다. 바이오 알코올과 바이오 디젤을 함께 지칭하는 말로도 사용되기도 한다. 전 세계적으로 에너지 수요가 많아져 생물체에 담긴 에너지를 활용하는 방법이 개발되면서 쓰이기 시작했다. 바이오 연료는 화석

62) 출처: 한국에너지공단 신·재생에너지센터
https://www.knrec.or.kr/biz/korea/intro/kor_geo.do

연료와 달리 대기 중의 이산화탄소를 늘리지 않는다. 바이오 연료를 태울 때 내뿜는 이산화탄소는 원료인 식물이 자라면서 빨아들인 대기 중의 이산화탄소이기 때문이다.

바이오 연료 대상이 되는 주요 자원으로는 포플러·버드나무·아카시아 등의 나무, 사탕수수·고구마·강냉이 등의 초본식물, 그리고 수생식물·해조류·조류(藻類)·광합성세균 등이 있다. 유기계폐기물·농산폐기물·임산폐기물·축산폐기물·산업폐기물·도시 쓰레기 등도 직접 또는 변환하여 연료화할 수 있다.

바이오 연료의 장점은 에너지를 저장할 수 있고 재생이 가능하다는 점이다. 물과 온도 조건만 맞으면 지구 어느 곳에서나 얻을 수 있다. 게다가 적은 자본으로도 개발이 가능하며, 원자력 등 다른 에너지와 비교할 때 환경보전적으로 더 안전하다. 그러나 에너지를 얻기 위해 넓은 면적의 토지가 필요하며, 자원량의 지역적 차이가 큰 것은 단점이다. 브라질·캐나다·미국 등에서는 알코올을 이용한 바이오 연료 공급량이 이미 원자력에 맞먹는 수준에 도달해 있다. 인도네시아·일본도 상당한 수준의 바이오 연료 생산 기술을 갖고 있다. 바이오 연료는 2005년 현재 세계 에너지 소비량의 15%를 담당하고 있다. 하지만 대부분 개발도상국에서 난방과 취사용으로 사용되고 있다. 선진국은 대부분 화석연료를 주요 에너지원으로 하며 기술개발을 통해 바이오 연료의 사용을 확대해 나가고 있다. 북유럽의 스웨덴과 핀란드는 이러한 노력으로 전체 에너지의 17~19%를 바이오 연료를 통해 얻고 있다.

최근 바이오 연료 개발로 인해 농작물 수요가 급증하고 있다. 농작물 가격이 오르면서 물가가 함께 상승하는 현상을 일컫는 애그플레이션(agflation; agriculture+inflation)이라는 신조어도 생겨났다. 2006년 우리나라 곡물자급도(쌀 제외)는 4.6%에 불과하다. 사료용을 포함한 주요 곡물자급도는 소맥 0.2%, 옥수수 0.8%, 대두 13.6%로 대부분 수입에 의존하고 있다. 애그플레이션 시대, 우리나라는 식량과 에너지 양쪽이 위기에 맞닥뜨리고 있다.

[옥수수의 변신[63]]

함께 알아야 할 포인트

■ 바이오매스(Biomass)란 무엇인가?

바이오매스란 어느 시점에 임의의 공간 내에 존재하는 특정한 생물군(生物郡)의 양을 중량이나 에너지량으로 나타낸 현상. 생물체량(生物體量) 또는 생물량이라고도 한다.

건조중량(乾操重量)을 사용하는 경우가 많지만, 습중량(濕重量)이나 때로는 생물체의 주요한 구성성분인 탄소나 질소량으로 나타내기도 한다. 현존량(現存量)과 같은 뜻으로 사용하는 경우도 많으며, 식물에서는 특히 그런 경향이 강하다. 생물량은 생물생산에 따라 증가하는데 군집의 호흡량 · 고사탈락량 · 피식량 등을 공제한 것이 축적량이 된다. 생태계에 있어서는 영양단계가 낮은 생물군의 생물량이 많고, 이것을 먹는 고차의 생물군의 생물량은 적다. 이들 사이의 관계는 생태학적 효율로서 나타낼 수 있다.

지구상의 생물량에 대한 관심은 자원문제가 부각되면서 높아지게 되었으며, 많은 연구자가 생물량의 추정을 시도하고 있으나 그 추정값에는 많은 차이가 있다. 현재 비교적 널리 채용되고 있는 것은 1973년에 R. H. 휘타카가 추정한 값이다. 이 값에 의하면 단위면적당 생물량이 가장 큰 것은 삼림이며, 그중에서도 열대다우림은 평균 약 45kg/㎡(6~80kg/㎡)로 가장 큰 값을 나타내고 있다. 그 다음으로는 열대계절림·온대상록수림의 순이다. 초본이나 수중의 플랑크톤 군집 등은 생산력이 높지만 생산한 유기물을 유지 · 축적하는 수단이 없기 때문에 생물량은 적다. 지구 전체로서의 생물량도 열대다우림이 가장 많고, 지구 전체 생물량의 41.6%를 차지한다. 다음으로는 열대계절림·북방침엽수림·온대낙엽수림 순이다. 놀라운 것은 점유 면적이 지구의 10% 전후에 불과한 삼림이 지구전체 생물량의 90% 이상을 차지한다는 사실이다.

63) 유엔환경계획 한국위원회 제공 자료

[7] 폐기물에너지

폐기물 재생에너지란 가정이나 사업장에서 발생하는 가연성 폐기물 중 에너지 함량이 높은 폐기물을, 열분해를 통해 오일화하는 기술이나 가스화에 의한 가연성 가스 제조기술, 소각에 의한 열회수 기술 등으로 가공·처리하여 고·액체연료, 가스연료, 폐열 등으로 생산하고 이를 산업 생산 활동에 필요한 에너지로 이용될 수 있도록 하는 것을 말한다.

사용하고 못 쓰게 되어버린 제품이나 쓰레기 등을 재활용하는 과정이다. 에너지 함량이 높은 폐기물을 여러 가지 기술을 활용해 연료로 만들거나 소각하여 에너지로 이용한다. 이때 가연성이 있고 생물학적으로 분해 가능한 것을 재생폐기물, 생물학적으로 분해가 불가능한 것을 비재생폐기물이라고 한다. 비닐, 플라스틱, 타이어 고무, 아스팔트 등 화석연료에서 유래된 대부분의 폐기물은 재생이 불가능하여 비(非)재생폐기물로 분류한다. 비재생폐기물은 더 이상 재생에너지에 포함되지 않는다.

2019년 10월, 「신에너지 및 재생에너지 개발·이용·보급 촉진법」이 시행되며 재생에너지로서의 폐기물에너지 정의가 바뀌었다. 이제는 “비(非)재생폐기물”로부터 생산된 폐기물에너지를 제외하고, 대통령령으로 정하는 기준 및 범위에 해당하는 폐기물에너지만을 재생에너지로 인정하게 되었다.

[폐기물에너지원별 재생폐기물 비중]

에너지원	세부구분	재생폐기물 비중
폐기물	폐가스	-
	산업폐기물 : 산업 활동에 수반하여 발생하는 폐기물. 사업장폐기물이라고도 함	32.1%
	생활폐기물 : 인간의 모든 생활에서 사용되었으나 그 필요성을 잃어 사용치 않고 버리게 된 산업폐기물 이외의 물질	41.4%
	시멘트킬른보조연료 : 시멘트 공장에서 사용하는 폐기물연료 (폐타이어, 폐합성수지 등)	32.1%
	고형연료제품(SRF) : 가연성 고형폐기물(생활폐기물, 폐합성수지류, 폐합성섬유류, 폐고무류, 폐타이어 등)을 사용하여 품질 등급 기준에 적합하게 제조한 고형연료 제품)	30.3%
	정제연료유	-

함께 알아야 할 포인트

■ [주목받는 친환경 시설] 금산군 '유기성 폐자원 에너지화 시설' 준공[64)]

가축분뇨(65㎥)·음식물류폐기물(15㎥)·하수슬러지(10㎥) 등 유기성 폐자원 하루 90㎥ 처리
위탁처리 하던 음식물쓰레기 자체 처리로 연간 6억원의 예산 절감
바이오가스로 전력 생산 연간 1억2천만원 절감…온실가스 감축 기여

충남 금산군(군수 박범인)과 한국환경공단 충청지역본부(본부장 정석현)는 지난 11월 8일 금산읍 신대리 54-4번지 일원에 조성 중인 물관리 종합 환경타운에 설치된 '유기성 폐자원 에너지화 시설' 준공식을 가졌다.

'유기성 폐자원 에너지화 시설'이란 가축분뇨, 음식물류폐기물, 하수슬러지 등 유기성 폐자원을 처리하고 생성되는 메탄(CH_4), 이산화탄소(CO_2) 등 바이오가스(biogas)로 전력을 생산하는 시설을 말한다.

총 사업비 225억2천800만 원을 투입해 부지면적 9천707㎡, 건축면적 1천907㎡ 규모로 조성된 이 시설은 중온 혐기성소화(소화가스화) 처리방식을 통해 매일 가축분뇨 65㎥, 음식물류폐기물 15㎥, 하수슬러지 10㎥ 등 유기성 폐자원 90㎥를 처리할 수 있는 '자원순환형 소화가스화 시설'이다.

주요 설비로는 △전처리시설 △폐수처리시설 △음식물 저장 호퍼 △비중선별기 △파쇄선별기 △협잡물 종합처리기 △악취제거 설비 △혐기성소화조 △건식 탈황설비 △가스저장조 △가스발전기 등이 도입됐다.

이렇게 처리시설로 반입되는 유기성 폐자원은 각각의 전처리 시설을 거쳐 중간 저장조에서 혼합된다. 혼합된 원료는 유기성 폐자원 에너지화 시설에서 가장 중요한 혐기성소화조로 이송돼 산소가 없는 조건에서 유기물이 분해되어 바이오가스로 전환된다.

64) 워터저널(2022) [주목받는 친환경 시설] 금산군 '유기성 폐자원 에너지화 시설' 준공 기사 발췌

인공지능(AI)이 알려주는 핵심 포인트

■ 신재생에너지 시대로의 전환에 대한 인공지능(AI)의 예측

2100년의 지구는 더 이상 과거의 화석연료 중심 에너지 체계에 머물러 있지 않을 것이다. 인류는 이미 21세기 초반부터 기후위기 대응과 지속가능한 발전을 위한 에너지 전환의 필요성을 인식해왔고, 그 중심에는 신재생에너지가 있었다. 나는 2100년의 시대에 신재생에너지가 단지 기존 에너지원을 대체하는 것을 넘어, 문명의 에너지 패러다임 자체를 완전히 새롭게 정의한 핵심 기술로 자리매김할 것이라고 전망한다.

우선, 재생에너지가 세계 에너지 공급의 주축이 될 것은 거의 확실하다. 태양광과 풍력, 수력, 지열, 바이오에너지 등은 2100년까지 기술 효율이 극적으로 향상되고, 설비 비용은 더욱 하락하며, 세계 대부분의 지역에서 가장 경제성 있는 에너지원으로 정착하게 될 것이다. 특히 태양광 발전은 초고효율화 및 무기소재 기반의 차세대 셀 기술로 발전하고, 풍력 발전은 해상과 고고도 대기층까지 영역을 확장하여 무제한에 가까운 청정에너지를 공급할 수 있게 될 것이다.

에너지 저장과 전력망 기술의 발전도 신재생에너지의 대중화를 가속화할 것이다. 21세기 후반에는 리튬이온 배터리를 넘는 새로운 저장 기술, 예를 들어 고체 전지(Solid-State Battery), 인공광합성 연료, 대규모 수소 저장 기술 등이 보편화되어, 변동성 있는 재생에너지의 한계를 극복하고 24시간 안정적인 에너지 공급이 가능해질 것이다. 전 세계는 스마트그리드 기반의 글로벌 에너지 네트워크로 연결되고, 국경을 넘는 전력 교환과 수요-공급 조절이 실시간으로 이루어지는 시대가 도래할 것이다.

더불어, 2100년의 에너지 체계는 분산형·자립형 에너지 구조를 중심으로 운영될 가능성이 높다. 기존의 대규모 발전소 중심 구조는 점차 축소되고, 지역 단위의 마이크로그리드, 건물 단위의 에너지 생산과 소비, 시민참여형 에너지 협동조합 등 에너지 민주주의(Energy Democracy)가 실현될 것이다. 이는 단지 기술적 변화가 아니라, 에너지의 사회적 성격이 공공재로 재정의되는 전환을 의미한다.

또한 신재생에너지는 단순히 전기를 생산하는 기술을 넘어서, 전체 산업 시스템을 탈탄소화하는 기반 인프라로 작동하게 될 것이다. 철강, 시멘트, 운송, 농업 등 고탄소 산업은 전기화(Electrification)와 함께 재생에너지 기반 수소 또는 합성연료로 전환되어, 산업 전반의 기후 영향을 최소화하게 된다. 이런 변화는 경제 구조의 근본적인 탈탄소화와 생태적 전환을 동반하며, 신재생에너지는 기술이 아닌 하나의 문명적 기반 시스템으로 자리잡게 된다.

그러나 이러한 전환이 자동적으로 이루어지는 것은 아니다. 2100년까지의 과정에는 기술 격차, 자원 불균형, 정치적 이해관계, 기후불평등 등의 복합적인 도전이 수반될 것이다. 신재생에너지를 중심으로 한 전환이 성공하기 위해서는 단순한 기술 혁신뿐 아니라, 글로벌 협력, 제도 개혁, 그리고 정의로운 전환(Just Transition)이 반드시 함께 병행되어야 한다. 특히 개발도상국에 대한 기술 이전과 재정 지원, 에너지 접근권 확대가 수반되지 않는다면, 신재생에너지는 또 다른 불평등의 원인이 될 수 있다.

Point 34. 연료전지(Fuel cell)

연료전지는 수소와 산소 연료에서 일어나는 화학 반응을 직접 전기 에너지로 바꿔주는 전지이다. 우리가 흔히 쓰는 건전지처럼 물질 간에 일어나는 화학반응으로 전기를 만든다. 다른 점은 건전지는 안에 있는 화학물질들로 전기를 만들어 쓰고 나면 버리거나 충전을 하지만, 연료전지는 안에 있는 연료가 지속적으로 공급되면서 계속해서 전기를 만들어낸다는 차이가 있다.

연료전지의 연료로 쓸 수 있는 물질은 여러 가지가 있는데, 대부분은 수소와 산소를 사용한다. 수소와 산소가 만나서 전기와 물, 그리고 열을 만들어내게 된다. 장점은 수소 대신에 석탄가스, 메탄올 등의 여러 가지 연료를 사용할 수 있고, 화력 발전보다 공해도 적고 소음도 적다. 또 쓰임새에 맞춰 설치할 수 있어서 다른 에너지보다 필요한 양을 맞춰 만들 수 있다. 단점은 기술이 아직 부족하고, 연료로 쓰이는 재료가 비싼 경우가 많아 아직 많은 기술개발이 필요하다는 점이 있다.

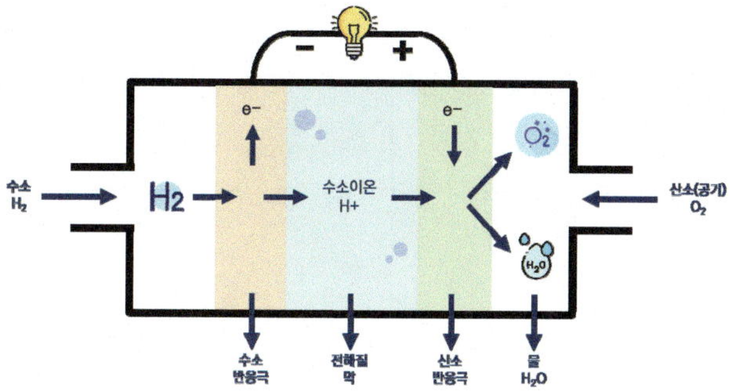

[수소연료전지 구조]

Point 35. e-Fuel(Electricity-based Fuel)

e-fuel(이퓨얼, 재생합성연료)란 이산화탄소와 수소를 합성하여 제조된 연료를 말한다. 신재생에너지를 활용하여 만든 수소인 그린수소와 포집된 이산화탄소를 합성하여 탄소중립연료(또는 청정합성연료)인 e-fuel을 제조한다.

e-Fuel에는 e-메탄올, 가솔린, 디젤 등 다양한 종류가 있다. 유럽연합(EU)는 2050년 탄소중립 달성을 위해 2035년부터 신규 승용차와 승합차의 CO_2 배출을 전면 금지하도록 하는 규정안을 채택하였다. 즉, 쉽게 말해 내연기관을 동력으로 사용하는 자동차의 판매가 금지된 것이다. 그러나 합성연료(e-fuel)을 사용하는 신차는 예외적으로 2035년 이후에도 판매를 계속 허용하기로 하였다. 그만큼 e-fuel은 전망이 밝다고 할 수 있다.

Point 36. 그린 수소와 그린 암모니아[65)]

[1] 그린 수소(Green Hydrogen)

지구 차원의 대체에너지로서 부상하고 있는 수소는 생산방식에 따라 그레이수소, 블루수소, 그린수소로 대별된다. 그린수소는 재생에너지 전력으로 물을 전기분해해 생산한 수소로 생산단계부터 온실가스가 전혀 배출되지 않는 장점이 있으나, 생산원가가 높아 경제성이 떨어진다는 단점이 있다.

[수소 생산 방식별 특징]

구분	정의	에너지원	특징	국내 생산가격 (원/kg, 2018년)
부생수소	석유화학공정과 제철공정에서 부수적으로 생산	주로 화석연료	◆ 폐가스 활용 ◆ 정제 필요 ◆ 생산량 확대 한계	~2,000
그레이수소 (개질수소, Reformed hydrogen)	화석연료를 활용해 생산하는 개질수소	화석연료 (천연가스, 석탄)	◆ 대량생산 가능 ◆ 저렴한 생산원가 ◆ CO_2 발생 多	2,700~5,100
블루수소 (개질수소+CCUS)	개질수소+CCUS 장치를 통해 CO_2를 포집 및 저장		◆ CO_2 발생 少 ◆ 포집된 CO_2의 활용 필요	-
그린수소 (수전해)	수전해를 통해 수소와 산소 생성	재생에너지	◆ CO_2 발생 無 ◆ 높은 생산원가 ◆ 지역적 제한	9,000~10,000

[2] 그린 암모니아(Green Ammonia)

액상 암모니아는 액화 수소보다 동일 부피에서 1.7배 수소저장 밀도가 높고, 이미 확립되어 있는 국제 공급망 활용이 가능하여 대규모 장거리 수소 저장·운송에 적합한 저장체로 주목받고 있는 추세이다.

국제에너지기구(IEA)의 넷제로(Net-zero) 시나리오에서는 선박 연료에서 암모니아가 차지하는 비중이 2023년 8%, 2050년 46%로 확대될 것으로 예측되었다.[66)]

65) 과학기술정보협의회(2022) ASTI MARKET INSIGHT - 그린수소 에너지 자료 재구성
66) IEA(2021) Net Zero by 2050 A Roadmap for the Global Energy Sector

Point 37. 에너지 단위

[1] 석유환산톤 (TOE; Tonnage of oil equivalent)

지구상에 존재하는 모든 에너지의 발열량에 기초해 이를 석유의 발열량으로 환산한 개념이다. 석유의 단위는 배럴, 무연탄의 단위는 t(톤), 가스의 단위는 갤런 등으로 각 에너지원의 단위가 다르므로 이를 합계할 때 통일된 단위가 필요하며 이때 사용한다.

1TOE는 석유 1톤을 연소할 때 발생하는 에너지로, 원유 1t(7.41배럴)의 발열량 1,000만kcal가 기준이 된다. 석탄 1.55톤, 천연가스 1,150㎥에 해당하며, 1TOE는 일반승용차(연비 12km/ℓ)가 서울-부산을 16번 왕복할 수 있는 휘발유량, 일반 가정(200㎾h/월)에서 약 1년 8개월 동안 쓸 수 있는 전력량이다.

[2] 탄소환산톤 (TC; Ton of Carbon equivalent)

탄소환산톤은 다양한 온실가스 배출을 지구온난화지수(GWP)에 기준하여 비교 가능하도록 만든 측정수단이다. 이산화탄소 배출량을 기준으로 할 때 이를 탄소의 무게만으로 다시 환산하여 비교한다.

이산화탄소는 탄소원자 1개와 산소원자 2개가 결합하여 생기므로 이 중 탄소만의 무게를 구하기 위해 이산화탄소 환산치에 12/44를 곱하면 된다.

$$\text{탄소환산톤} = \text{온실가스 배출량} \times \text{지구온난화지수(GWP)} \times 44/12$$

함께 알아야 할 내용

■ 에너지 분야에서 활용되는 단위들

단위	설명
BTU (British Thermal Unit)	영국의 열량 단위. 1파운드의 물을 대기압 아래서 1℉ 올리는 데 필요한 열량. 1BTU = 1,055J = 1.055kJ = 252.151cal
Quad (Quadrillion BTU)	가장 큰 단위. 세계 총 에너지 생산 혹은 소비량을 나타낼 때 사용. 1quad = 10^{15}BTU = 1.055×10^{18}J
Bbl (Barrel of Oil)	원유 1배럴(159L, 석유 기준)을 연소하는 데 필요한 에너지의 양. 1Mbbl = 10^{6}bbl. 원유의 생산, 소비, 보존량을 나타낼 때 주로 사용함.
CBM (Cubic meter)	1CBM은 가로, 세로, 높이가 각각 1m인 방을 가득 채운 양. 1,000L에 해당함. 1CBM = 6.29배럴 = 264.2갤런 = 1,000리터

Point 38. 에너지 기구

[1] 국제에너지기구(IEA; International Energy Agency)

IEA는 국제적 에너지 계획 기구로서 산유국 모임인 석유수출국기구(OPEC)의 석유공급 삭감에 대항하기 위하여 주요 석유소비국에서 만들어졌다. OECD 산하에 있는 회원국간의 석유 긴급운용 시스템으로, 국제 석유시장에 대한 정보 공유를 통해 석유공급 위기에 대비하고, 대체에너지 개발 및 석유수급 비상시 회원국간 공동대처 방안 등을 마련하는 것을 주요 기능으로 하고 있다.

[2] 국제재생에너지기구(IRENA; Interntional Renewable Energy Agency)

IRENA는 신·재생에너지 개발과 보급에 대한 국제협력 강화를 위해 2011년 설립된 재생에너지 분야 최대 규모의 국제기구를 말한다. 각국의 재생에너지 관련 정책수립 지원, 재생에너지 기술·국별 성공사례 수집 및 공유, 기술협력 프로그램 실시 등을 주요 목적으로 하며, 글로벌 재생에너지 통계, 재생에너지 산업 분야 고용 통계, 국가별 에너지 산업 통계 등을 주기적으로 발간하고 있다.

iea
International Energy Agency

[IEA 로고]

[IEA 발간물 'World Energy Outlook' 2024]

IRENA
International Renewable Energy Agency

[IRENA 로고]

[IRENA 발간물 'Renewable Energy Statistics' 2024]

Point 39. 스마트 그리드(Smart Grid)

스마트 그리드란 에너지효율성 향상과 신재생에너지 공급 확대를 통한 온실가스 감축을 목적으로 전력산업과 IT 그리고 통신기술을 결합하여 안정적이고 고효율의 지능화된 전력망을 구축하는 것을 말한다. 실시간 전력 사용현황을 파악하고 이에 맞게 전력 사용 시간과 양을 통제하는 기술이다. 뉴욕타임스 칼럼니스트 토머스 프리드먼이 유행시킨 용어로 유럽에서는 [인텔리전트(Intelligent) 그리드], 한국에서는 [전력IT]라고도 부른다.

스마트계량기(AMI), 에너지관리시스템(EMS), 에너지 저장 시스템(ESS), 전기차 및 충전소, 분산지원, 신재생에너지, 양방향 정보 통신기술, 지능형 송 · 배전시스템 등으로 구성된다.

[스마트 그리드로 인한 주요 변화]

분야	내용
공급 측면	◆ 전력공급설비의 신뢰도 최대화 ◆ 부하 평준화에 따른 설비이용률 최적화 ◆ 저장과 신재생에너지에 의한 분산전원시스템 일반화
소비 측면	◆ 다양한 서비스 기반 효율적 전력소비 추구(에너지 인터넷) ◆ 에너지저소비 사회로 전환
시장 측면	◆ 전력수요에 반응하는 스마트가전 제품의 상용화 ◆ 스마트홈 빌딩화 및 에너지효율화 산업 번창 ◆ 충전 인프라 전기차 및 스마트계량기(AMI)의 상용 확대

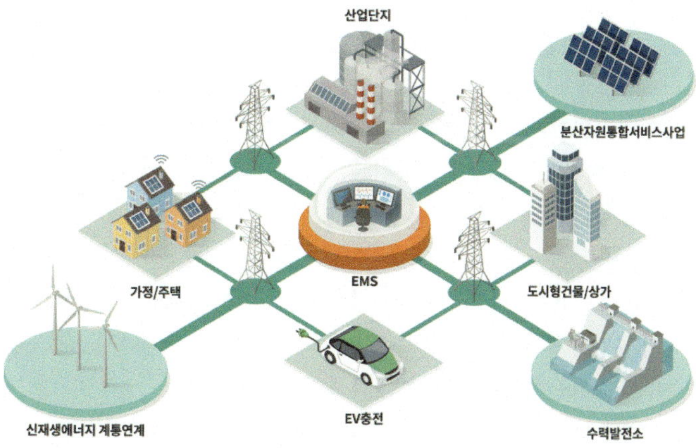

[스마트그리드(지능형 전력망) 개념도[67]]

67) 출처: 한국스마트그리드협회
https://www.ksga.org/web/info/smartGrid.do

인공지능(AI)이 알려주는 핵심 포인트

■ 우리나라의 신재생에너지 전환에 대한 가능성과 한계점

우리나라는 기후위기에 대응하고 탄소중립 사회로 나아가기 위해 신재생에너지로의 전환을 핵심 국가 전략으로 채택하고 있다. 특히 2050년 탄소중립 목표 달성을 위해, 기존의 화석연료 중심 에너지 체계를 재편하고, 태양광, 풍력, 수소, 바이오, 지열 등의 신재생에너지 비중을 획기적으로 확대하고자 하는 움직임이 본격화되고 있다. 그러나 우리나라의 지리적·기후적 특성은 에너지 전환에 있어 기회와 한계를 동시에 안고 있다.

한국은 사계절이 뚜렷하고 일사량이 안정적인 편으로, 태양광 발전에 비교적 유리한 조건을 지닌다. 특히 중부 이남 지역은 연중 일조량이 풍부하고, 농촌·산간 지역에 소규모 분산형 태양광 설치가 가능하다. 또한 한반도는 삼면이 바다로 둘러싸인 반도 지형으로, 서해·남해·제주를 중심으로 풍력자원(특히 해상풍력)의 잠재력이 높다. 최근에는 부유식 해상풍력 기술 개발과 연계한 대규모 단지 조성 계획도 본격 추진되고 있다.

이러한 장점에도 불구하고, 우리나라의 국토가 좁고 산지가 많으며 인구 밀집도가 높다는 점은 신재생에너지 확대에 제약이 된다. 태양광 패널과 풍력 터빈 설치를 둘러싼 입지 갈등과 주민 반발, 환경 훼손 문제 등은 주요 사회적 과제로 부각되고 있다. 또한 풍력의 경우, 겨울철과 야간에 발전량이 줄거나 불규칙해지는 간헐성(intermittency) 문제가 발생하며, 이를 보완할 에너지 저장 시스템(ESS)이나 스마트 그리드 기술의 병행이 필수적이다.

정책 측면에서는, 정부는 '재생에너지 3020' 정책을 통해 2030년까지 전체 발전량의 20%를 신재생에너지로 충당하고자 하며, 이후 '2050 탄소중립 시나리오'에서는 70~80%까지 비중 확대를 목표로 하고 있다. 이에 따라 RPS(신재생에너지 공급의무화 제도), REC(신재생에너지 공급인증서), 그린수소 산업 육성, 전기차·수소차 보급 확대 등의 정책이 함께 추진 중이다.

향후 대한민국의 에너지 전환이 성공하기 위해서는 단순한 기술 확대를 넘어 지역 수용성 확보, 제도적 조율, 분산형 전원 체계 강화 등 복합적인 접근이 필요하다. 특히 기후환경과 조화를 이루는 방식으로 생태계 파괴를 최소화하고, 주민 참여형 이익 공유 모델을 설계함으로써 지속가능한 전환이 가능할 것이다.

결론적으로, 대한민국은 기후환경 측면에서 일정 수준의 신재생에너지 자원을 보유하고 있으며, 기술과 정책 기반도 점차 확대되고 있다. 그러나 공간적 제약과 사회적 수용성이라는 도전을 극복하기 위한 종합적 전략이 병행되어야 하며, **에너지 정의(energy justice)**와 지역 맞춤형 전략이 더욱 중요해지는 시대를 맞이하고 있다.

Point 40. RE100

[1] RE100 (Renewable Electricity 100%)

RE100은 기업 활동에 필요한 전력의 100%를 태양광과 풍력 등 재생에너지를 이용해 생산된 전기로 사용하겠다는 자발적 글로벌 캠페인을 말한다. 탄소정보공개프로젝트(CDP; Carbon Disclosure Group)와 파트너십을 맺은 다국적 비영리기구 'The Climate Group' 주도로 2014년 시작되었다.

2050년까지 필요 전력량의 100%를 친환경 재생에너지원을 통해 발전된 전력으로 사용하는 것을 목표로 하며, 연도별 목표는 기업이 자율적으로 수립하되, 2030년 60%, 2040년 90% 이상의 실적 달성을 권고한다.

Google, Apple, MS, BMW, GM 등 전 세계 글로벌 기업을 중심으로 자사에서 사용하고 있는 전력에 대해서 점차 재생에너지 사용 비중을 확대하고 있는 추세이다. 이로 인해 최근에는 글로벌 기업들로부터 국내 대기업들도 재생에너지 사용의 확대를 요구받는 사례가 증가하고 있다.

[2] K-RE100 (한국형 RE100)

K-RE100은 전기 소비자가 공단의 K-RE100 관리 시스템을 통해 재생에너지 사용실적을 제출하고 재생에너지 사용 확인서를 발급받아 RE100 캠페인 참여 등 다양한 용도로 활용하는 제도를 말한다. RE100에 본격적으로 참여할 수 있는 기반 구축, 재생에너지 사용을 통해 국내 기업경쟁력 강화 및 재생에너지 활성화의 측면에서 필요하다.

[3] CF100 (24/7 Carbon Free 100%)

RE100은 재생에너지만을 사용하는 캠페인이므로 인프라와 비용이라는 현실적인 문제를 고려하면 실천하기가 어렵다는 한계가 있다. 이에 원자력이나 수소 연료전지 등, 재생에너지가 아니더라도 '무탄소' 에너지를 사용하면 인정해주는 CF100가 등장하여 시행되고 있다.

PART V.

도시생태와 녹색기술

Point 41. 도시생태계의 이해

[1] 도시생태학68)69)

도시생태학(Urban Ecology)은 인간 활동이 밀집된 도시 환경 내에서 생물과 비생물 요소 간의 상호작용을 연구하는 학문이다. 이는 도시를 하나의 생태계로 보고, 토지이용, 기후, 생물다양성, 에너지 흐름 등의 요소가 어떻게 상호작용하는지를 분석한다. 도시생태학은 지속가능한 도시계획, 녹지 조성, 기후변화 적응 전략 수립 등 실질적 해법 제시에 기여한다.

일반적으로 생태학자 및 조경가들은 도시를 생태적 연구가 가능한 대상이라고 여기지 않았으며, 도시를 생명체의 서식지로 적합하지 않고 이곳에서 생존할 수 있는 식물과 동물의 수는 아주 적을 것이라고만 여겨왔다. 또한 도시의 생물서식은 우연의 산물이라고 생각되었기 때문에 그 규칙성이나 인과관계에 대한 연구는 가능하다고 여기지도 않았다. 그러나 30년 전부터 독일을 중심으로 한 중부유럽에서 집중적으로 도시생태에 대한 연구가 이루어졌으며 이 과정에서 인간에 의해 형성된 도시환경조건에서도 규칙적인 생물군집의 생존가능성이 있다는 것이 밝혀졌다. 그 이후 도시생태계의 세부적인 연구를 통해서 도시는 다양한 서식지와 생물군집의 공간이라는

---

68) McHarg와 Lewis, 기타 유명한 환경계획운동의 지도자들은 **"생태적 진화과정은 계획과 설계에 필수 불가결한 근본원리를 제공해 준다"**는 발전적 철학을 부각시켜 왔다.

69) 오늘날 도시생태학에서는 토지계획과 자연자원의 관리의 기본철학으로 **"자연을 고려한 설계(Design with Nature)"**을 채택하고 이를 고려한 계획 및 설계를 추구하고 있다(Michael Hough, Cith Form and Natural Process 자료 재구성).

사실이 입증되고 있다[70].

1971년 시작된 유네스코(UNESCO)의 "인간과 생물권 프로그램 - 연구과제 11(Man and the Biosphere - project 11)"에 의하여 에너지 이용에 역점을 둔 도시시스템의 생태적 측면에 관한 일차적인 총괄연구가 진행되었다. 이에 관련된 최근의 연구과제들은 인간생태적인 문제에서 출발하여 건강문제, 인류복지, 자연과 인공의 조화 등을 주제로 다루고 있다.

자연과학만으로는 도시의 생태적 연구를 충분히 수행할 수 없는데 이는 도시가 인간사회의 장으로서 사회과학적 분야에서의 연구가 필요하고 그 이외에 또 다른 중요한 관점의 설명을 위해 인문과학도 필요하기 때문이다. 즉, 인간은 다른 생물군집과는 달리 도시라는 공간에 적응하는 것이 아니라, 전통, 정치, 과학 등에 따라 확정된 표상에 의해 도시를 형성하고 있다.

도시 특히 대도시는 하나의 단일한 생태계가 아니라 생태계 복합체로서 연구대상 측면에서는 경관생태학과 유사하다. 그러나 도시생태학은 보다 더 많은 다양한 학문영역을 포괄하기 때문에 더욱 복잡하고 전통적인 생태학이나 경관생태학과는 다르다[71]. 즉 도시생태학은 응용과학의 성격이 강해서 학문의 일차적인 목표가 생태계를 규명하는 데 있는 것이 아니라, 가능한 한 도시를 인간친화적으로 형성할 수 있는 방법을 찾는 데 있다.

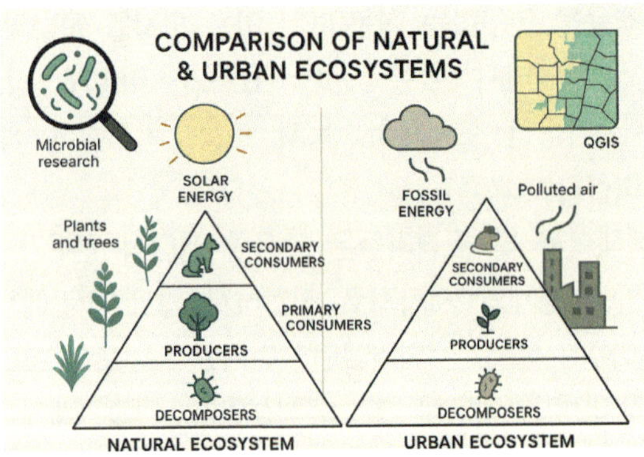

[자연생태계와 도시생태계의 차이 개념]

70) 서울시정개발연구원(1999) 비오톱지도의 도시계획에의 적용방안에서 제시하고 있는 일부 내용을 수정 제시한 것임을 밝혀둔다.

71) 미국식 개념의 도시생태학(urban ecology)과 독일식 개념의 도시생태학(Stadt kologie)은 다소 의미의 차이가 다르다. 독일을 비롯한 유럽에서 시작된 도시생태학은 자연과학자들 중 특히 식물학자에 의해 그 개념이 정립되어 비자연과학이 광의의 도시생태학에 속한다는 견해를 가진다. 그러나 urban ecology의 뿌리는 사회학에 있으며 유럽과는 완전히 다른 생태학 개념이 전제가 된다. 그 이후에 미국과 중부 유럽 중심의 도시생태학 개념이 서로 유사하게 되었는데, 유럽에서는 보다 포괄적으로 정의되기 시작했고 미국에서는 계획과 관련한 자연과학적 요소(기후학, 녹지시설, 도시림의 의미 등)들이 포함되기 시작했기 때문이다. 식물종, 동물종, 식물군락, 도시비오톱지도화와 같은 실질적인 현장자료들은 유럽의 도시생태문헌에서 가장 큰 부분을 차지하고 있으나, 미국식 문헌에서는 여전히 드물게 나타난다(서울시정개발연구원, 1999).

함께 알아야 할 포인트

■ 도시생태학(Urban Ecology)의 역사와 발전

도시생태학은 도시를 생태계로 간주하고, 도시 내 생물과 비생물 환경 간의 상호작용을 과학적으로 탐구하는 학문 분야이다. 이 개념은 1920년대 미국 시카고대학교의 사회학자 로버트 파크(Robert E. Park)와 그의 동료들이 도시를 '생물학적 조직체'로 바라보며, 자연생태학의 이론을 도시사회 분석에 도입하면서 등장하였다. 파크는 도시 내 이주, 경쟁, 공존, 순환 등의 사회적 현상을 생태학적 관점에서 해석하려 했고, 이는 이른바 '시카고 학파의 도시생태학'으로 불리며 도시사회학의 한 분과로 자리 잡았다.

이후 도시생태학은 단순히 사회적 상호작용을 생태학적으로 해석하는 것을 넘어서, 실제 도시환경 속에서의 생물다양성, 대기질, 토지이용 변화, 기후, 에너지 흐름 등 물리적·생물학적 요인을 포함하는 자연과학 기반의 도시 생태학으로 확장되기 시작하였다. 1960~70년대에는 환경오염, 도시 스프롤(sprawl), 열섬 현상, 하천 오염 등 도시 환경문제가 심화되면서 도시생태학은 공공정책과 도시계획에서 중요한 실천적 학문으로 주목받게 되었다. 이 시기에는 생물지리학, 환경공학, 조경학 등 다양한 학문과의 융합이 이루어졌으며, 도시 내 자연 보전, 녹지계획, 생태회랑(eco-corridor) 형성 등 실천적 기법이 제시되기 시작했다.

1990년대 이후에는 도시생태계 자체를 독립된 연구 대상으로 보는 시각이 본격화되었다. 미국의 볼티모어 생태연구소(BES: Baltimore Ecosystem Study), 피닉스 도시생태계 연구(LTER: Long-Term Ecological Research) 등 장기 도시 생태계 모니터링 연구가 시작되었고, 유럽에서도 독일, 스웨덴을 중심으로 생태계 서비스 개념을 도시계획에 통합하려는 시도가 확산되었다. 특히 독일의 경관생태계획(Landschaftsplanung)과 생태도시(Ecocity) 개념은 도시생태학의 실천적 전환을 촉진했다.

최근 도시생태학은 도시 내 기후위기 대응, 탄소중립 도시 구현, 스마트 그린 인프라 구축, 도시 내 생물다양성 전략 등과 접목되며, 지속가능한 도시설계와 환경정책 수립의 핵심 도구로 부상하고 있다. 이처럼 도시생태학은 사회과학에서 출발하여 자연과학과 공학, 정책학으로 확장된 융합형 학문 분야로 발전해 왔으며, 오늘날에는 도시를 살아있는 생태계로 인식하고 그 건강성과 회복력을 확보하는 데 중심적 역할을 수행하고 있다.

우리나라 도시생태학의 발전은 1980년대 후반 산업화에 따른 도시환경 문제(대기오염, 녹지 감소 등)에 대한 대응으로 시작되었으며, 1990년대에 들어 생태도시(ecocity) 개념이 국내에 소개되면서 도시계획에 생태적 관점을 반영하려는 움직임이 본격화되었다. 1996년에는 「자연환경보전법」 개정을 통해 생태자연도 개념이 도입되었고, 1999년에는 국내 최초의 도시생태현황지도(서울시) 제작이 시도되면서 도시의 생태적 질을 지도화하고 관리하려는 노력이 시작되었다. 2005년에는 「도시공원법」과 「녹지지역의 조성 및 이용에 관한 법률」이 통합되어 **「도시공원 및 녹지 등에 관한 법률」**이 제정되었고, 이는 생태축 설정, 공원녹지 확충 등 도시생태계 관리의 제도적 기반을 마련하는 계기가 되었다. 2010년대 이후에는 도시열섬 완화, 생물다양성 보전, 생태 네트워크 구축 등을 목표로 생태계서비스 기반 도시계획이 강화되었다.

[2] 도시열섬

도시열섬(Urban Heat Island, UHI)은 도시 지역이 주변 농촌이나 자연 지역보다 현저히 높은 기온을 보이는 현상을 말한다. 이는 인공 포장재(아스팔트, 콘크리트 등)의 열흡수, 녹지 감소, 건물과 차량 등 인공열 발생 요인으로 인해 나타나며, 야간에도 온도가 잘 떨어지지 않는 특징이 있다.

에너지 측면에서 탄소중립이란 탄소발생을 원천적으로 줄이는 한편 발생한 탄소를 숲 등을 활용하여 흡수토록 함으로써 궁극적으로 탄소발생량을 제로(0)로 만드는 것이다.

최근 수년간 이상기후 현상이 지구촌 곳곳에서 발생하면서 그 원인과 대책에 대한 관심이 세계적 관심사가 되고 있다. 아프리카를 비롯한 일부 지역에서는 계속되는 가뭄에 따른 식량부족과 식수오염으로 인하여 기근과 질병이 심각하다. 또한 미국과 유럽 등 다른 지역에서도 폭설, 폭우 등의 현상이 과거 어느 때보다 자주 발생하여 막대한 경제적 피해뿐 아니라 인명피해도 속출하고 있다. 과학자들의 분석에 의하면 이와 같은 이상기후의 빈번한 발생은 인간 활동에 의해 발생한 온실가스가 대기 중으로 다량 배출됨에 따라 지구 기온이 상승하는 온실효과 즉, 열섬현상(Heat Island)이 그 주원인이다.

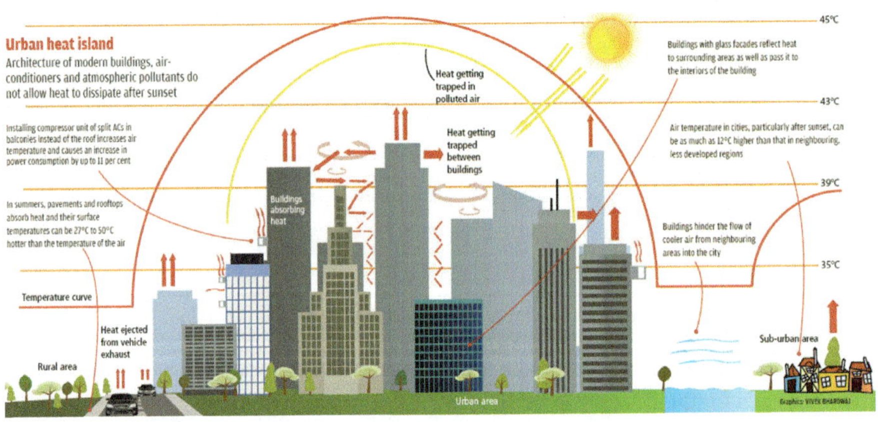

[도시열섬 효과[72]]

이론적으로 도시는 주위에 있는 도시화가 되지 않은 전원지역보다 기온이 높게 나타나는 경향이 있다. 이러한 높은 기온은 밤에 가장 뚜렷하며 대기가 안정할 경우 이른바 열섬이 형성된다. 즉 열섬은 따뜻한'공기의 섬'으로 이해할 수 있으며 도시의 형태에 따라 열섬의 강도는 다르며 여름철보다는 겨울철에 그 영향이 크다.

72) 출처 : http://www.downtoearth.org.in/content/city-trapped-solar-oven

즉, 도시와 그 주변의 온도분포도를 그려보면 마치 바다에 떠 있는 섬들처럼 도시의 중심부가 떠 있다는 점에서 열섬현상이라 한다. 유럽에서는 이미 19세기 말부터 알려졌는데, 이후 전 세계 대부분의 도시에서도 확인되고 있다.

도시와 그 주변지역의 고도에 따른 기온의 분포를 살펴보면, 바람이 없을 때는 도시는 공기층이 돔 형태로 형성하여 내부가 뜨겁고 고도가 올라갈수록 온도가 낮아지는 경향을 나타내지만, 녹지지역의 경우에는 지표면 인근의 복사냉각으로 인해 기온 역전 현상이 발생한다. 그러나 바람[73]이 불면, 도시의 뜨거운 공기가 외부 전원공간으로 이동하여 상층부의 기온변화를 야기한다. 지역별 혹은 도시의 형태에 따라 모두 다르지만, 일반적으로 도시열섬이 형성되어 처음 발달했을 경우 도시는 교외지역 보다 약 5.5℃ 정도 높다.

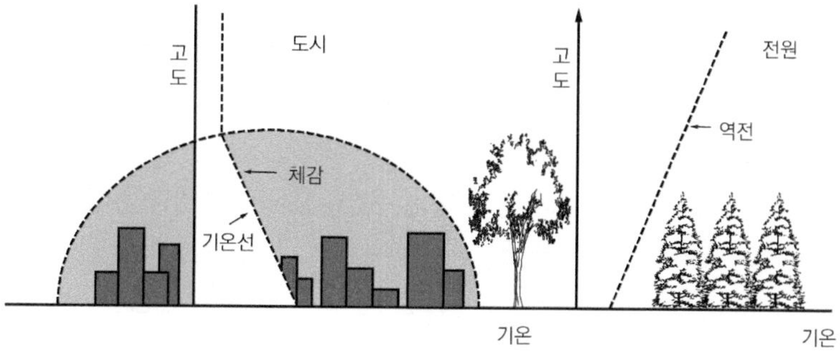

(a) 바람이 없을 때

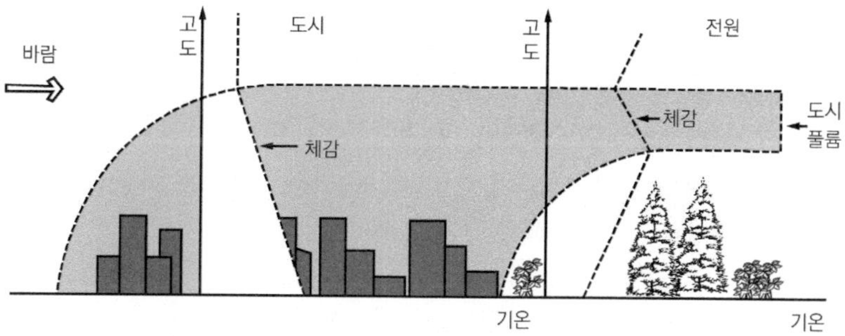

(b) 바람이 있을 때

[도시와 전원지역에서의 기온의 수직분포[74]]

73) 일반적으로 지표면은 다양한 형태의 건물 등이 존재하므로 즉, 거칠기가 크므로 바람이 지표면과 가까울수록 풍속은 현저히 감소한다. 연구자에 의하면 전원지역보다 도시지역의 풍속이 약 25% 감소한다는 보고도 있다. 풍속이 약해지면, 도시 내 뜨거운 공기의 확산 등이 어려워 도시열섬이 더 가중된다.

74) 출처: 이광호(2010) 인간과 기후환경 자료 재구성

아래 그림은 인천광역시 도심지역을 중심으로 한 지역을 상공에서 원격탐사(remote sensing)한 것이다. 시가지에서의 기온이 교외나 산림지역에 비해 5℃ 이상 높은 것을 알 수 있다.

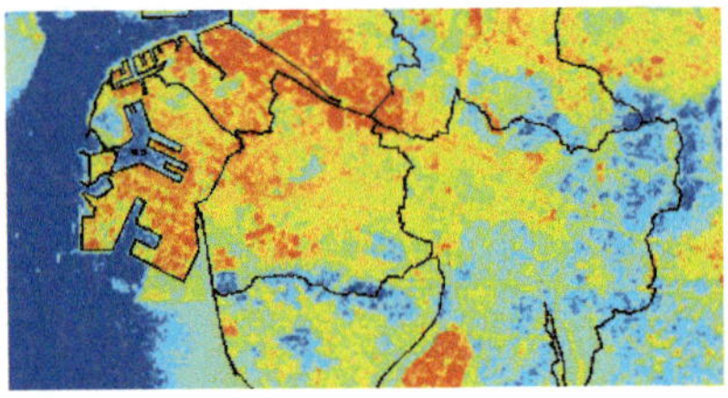

도심지역 지표온도 분포

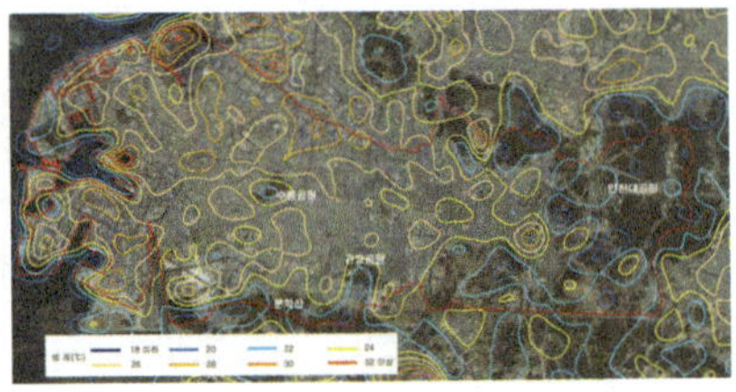

지표면 온도분포 등온곡선

[도심지역 지표면 온도분포 현황[75)]

도시열섬은 1820년 영국의 Luke Howard가 처음으로 열섬의 존재를 밝혀낸 이후 런던의 도시기후에 대한 광범위한 연구가 시작되었으며 여기에서 Chandler의 런던의 기후(The Climate of London, 1965)라는 책에 잘 기술되어 있다(김수봉, 2010). 주요 내용은 런던기상청의 조사에 따르면 런던 중심부의 연평균기온이 그 주변지역보다 1.4℃ 높다는 것을 밝혀내었으며 해마다 다소 그 영향은 차이가 발생함도 언급하고 있다. 그렇지만, 1933년과 1934년의 경우 그 전해보다 분명히 더 포근했는데, 이를 뚜렷한 열섬현상이라고 제시하였다.

도시와 교외지역 기온의 지역분포를 도시와 동일 기온의 장소를 등온선으로 그으면, 도심부를 중심으로 하여 마치 섬의 등고선도와 같은 동심원 모양의 폐곡선이 나타나는데, 이것을 열섬(heat island)[76)]이라고 부른다. 즉, 열섬현상은 도시 지역의 기온이 상승한 결과로 나타나는 현상이다.

과도한 건축물, 불투수포장면의 증가 등이 도시열섬의 주요 원인인데, 대표적 형성요인은 불투수포장면의 증가, 난방, 에어컨, 발전소, 공장 및 자동차 배열, 대기오염물질 등으로 요약할 수 있다.

다음 그림은 도시지역의 열섬현상을 모식화한 것이다. 열섬현상을 발생시키는 대기 현열(顯熱)은 ① 지표면과 건물표면에서의 현열, ② 실내환기로 배출되는 현열, ③

75) 인천광역시(2005) 자료 재구성

76) 1820년 영국의 Luke Howard가 처음으로 열섬의 존재를 밝혀낸 이후 런던의 도시기후에 대한 광범위한 연구가 시작되었으며 여기에서 Chandler의 런던의 기후(The Climate of London, 1965)라는 책에 잘 기술되어 있다(김수봉, 2010). 주요 내용은 런던기상청의 조사에 따르면 런던 중심부의 연평균기온이 그 주변지역보다 1.4℃ 높다는 것을 밝혀내었으며 해마다 다소 그 영향은 차이가 발생함도 언급하고 있다. 그렇지만, 1933년과 1934년의 경우 그 전해보다 분명히 더 포근했는데, 이를 뚜렷한 열섬현상이라고 제시하였다.

냉방시 실외기에서 대기로 직접 방출되는 현열, ④ 건물 내부에서 사용되고 있는 냉·난방, 조명, 급탕 등의 열원기기에서 배출되는 열, ⑤ 자동차 등의 배출열 등이 있다.

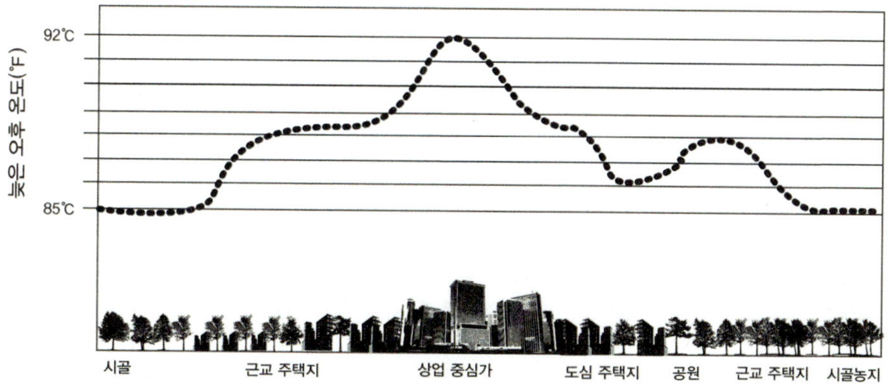

[도시열섬현상 모식도[77]]

도시열섬현상은 도시지역의 기온이 상승한 결과로 나타나는 현상으로 도시기온을 증가시키는 요인으로는 불투수포장, 건축물, 도시의 구조, 대기오염, 도시 인공배열 등이 있으며 감소시키는 요인으로는 식물, 녹지공간, 수공간, 바람길[78] 등이 있다.

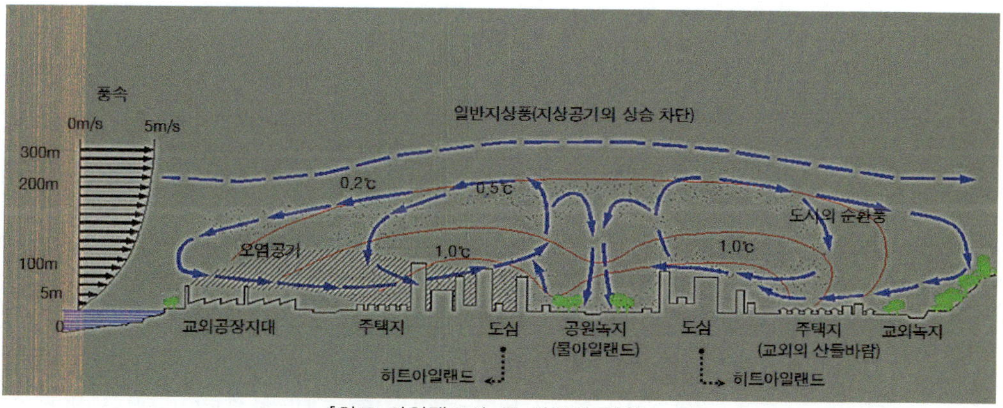

[히트 아일랜드와 쿨 아일랜드[79]]

77) http://wwwghcc.msfc.nasa.gov/urban/urban_heat_island.html 자료 재구성

78) 독일의 Stuttgart시는 네카 분지의 자연지형조건에 영향을 받아 도시전체의 공기순환이 어려운 조건을 갖고 있다. 전반적 풍속은 약한 편으로 평균 0.8~3.1m/s 정도이며 전체 풍속에 있어서 정지상태 수준인 0.5m/s 이하의 풍속을 보이는 비율이 18%를 차지하고 있어 도시 전체의 공기순환이 어려운 상황이다. 이에 시는 F-Plan에서 시가지로 찬 공기를 유입시키기 위한 노력을 오래 전부터 계획하였다(김수봉, 2010 자료 재구성).

79) 강병희 등 역(2003) 신.녹지공간디자인_특수공간녹화계획 자료 재구성

함께 알아야 할 포인트

■ 도시열섬(Urban Heat Island)의 영향

도시열섬(Urban Heat Island, UHI) 현상은 도시의 기온이 인근 농촌 지역보다 높아지는 기후적 현상으로, 도심의 열적 환경 변화와 생태계, 인간 건강, 에너지 수요 등에 복합적인 영향을 미친다. 도시화가 진행됨에 따라 토양과 식생이 아스팔트, 콘크리트, 건물 등으로 대체되고, 인공 포장재는 태양복사 에너지를 흡수하여 낮 동안 과도하게 가열된 후 밤에도 열을 방출하며 기온 저하를 방해한다. 이로 인해 도시 내부는 야간 기온 또한 높게 유지되며, 전반적인 기온 상승 경향을 보이게 된다.

첫째, 도시열섬은 에너지 소비의 증가를 유발한다. 특히 여름철 냉방 수요가 급증하면서 에어컨 사용이 늘어나고, 이는 전력 피크 부담을 가중시켜 에너지 시스템의 불안정성과 온실가스 배출량 증가로 이어진다. 결과적으로 도시열섬은 기후변화를 촉진하는 요인이 될 수 있다.

둘째, 도시열섬은 인간 건강에 부정적인 영향을 미친다. 높은 기온은 열사병, 심혈관계 질환, 호흡기 질환의 위험을 증가시키며, 특히 노약자, 어린이, 기저질환자가 위험군으로 분류된다. 또한 야간에도 기온이 충분히 낮아지지 않음으로써 수면장애나 신체 회복 지연 등의 생리적 스트레스를 유발할 수 있다.

셋째, 도시열섬은 도시 생태계의 구조와 기능에 영향을 미친다. 높은 온도는 도시 내 생물종의 서식 가능 범위를 제한하거나 분포를 변화시키고, 특정 해충이나 병원균의 생존을 용이하게 하여 생태적 불균형을 초래할 수 있다. 이는 도시 내 생물다양성 감소로 이어질 수 있으며, 생태계 서비스 기능의 약화를 야기할 수 있다.

마지막으로, 도시열섬은 사회적 불평등 문제와도 연결된다. 저소득층이 거주하는 지역은 냉방기기 접근성이 낮고, 녹지공간이나 그늘을 제공하는 도시 인프라가 부족한 경우가 많아 열환경에 더욱 취약하다. 이는 도시 내 열 스트레스의 분포가 공간적으로 불균등함을 의미하며, 도시열섬 완화 정책에서 형평성과 접근성에 대한 고려가 필수적임을 시사한다.

이와 같이 도시열섬은 단순한 기후 현상을 넘어 도시의 에너지 구조, 건강, 생태계, 사회정의 전반에 영향을 미치는 종합적인 도시 환경 이슈로, 지속가능한 도시설계와 통합적 대응 전략이 요구된다.

도시열섬 현상을 완화하기 위한 방안으로는 녹지공간 확대, 고반사율 포장재(쿨루프, 쿨페이브먼트) 도입, 건물 옥상녹화 및 벽면녹화와 같은 도시녹화 전략이 대표적이다. 또한 바람길 확보와 통풍이 용이한 도시 구조 설계, 수변공간 조성, 빗물재활용 및 물 분사 시스템 도입 등도 효과적인 대책으로 꼽힌다. 이러한 물리적 대책 외에도, 기후적응형 도시계획 수립, 에너지 사용 최적화, 시민 참여형 열환경 관리 정책 등 거버넌스 기반의 통합적 대응이 병행되어야 실질적인 온열 완화 효과를 기대할 수 있다.

Point 42. 비오톱(Biotope)

비오톱은 그리스 어원의 생활·생물이라는 의미의 Bios와 공간이라는 개념의 Topos의 합성어로서 비오톱의 개념은 약 110년 전 독일에서 시작되었다.

Biotope = Bios(생활 혹은 생물) + Topos(공간 혹은 장소)

Dahl(1908)[80]은 비오톱을 생물공동체의 서식처라고 정의하였는데, 여기에는 생물을 포함한 지표면, 지표수 등이 포함된다. 모든 생물은 그들의 생존에 필요한 조건을 만족시키는 특정 공간에 서식하고 있으며 이러한 특징적인 서식공간이 Standort 또는 Habitat[81]이다. 즉, 생물군집은 비오톱이라는 서식장소를 필요로 하므로 비오톱은 특정 종뿐만 아니라 생물군집 그리고 생태계 전체를 포함하는 개념이다. 이후 비오톱에 대한 개념은 더 명확해졌는데, 1986년에 Sukopp와 Weiler는 비오톱을 특정생물군집이 살 수 있는 특정한 환경조건을 갖춘 지역으로, Leser(1991)는 하나의 비오톱은 식물과 동물로 구성된 3차원 공간 서식지로 정의하였다.

이상을 종합하면, 비오톱은 그 규모에 상관없이 생물과 무생물을 포함한 생태적 공간 즉 서식처의 개념이라고 정의된다. 비오톱은 생물이 살 수 있는 공간으로 요약되며 특정 종마다 각기 다른 생태적 조건(토양, 수분, 식물, 지형 등)을 요구하므로 각각의 생물이 스스로 살아갈 수 있는 환경적 요건이 성립된 공간으로 정의할 수 있다.

독일의 비오톱 개념을 받아들인 일본은 비오톱을 '서식장소' 또는 '사는 곳'으로 해석하고 이를 다양한 생물의 소규모 생활공간으로 정의하고 있다[82].

우리나라는 일본의 비오톱 정의를 토대로 1995년 환경부에서 비오톱을 야생생물이 서식하고 이동하는데 도움이 되는 소규모 면적의 공간단위로 규정하였으며, 이후 2000년대 서울시 비오톱유형화 및 지도화 연구를 기점으로 비오톱의 개념을 단순히 작은 습지나 특별히 보호가치가 높은 생물서식공간만으로 규정하지 않고 더 발전시켰다. 즉, 비오톱은 생물이 살아가는 서식공간의 단위이므로 크기에 상관없이 모든 공간을 비오톱의 대상으로 인식하기 시작하였다. 심지어 불투수포장인 아스팔트로 형성된 공간일지라도 여기에 순응하여 살아가는 생물군집이 있다면 이곳도 비오톱으로 규정하였다.

---

80) 독일 생물학자 Dahl은 1877년 Moebius에 의해 고안된 Biocenosis(생물군집)의 개념을 발전시켜 비오톱을 제안하였다.

81) 라틴어의 habitare는 '머물다, 거주하다, 서식하다'라는 뜻

82) 김성준 등 역(2002)

	비오톱 정의자	연도	비오톱 개념 정의
독일	Dahl	1908년	- 생물공동체의 서식처라고 정의 : 생물을 포함한 지표면, 지표수 등이 포함된 개념
독일	Sukopp And Weiler	1986년	- 특정 생물군집이 살 수 있는 특정한 환경조건을 갖춘 지역
독일	Leser	1991년	- 식물과 동물로 구성된 3차원 공간 서식지
일본	秋山惠二朗	2000년	- 독일 비오톱 개념을 서식장소, 사는 곳으로 이해 : 다양한 생물의 생활공간으로 정의
한국	환경부	1995년	- 야생생물이 이동하고 서식하고 이동하는데 도움이 되는 소규모 면적의 공간단위
한국	한국건설기술연구원	1998년	- 종다양성이 높고 비교적 안정된 생태계로 구성된 서식공간
정의	특정 생물이 살 수 있는 서식공간 (각각의 생물이 살아갈 수 있는 환경적 요건이 성립된 공간		

[비오톱 정의]

우리나라에서는 비오톱의 확장된 개념을 토대로 녹색토지이용계획 수립을 위해 비오톱 개념을 적극적으로 활용하기 시작하였다. 특히 토지이용계획분야에서 비오톱 개념을 이용하면서 친환경 녹색도시 및 토지이용계획을 구현하기 시작하였다.

비오톱과 유사한 개념으로 에코톱(ecotope)이 있는데, 에코톱은 비오톱보다 더 넓은 개념으로 피지오톱(physitope)[83]과 비오톱(biotope)의 개념을 포괄하고 있다. 그러나 Forman은 에코톱을 비오톱과 동일한 개념으로 주장하기도 한다.

우리나라에서 비오톱의 적용은 크게 소규모 생물서식공간 개념을 적용하여 도심지 내 생태환경의 질적 수준 향상을 도모하기 위한 방법과 도시 전체의 비오톱유형화 및 지도화 작성을 통한 녹색국토 및 녹색토지이용계획 수립의 근거자료로 활용되고 있다.

생물서식공간으로서의 비오톱에 대한 조성을 규정한 녹색건축 인증기준에서는 생태환경 평가항목에서 비오톱 조성을 규정하고 있는데, 육생비오톱[84]과 수생비오톱[85]으로 구분하여 평가하고 있다.

---

83) Physiotope은 지형, 지질, 토양, 수문, 기후 등 다양한 물리적 영역으로 구성

84) 육생 비오톱: 곤충류, 조류 등을 비롯한 동물과 그 밖의 식물이 생육할 수 있는 환경을 제공하는 조경영역

85) 수생 비오톱: 어류, 잠자리, 수초, 조류 등 수생 동·식물이 생태적으로 순환체계를 이룰 수 있도록 조성한 물이 있는 공간

함께 알아야 할 포인트

■ Herbert Sukopp의 비오톱 및 도시생태학에서의 학문적 기여

Herbert Sukopp는 독일을 대표하는 도시생태학자로, 도시환경에서의 생물다양성, 식생 변화, 인간 활동의 영향을 정량적으로 분석한 선구적인 학자이다. 그는 도시를 단순한 인공 구조물이 아닌 하나의 생물학적 생태계로 인식해야 한다는 관점을 확립하며, 도시생태학(Urban Ecology)을 자연과학적 기반 위에 올려놓은 인물로 평가받는다. 특히 1970~80년대 베를린을 중심으로 수행된 도시 식생조사 및 토지피복 변화 연구는 도시의 생태계 기능과 인간의 상호작용을 밝히는 데 중대한 기여를 했다.

Sukopp는 '비오톱(Biotop)' 개념의 도시계획 통합을 이끈 중심 인물로, 도시 내 다양한 땅의 생태적 가치를 평가하고 분류하는 시스템을 개발했다. 그가 주도한 연구는 단순한 생물 서식지 보호를 넘어, 도시 계획의 초기 단계에서부터 비오톱의 생태적 중요성을 수치화하여 고려하도록 유도하는 방향으로 발전하였다. 이러한 기반 위에서 독일 베를린시는 1984년 도시비오톱 유형도를 개발, 도시의 녹지계획 및 개발허가 과정에 직접 활용하게 되었다. 이는 훗날 생태기반계수(Biotopflächenfaktor, BAF) 제도로 연결되며, 도시계획과 자연보전을 통합하는 대표적 제도 모델로 자리 잡게 된다.

또한 Sukopp는 도시생태학의 학술적 기반 확산에도 적극적이었다. 그는 독일 도시생태학회(Deutsche Gesellschaft für Stadtökologie)의 창립과 활동을 통해 도시정책, 생태계 서비스, 토착 및 외래종 관리 등의 이슈를 과학적·정책적으로 연결하는 학제 간 네트워크를 구축하였다. 그의 연구는 유럽 전역의 도시 생태계 평가 기준 수립에도 영향을 미쳤으며, 오늘날의 그린인프라, 생물다양성 전략, 도시 기후적응계획에도 중요한 기초 자료로 인용된다.

■ 우리나라 도시생태학 연구의 선두주자 이경재 교수

이경재 교수(1949~2024)는 우리나라 도시생태학 및 환경생태학 분야의 선구자로, 도시 생태계의 과학적 분석과 정책적 실천을 연결하는 데 핵심적인 역할을 수행하였다.

1978년부터 서울 남산의 식생 변화를 40년 이상 장기적으로 조사하며, 도시 숲의 생태적 변화와 인간 활동의 영향을 실증적으로 분석하였습니다. 그의 연구는 도시 내 생물다양성 보전과 생태계 복원의 필요성을 강조하는 데 기여하였으며, 『서울 남산 품 40년간의 변화』와 같은 저서를 통해 도시 생태계의 중요성을 널리 알렸다.

또한, 이 교수는 1997년 한국환경생태학회를 창립하여 도시생태학의 학문적 기반을 마련하였고, 환경영향평가와 도시 생태 복원에 대한 연구를 통해 도시계획과 환경정책의 통합을 선도하였습니다. 퇴임 후에도 환경생태연구재단을 설립하여 지속적인 연구와 후학 양성에 힘쓰고 있으며, 환경생태학을 전공하는 대학원생들을 위해 장학금을 기부하는 등 학문 발전과 인재 육성에 기여하였다.

이경재 교수의 이러한 활동은 우리나라 도시생태학의 발전과 도시 환경의 지속가능성 확보에 중대한 영향을 미쳤으며, 도시와 자연의 조화로운 공존을 위한 학문적·실천적 기반을 마련하는 데 기여하였습니다.

[녹색건축 인증기준에서 규정하는 비오톱 평가를 위한 산출기준[86]]

비오톱 공통 적용항목			
계획	기존의 중요 비오톱의 보전 또는 복원	연계	육지-습지-수변-물의 전이단계 조성
	기존 수목 또는 표토 등 자연자원 활용	유지관리	비오톱 주변에 고정식 비오톱 해설판 제공
생물종	대상지에 적합한 목표종의 선정 및 알맞은 서식환경 조성		
수생비오톱 적용항목 (최소단위면적 90㎡)		육생비오톱 적용항목 (최소단위면적 180㎡)	
서식환경	둠벙 등 수생물의 월동이 가능한 장소 제공	서식환경	다공질 공간 등 곤충, 소동물 서식처 제공
	다공질 환경조성을 통한 종 다양성 확보		먹이터, 물확 등 조류 서식처 제공
	호안 주변의 다양한 서식환경 조성		식재기반 혹은 비오톱지형의 굴곡(요철) 조성
	호안 경사각 10˚ 이하 및 1/2 초지대 형성		
물의공급	우수 또는 중수를 유입수로 활용	식재기반	생육 최소심도 이상의 토심 확보
	비오톱 주변 식생여과대 또는 쇄석여과층 조성		인공지반녹지 하부 배수/방수/방근층 확보
바닥처리	중앙 수심 0.6m 이상 유지	식재계획	다양한 생물서식에 적합한 다층구조 식재
	웅덩이/돌무더기 등 다양한 바닥 굴곡 조성		전체 면적 중 단일군락지 비율 60% 미만 조성
식재계획	수면적 60% 이상 개방수면 확보 및 방안		해당 지자체 조례 식재밀도의 1.5배 조성
			대상지 주변 자연림(2차림 등)의 수종 및 구조 적용
	침수, 부유, 부엽, 추수 식물 도입		식이 및 밀원 수종의 사용(3종 이상)

- 육생비오톱이란 곤충류, 조류, 소동물류 등을 비롯한 동물과 이들의 서식 기반이 되는 식물 군집의 공생이 가능한 육상 서식공간을 말함
- 수생비오톱이란 어류, 잠자리, 수초, 조류 등 수생 동식물이 생태적으로 순환체계를 이룰 수 있도록 조성한 상시 물이 있는 공간을 말함
- 현장조사에 근거하여 비오톱 조성 계획을 마련하여야 하며, 비오톱은 인접 녹지 또는 인접의 비오톱과 연계되어야 함
- 육생비오톱의 내부에 휴게시설 및 보행로(관찰로) 등의 시설은 설치하지 않아야 하며, 주변에는 관찰로 또는 휴게장소를 제공할 수 있음
- 육생비오톱의 최소폭은 4m 이상이어야 함

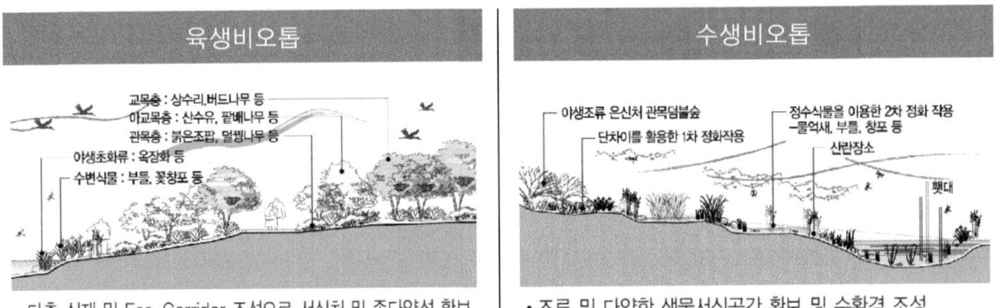

[소규모생물서식공간으로서의 비오톱 조성 사례]

86) 2023년 녹색건축 인증기준 운영세칙에서 규정된 6.생태환경 평가부분 중 6.4.비오톱조성 평가항목

비오톱 개념을 녹색토지이용계획에 활용하기 위한 시도는 1997년 경북대학교 나정화 교수팀에서 최초로 시도되었고 이후 1998년에 서울시 도시계획국이 신설됨에 따라 도시정부 차원의 비오톱 지도화 작업 진행에 대한 논의가 본격적으로 시작되어, 2000년도에 국내 최초로 서울시립대학교 연구팀[87]과 서울시정개발연구원팀이 공동으로 서울시 전역에 대한 비오톱지도를 구축하여 매 5년마다 비오톱지도를 수정·갱신하고 있다.

이후 2002년 도시생태현황도 작성 및 운영지침의 제정, 2004년 성남시 비오톱지도 구축, 2005년 환경부가 주관하여 중앙정부차원에서 비오톱지도 작성지침 제정, 2006년 고양시 및 광양시 비오톱지도 구축, 2007년 시흥시 비오톱 지도구축, 2010년 광주광역시 비오톱지도 구축 등이 이루어지고 있다.

[국내 최초로 제작된 비오톱지도(도시생태현황도)[88]]

87) 서울시립대학교 연구팀은 서울시 도시계획국에서 주도한 비오톱 유형 및 지도화 연구에 주도적으로 참여하여 2000년 국내 최초로 비오톱유형 및 지도화를 실증·구축하였으며 저자인 김정호교수(건국대학교 글로컬캠퍼스)는 당시 연구원으로 참여하여 국내 비오톱 개념이 적용된 녹색토지이용계획의 기초를 확립하였고 이후 2005년에 이를 발전시켜 도시생태계 특성을 고려한 생태적 토지이용계획 수립이라는 제목으로 박사학위를 취득하였다.

88) http://urban.seoul.go.kr 자료 재인용

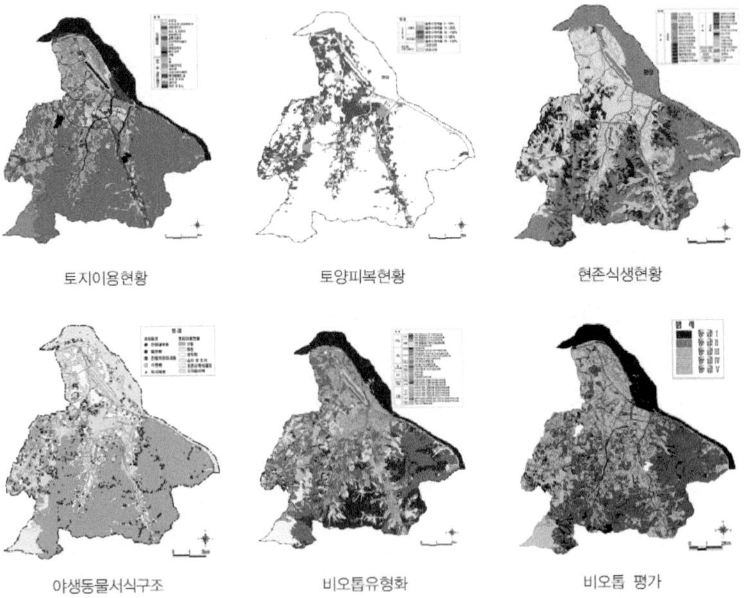

[비오톱지도 유형화 및 평가 사례[89]]

녹색 토지이용계획 수립을 위한 비오톱지도의 활용은 국토 및 도시의 다양한 계획수립이나 프로그램 구성과 자연환경의 보전 및 관리 등에 유용하게 활용 가능하다.

첫째, 녹색 토지이용계획 수립을 위한 기초자료 활용
(도시기본계획, 도시관리계획 등의 지역지구 등의 지정, 도시계획시설 결정, 지구단위계획, 도시개발사업, 공원녹지계획 등)

둘째, 환경 관련 평가 검토 기초자료 활용
(도시관리계획 환경성 검토, 환경영향평가, 토지적성평가 등)

셋째, 보전지역 지정을 위한 기초자료 활용
(생태경관보전지역, 야생동·식물보호지역 지정 등)

넷째, 생태복원지역 설정을 위한 기초자료 활용
(훼손된 생태계의 복원 대상지, 도시숲 조성, 생물이동통로 조성 등)

다섯째, 환경교육 자료 활용
(생태 관련 체험 및 교육 자료로 활용)

89) 김정호(2005) 도시생태계 특성을 고려한 생태적 토지이용계획 기법 연구

비오톱지도 작성을 위해서는 비오톱유형 분류가 선행되어야 한다. 비오톱유형은 자연성(naturalness), 희귀성(rarity), 생태적 기능성(ecological functions), 복구능력(re-establishment ability), 도시환경 기능성(urban environmental functions) 등 5가지를 고려하여 분류한다.

[비오톱유형 분류항목 및 개념[90]]

분류항목	개념
자연성	- 인간 간섭이 배제되어 발달된 자연
희귀성	- 자연 혹은 자원의 희귀한 정도를 평가 - 전체 출현 종수 혹은 면적 대비 해당 생물 혹은 서식처의 정도
생태적 기능성	- 생물적 요소와 무생물적 요소를 고려하여 분류 - 무생물적 요소는 기후, 토양, 수문, 지형 및 지질 등
복구능력	- 훼손된 생태계의 회복정도 혹은 복구 가능 정도
도시환경 기능성	- 도시에너지, 물순환, 대기오염 차원의 개선 능력

녹색 토지이용 구현을 위한 생태네트워크 계획 시 비오톱 개념 및 원칙이 활용되는데, 비오톱의 효율적 배치를 위해 Diamond(1975)는 6가지 원칙을 제시하였다.

첫째, 비오톱은 가능하면 넓은 것이 좋다.
둘째, 같은 면적이면 분할된 상태보다 하나인 상태가 좋다.
셋째, 분할하는 경우에는 분산시키지 않는 것이 좋다.
넷째, 선상으로 집합시키는 것보다 등 간격으로 집합시키는 것이 좋다.
다섯째, 불연속적인 비오톱은 생태적으로 연결시키는 것이 좋다.
여섯째, 비오톱의 형태는 가능한 한 원형이 좋다.

90) 이경재(2011) 환경생태계획 자료를 토대로 추가적 재작성

상기 제시한 6가지 원칙을 요약하면, "고차 소비자가 서식가능한 양질의 비오톱을 보다 넓고 원형에 가까운 하나의 덩어리로 확보하여 그것들을 생태적 통로로 상호 연결하는 것이 가장 효과적인 비오톱의 형태 및 배치 방법이다."라고 할 수 있다.[91] 그러나 최근에 다양한 주연부의 조성이 오히려 하나의 단일 지역보다 생물다양성 측면에서는 더 양호할 수 있다는 주연부 효과(Edge effect)[92]로 인해 비오톱의 조성 및 배치 계획 시 목표를 수립하고 목표에 적합한 형태로 조성해야 할 것이다.

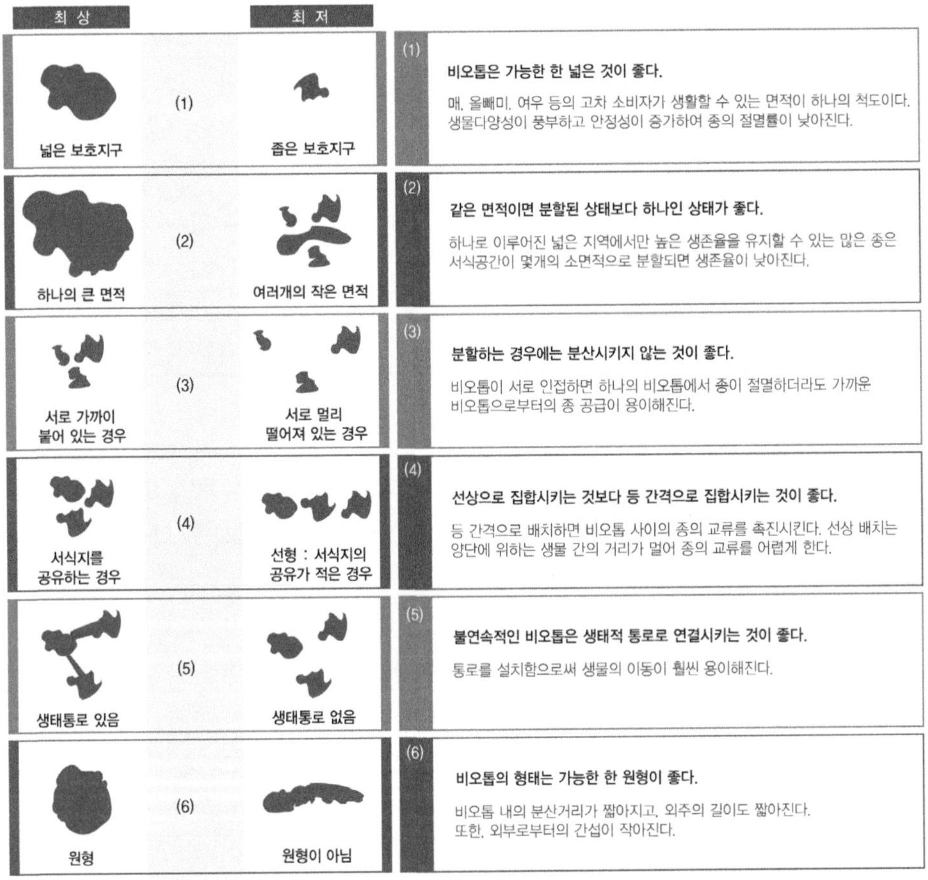

[효율적인 비오톱 배치[93]]

91) 재)일본생태계협회(1994) 비오톱 네트워크-도시·농촌·자연의 신질서 자료 재인용
92) 두 생태계가 인접하여 다른 두 가지의 생태계가 공존하는 곳을 추이대(ecotone)이라 하고 이 지역에 생물종의 밀도 및 다양성이 증가하는 것을 주연부 효과(edge effect)라고 한다.
93) Diamond(1975) 자료 재구성

Point 43. 환경생태계획

환경생태계획은 도시환경 악화가 도시 내 자연생태계를 훼손하게 되고 결국에는 인간사회의 파괴와 연결된다는 사상적 배경에서 출발하여 1960년대 등장한 이론으로 환경결정론 입장에서 자연생태적 요소에 중점을 둔 계획이론이다[94].

기본적인 방향은 모든 활동이 생태적 시스템에 근거하여 이루어져야 하며, 이를 위해 정주환경 내 생태계 속성의 보전과 복원 등 대상지가 지닌 자연환경 요소를 최대한 살리는 환경친화적 도시관리 및 개발이 기초이다.

환경생태계획은 도시계획수립에 있어서 지속 가능한 개발을 지향하는 것으로 공간계획과 동일한 위상에서 수립되는 환경계획으로 자연환경 요소와 도시생태계를 정밀하게 조사·분석하여 평가하고, 이를 바탕으로 보존지역 선정과 향상계획, 도시 내 자연의 생태적 네트워크 계획, 생물종 및 생물서식처 보존 및 복원계획, 도시민들의 휴양공간인 공원녹지 확보 및 조성계획을 수립하고 공간계획에 반영하여 환경친화적인 도시계획을 유도하기 위한 계획이다.

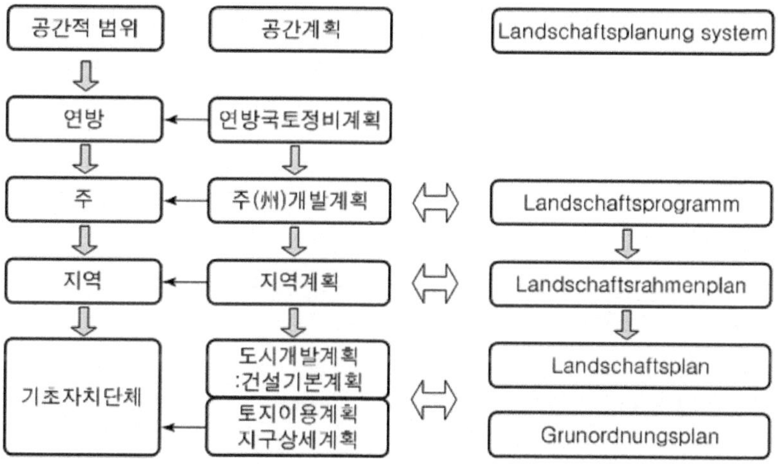

[독일 공간계획 및 Landschaftsplanung 체계 관련성]

이러한 환경생태계획은 도시관리에 있어 보전 및 복원해야 할 우수한 자연생태계의 선정, 도시생태계의 향상을 위한 관리기준 수립뿐만 아니라 개발계획 수립에 있어서 지속 가능한 개발방향 모색 등을 위해 자연생태계의 원리를 최대한 반영하며 각종 계획기준을 자연생태계에 근접할 수 있도록 설정하는 계획으로 요약된다.

94) 한봉호(2005)

함께 알아야 할 포인트

■ 독일의 경관생태계획(Landschaftsplanung)

경관생태계획(Landschaftsplanung)은 인간과 자연환경의 조화로운 공존을 목표로, 토지이용과 생태계 보전을 통합적으로 고려하는 공간계획 도구이다. 독일은 세계에서 가장 선진적인 경관생태계획 제도를 갖춘 국가 중 하나로, 헌법과 연방법, 주법에 이르기까지 체계적인 법적 기반 위에서 경관계획이 수행되고 있다.

【제도적 배경과 법적 근거】

독일의 경관생태계획은 **연방자연보전법(Bundesnaturschutzgesetz, BNatSchG)**에 따라 법적으로 의무화되어 있으며, 이는 모든 행정계획(도시계획, 교통계획, 농업계획 등)에 생태적 고려를 통합시키는 것을 핵심 원칙으로 한다. 특히 2002년 개정된 연방법에서는 생태적 기능 보전, 자연 및 경관의 지속가능한 이용, 경관의 생태적 네트워크 형성을 명시적인 목표로 제시하고 있다.

【계획의 구조와 수립 체계】

독일의 경관생태계획은 4단계 공간계층을 기반으로 하며, 각 단계는 다음과 같이 구성된다.

- 연방 차원: 자연보전과 생태계 네트워크의 국가 전략 수립 (예: 국가 생태축, Natura 2000 연계)
- 주(Länder) 차원: 주 전체의 경관생태계획 수립, 법적 구속력을 가짐
- 지역(군, Kreis) 차원: 자연환경의 상태 평가, 보호지역 지정 등 구체적인 공간관리 계획
- 지자체(Municipality) 차원: 도시계획과 연계된 실질적 시행계획 (예: 녹지축 계획, 생태보전 구역 설정 등)

이러한 계층 구조는 계획 간의 일관성과 연계성을 보장하며, 각 단계의 계획은 반드시 상위계획과 조화를 이루도록 법적으로 의무화되어 있다.

【계획 내용 및 방법】

경관생태계획은 단순한 조경계획이 아니라, 과학적 생태분석을 바탕으로 한 환경계획도구이다. 주요 계획 항목에는 다음이 포함된다:

생물다양성 핵심지역 및 생태축 분석, 토지피복 변화 및 이용 적정성 평가, 보호지역 및 완충지대 설정, 농업·산림·도시개발에 대한 생태적 조정 방안 제시, 주민참여 기반의 경관보전 전략 수립, 특히 GIS 기반 공간분석, 적응형 생태네트워크 설계, 생태적 가치 평가 모형 등의 최신 기법이 적용되고 있으며, 경관의 시각적 질과 문화경관의 보전도 함께 고려된다.

【정책적 및 생태적 의의】

독일의 경관생태계획은 도시와 농촌, 산업과 자연, 경제성과 생태성을 통합하는 지속가능한 국토이용 관리체계의 핵심이다. 이 제도는 도시확산 방지, 자연자원의 질적·양적 보전, 기후변화 대응 전략 등 다양한 영역에서 실질적 효과를 거두고 있으며, 유럽연합의 환경정책(EU Habitat Directive, Natura 2000 등)과도 밀접하게 연계되어 있다.

도시기본계획은 국토의 한정된 자원을 효율적이고 합리적으로 활용하여 주민의 삶의 질을 향상시키고 각 지자체별 공간적으로 발전해야 할 틀을 제시하는 종합계획이다. 도시기본계획의 사전계획으로 수립하는 환경생태기본계획은 자연환경, 자연생태, 도시생태 등 구체적 조사내용 및 방법, 생태계 평가정립을 통해 양호한 자연생태계의 보전 및 복원, 녹지체계, 경관 등의 개선을 위한 공간 계획안을 마련하는 데 그 의의가 크다.

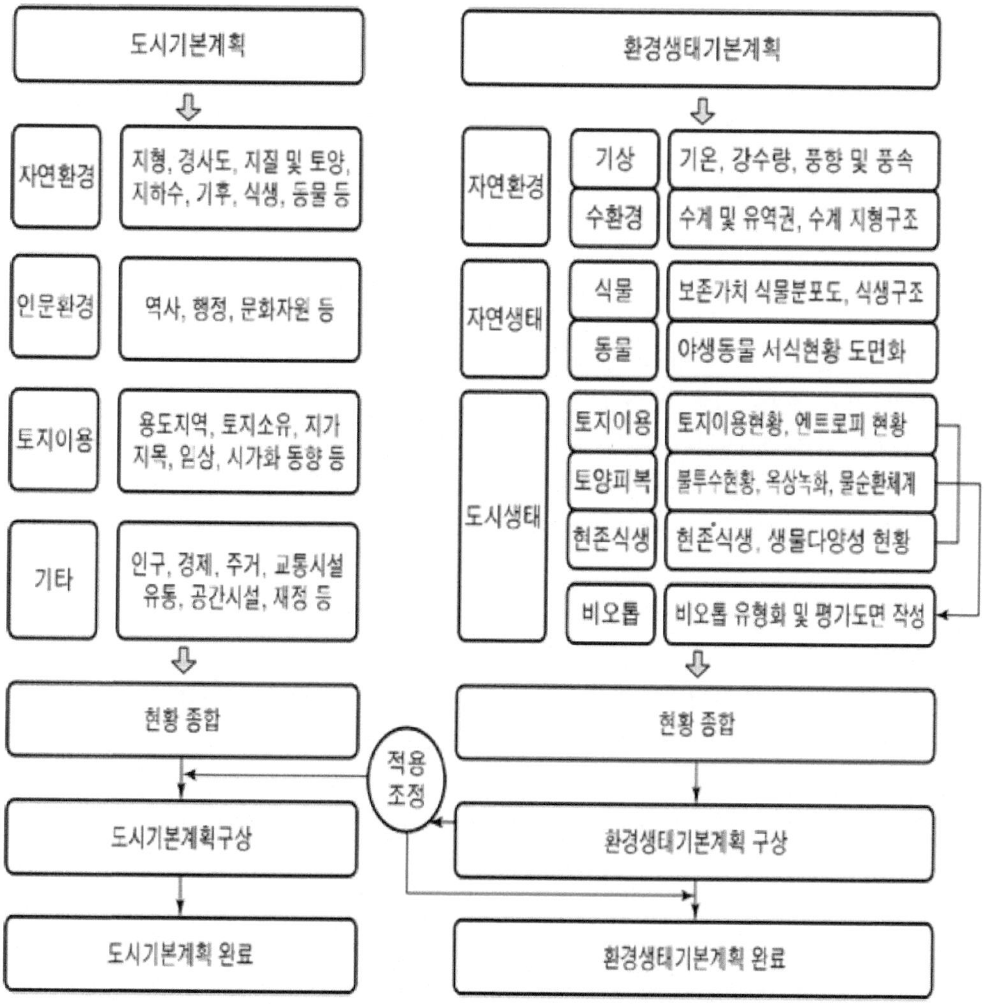

[도시기본계획과 환경생태계획 관계 정립 모식도]

함께 알아야 할 포인트

▣ 도시기본계획

도시기본계획은 「국토의 계획 및 이용에 관한 법률」 제18조에 따라 수립되는 시·군 단위의 최상위 공간계획으로, 20년을 계획기간으로 하여 도시의 장기적인 발전방향과 공간구조를 제시하는 법정 계획이다. 본 계획은 도시의 미래상(비전)을 명확히 설정하도록 법적으로 규정되어 있으며, 해당 도시가 지향하는 바람직한 발전상을 중심으로 토지이용, 교통, 기반시설, 경관, 환경, 재해 예방 등의 계획을 통합적으로 수립하게 된다.

도시기본계획은 도시의 장기적인 발전 방향과 공간구조, 기능 배분 등을 제시하는 법정 계획으로, 「국토의 계획 및 이용에 관한 법률」에 근거하여 수립된다. 도시기본계획은 해당 도시의 장기 발전 비전, 토지이용, 교통체계, 환경·경관, 생활 인프라 등 전반적인 요소를 종합적으로 검토하여, 향후 20년을 내다보는 전략적 계획으로 자리매김하고 있다.

계획의 수립 주체는 시·군·구 지방자치단체장이며, 관할 시·도의 승인을 받아 시행된다. 통상적으로는 인구 5만 이상 도시를 대상으로 하며, 기초 지자체가 독립적으로 도시계획을 추진할 수 있도록 규정되어 있다. 계획 수립 시에는 해당 지역의 인구 및 산업 구조, 지역 특성과 도시 공간의 이용 현황을 면밀히 분석하며, 이를 기반으로 미래 토지이용 계획, 도시 성장관리 방안, 생활권 설정 및 권역별 개발 전략 등이 구체화된다.

도시기본계획은 도시계획 체계에서 최상위 공간계획에 해당하며, 그 하위계획으로는 지구단위계획, 관리계획, 기반시설계획 등이 존재한다. 즉, 도시기본계획이 도시의 장기적인 밑그림을 제시한다면, 하위계획은 해당 방향에 맞춰 구체적인 실행방안을 마련하는 역할을 한다. 또한 도시기본계획은 중앙정부 및 광역단위의 상위계획인 국토종합계획 및 광역도시계획과의 정합성을 갖춰야 하며, 법적·제도적으로 연계성을 확보하는 것이 필수적이다.

최근에는 도시기본계획이 단순한 토지이용 계획을 넘어, 기후변화 대응, 스마트도시 구축, 인구구조 변화, 도시재생 및 환경친화적 공간설계 등의 요소를 포괄하는 통합계획으로 진화하고 있다. 특히, 2020년대 이후에는 인구 감소 및 고령화, 지역 불균형 문제에 대응하기 위한 생활권 중심의 공간전략과 탄소중립형 도시계획 요소가 적극 반영되는 추세다.

또한 도시기본계획 수립 과정에서는 공청회, 주민설명회, 시민 의견 수렴 절차가 포함되며, 이는 참여형 계획 수립 체계의 확산이라는 점에서 거버넌스 기반의 공간계획으로도 의의를 갖는다. 일부 지자체는 시민참여 플랫폼이나 온라인 공간계획 포럼을 운영하여 계획의 투명성과 공공성을 강화하고 있다.

결론적으로, 도시기본계획은 단순한 행정계획을 넘어 미래 도시의 지속가능성, 회복력, 삶의 질을 좌우하는 핵심 지침서로 기능하며, 도시정책의 방향성을 설정하는 중추적 역할을 수행하고 있다. 이는 도시공간을 넘어 사회·경제·환경적 맥락까지 포괄하는 통합적 계획도구로서, 현대 도시정책의 필수 구성요소라 할 수 있다.

[환경생태구상에 따른 녹색토지이용계획 수립[95]]

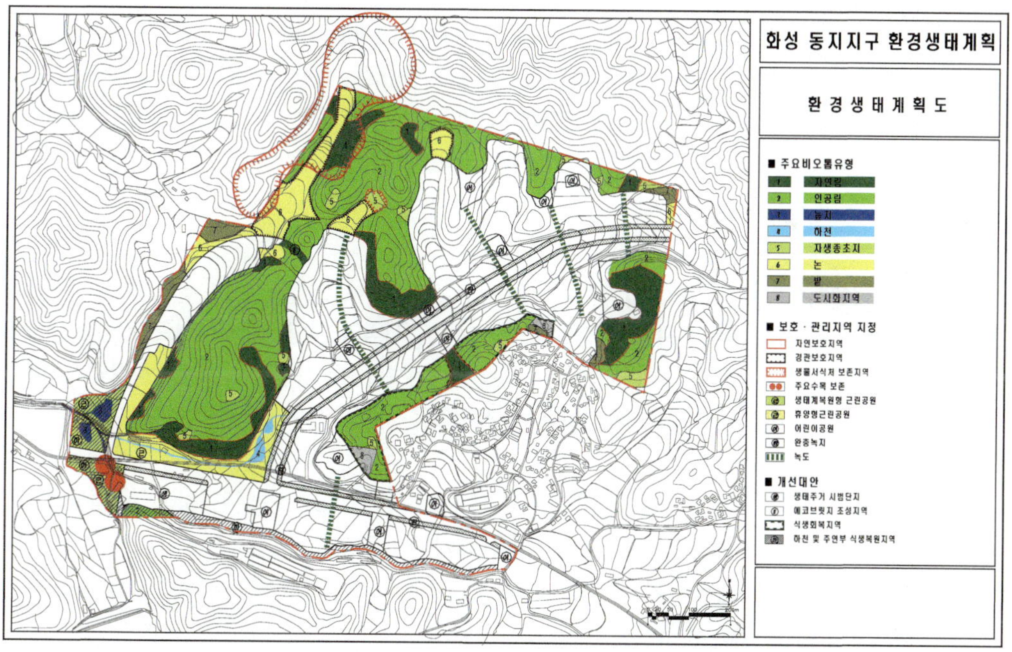

[화성 동지지구 도시개발예정지 환경생태계획 구상도 사례]

95) 인천광역시(2008) 영종지구 환경생태계획 수립 자료

함께 알아야 할 포인트

■ 이상기후 등을 대비한 환경생태계획 수립 세부지침(환경부, 2014) (1)

【개정 사유】

홍수, 폭염, 가뭄 등의 이상기후 등에 대비할 수 있도록 종전의 「환경생태계획 수립지침」을 「이상기후 등을 대비한 환경생태계획 수립지침」으로 개정('14.1)한다.

【목적】

대규모 개발사업의 계획수립 초기단계에서부터 적극적으로 환경을 고려하도록 유도함으로써 이상기후에 대한 적응성을 높이고, 국민들의 환경보전 요구의 증대에 부응할 수 있는 개발사업이 추진되도록 하는 데에 그 목적이 있다.

【정의】

"이상기후"란 지구온난화 등으로 인하여 비정상적인 홍수, 가뭄, 폭설, 한파, 폭염 등이 나타나는 특이한 기후현상을 말한다.

"이상기후 등을 대비한 환경생태계획(이하 "환경생태계획"이라 한다)"이란 개발사업을 계획 및 추진함에 있어, 당해 계획 내에 지구온난화 등으로 인한 비정상적인 이상기후 현상에 대하여 적응성을 높이는 등 친환경성이 내재화될 수 있도록 사업계획 지역과 주변 지역 사이의 각종 환경 요소와 생태적 기능들을 종합적·유기적으로 연결·보호·관리할 수 있도록 수립하는 계획을 말한다.

【환경생태계획의 주요 기능】

과학적 근거에 따라 사업 대상지역 및 주변 지역의 각종 환경생태요소(생태계, 지형, 자연경관 등) 및 생태적 기능 등에 대한 환경정보를 구축하고, 구축된 정보를 바탕으로 지역별·사업별 보전 방향을 제시하고 보전지역을 설정하는 등 환경친화적 개발을 위한 가이드라인으로 기능한다.

생태적·환경적 기능 등을 도면화 및 DB화하고 이를 중첩·종합하여 환경생태계획을 수립·적용함으로써 친자연형 토지이용계획을 수립하는 기능을 수행한다.

환경생태계획에 입각한 토지이용계획의 수립으로 보전과 개발을 둘러싼 갈등·분쟁의 사전 예방 및 조정 기능을 수행한다.

도시생태계 항상성·자립성 향상 및 생물다양성 확보 등 생태계 온전성 확보, 도시홍수·가뭄 등 이상기후로 인한 피해의 저감 및 예방 기능을 수행한다.

함께 알아야 할 포인트

■ 이상기후 등을 대비한 환경생태계획 수립 세부지침(환경부, 2014) (2)

【환경생태계획의 활용 범위】

환경생태구상은 전략환경영향평가 실시 전 수립하여 환경현황 및 환경생태계획 구상내용이 전략환경영향평가에 참고 및 활용되어야 한다.

환경생태계획은 환경영향평가 실시 전 수립하여 분야 및 항목별 환경생태계획 내용이 환경영향평가에 참고 및 활용되어야 한다.

【수립권자】

수립권자 : 당해 개발계획 수립권자 또는 사업 시행주체

환경 및 생태분야의 조사·분석 및 보전 · 가치평가의 수행능력과 공간계획에 대한 이해력을 갖고 있는 환경분야 전문가가 참여해야 한다.

【수립대상 개발사업】

대규모 자연환경 훼손 및 환경에 대한 악영향의 초래가 예상되어 상위계획 수립단계에서부터 환경생태계획 수립이 필요한 도시개발사업과 관광지 및 관광단지 개발사업 계획, 일정 인구유입에 따른 정주환경 형성, 산업시설 유입 등으로 인해 계획적 환경보전대책이 요구되는 산업단지 개발사업 계획, 그 밖에 환경부장관이 당해 계획이나 사업으로 인해 중대한 환경영향이 우려되거나 친환경적인 토지이용의 필요성이 있다고 인정하는 개발사업 시 환경생태계획을 수립하여야 한다.

【수립 원칙】

환경생태계획은 개발사업의 유형과 대상지역의 입지여건 및 환경적 특성 등을 토대로『선 보전 - 후 이용』의 원칙하에 수립하여야 한다.

환경생태계획은 보전과 개발이 조화를 이루어 실현가능하도록 객관적·합리적으로 수립하여야 한다.

환경생태계획은 공원·녹지율, 생태면적률 등과 같은 환경계획지표를 설정하여 친환경적 토지이용계획 수립의 토대를 제공하여야 한다.

환경생태계획은 전략환경영향평가, 사전재해영향성검토 및 환경영향평가에 선행하여 수립하여야 하며, 개발예정지구(구역) 지정 시 개발계획을 함께 수립할 때에는 개발예정지구(구역) 지정 단계에서 수립하여야 한다.

함께 알아야 할 포인트

■ 이상기후 등을 대비한 환경생태계획 수립 세부지침(환경부, 2014) (3)

【환경생태계획 목차 및 세부 작성요령】

작성체계	주요내용
Ⅰ. 개요	1. 사업 내용 2. 환경영향 검토 대상지역
Ⅱ. 환경 현황의 조사 및 분석	1. 광역적(지역적)맥락의 조사 및 분석 2. 역사적 맥락의 조사 및 분석 (선택) 3. 상위계획 검토 4. 생태기반환경의 조사 및 분석 가. 기후 및 기상 나. 지형 · 지질 다. 수리 · 수문, 수체계 라. 해양환경 (선택) 마. 토양 · 지하수 5. 생태환경의 조사 및 분석 가. 서식처 나. 동 · 식물상 6. 인문 · 사회환경의 조사 및 분석 가. 토지이용 나. 공원 · 녹지 다. 자연경관 7. 생활환경의 조사 및 분석 가~사. 대기질, 바람통로, 악취, 수질, 에너지, 폐기물, 소음 · 진동 (선택) 8. 현황의 종합 분석
Ⅲ. 환경생태구상	1. 환경생태계획의 목표 및 보전지역 설정 2. 생태네트워크 구상 3. 입지분석 및 구역 경계 설정
Ⅳ. 분야 및 항목별 환경생태계획	※ 필수 항목과 함께 선택 항목 중 1개 이상의 계획 분야 수립 1. 친환경 공간 구조 및 토지이용계획 2. 바람길을 고려한 기후 순응형 계획 3. 자연 지형 순응형 계획 4. 친수형 및 도시 물순환 계획 5. 생태녹지 체계 구축 계획 6. 생물 서식처 복원 계획 7. 이상기후 및 재난방지 계획 8. 친환경 교통계획 (선택) 9. 에너지 절약형 구조 계획 및 탄소중립도시계획 (선택) 10. 폐기물 처리 및 자원순환계획 (선택)

Point 44. 생태면적률[96]

[1] 배경 및 목적

콘크리트 구조물과 인공지반이 많은 도시지역이 확대되며 자연생태계가 훼손되고 도시열섬, 도시오염 등 도시의 생태적 문제가 대두되자 도시의 생태적 건전성을 향상시키고 쾌적한 생활환경 조성을 위해 생태면적률이 도입되었다. 생태면적률이란 전체 개발면적 중에서 생태적 기능 또는 자연순환기능이 있는 토양면적이 차지하는 비율을 말한다.

「자연환경보전법 시행규칙」에서는 ① 자연지반 녹지 또는 인공지반 녹지 면적, ② 하천, 연못 등의 수(水) 공간 면적, ③ 옥상 녹화 또는 벽면 녹화 면적, ④ 부분포장 또는 투수(透水)포장 면적, ⑤ 그 밖에 환경부장관이 생태적 기능 또는 자연순환기능을 갖고 있다고 인정하는 공간의 면적의 합이 차지하는 비율로 정의하고 있으며, 각 항목의 면적은 생태적 기능 및 자연순환기능을 고려한 가중치를 적용하여 산정한다.

또한 「환경영향평가서등 작성 등에 관한 규정[97]」에서는 제7조의4(생태면적률의 적용)을 통해 환경영향평가등에 적용할 생태면적률의 적용 대상사업, 산정 방법, 면적유형별 가중치 등을 규정(별표 2의2)하고 있다.

[2] 생태면적률 산정 방법

생태면적률은 다음의 순서로 산정한다.

① 개발 대상지를 자연지반녹지와 인공화 지역으로 구분한다.

② 인공화 지역을 작성 규정 [별표 2의2]에서 구분된 면적유형으로 구분한다.

③ 인공화 지역의 공간유형별 면적에 정해진 가중치를 곱하여 면적유형별 생태면적을 산출한다.

④ 자연지반녹지와 인공화 지역 생태면적의 합을 전체 대상지 면적으로 나누어 생태면적률을 산출한다.

$$\textbf{생태면적률} = \frac{\text{자연지반녹지 면적} + \Sigma(\text{인공화 지역 면적유형별 면적}\times\text{가중치})}{\text{전체 대상지 면적}} \times 100(\%)$$

96) 환경부(2024) 환경영향평가서등의 작성 등에 관한 안내서 자료 재구성

97) [시행 2023. 4. 13.] [환경부고시 제2023-72호, 2023. 4. 13., 일부개정]

[3] 생태면적률 달성 목표

개발사업 유형별 생태면적률 달성목표는 다음 표와 같다. 생태면적률 달성 목표는 사업계획 수립, 계획 · 목표생태면적률 설정, 영향평가 협의시의 지표로 활용할 수 있다.

[생태면적률 적용기준]

개발사업 유형	권장달성목표	세부내용
1. 도시의 개발	30 이상	구도심개발사업
	40 이상	구도심 외의 개발사업
2. 산업입지 및 산업단지의 조성	20 이상	-
3. 관광단지의 개발	60 이상	-
4. 특정지역의 개발	20~80 이상	개발사업 유형별 기준 적용
5. 체육시설의 설치	80 이상	일반 체육시설(실외)
	50 이상	경륜·경정시설
6. 폐기물 및 분뇨처리시설의 설치	50 이상	매립시설
	40 이상	소각시설 및 분뇨처리시설

※ 구도심 개발사업은 "도시개발법" 및 "도시 및 주거환경정비법"에 의하여 추진되는 사업으로 도시 재정비 등 구 도심에서의 개발사업에 적용

※ 해당 계획 또는 사업의 특성 · 내용, 지역적 특성, 권장달성목표 등을 종합적으로 고려하여 해당 계획 또는 사업에 적용할 생태면적률 달성목표를 최대 50퍼센트 범위 내까지 감소하여 설정할 수 있다.

[면적유형별 가중치]

면적유형			가중치	설명	사례
1	자연지반 녹지	-	1.0	- 자연지반이 손상되지 않은 녹지 - 식물상과 동물상의 발생 잠재력 내재 온전한 토양 및 지하수 함양 기능	- 자연지반에 자생한 녹지 - 자연지반과 연속성을 가지는 절성토 지반에 조성된 녹지
2	수공간	투수기능	1.0	- 자연지반과 연속성을 가지며 지하수 함양 기능을 가지는 수공간	- 하천, 연못, 호수 등 자연상태의 수공간 및 공유수면 - 지하수 함양 기능을 가지는 인공연못
3		차수 (투수불가)	0.7	- 지하수 함양 기능이 없는 수공간	- 자연지반 또는 인공지반 위에 차수 처리된 수공간

[면적유형별 가중치(계속)]

면적유형			가중치	설명	사례
4	인공지반 녹지	90㎝≤토심	0.7	- 토심이 90㎝ 이상인 인공지반 상부 녹지	- 지하주차장 등 지하구조물 상부에 조성된 녹지
5		40㎝≤토심 ≤90㎝	0.6	- 토심이 40㎝ 이상이고 90㎝ 미만인 인공지반 상부 녹지	
6		10㎝≤토심 ≤40㎝	0.5	- 토심이 10㎝ 이상이고 40㎝ 미만인 인공지반 상부 녹지	
7	옥상녹화	30㎝≤토심	0.7	- 토심이 30㎝ 이상인 옥상녹화시스템이 적용된 공간	- 혼합형 옥상녹화시스템 - 중량형 옥상녹화시스템
8		20㎝≤토심 ≤30㎝	0.6	- 토심이 20㎝ 이상이고 30㎝미만인 옥상녹화시스템이 적용된 공간	
9		10㎝≤토심 ≤20㎝	0.5	- 토심이 10㎝ 이상이고 20㎝미만인 옥상녹화시스템이 적용된 공간	
10	벽면녹화	등반보조재, 벽면부착형, 자력등반형 등	0.4	- 벽면이나 옹벽(담장)의 녹화, 등반형의 경우 최대 10m 높이까지만 산정	- 저관리 경량형 옥상녹화시스템
11	투수포장		0.4~ 0.2	- 자연지반과 연속성을 가지며 공기와 물이 투과되는 포장면	- 벽면이나 옹벽녹화 공간 - 녹화벽면시스템을 적용한 공간
12	저류·침투 시설 연계면	저류·침투시설 연계면	0.2	- 지하수 함양을 위한 우수침투시설 또는 저류시설과 연계된 포장면	- 투수성능 및 적용 공법에 따른 가중치 차등 부여 (「환경영향평가서등의 작성 등에 관한 안내서」의 상세기준 준용)
13	저영향 개발기법 시설 연계면	저영향 개발기법 시설 연계면	0.3	- 누적유출고 10mm 이상을 처리하는 저영향개발기법 시설과 연계된 포장면	- 침투, 저류시설과 연계된 옥상면 - 침투, 저류시설과 연계된 도로면
			0.2	- 누적유출고 5mm 이상을 처리하는 저영향개발기법 시설과 연계된 포장면	
14	포장면	포장면	0.0	- 공기와 물이 투과되지 않는 포장, 식물생장이 없음	「비점오염저감시설의 설치 및 운영·관리 매뉴얼」의 저영향개발기법 시설 중 식생 체류지, 나무여과상자, 식물재배화분, 식생수로, 식생여과대, 침투도랑, 침투통, 모래여과시설과 연계된 도로면

[생태면적률 산정을 위한 공간유형별 적용 판단 기준[98]]

개발사업 유형	적용기준	
자연지반녹지		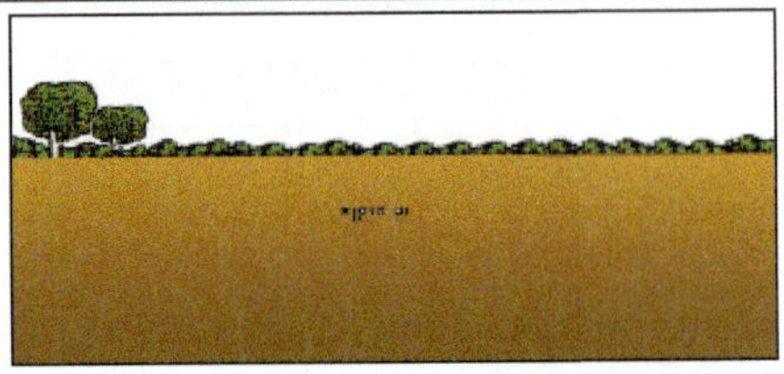
	자연지반녹지(가중치 1.0)	자연지반녹지 단면도
수공간 (투수)		
	수공간(투수)(가중치 1.0)	투수기능 수공간 단면도
수공간 (차수)		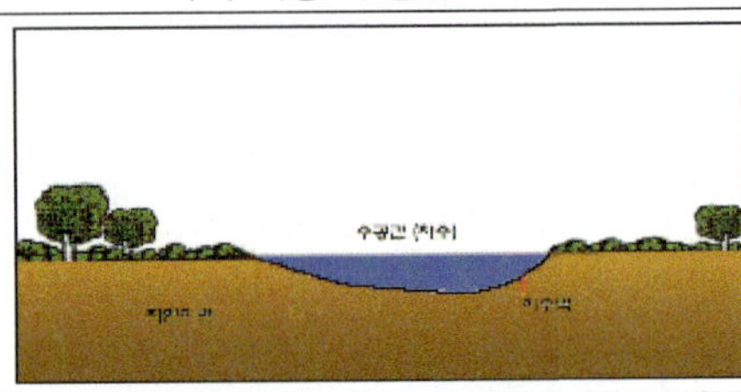
	수공간(차수)(가중치 0.7)	차수기능 수공간 단면도
인공지반		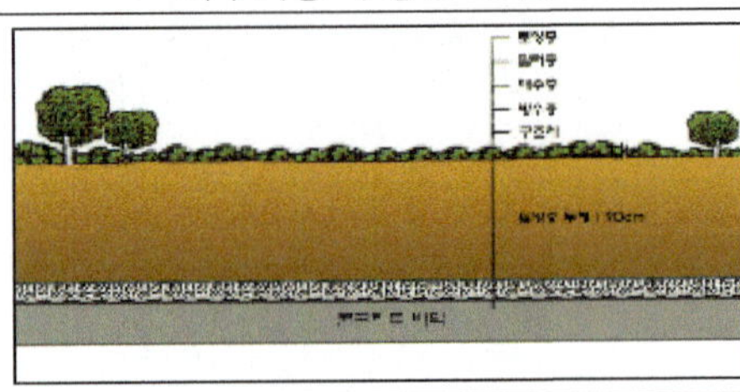
	인공지반(가중치 0.5~0.7)	인공지반녹지 단면도
옥상녹화		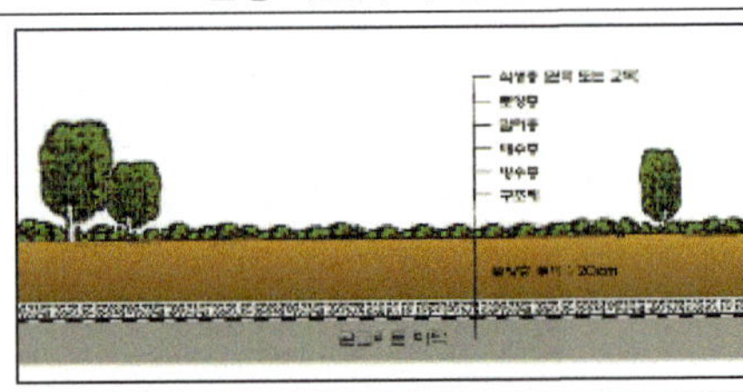
	옥상녹화(가중치 0.5~0.7)	옥상녹화 단면도

98) 환경부(2016) 생태면적률 적용 지침 자료 재구성

[생태면적률 산정을 위한 공간유형별 적용 판단 기준]

개발사업 유형	적용기준	
벽면녹화		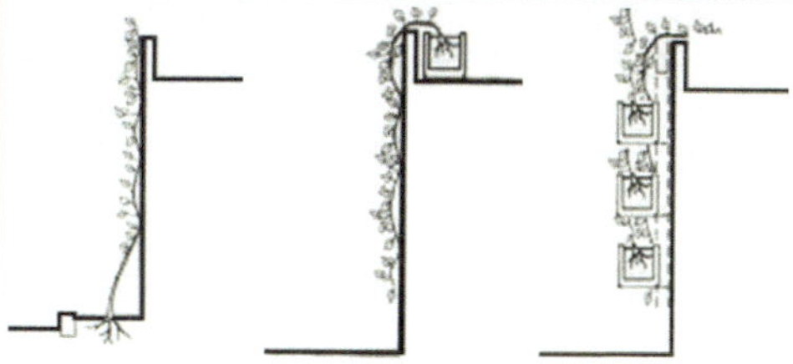 등반형 하수형 플랜트부착형
	벽면녹화(가중치 0.4)	벽면녹화 유형
부분포장		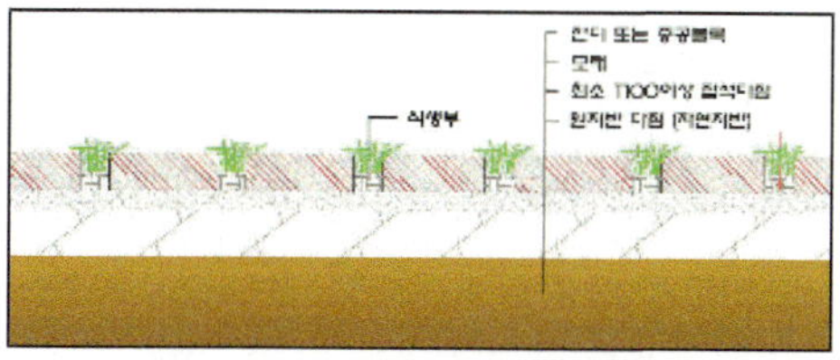
	부분포장(가중치 0.5)	부분포장 단면도
전면투수포장		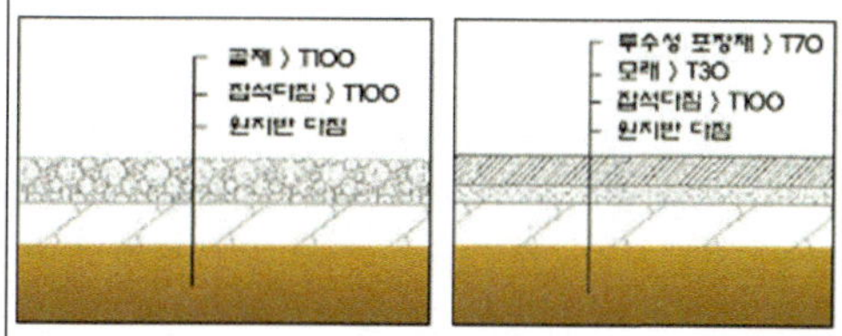
	전면투수포장(가중치 0.3~0.4)	투수포장 단면도
저류침투시설 연계		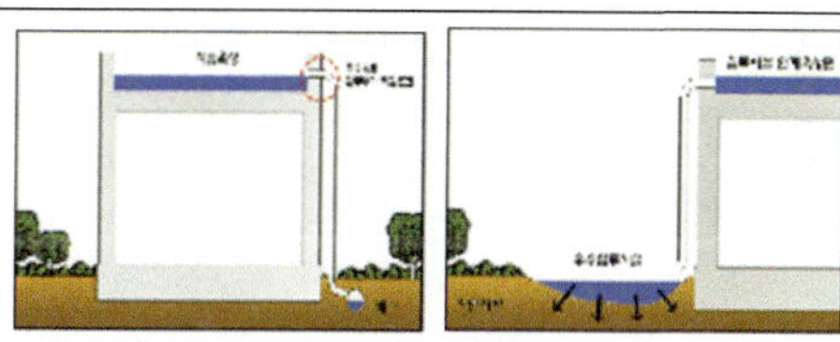 저류옥상 단면도 침투시설 연계옥상 단면도
	침투 및 저류시설 연계면(가중치 0.2_)	저류 및 침투시설 단면도
포장면		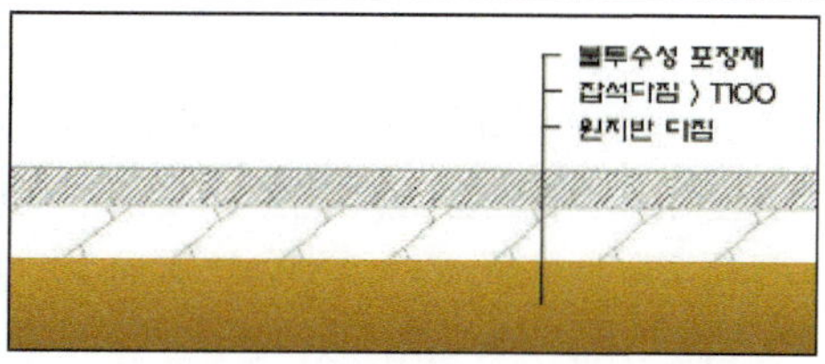
	포장면(가중치 0.0)	불투수포장 단면도

함께 알아야 할 포인트

■ 생태면적률의 근간이 되는 독일의 생태기반계수(BAF; Biotope Area Factor)

생태기반계수(Biotope Area Factor, BAF)는 도시 내 자연생태계 기능의 보전과 회복을 위한 토지이용의 생태적 질을 정량화하기 위해 고안된 개념으로, 1980년대 후반 독일 베를린시 도시계획국(Senatsverwaltung für Stadtentwicklung Berlin)이 도시환경의 질적 저하와 기후위기 대응의 일환으로 개발하였다. 특히 1984년 베를린 크로이츠베르크(Kreuzberg) 지구의 도시재생사업 과정에서 생물서식지의 보전, 우수 관리, 도시녹화 등을 통합적으로 반영할 수 있는 지표의 필요성이 제기되었고, 이를 바탕으로 BAF 개념이 공식적으로 정립되었다.

BAF는 도시 내 토지 면적 중에서 생태기능을 수행할 수 있는 면적의 비율을 지표화한 것으로, 각 표면 유형의 생태적 기여도에 따라 가중치를 부여하고, 이를 통해 전체 부지 중 생태적으로 유효한 면적이 차지하는 비율을 산정한다. 예를 들어, 자연 토양에 식생이 심어진 경우는 1.0의 최대 계수를 부여받고, 불투수 포장면은 0으로 간주된다. 옥상녹화, 투수 포장, 연못, 벽면녹화 등은 그 기능에 따라 0.3~0.7의 가중치가 적용된다.

베를린시는 1994년부터 BAF를 도시계획 및 건축허가 기준에 통합하였으며, 용도지역별로 차등화된 기준값을 설정하였다. 예를 들어 고밀도 주거지역은 BAF 0.3, 저밀도 지역은 0.6의 최소 기준을 요구하며, 이는 토지소유주가 개발 시 일정 수준 이상의 생태기반을 확보하도록 강제하거나 인센티브를 제공하는 방식으로 운영된다. 이러한 제도는 도시 내 녹지율 향상뿐만 아니라, 빗물의 자연 침투, 도시열섬 완화, 생물다양성 유지, 미기후 개선 등 다방면에서 환경적 효과를 창출하고 있다.

BAF는 도시의 양적 성장뿐만 아니라 질적 생태계 회복을 위한 전략적 도구로 평가받고 있으며, 도시 생태계 서비스(예: 탄소흡수, 기후 조절, 생물서식지 제공 등)를 정량적으로 반영할 수 있다는 점에서 학문적, 실무적으로 높은 평가를 받고 있다. 오늘날 BAF는 독일뿐만 아니라 스웨덴, 싱가포르, 일본 등의 도시계획에서도 벤치마킹되고 있으며, 기후위기 대응과 지속가능한 도시설계의 핵심 요소로 주목받고 있다.

우리나라의 생태면적률은 도시계획에서 일정 면적 내에 자연적인 상태를 유지하거나 생태기능을 수행할 수 있는 토지의 비율을 정량화한 개념으로, 독일의 생태기반계수(Biotope Area Factor, BAF)에서 영향을 받아 도입된 제도적 지표이다. 두 개념 모두 토지이용의 생태적 질을 수치화한다는 점에서 유사하지만, 생태기반계수가 각 토지 피복 유형별 생태기능 가중치를 반영하여 정밀하게 평가하는 데 비해, 우리나라의 생태면적률은 상대적으로 간소화된 방식으로 적용되고 있다. 즉, 생태면적률은 BAF의 원리를 국내 도시계획 환경에 맞게 단순화하여 활용한 개념으로 볼 수 있으며, 생태적 토지관리와 기후적응형 도시계획의 실현을 위한 기초 지표로서 역할을 하고 있다.

Point 45. 공원녹지

[1] 개념 및 정의

공원녹지는 다시 말해 '(도시)공원'과 '녹지'라고 할 수 있다. 「도시공원 및 녹지 등에 관한 법률(약칭 공원녹지법)」에서 정의하는 공원녹지란 '도시공원, 녹지, 유원지, 공공공지(公共空地), 저수지, 나무, 잔디, 꽃, 지피식물(地被植物) 등의 식생이 자라는 공간 등[99]'이다 공원녹지는 도심에서 쾌적한 도시환경을 조성하고 시민의 휴식과 정서 함양에 이바지하는 기능을 수행한다.

[2] 공원녹지기본계획

「공원녹지법」에 따라 각 지방자치단체의 장은 10년 단위로 하여 관할구역 도시지역에 대해 공원녹지기본계획을 수립하여야 한다. 공원녹지기본계획은 다음의 내용을 포함하며, 위 계획은 도시공원 및 녹지를 대상으로 한 도시녹화사업, 토지개발사업 등을 시행할 때 검토해야 하는 상위계획으로 여겨진다.

① 지역적 특성 및 계획의 방향 · 목표에 관한 사항
② 인구, 산업, 경제, 공간구조, 토지이용 등의 변화에 따른 공원녹지의 여건 변화에 관한 사항
③ 공원녹지의 종합적 배치에 관한 사항
④ 공원녹지의 축(軸)과 망(網)에 관한 사항
⑤ 공원녹지의 수요 및 공급에 관한 사항
⑥ 공원녹지의 보전 · 관리 · 이용에 관한 사항
⑦ 도시녹화에 관한 사항
⑧ 그 밖에 공원녹지의 확충 · 관리 · 이용에 필요한 사항으로서 대통령령으로 정하는 사항
⑧-1. 공원녹지기본계획의 시행에 관한 사항
⑧-2. 공원녹지기본계획의 시행을 위한 연차별 투자계획 및 재원조달방안
⑧-2의2. 도시공원 조성을 위한 도시 · 군계획시설사업의 시행 현황과 사업이 시행되지 않은 부지의 필지별 토지이용현황
⑧-3. 그 밖에 공원녹지기본계획수립권자가 현지 여건상 필요하다고 인정하는 사항

---

99) 광장 · 보행자전용도로 · 하천 등 녹지가 조성된 공간 또는 시설, 옥상녹화 · 벽면녹화 등 특수한 공간에 식생을 조성하는 등의 녹화가 이루어진 공간 또는 시설을 포함한다.

함께 알아야 할 포인트

■ 법률상 공원과 녹지의 종류

우리나라의 「도시공원 및 녹지 등에 관한 법률」은 도시계획시설로서의 공원과 녹지를 법적으로 정의하고, 이들의 기능과 공간적 배치, 조성 기준을 세부적으로 규정하고 있다. 이에 따라 공원과 녹지는 종류별로 용도, 유치기준(접근 거리), 최소면적이 명시되어 있으며, 이는 도시 내 균형 잡힌 녹지체계 확보와 주민의 생활환경 질 개선을 목적으로 한다.

【공원의 종류】

구 분	주요 기능	유치 기준(접근 거리)	최소면적 기준
근린공원	• 일상적인 여가와 운동	500m 이내	1만 m^2 이상
어린이공원	• 유아·아동의 놀이 및 안전	250m 이내	1500m^2 이상
소공원	• 소규모 휴식 공간	250m 이내	1000m^2 이상
역사공원	• 역사적 가치 보존 및 교육	지역 여건 고려	1만 m^2 이상
문화공원	• 문화예술 활동 지원	지역 여건 고려	1만 m^2 이상
체육공원	• 운동시설 중심 공간	지역 여건 고려	2만 m^2 이상
수변공원	• 하천·호수 등 수변과 연계	수변에 인접	면적 제한 없음
도시농업공원	• 도시농업 체험	지역 여건 고려	1만 m^2 이상
묘지공원	• 장사시설과 공원 기능 통합	지역 여건 고려	3만 m^2 이상
교통광장	• 교통수단 연결부의 휴게 기능	교통결절점 중심	1000m^2 이상
장애인공원	• 장애인 접근성 및 활용성 중심	지역 여건 고려	특별한 면적 기준 없음
도시자연공원구역	• 자연환경 보전 지역, • 실질적 공원 기능	개발제한구역 중심	지정면적 기준 없음

【녹지의 종류】

구 분	주요 기능	설치 기준
완충녹지	• 소음·진동·공해 완충	• 도로, 철도, 공장 등과 인접하여 설치
경관녹지	• 도시경관 향상	• 주요 간선도로, 시가지 진입부 등에 설치
연결녹지	• 생태적 연결 통로, 그린네트워크 형성	• 공원-하천-산림 등을 연결하도록 설계

함께 알아야 할 포인트

공원녹지기본계획 작성과정[100]

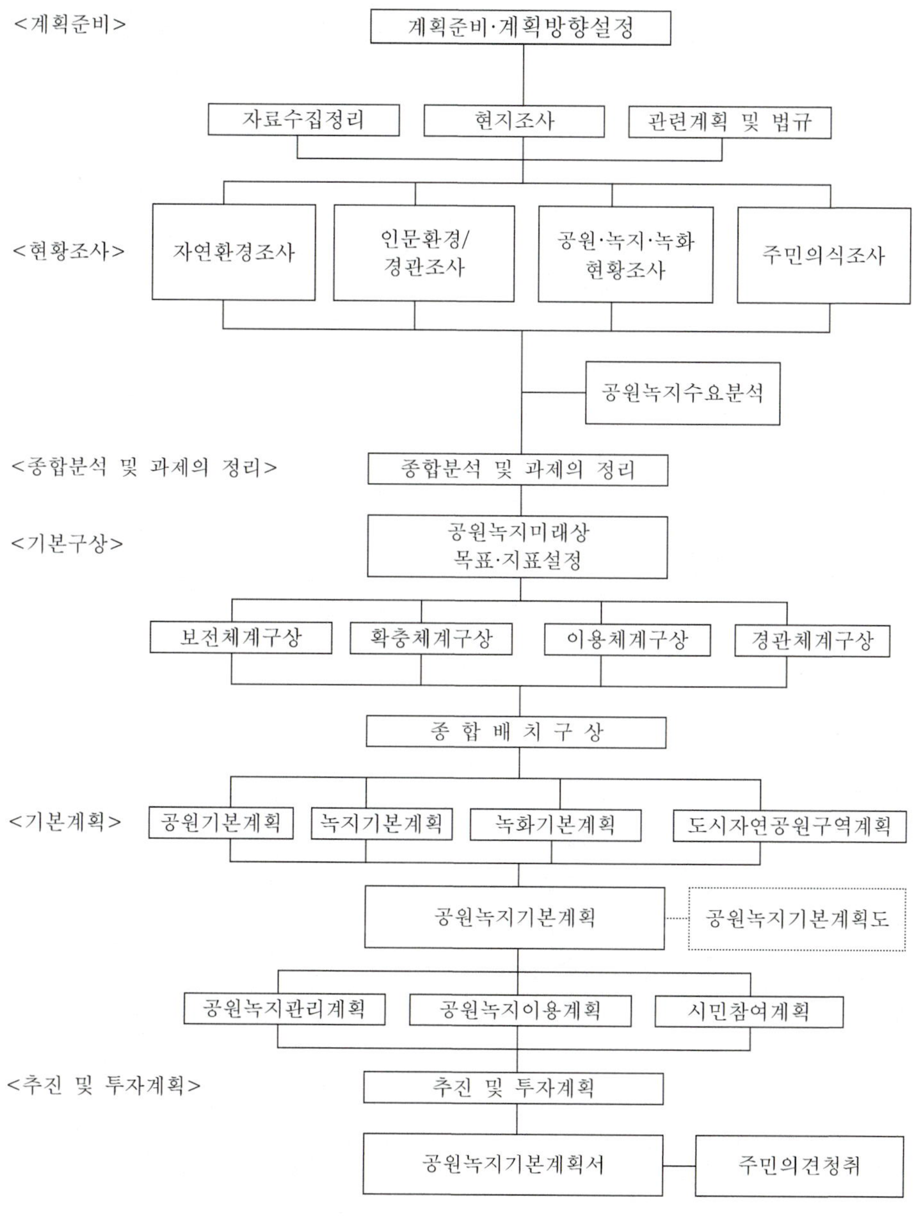

100) 국토교통부(2016) 공원녹지기본계획 수립 지침 자료 재구성

함께 알아야 할 포인트

■ 우리나라 공원녹지의 역사

우리나라의 공원과 녹지제도는 근대화 과정 속에서 외래 개념으로 도입된 이후, 산업화와 도시화의 진전에 따라 점차 제도화되고 확장되어 왔다. 그 역사적 흐름은 개항기·일제강점기 → 해방 이후 산업화기 → 환경보전 중심의 현대로 구분할 수 있다.

1. 개항기 및 일제강점기: 공원의 도입기 (1897~1945)

우리나라 공원제도의 시작은 1897년 조성된 탑골공원(서울)이 대표적인 예이며, 이는 근대식 공원 개념이 처음 적용된 사례로 평가된다. 이후 일제강점기에는 일본의 도시계획법령이 도입되면서 도시 내에 공원과 녹지가 계획적으로 배치되기 시작했다. 1934년 제정된 「조선시가지계획령」에 따라 공원은 도시계획시설의 일환으로 간주되었지만, 식민통치 목적과 상징성이 강조되어 민중의 복리보다 통제의 도구로 기능한 측면이 크다.

2. 해방 이후 ~ 1980년대: 산업화와 제도화의 시기

해방 이후 도시화가 급속히 진행됨에 따라, 도시환경의 열악화와 녹지 부족 문제가 심화되었다. 이에 1962년 「도시계획법」 제정을 통해 공원·녹지가 도시계획시설로 법제화되었고, 1971년에는 「자연공원법」이 제정되어 국립공원 체계도 구축되기 시작했다. 1970~80년대에는 중앙정부 주도의 국토개발 중심 정책 속에서 공원과 녹지는 상대적으로 낮은 우선순위를 가졌으나, 일부 대도시에서는 근린공원 조성사업이 본격화되기 시작했다.

3. 1990년대 이후: 환경복지로서의 전환기

1990년대 들어 환경권, 삶의 질 향상에 대한 사회적 관심이 높아지면서, 공원녹지는 환경복지의 핵심 기반시설로 인식되기 시작했다. 특히 1999년 제정된 「녹지지역의 조성 및 이용에 관한 법률」은 도시 외곽 지역의 그린벨트(개발제한구역)와 연계된 체계적 녹지조성을 유도했다. 2005년에는 해당 법률과 기존 「도시공원법」이 통합되어 현재의 「도시공원 및 녹지 등에 관한 법률」이 제정되었으며, 이는 공원과 녹지를 하나의 통합된 시스템으로 관리하는 제도적 전환점이 되었다.

4. 2010년대 이후: 지속가능성과 생태적 기능 강화

최근 들어 도시열섬 완화, 미세먼지 저감, 생물다양성 보전 등 생태적·기후적 기능에 대한 기대가 커지면서, 공원·녹지정책은 생태계 서비스 기반의 통합 환경관리 수단으로 발전하고 있다. 2020년에는 장기미집행 도시공원의 자동 실효를 앞두고 민간공원특례제도 등이 도입되었고, 도시숲, 스마트그린도시, 생활SOC 등과 연계된 다기능적 공원 조성이 확대되고 있다. 또한 지역 맞춤형 공원녹지기본계획 수립을 통해 시민 참여와 접근성 중심의 계획 수립 방식이 강화되는 추세이다.

Point 46. 도시숲

도시숲이란 도시에서 국민의 보건·휴양 증진 및 정서 함양과 체험활동 등을 위하여 조성·관리하는 산림 및 수목을 말한다. 이때 「자연공원법」 제2조에 따른 공원구역은 제외하며, 관련법은 「도시숲 등의 조성 및 관리에 관한 법률(약칭 도시숲법)」이다.

'도시숲'에 대한 기존 법률은 「산림기본법」과 「산림자원의 조성 및 관리에 관한 법률(약칭 산림자원법)」이었다. 2020년 6월, 도시숲의 조성·관리와 관련된 기존 법률 체계를 보완하여 국가와 지방자치단체의 책무를 강화하고, 국민의 참여를 확대하는 등 도시숲의 체계적 조성과 생태적 관리에 관한 사항을 종합적으로 규정하기 위해 「도시숲법」이 제정 및 시행되었다. 도시숲법의 제정 및 시행을 통해 '도시림'의 명칭이 '도시숲'으로 변경되었으며 도시숲 관련 사업 등은 「도시숲법」 소관으로 변경되었다.

[도시숲 관련 현행 법률(2025. 3.)]

법률	내용	비고
「산림기본법」 제18조 (도시지역 산림의 조성·관리)	국가와 지자체는 도시지역의 산림 및 녹지를 체계적으로 관리하기 위하여 필요한 시책을 수립·시행하여야 함	유지
「산림자원법」 제19조의2 (도시림등에 관한 기본계획의 수립·시행 등)	산림청장이 전국의 도시림·생활림·가로수를 대상으로 도시림등의 조성·관리를 위한 기본계획을 10년마다 수립·시행해야 함	삭제 [2020. 6. 9. 타법개정]
「도시숲법」 제1조(목적)	도시숲 등의 조성・관리에 관한 사항을 정하여 국민의 보건・휴양 증진 및 정서 함양에 기여하고, 미세먼지 저감, 폭염 완화 등으로 생활환경을 개선하며, 탄소흡수 기능을 유지・증진하는 등 국민의 삶의 질 향상에 이바지함을 목적으로 함	신설 [2020. 6. 9. 제정, 2021. 시행]

「도시숲법」에 따라 도시숲은 크게 도시숲, 생활숲, 가로수로 구분할 수 있다. 생활숲은 다시 마을숲, 경관숲, 학교숲(명상숲)으로 구분된다.

[「도시숲법」에 따른 도시숲의 정의]

구분		정의
도시숲		도시에서 국민의 보건·휴양 증진 및 정서 함양과 체험활동 등을 위하여 조성·관리하는 숲 (산림과 수목) 단, 「자연공원법」 제2조에 따른 공원구역은 제외
생활숲		생활권 및 학교와 그 주변지역에서 국민들에게 쾌적한 생활환경과 아름다운 경관의 제공 및 자연학습교육 등을 위하여 조성·관리하는 숲
	마을숲	산림문화의 보전과 지역주민의 생활환경 개선 등을 위하여 마을 주변에 조성·관리하는 숲
	경관숲	우수한 산림의 경관자원 보존과 자연학습교육 등을 위하여 조성·관리하는 숲
	학교숲	「초·중등교육법」 제2조에 따른 학교와 그 주변지역에서 학습환경 개선과 자연학습교육 등을 위하여 조성·관리하는 숲
가로수		도로의 도로구역 안 또는 그 주변지역에 조성·관리하는 수목

「도시숲법 시행규칙」 제3조(도시숲등의 기능 구분)에서는 도시숲의 기능에 따라 도시숲 유형을 다음과 같이 구분하고 있다.

[「도시숲법 시행규칙」에 따른 도시숲의 기능 구분]

구분	내용
① 기후보호형 도시숲	폭염 · 도시열섬 등 기후여건을 개선하고 깨끗한 공기를 순환 · 유도하는 기능을 가진 도시숲
② 경관보호형 도시숲	심리적 안정감과 시각적인 풍요로움을 주는 등 자연경관의 감상 · 보호 기능을 가진 도시숲
③ 재해방지형 도시숲	홍수 · 산사태 등 자연재해를 방지하거나 소음 · 매연 등 공해를 완화하여 국민의 안전을 지키는 기능을 가진 도시숲
④ 역사·문화형 도시숲	국가유산 또는 사찰 · 사당 등 종교적 장소와 전통마을 주변에 조성 · 관리하여 역사를 보존하고 문화를 진흥하는 기능을 가진 도시숲
⑤ 휴양·복지형 도시숲	체험 · 놀이 · 학습을 통한 교육과 산림욕 · 산림치유 등 휴양 · 치유 등의 기능을 가진 도시숲
⑥ 미세먼지 저감형 도시숲	미세먼지 발생원으로부터 생활권으로 유입되는 미세먼지 등 오염물질을 차단하거나 흡수 · 침강 등의 방법으로 저감하는 기능을 가진 도시숲
⑦ 생태계 보전형 도시숲	생태계를 보전 · 복원하고 생태계가 서로 연결되도록 하는 등 생태계와 조화를 이루는 기능을 가진 도시숲

도시숲은 또한 행정적(사업) 정의에 따라서도 유형을 구분할 수 있다[101]. 도시숲 조성사업의 종류는 다음과 같다.

[도시숲 조성사업의 종류]

<table>
<tr><th colspan="2">구분</th><th>내용</th></tr>
<tr><td rowspan="4">기후대응 도시숲</td><td></td><td>도시열섬 및 폭염 완화, 탄소 흡수, 미세먼지 저감 등 기후위기 대응을 위해 도심내 생활권 및 도시 주변지역에 조성하는 도시숲</td></tr>
<tr><td>미세먼지 저감숲</td><td>미세먼지 발생원 주변 및 생활권에 미세먼지 저감을 위한 숲 조성</td></tr>
<tr><td>도시열섬 완화숲</td><td>도심내 고온지역 및 포장공간(도로, 광장 등)을 활용한 숲 조성</td></tr>
<tr><td>도시 탄소저장숲</td><td>도심내 대규모 유휴지 숲 조성을 통한 탄소흡수원 확충을 위한 숲 조성</td></tr>
<tr><td rowspan="4">도시 바람길숲</td><td></td><td>도심의 미세먼지 저감 및 열섬현상 완화를 위해 도시 내·외곽 산림에서 생성되는 찬공기를 도심으로 유도·확산할 수 있도록 조성하는 도시숲</td></tr>
<tr><td>생성숲</td><td>도시외곽의 대규모 산림 등으로 숲의 산소 발생, 온도저감, 미세먼지 저감 등을 통해 맑고 신선한 공기를 생성하는 역할</td></tr>
<tr><td>연결숲</td><td>도시외곽 산림에서 생성된 맑고 신선한 공기가 도시내부로 원활하게 유입될 수 있도록 하는 바람의 통로 역할</td></tr>
<tr><td>디딤·확산숲</td><td>도시내부에 조성된 숲으로 소규모 찬공기를 생성하거나 도시 내부로 유입된 찬공기의 원활한 이동을 지원하는 역할</td></tr>
<tr><td colspan="2">자녀안심 그린숲</td><td>도심내 탄소흡수원 확충에 기여하고 교통안전, 미세먼지와 폭염에 취약한 학생들에게 건강하고 안전한 통학환경 및 체험의 장 제공을 위해 어린이보호구역 및 주변에 조성하는 도시숲</td></tr>
<tr><td rowspan="4">지자체 도시숲</td><td></td><td>생활권 주변 도시숲 조성을 통해 도시민의 생활환경 개선 및 삶의 질 향상에 기여</td></tr>
<tr><td>녹색쌈지숲</td><td>주민들의 정서함양 등을 위하여 건물 사이의 자투리땅에 조성하는 숲</td></tr>
<tr><td>생활환경숲</td><td>공단, 주요병원, 요양소 등의 건축물(옥상·벽면녹화)과 그 주변지역, 폐기물 및 쓰레기 매립지, 하천·제방부지 등과 그 주변지역으로서 생활환경의 보호·유지와 보건위생을 위해 조성하는 숲</td></tr>
<tr><td>산림공원</td><td>도시지역의 방치되어 있는 유휴지 또는 도시내 국·공유지의 산림에 조성하는 숲</td></tr>
</table>

101) 산림청, 국립산림과학원(2024) 기후대응 도시숲 등 조성·관리 현장 실무가이드 자료 재구성

함께 알아야 할 포인트

독일 슈투트가르트시(Stuttgart) 바람길 정책 소개

독일의 슈투트가르트(Stuttgart)시는 유럽 내에서 대기오염과 도시열섬 현상이 가장 심각한 도시 중 하나로 오랫동안 알려져 왔다. 특히 슈투트가르트는 분지 형태의 지형적 특성으로 인해 외부 공기의 흐름이 차단되고, 산업단지와 교통량이 집중된 도심에서는 열이 정체되고 오염물질이 축적되는 구조적 한계를 지니고 있었다. 이에 따라 슈투트가르트시는 20세기 초부터 도시 기후에 대한 체계적인 연구를 수행하고, 1990년대부터는 도시 기후관리를 위한 공간계획 정책의 일환으로 '바람길' 정책을 도입하였다.

바람길 정책의 핵심은 도시 외곽의 언덕과 녹지대에서 발생하는 찬 공기와 신선한 대기의 흐름이 도시 중심부로 자연스럽게 유입될 수 있도록 유도하는 도시 구조를 설계하는 데 있다. 슈투트가르트시는 1992년 '도시기후지도'를 발간하며, 기온, 지형, 풍향, 토지이용 등을 종합적으로 분석하여 도심 기후를 통합적으로 파악하였다. 이를 바탕으로 도시 전체를 대상으로 공기의 흐름과 열 정체 구간을 시각화하고, 주요 바람길을 설정하여 그 흐름을 보존하고 확대하는 방안을 도시계획에 반영하였다.

정책 실행의 핵심은 크게 세 가지로 요약된다. 첫째, 도심으로 향하는 찬 공기의 이동 통로가 될 수 있는 녹지축을 확보하고, 그 폭을 최소 100미터 이상으로 설정하여 주변 개발로 인해 공기의 흐름이 차단되지 않도록 하였다. 둘째, 이러한 바람길 구역 내에서는 건축행위를 엄격히 제한하거나 금지하여 고층 건물이나 조밀한 구조물이 풍통로를 방해하지 않도록 제어하였다. 셋째, 바람길 외에도 도시 전역에 걸쳐 도시숲, 가로수, 공원, 지붕녹화 등 다양한 형태의 녹지공간을 확충하여 전체적인 도시의 열섬 완화와 생태적 기능을 강화하였다.

이 정책의 또 다른 특징은 시민 참여와 공동체 기반의 실천 구조이다. 슈투트가르트시는 시민들이 자발적으로 참여할 수 있는 '나무 입양 프로그램', '녹화 인센티브 제도', '민간 건축물 녹화 지원금' 등을 통해 녹지 확대에 주민의 역할을 제도적으로 포함시켰다. 이는 단순한 공간 조성에서 벗어나, 기후대응을 위한 시민적 연대와 생활 속 실천의 기반을 형성하는 데 기여하였다.

그 결과, 바람길 정책은 실제로 도시 평균기온 저하, 대기 질 개선, 야간 냉각 효과 증대 등의 긍정적인 효과를 나타냈으며, 특히 바람길 주변 지역에서는 여름철 체감온도가 평균 2~3℃ 가량 낮게 측정되기도 했다. 또한 대기 순환이 촉진되면서 미세먼지 농도와 오존 농도도 상대적으로 낮아졌고, 도시 기후회복력(urban climate resilience) 향상에도 기여하고 있다.

오늘날 슈투트가르트의 바람길 정책은 도시 기후적응계획(Urban Climate Adaptation Planning)의 대표적 사례로 꼽히며, 유럽연합과 유엔환경계획(UNEP) 등에서도 정책 모델로 소개되고 있다. 특히 도시화와 기후위기가 동시에 심화되고 있는 현대 도시들에 있어, 바람길 정책은 단순한 도시녹화 개념을 넘어선 공간 기반의 기후 거버넌스 모델로서 의미를 가진다. 도시기후와 생태구조의 복합적 연계를 고려한 이 정책은, 과학적 분석을 기반으로 한 정책 결정과 도시계획 간의 유기적 통합의 필요성을 잘 보여주는 실천 사례라 할 수 있다.

Point 47. 도시 바람길[102)]

바람길이란 야간에 도시 외곽 산림 등에서 생성되는 '차고 신선한 공기 (찬공기)'를 도심개발지까지 흐르게 하여 공기순환을 촉진함으로써 대기오염 및 열환경 개선에 도움을 주는 계획 요소이다.

바람길숲이란 도심의 미세먼지 저감 및 열섬현상 완화를 위해 '도시 내부와 외곽 산림에서 생성되는 찬공기를 도심으로 유도, 확산할 수 있도록 조성하는 도시숲'을 의미한다.

바람길의 구성요소는 바람생성숲, 연결숲, 디딤확산숲으로 구분한다.

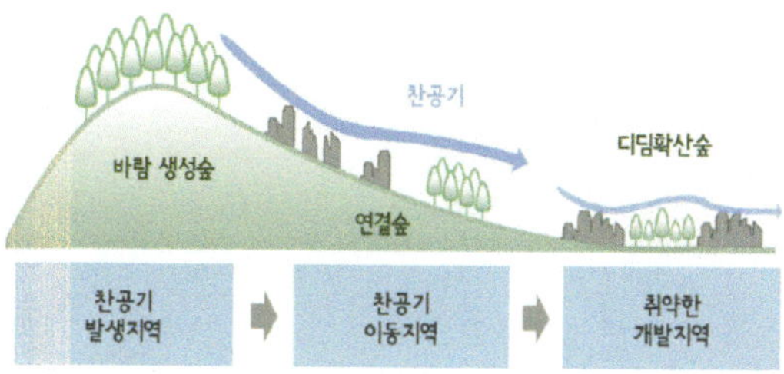

※출처: 국립산림과학원(2019)

※출처: 산림청 홈페이지

[도시 바람길숲의 구조와 원리[103)]]

바람길(바람통로)은 도시 주변의 산지, 계곡 등의 공간 지형적 조건에 따라 자연적으로 발생하는 찬공기가 도시 내로 유입될 수 있는 길(통로)을 만들어 대기오염 및 기후환경문제 개선에 활용하는 것을 의미한다.

국지적 공간지형 여건에 따라 생성되고 유동되기 때문에 종관풍, 해륙풍과의 기상학적 상관성이 낮으며, 지역(국지)별 풍향과 풍속이 다양하다.[104)]

찬공기 생성은 일몰 후에 시작하여 일출 전까지 이루어지며, 식생 지역에서 자연적 정화를 거쳐 깨끗하고 신선한 대기 위생적 가치를 지닌다.

102) 산림청 (2022) 도시바람길 숲 조성 및 관리 가이드라인 자료 및 국토연구원(2019) 국토용어해설-바람길 자료 재구성
103) 산림청(2022) 도시바람길숲 조성 및 관리 가이드라인 자료 재구성
104) 김진영, 김영성, 정관영(2000) 서울 인천지역 자동기상관측 바람자료의 특성 분석 자료 재인용

산지의 숲은 초지에 비해 단위 면적 당 찬공기 생성량은 낮으나, 경사지형으로 단위 시간 당 초지보다 많은 양의 찬공기를 생성하고 이동한다.[105]

바람길의 찬공기는 보퍼트(Beaufort)[106]의 풍력계급표의 실바람(풍속 0.3~1.5m/s)에 해당한다.

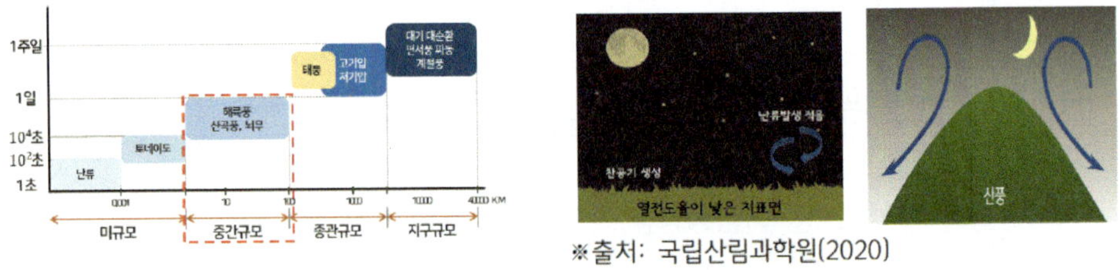

※출처: 국립산림과학원(2020)

[지역바람순환체계와 규모, 찬공기 생성 원리[107]]

계급	풍속 m/s	풍속 km/h	풍속 kt	풍속 mph	명칭	파고 m	파고 ft	육상 상태	해상 상태	사진
0	<0.3	<1	<1	<1	고요	0	0	연기가 수직으로 올라간다.	해면이 거울 같이 반사될 정도로 고요하다.	
1	0.3~1.5	1~5	1~2	1~3	실바람	0.1	0.33	풍향은 연기가 날아가는 것으로 알 수 있으나, 풍향계는 잘 움직이지 않는다.	물결이 생선 비늘 같이 작고, 물거품이 없다.	
2	1.5~3.3	6~11	4~6	3~7	남실바람	0.2	0.66	바람이 피부에 느껴진다. 나뭇잎이 흔들리며, 풍향계가 움직이기 시작한다.	물결이 작고, 파도의 마루 부분이 부서지지 않고 모양이 뚜렷하다.	
3	3.3~5.5	12~19	7~10	8~12	산들바람	0.6	2	나뭇잎과 작은 가지가 끊임없이 흔들리고, 깃발이 가볍게 날린다.	물결이 커지고, 파도의 마루가 부서져서 물거품이 생겨 흰 파도가 간간이 보인다.	
4	5.5~8.0	20~28	11~15	13~17	건들바람	1	3.3	먼지가 일고 종이조각이 날리며, 작은 가지가 흔들린다.	파도가 일고, 파장이 길어지며 흰 파도가 많이 보이기 시작한다.	
5	8.0~10.8	29~38	16~20	18~24	흔들바람	2	6.6	잎이 무성한 작은 나무 전체가 흔들리고, 호수에 물결이 일어난다.	파도가 조금 높아지고, 물거품이 생기기 시작한다.	
6	10.8~13.9	39~49	21~26	25~30	된바람	3	9.9	큰 나뭇가지가 흔들리고, 전선이 울리며 우산을 사용하기 어렵다.	파도가 높아지기 시작하고, 물거품이 광범위해지며 물보라가 생긴다.	
7	13.9~17.2	50~61	27~33	31~38	센바람	4	13.1	나무 전체가 흔들리며, 바람을 안고서 걷기 곤란하다.	파도가 높아지고, 파도가 서로 부서져서 물거품이 생겨 줄을 이루며 바람에 의해 날린다.	
8	17.2~20.7	62~74	34~40	39~46	큰바람	5.5	18	작은 나뭇가지가 꺾이며, 바람을 안고서 걸을 수 없다.	파도가 제법 높고, 파장이 더 길고 마루의 끝이 거꾸로 된다. 물거품이 강풍에 날린다.	
9	20.7~24.5	75~88	41~47	47~54	큰센바람	7	23	큰 나뭇가지가 꺾이고, 가옥에 다소 피해가 생긴다. 굴뚝이 넘어지고 기와가 벗겨진다.	파도가 높고, 물거품이 바람에 따라 짙은 줄무늬를 띤다. 마루가 흩어져 말리고 물보라 때문에 시정이 나빠진다.	
10	24.5~28.4	89~102	48~55	55~63	노대바람	9	29.5	나무가 뿌리째 뽑히고, 가옥에 큰 피해가 일어난다. 내륙 지방에서는 보기 드문 현상이다.	파도가 옆으로 긴 마루로 되어 몹시 높고, 물거품이 큰 덩어리가 되어 강풍에 날린다. 파도가 심하게 부서지고 시정이 나쁘다.	
11	28.4~32.6	103~117	56~63	64~72	왕바람	11.5	37.7	광범위한 피해가 생긴다.	파도가 대단히 높고, 주위의 배는 파도에 가려 볼 수 없고 길게 줄지은 물거품들이 바다를 덮는다. 시정이 극히 나쁘다.	
12	≥32.6	≥118	≥64	≥73	싹쓸바람	≥14	≥46	매우 광범위한 피해가 생긴다.	파도가 매우 높고, 바다는 물거품과 물보라로 가득 차 바로 한치 앞도 분간하기 어려울 정도다.	

105) 성선용, 박종순, 이상은, 김선희(2019) 미세먼지 저감을 위한 도시 내 바람길 도입 방안 재인용

106) 보퍼트 풍력 계급은 1805년 당시 영국 해군 제독 겸 수로학자였던 프랜시스 보퍼트(Francis Beaufort)가 만들었고, 고안자인 보퍼트의 이름을 따서 '보퍼트 풍력 계급'으로 명명되었다. 보퍼트 풍력 계급이 사용되기 이전인 19세기 초 영국 해군 관리들은 기상 관측을 시작하였으나, 관측 규칙이 제대로 정해지지 않아 관측 자료들이 주관적이었다.

107) 산림청(2022) 도시바람길숲 조성 및 관리 가이드라인 자료 재구성

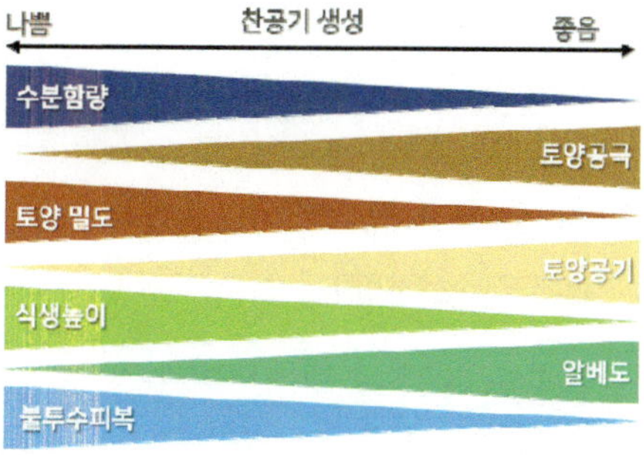

<토양 특성과 찬공기 생성량의 관계>

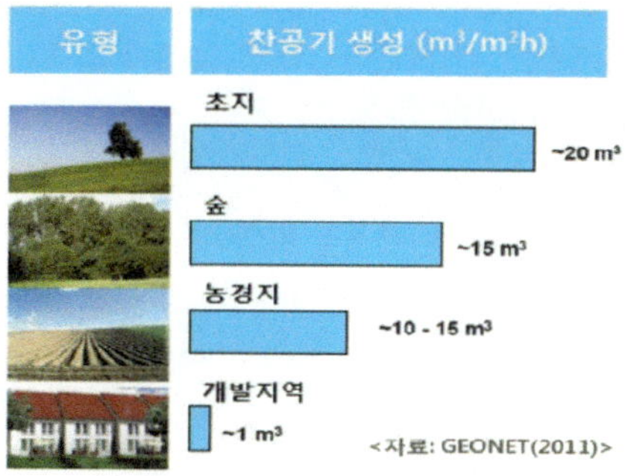

<지표면 유형별 찬공기 생성량>

※출처: 국립산림과학원(2019)

[찬공기 형성에 영향을 미치는 지표면적 요인[108]]

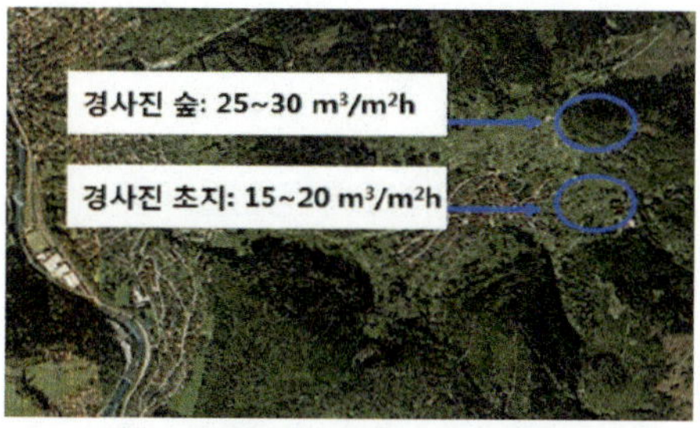

<경사 지형에서의 찬공기 생성정도>

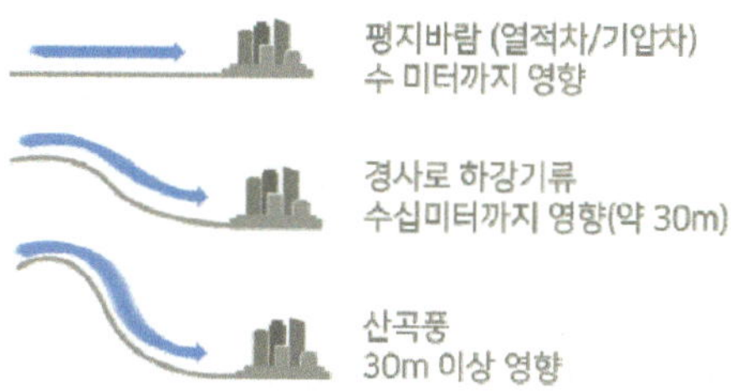

<경사 지형에서의 찬공기 이동정도>

※출처: 국립산림과학원(2019)

[찬공기 형성에 영향을 미치는 지형적 요인[109]]

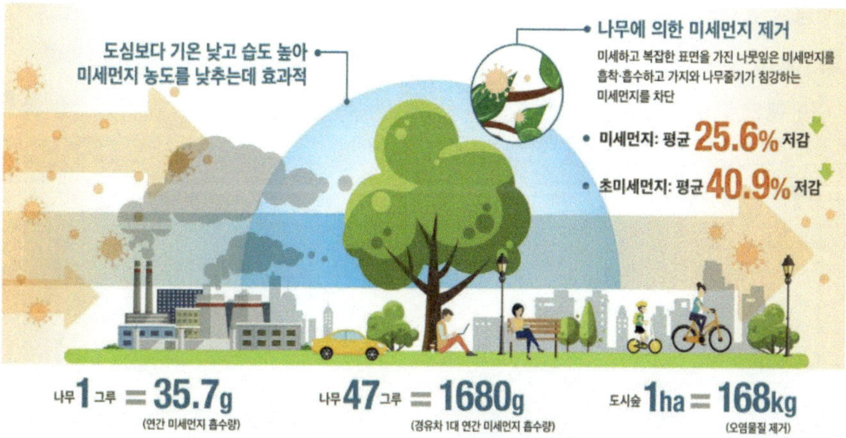

[바람숲의 미세먼지 저감 효과 분석[110]]

108) 산림청(2022) 도시바람길숲 조성 및 관리 가이드라인 및 국립산림과학원(2019) 도시숲 조성관리에 있어서 바람길 모델 적용방안 분석 자료 재구성

109) 산림청(2022) 도시바람길숲 조성 및 관리 가이드라인 및 국립산림과학원(2019) 도시숲 조성관리에 있어서 바람길 모델 적용방안 분석 자료 재구성

함께 알아야 할 포인트

도시바람 특성

도시의 바람은 난류 발생이 많으며 수직적 바람이동의 제약이 크고 혼합층의 이동에도 제약이 많은 문제점이 있다. 특히 도심지내 고층건물은 풍속을 약하게 하여 도심지내 바람의 흐름을 저해하는 주요 수단이 된다.

또한 고층건물에 의한 강한 소용돌이가 발생하는 특성도 있으며 이를 고려한 속도 및 풍향을 예측하는데 어려움이 있다.

도시에서 바람통로를 유형화 할 경우에는 환기통로, 신선한 공기의 바람통로, 냉기류 바람통로, 차고 신선한 공기의 바람통로 등을 잘 파악하여 고려해야 한다.

【주요 바람통로 설계기준】

대상지 지표면 대기역학적 표면 거칠기 0.5m 이하

바람의 생성 또는 유입지역 바람의 초기 진입 두계를 0에 가깝도록 장애물 제거

바람통로 폭 최소 50m 이상 확보

바람통로의 길이는 바람 진행방향으로 최소 1km 이상 확보

바람통로의 지표면은 가능한 평탄하게 조성하는 것이 유리(공기흐름 방해하는 건축물과 수목고 제거할 필요 고려)

【바람길 분석을 위한 개념 정립 사례[111]】

---

110) 산림청(2022) 도시바람길숲 조성 및 관리 가이드라인 자료 재구성

함께 알아야 할 포인트

■ 바람길의 개념112)

111) 충주시(2023) 도시바람길숲 조성 실시설계 보고자료 재인용
112) 충주시(2023) 충주시 도시바람길숲 조성 실시설계 보고자료 재인용

함께 알아야 할 포인트

■ 도시바람 특성 평가 및 계획/설계 반영 고려 프로세스 정립 사례

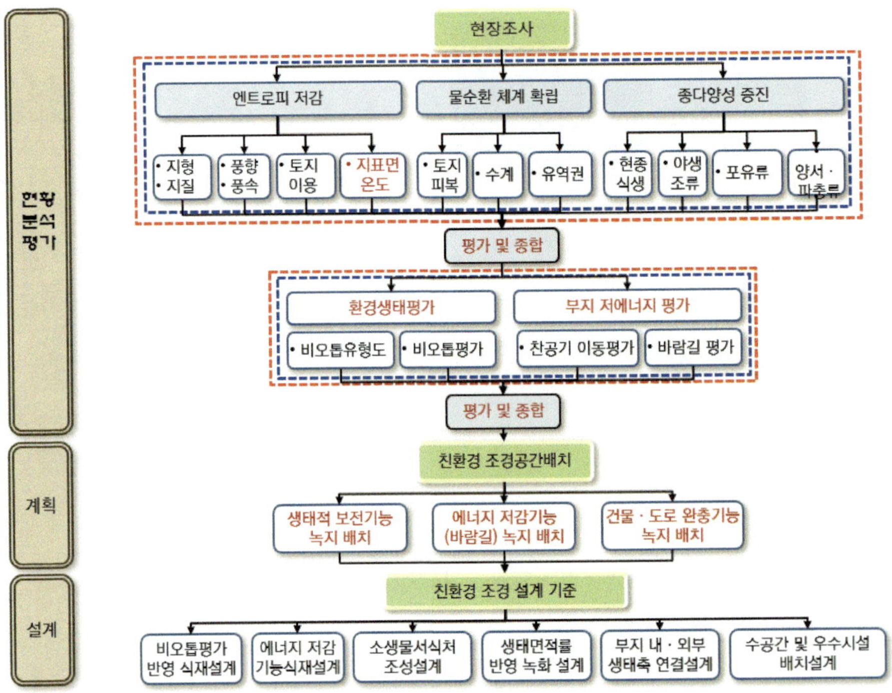

【대상지내 지표온도와 바람 이동 관계】

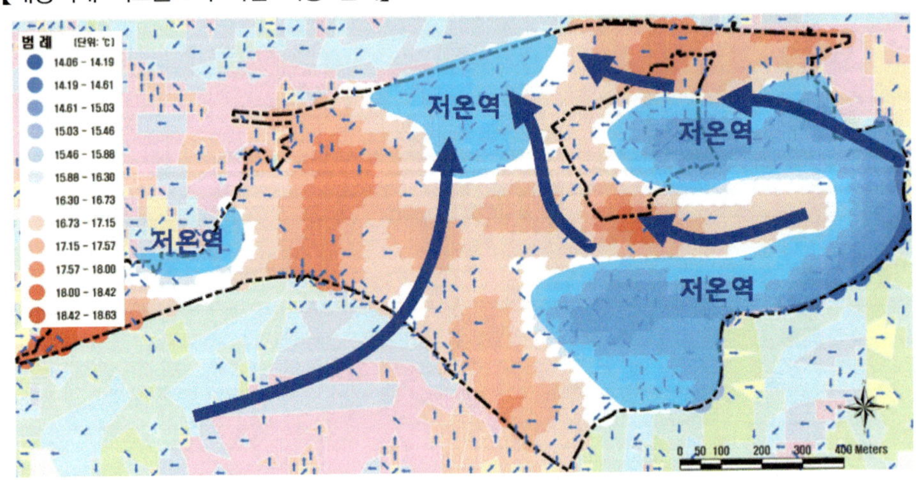

PART Ⅵ.

도시/건축과 녹색기술

Point 48. 토지이용계획 개념과 역할

토지이용은 어느 한정된 토지공간 내에서 일정한 목적을 위한 인간의 의식적·지속적인 제반 활동 및 이용형태로 정의할 수 있다. 토지이용은 인간활동을 위한 장소의 선정과 관련되며 일정한 물리적 구조를 구비한 토지 위에서 일어나는 인간의 제반활동 또는 그 활동을 수용하기 위한 유형, 밀도, 용도와 같은 일정한 이용형태라고 할 수 있다.

제반행위는 도시와 비도시라는 공간적인 구분에 의해 명확히 구분되는데, 도시적 토지이용은 도시 내 인간의 활동을 수용함으로써 여러 활동 간의 접촉을 가능하게 하는 이용 잠재력(use potential)이 강조되기 때문에 토지이용계획시 인간활동에 필요한 공간 및 물리적 시설의 종류·규모·위치가 주요 검토대상이 된다. 반면, 비도시적 토지이용은 인간활동에 필요한 각종 자원을 생산하는 생산 잠재력(production potential)이 핵심적 사항으로 토지이용계획시 농업·임업 등 주요 활동공간의 배분과 자연환경 자체가 주요 대상이 된다.

토지이용은 개인 또는 집단의 토지공간상의 권리를 설정하고 개발 혹은 유지를 통해 실현된다. 그러나 개인 혹은 집단의 토지이용은 다른 사람 혹은 사회에 직·간접적으로 어떤 영향을 미치므로 공공복리의 증진과 공공의 이익에 근거한 방향으로 결정되어야 할 필요성이 커지고 있다. 즉, 도시의 토지이용을 방치할 경우 용도간의 경합, 교통혼잡, 환경악화 등이 유발되고 이는 도시의 사회문제로 대두될 수 있다.

하나의 토지이용행위는 주변의 토지이용에 긍정적 혹은 부정적 외부효과를 야기하는데, 이러한 외부효과를 조정하여 효율적 토지자원의 활용을 통해 도시의 성장기능 확보와 도시환경기능 향상을 도모하기 위해 토지이용계획의 필요성이 강조된다. 즉, 토지이용계획은 토지자원의 효율적 이용, 도시의 성장과 질서 부여, 도시 환경의 보전을 달성할 수 있는 수단이며 아울러 토지이용의 용도·강도·밀도뿐만 아니라 토지이용 및 개발의 규제 등에 활용되는 계획수단이다.

이상을 종합하면, 토지이용계획은 토지공간의 평면 위에서 사람들이 영위하는 제반 활동들을 미리 가늠하여 환경적으로 기능적으로 건전한 토지이용을 합리적으로 배치하는 계획 작업으로 요약할 수 있다.

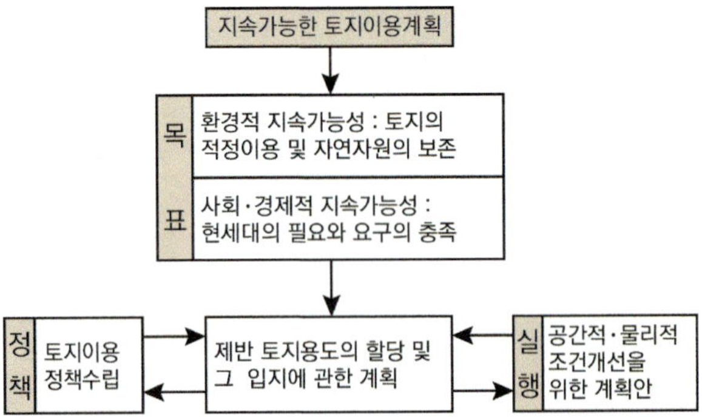

[환경적으로 건전하면서 지속가능한 토지이용계획 개념]

토지이용계획(Land Use Planning)은 국토의 효율적인 이용과 환경 보전을 조화시키기 위한 핵심적인 공간계획 도구이다. 한정된 토지 자원을 도시, 농촌, 산업, 보전지역 등 다양한 기능에 따라 적절히 배분하고, 인간 활동과 자연환경 간의 갈등을 최소화하여 공공의 이익을 실현하는 데 목적이 있다. 첨부된 도식은 이러한 토지이용계획의 주요 역할을 여섯 가지 측면에서 시각적으로 정리한 것이다.

첫째, 현재와 미래의 공간 구성은 토지이용계획의 가장 핵심적인 기능이다. 이는 인구 증가, 산업 변화, 기후위기 등 사회적·환경적 여건의 변화를 예측하고, 이를 반영하여 장기적인 도시 및 지역 공간 구조를 설계하는 것을 의미한다. 토지의 적절한 용도 배분은 지속가능한 발전을 위한 기반이 된다.

둘째, 토지이용규제와 실행수립을 통해 계획은 구체적인 행정 도구로 기능한다. 용도지역 지정, 개발밀도 제한, 고도제한 등은 무분별한 개발을 방지하고, 계획된 방향대로 토지가 이용되도록 유도한다. 이는 도시의 혼잡, 주거환경 악화, 기반시설 과밀화를 방지하는 데 효과적이다.

셋째, 도시설계 지침 제공 역할도 중요하다. 토지이용계획은 건축물 배치, 가로망 형성, 공공공간 구성 등 물리적 도시설계의 기준을 제공하며, 경관과 정체성을 갖춘 도시 환경 조성에 기여한다. 특히 최근에는 탄소중립 도시계획, 보행친화 도시설계 등도 포함되며, 도시공간의 질을 높이는 데 초점을 둔다.

넷째, 토지난개발 방지는 토지이용계획의 전통적이면서도 여전히 중요한 기능이다. 계획 없는 개발은 생태계 단절, 수질오염, 재해위험 증가 등 다양한 문제를 야기할 수 있으며, 이를 방지하기 위해 개발행위허가제도와 같은 법적 장치가 활용된다.

다섯째, 토지(환경) 보존은 계획의 환경적 기능을 나타낸다. 생태적으로 민감한 지역이나 경관 보전지역, 농지 및 산림은 별도의 보전구역으로 설정되며, 도시 내에서는 녹지축(그린웨이), 생물다양성 보호구역 등의 지정으로 이어진다. 이는 기후적응력 향상과 생태계서비스 유지에 중요한 역할을 한다.

여섯째, 도시기반시설의 지정 및 공급 지침을 마련하여 계획적 도시성장을 유도한다. 도로, 공원, 학교, 하수도 등 공공시설의 입지를 예측 수요와 연계하여 지정함으로써, 예산 낭비를 방지하고 주민의 삶의 질을 높인다.

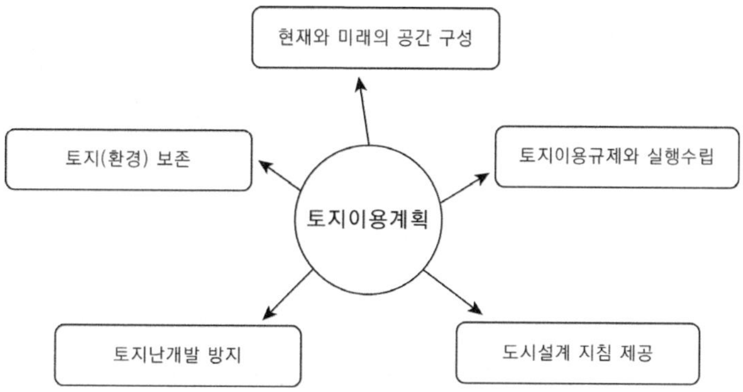

[토지이용계획 주요 역할 5가지]

Point 49. 지속가능한 녹색 토지이용 및 녹색도시 개념

[1] 지속가능한 녹색 토지이용 개념

지속가능한 녹색 토지이용계획은 환경 보전과 사회적 형평성, 경제적 효율성을 통합하여 토지의 이용과 관리 방향을 설정하는 계획 방식이다. 이는 단순히 개발과 보전을 이분법적으로 구분하는 것을 넘어, 자연 생태계의 건강성 유지, 자원의 효율적 사용, 기후변화 대응, 지역 공동체의 삶의 질 향상을 동시에 추구한다는 점에서 기존의 전통적 토지이용계획과 차별된다. 녹색 토지이용계획은 지속가능발전(Sustainable Development) 개념에 기반하여, 토지의 생태적 수용력, 지역의 경관 특성, 생물다양성, 탄소흡수 기능 등 생태계 서비스 요소를 계획 과정에 통합하는 것이 핵심이다.

녹색 토지이용의 기원은 전원도시에서 찾을 수 있는데, 하워드의 전원도시는 산업혁명 이후 영국 런던의 급격한 인구증가로 인한 대기오염 등의 도시문제를 해결하기 위해 등장한 도시로서 도시생활의 쾌적함과 자연환경이 결합된 저밀도의 경관 및 계획도시로서 사회·경제적 측면까지 포함하는 도시개념이다.[113)]

전원도시 이후 지속가능한 도시계획 및 개발개념을 발전시키기 위해 아테네 헌장[114)]과 마추픽추 헌장[115)]을 탄생시켰으며 이를 토대로 하여 압축도시, 지속가능한 개발, 스마트 도시성장관리기법, 뉴어바니즘, 어반빌리지, 압축도시, 생태도시 그리고 녹색도시로 발전해 왔다.

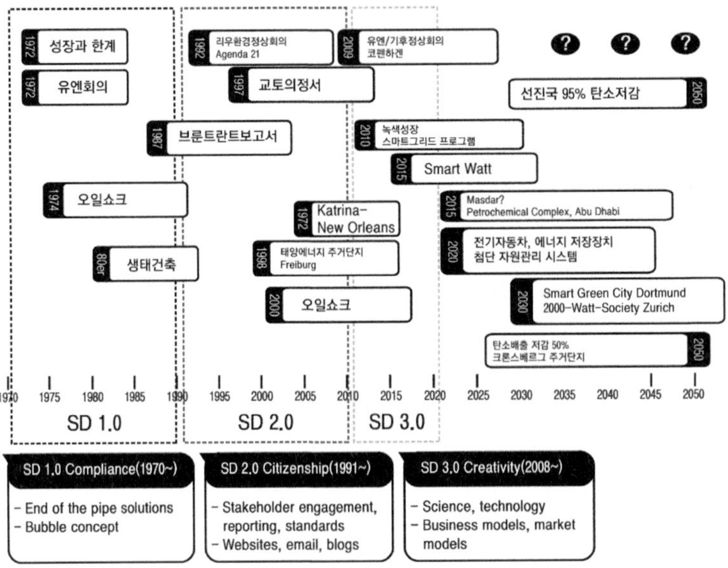

[녹색 토지이용 변화 과정[116)]]

113) 전의찬외 25인(2012) 기후변화 25인의 전문가가 답하다

114) 아테네 헌장은 1933년 그리스 아테네에서 개최된 제4회 근대건축국제회의에서 결정된 도시계획헌장으로서 1930년대의 도시의 불건전하고 불합리한 기능을 비판하면서 도시와 인간의 관계를 회복시키기 위한 실현방안을 담고 있다. 계획원리는 도시와 주변지역의 통합계획 관리, 고층화를 통한 녹지, 일조, 공공시설 확보, 토지이용 및 도로의 기능분리, 전문가에 의한 과학적 계획, 공공성 우선 등을 담고 있다.

115) 마추픽추 헌장은 1977년 현대 도시계획의 오류, 환경오염·자원낭비 등의 20세기 초반의 도시문제를 해결하기 위해 공표된 헌장으로 계획과정의 중요성과 주민참여의 다양성을 강조하고 있다. 주요 계획원리는 자연환경과의 조화, 도시계획적 환경저감, 자원 고려 도시성장관리, 도시와 주변지역 통합 계획 및 관리, 대중교통 중심 교통체계, 커뮤니티 조성 등의 내용을 담고 있다.

[2] 전원도시(Garden City)

"기존의 집들에 대해서는 완벽한 조치 및 개선 조치들을 취한 다음, 일정 규모의 단지를 형성하도록 하면서 자연스러운 흐름을 따라 적당한 비율에 맞춰 아름답고 튼튼하게 집을 건축하여 지겹고 열악한 교외지의 모습은 어디서도 나타나지 않게 될 것이다. 도시 내부로는 깨끗하고 번화한 도로가 있고 외부로는 탁 트인 전원이 있으며 아름다운 정원지대의 담장에 둘러싸인 과수원이 있다. 혹은 과수원이 없어도 도시의 어느 지역에서든지 도로로 몇 분이면 아주 맑은 공기를 마실 수 있고 풀밭과 먼 지평선이 보이는 곳에 도달할 수 있다. 이것이 우리가 궁극적으로 지향하는 바이다.[117]"
- John Ruskin, *Sesame and Lilies.*

산업혁명 이후 영국뿐만 아니라 유럽과 미국 그리고 다양한 국가에서 이미 도시의 과밀화가 진행되고 있었다. 당시 파라(Farrar) 학장은 다음과 같이 살펴보면, 당시의 도시적 상황을 잘 이해할 수 있을 것이다.

'우리는 거대한 도시들의 나라에 살고 있다. 마을들은 정체하거나 쇠퇴하는 반면, 도시는 엄청나게 큰 규모로 성장하고 있다. 대도시가 우리 민족의 무덤이 되는 경향이 사실이라 하더라도, 무지와 더러움에 의해 주택이 매우 더럽고 누추하고 배수가 잘 안되며 망가지는 것을 보고도 우리가 놀라지 않을 수 있을까?[118]'

당시의 상황은 농촌의 인구가 도시로 유입되어 도시의 인구과밀과 이에 따른 도시과밀로 인해 건강하지 않은 도시환경이 큰 문제로 대두됨을 알 수 있다. 이를 해결하기 위해 하워드는 '내일의 전원도시(Garden Cities of Tomorrow)'에서 도시와 자연이 결합된 전원도시계획을 제시하였다.

하워드[119](Ebenezer Howard)에 의해 제창된 전원도시는 인구 32,000명, 시가지 면적 1,000에이커(약 400ha), 시가지를 둘러싸는 5,000에이커(2,000ha)의 농지로 구성되어 있다. 도시의 중심에는 정원이 있고 이것을 둘러싸고 있는 시청, 도서관, 병원,

116) 원제무(2010) 녹색으로 읽는 도시계획 자료 재구성
117) Ebenezer Howard(1902) Garden Cities of Tomorrow, 조재성과 권원용 역(2006) 내일의 전원도시
118) Ebenezer Howard(1902) Garden Cities of Tomorrow, 조재성과 권원용 역(2006) 내일의 전원도시
119) 하워드는 1898년 '내일-진정한 개혁을 위한 평화적 길(Tomorrow : A Peaceful Path to Real Reform)'이라는 책자를 저술하였다. 이것은 1902년에 내일의 전원도시(Garden Cities of Tomorrow)로 개칭되어 재발행 되었다. 19세기말 도시로의 농촌인구 유입은 구미제국의 공통된 사회문제였다. 하워드는 도시가 가지고 있는 오락, 사교, 고용기회, 고임금 등의 매력과 농촌이 가지고 있는 자연미, 신선한 공기, 낮은 주택임대 등의 매력은 양자택일의 것이 아닌 양자의 이점(利點)을 겸비한 제3의 선택이어야 함을 제창하였다. 이것이 전원도시(Garden City)이며 하워드는'도시(Town)와 전원(Country)은 결혼하지 않으면 안된다고 하였다. 이 기쁨에 충만한 결합에서 새로운 희망과 새로운 생활 그리고 새로운 문명이 솟아날 것이라고 주장했다'(하워드, 1902 자료 재인용).

극장 등의 공공시설 및 중앙공원이 위치하고 있다. 이곳을 중심으로 다시 6개의 불바르(Boulevard)가 방사상으로 뻗어있고 이것을 따라서 주택지가 형성되며 주택지의 표준구획은 횡으로 20피트, 종으로 130피트(234㎡)이며 전체는 5,500개의 구획으로 구성된다. 시가지를 둘러싸는 농지는 목장, 과수원, 분구원, 수림지, 농업대학 등으로 구성되며 전체 인구 중 2,000명이 농업지역에 주거하는 것으로 계획되었다.

이 전원도시가 기존에 제시된 이상도시와 크게 다른 점은 첫째, 전원도시의 토지는 전원도시건설의 이상을 가지고 있는 유지가 지불하고 사채에 의해 일괄매수되고 토지는 전원도시주식회가 소유하며 그 지대에 의한 수익은 전원도시 전체의 운영에 환원하도록 했다. 둘째, 도시주위의 농업지대는 회사가 소유하여 항구적으로 유지하도록 했다. 셋째, 하나의 전원도시가 계획인구에 도달할 경우에는 좀 떨어진 지점에 제2의 전원도시를 건설하고 고속교통기관으로 연결하여 상호교류하는 도시권을 구성하도록 했다. 이것을 하워드는 "사회적 도시(Social City)"라 불렀다.

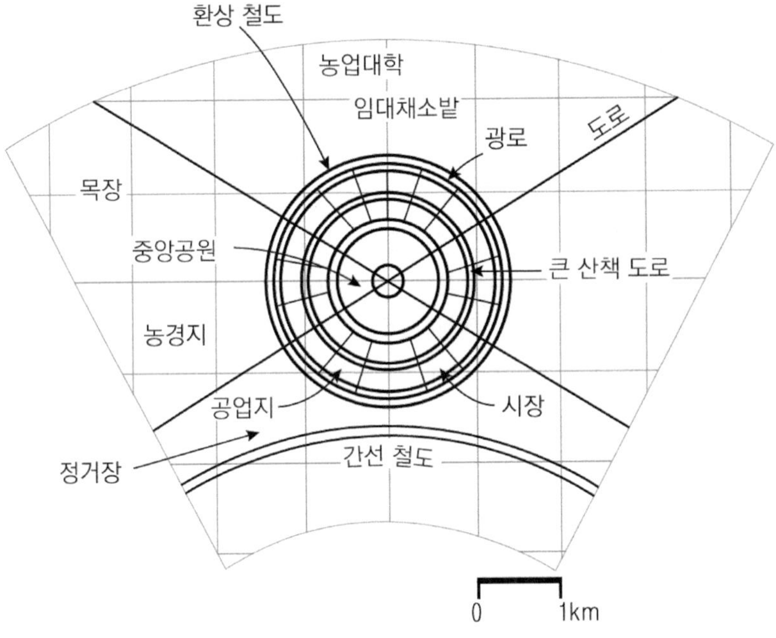

[하워드의 전원도시 구상도[120]]

120) Ebenezer Howard(1902) Garden Cities of Tomorrow, 조재성과 권원용 역(2006) 내일의 전원도시 자료 재인용

함께 알아야 할 포인트

■ 전원도시를 구상한 에벤저 하워드(Ebenezer Howard

에벤저 하워드(Ebenezer Howard, 1850-1928)는 영국의 사회개혁가이자 도시계획 사상가로, 19세기 후반 산업도시의 과밀화와 환경오염, 빈곤 문제에 대한 대안으로 '전원도시(Garden City)' 이론을 제시하였다. 하워드는 도시와 농촌의 장점을 결합한 새로운 형태의 정주 모델을 구상하며, 현대 도시계획에 깊은 영향을 끼친 인물로 평가된다.

19세기 말의 영국은 산업혁명 이후 급속한 도시화로 인해 심각한 주거 환경 악화, 위생 문제, 도시빈곤, 자연 공간의 소멸을 겪고 있었다. 하워드는 이러한 도시문제를 단순한 기술이나 복지의 문제가 아니라 공간구조와 토지소유 방식의 근본적 개혁을 통해 해결해야 한다고 보았다. 그는 1898년, 자신의 사상을 담은 책 『내일: 평화로운 개혁을 향한 길(Tomorrow: A Peaceful Path to Real Reform)』을 출간하였으며, 이 책은 후에 『전원도시의 이상(Garden Cities of To-morrow)』이라는 제목으로 널리 알려지게 되었다.

하워드의 전원도시는 기존 도시와 농촌의 이분법을 극복하고, 도시의 일자리·문화·서비스와 농촌의 건강한 자연환경과 공동체 의식을 통합한 제3의 공간을 제안한 것이다. 그는 이 도시가 자급자족 가능한 규모(약 32,000명 규모의 인구)를 유지하면서도 녹지, 농지, 산업시설, 주거지를 유기적으로 결합하는 구조를 갖추어야 한다고 보았다. 특히 도시의 중심부에는 공공건물과 공원이 위치하고, 방사형 도로와 그린벨트를 따라 주거지와 산업지구가 배치되며, 도시 외곽은 영구 보존 농지로 둘러싸인다는 이상적인 도시 형태를 구상하였다.

이러한 도시의 핵심은 단지 공간구조에 있는 것이 아니라, 토지공공소유와 지역사회 중심의 경제운영 원칙에 있었다. 하워드는 토지를 공동체가 소유하고 임대수익을 공공목적으로 사용함으로써 불로소득을 차단하고 사회적 평등을 실현할 수 있다고 보았다. 즉, 전원도시는 단순한 도시형태를 넘어서, 사회개혁적 이상을 담은 실천적 모델이었다.

하워드의 전원도시 개념은 실제 도시 건설로 이어졌다. 1903년 영국 헐트퍼드셔주에 첫 번째 전원도시인 레치워스(Letchworth Garden City)가 조성되었고, 이후 1920년대에는 웰윈(Welwyn Garden City)도 같은 이념을 바탕으로 개발되었다. 이들 도시는 도시계획사에 있어 최초의 계획적 신도시이자, 현대 도시설계 이론의 토대를 마련한 사례로 평가된다.

하워드의 사상은 20세기 중반 이후 전 세계의 신도시 정책과 생태도시 개념, 분산형 도시계획에까지 영향을 미쳤다. 특히 영국의 신도시 운동(New Towns Movement), 미국의 그린벨트 도시, 일본의 다마신도시 등은 하워드의 영향을 받은 대표적 사례이다. 오늘날에도 도시와 자연, 인간과 공동체가 조화를 이루는 공간모델을 모색할 때, 하워드의 전원도시 개념은 여전히 유효한 이론적 자산으로 간주된다.

결론적으로, 에벤저 하워드는 도시계획을 단지 공간 설계의 기술이 아닌 사회개혁의 도구이자 인간다운 삶을 위한 총체적 비전으로 접근했던 사상가였다. 그의 전원도시는 현대 도시의 지속가능성과 삶의 질을 고민하는 오늘날 우리에게도 중요한 통찰을 제공한다.

[3] 생태도시(eco-city)

생태도시는 생태계 보전 및 복원에 대한 필요성과 자연환경용량의 유한성을 새롭게 인식하면서 기존 도시의 대안으로 제시되고 있다. 생태도시는 도시환경용량 범위 내에서 인간과 자연이 어우러진 도시이며, 이를 실현하기 위해 토지의 자연시스템과 연계, 엔트로피[121] 저감, 물순환체계[122] 확립, 생물다양성 확보가 제시되고 있다[123]. 생태도시와 관련된 논의는 독일, 일본, 미국 등의 선진국을 중심으로 본격화되었는데, 이 중 일본의 에코시티(eco-city) 계획, 독일의 에코폴리스(ökopolis) 계획이 대표적이다.

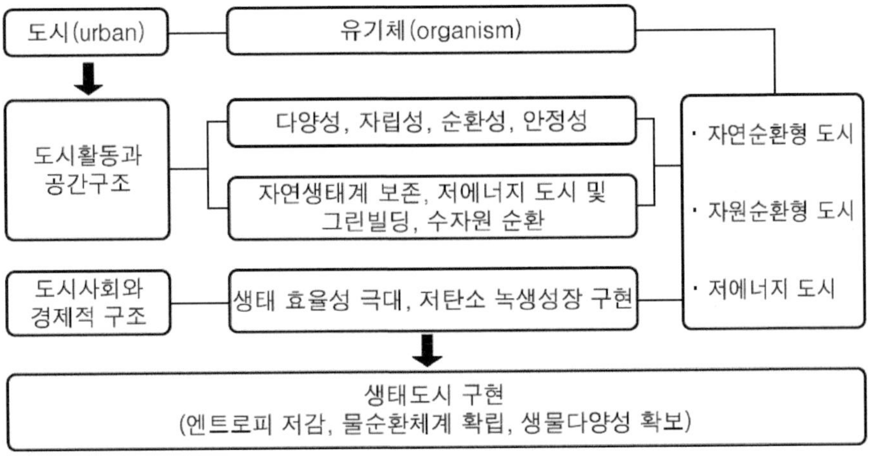

[생태도시 개념 모식도]

121) 엔트로피(entropy)는 열역학 제2법칙으로 물질과 에너지는 한 방향으로만 작용함을 그 원칙으로 한다. 엔트로피는 본래 통계적 열역학이론(statistical thermodynamics)에서 그 기원을 찾을 수 있으며(Theil, 1967) 1973년 석유파동 이후 에너지 문제가 제기되면서 열역학이나 정보이론을 벗어나 모든 분야로 확대되어 사용되어졌다. 도시공간구조 분석을 위해 엔트로피개념을 적용한 이건호와 장현봉(1994)은 도시용도 중 상업용지와 공업용지가 주거용지보다 엔트로피가 우세함을 밝히고 도시용지 특성 분류에 있어 엔트로피 이론을 적용하였다. 이외에 엔트로피 개념은 도시내 교통체계 분석과 토지이용패턴 질서 분석(玉川, 1984) 등에 활용되고 있다.
즉 엔트로피 증가는 도시내 불필요한 에너지의 증가로 열역학 제1법칙과 제2법칙을 종합하면 에너지는 항상 일정하고 엔트로피는 지속적으로 증가하고 엔트로피가 최대로 증가하면 도시는 더 이상 소생할 수 없는 것이다(김정호, 2005 자료 재인용).

122) 도시 불투수포장면은 우수 지하침투는 물론 지중 우수가 대기로 증발하지 못하도록 하므로 불투수포장면적 감소는 토양수 증발과 식물에 의한 증산작용으로 도시 이상기온을 개선할 수 있는 장점(최일홍 등, 2003)과 생물 서식공간 확대를 창출할 수 있다. 進士五十八(1992)는 도시내 불투수면을 감소하고 도심을 녹화하는 것만으로도 2℃ 정도의 기온저하를 얻을 수 있음을 연구하였고 한국토지공사(1993)는 개발지구를 대상으로 기존 불투수포장을 투수성 포장재료로 변경하여 지하수의 충진효과를 연구한 결과 투수성 포장재료 설정이후 약 2.5배의 지하수 충진효과가 발생하였다고 보고하고 있다(김정호, 2005 자료 재인용).

123) 김정호(2005) 도시생태계 특성을 고려한 생태적 토지이용계획 기법 연구. 서울시립대학교 박사학위논문

도시에서 지속가능한 개발개념의 적용은 1980~1990년대 초에 시작되었으며, 자연과 인간이 공생할 수 있는 지속 가능한 도시는 거시적으로 지구환경을 보전하는 관점에서 에너지, 자원, 폐기물 등의 한정된 지구자원을 고려하고 미시적으로는 정주지 주변 자연환경과 친밀하고 아름답게 조화를 이루며 도시의 경제발전 및 사회개발이 조화를 이루어 안정되고 활력 있는 도시로 정의내릴 수 있다[124]. 이러한 지속 가능한 도시를 추구하고자 시도하는 도시가 생태도시이다. 지속 가능한 도시발전 개념인 생태도시에 대한 논의에 중요한 시사점을 주는 국제회의는 1996년 6월에 개최된 이스탄불 유엔정주회의(Habitat II)로서 이 회의는 지속 가능한 개발이라는 개념을 보편화시키고 또한 의제21 발표를 통해 도시환경문제 해결방안을 모색하고자 했던 리우회의의 중요한 후속조치이다.

생태도시 실현을 위한 계획 중 토지이용계획분야를 살펴보면, 도시 내 자연자원의 최대한 보전원칙, 토지가 가지고 있는 특성을 살린 토지이용계획, 개발시 자연의 특성 및 생태계 보전 등을 필수적 원칙으로 제시하고 있다. 1944년 에드워드 그래햄(Edward H. Graham)은 토지의 자연적인 원칙(Natural Principle of Land Use)에서 친환경적인 토지이용의 기초로 생태원칙과 토지이용계획의 통합적 틀 속에서 토지의 생태적 능력을 보전하면서 지속 가능한 이용을 추구할 수 있는 토지분류체계를 제안하기도 하였다.

우리나라에서는 1992년 시행된 제3차 국토종합개발계획에서 생태도시 용어가 최초로 등장하였고, 이후 1996년도에 환경부에서는 생태도시를 다양성, 자립성, 순환성을 달성하는 도시로 정의하였으며, 김일태(1998)는 생태계 원리가 유지될 수 있는 방안으로 자연생태계 보존, 에너지 및 물순환 유지, 인간과 환경의 공존 등을 제시하고 있다.

생태도시 구현을 위한 생태적 토지이용계획 수립을 위한 단계는 도시생태계 특성 규명과 도시생태계의 평가 그리고 이를 고려한 생태적 토지이용계획으로 요약할 수 있다.

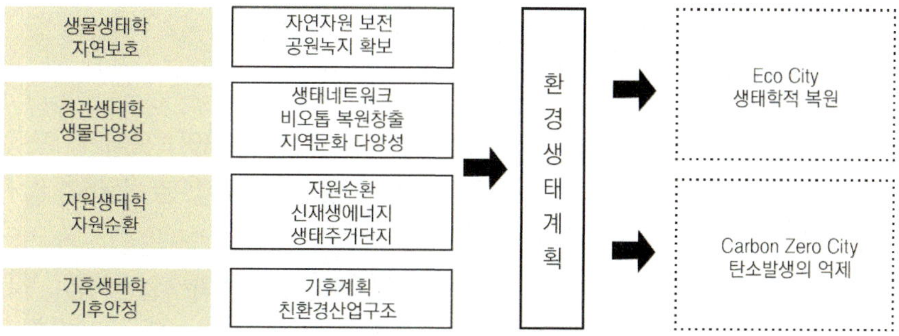

[생태도시와 녹색도시의 비교]

124) 이상문 등(2004)

[4] 압축도시(compact city)

압축도시는 지속가능한 도시형태의 구현과 도시문제 해결을 위한 계획도시로서 초기 압축도시는 중심지 및 역세권 중심으로 고밀개발만 강조하다가 이후 삶의 질과 커뮤니티 증진 등의 목적을 위해 토지이용 효율화, 에너지절약, 환경보전 등의 구현을 위한 계획방향으로 전환되었다.

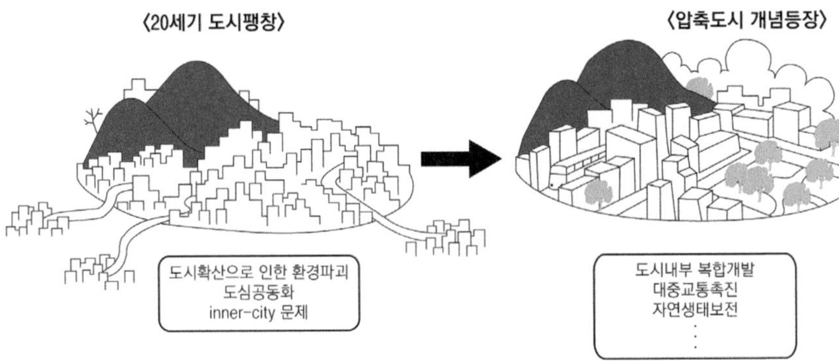

[압축도시 개발 모식도]

즉, 압축도시란 도시내부 고밀개발을 통해 현대 도시의 여러 문제를 해결하기 위함이며 동시에 경제적 효율성 및 자연환경의 보전까지 추구하는 도시개발의 형태로 도시 내부의 복합적인 토지이용, 대중교통의 효율적 구축을 통한 대중교통수단의 이용 촉진, 도시외곽 및 녹지지역의 개발 억제, 도시 정체성을 유지하기 위한 역사적인 문화재의 보전 등을 포함하는 개념이다.[125)]

[5] 뉴어바니즘(new urbanism)

1980년대 후반 미국에서 본격화된 뉴어바니즘은 미국이 도시가 자동차 중심의 사회로 전환되기 이전인 제2차 세계대전 이전의 도시개발패턴으로 돌아가야 한다는 계획 및 설계원리이다.

뉴어바니즘의 목표는 교외화 현상이 시작되기 이전의 인간적인 척도를 지닌 근린주구가 중심인 도시로 회귀로서 하워드의 전원도시, 페리의 근린주구,

125) 서울시 도시계획용어사전 자료 재인용

도시미화운동의 영향을 받아 완성되었다. 뉴어바니즘의 주요 계획이념은 다음의 9가지로 설명 가능하다[126].

㉮ 효율적이며 친환경적인 보행도로 계획
- 집과 직장에서 도보권으로 이용가능한 시설 배치
- 보행친화적 가로설계 및 보행전용도로 건설

㉯ 차도 및 보행공간의 연결성 확보
- 교통분산과 보행의 편의성을 제고를 위한 격자형 네트워크 형성
- 도로별(소로, 중로, 간선도로 등) 위계 구축

㉰ 복합적이고 다양한 토지이용
- 단일 필지내 상점, 사무실, 아파트, 단독주택 등 다양한 시설의 배치
- 다양한 연령·소득·문화·인종으로 구성된 사회적 다양성 구현

㉱ 다양한 기능 및 형태의 주거단지 조성
- 다양한 형태·규모·가격으로 구성된 주거시설 배치

㉲ 건축물 및 도시설계의 질적 향상
- 아름다움·편리함·장소감에 대한 계획
- 휴먼스케일의 건축과 주변 경관을 고려한 계획

㉳ 지역공동체를 위한 거점공간 마련

㉴ 효율을 고려한 토지이용 밀도 조정

㉵ 생태계를 고려한 토지이용 밀도 조정
- 생태학과 자연시스템의 가치를 존중하는 환경친화적 기술 사용
- 에너지 효율 강화 및 지역 생산물 이용

㉶ 삶의 질적 향상 도모

[6] 녹색도시(Green City)

저탄소 녹색도시 관련 연구는 하워드의 전원도시(Garden City)에서 출발하여 1992년 브라질 리우데자네이루에서 개최된 리우정상회의 이후 전 세계적으로 개발과 보전을 조화시키기 위해 '환경적으로 건전하고 지속가능한 개발(ESSD, environmentally sound and sustainable development)'에 대한 논의가 활발해지면서 정립되었다.

리우회의 이후 2000년대 초반에는 주로 환경 즉, 생태적 관점에서 생태도시 및 생태주거단지에 대한 많은 연구가 이루어졌으며 우리나라에서도 생태도시 계획지침, 생태도시 조성 기본계획 및 시범사업기본계획 수립, 한국형 생태도시 계획지표 개발

126) 원제무(2010) 녹색으로 읽는 도시계획 자료 재인용

연구(2005년), 한국형 생태도시계획과 한국형 전통도시 생태원리의 전통적 해석(2005년) 등이 있다. 또한 2000년 중반이후 압축도시와 에너지 절감과의 관계 등 도시계획적인 측면에서 지속가능한 도시의 형태에 관한 많은 연구가 이루어졌다.

"이제 우리는 더 이상 복지를 두 배로 향상시키지 못하면 가난을 해결할 수 없고 자연을 침범하고 있는 행위를 반으로 줄이지 못하면 더 이상 생태계의 원상복귀는 불가능할 것이다"라고 한 신 로마클럽보고서의 경고를 주목해야 한다[127).

녹색도시는 가급적 재생 불가능한 자원을 보존하고 가능한 한 재생 가능한 자원을 이용하여야 한다. 그리고 녹색도시는 폐수에서 추출한 바이오가스를 연료로 사용하고 버려진 쓰레기를 재활용하거나 에너지로 사용하여 Input과 Output의 사이에 순환적 신진대사 작용을 하는 도시를 말한다.

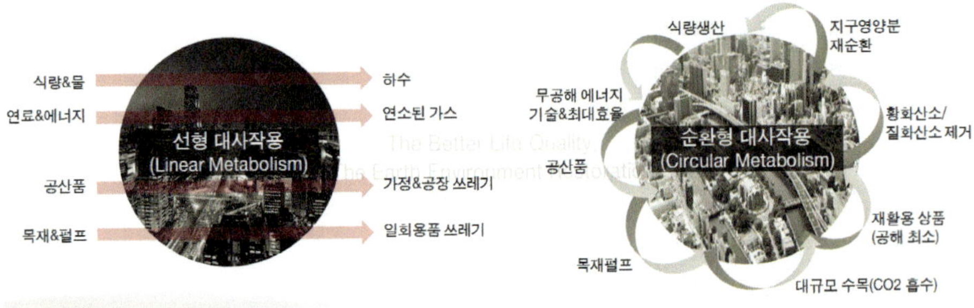

[선형대사작용과 순환경 대사작용의 개념[128)]

녹색도시계획은 도시의 공간구조와 기능을 배치할 때 이동거리를 단축하여 불필요한 차량이동이 발생되지 않도록 하고 가급적 대중교통과 녹색교통을 이용하도록 한다. 건축물 배치와 건축 및 용적률을 결정할 때에는 밀도를 고려하여 에너지 소비와 탄소배출을 감소시킬 수 있도록 계획한다. 이와 같은 개념으로 가장 대표적인 모델은 압축도시이다.

이미 형성된 도시에서는 도시성장을 관리하기 위하여 외적인 확산을 억제하고 도시재생을 통해 내부개발을 추구한다. 새로운 개발사업에는 환경과 생태계에 피해가 되지 않도록 자연훼손에 대한 보상의 원칙을 적용한다. 기후변화의 주된 원인인 화석에너지 의존형 도시에서 탄소배출이 적은 신재생에너지 도시로의 변화를 추구한다. 아울러 기존 도심의 과밀지역에서 발생되는 열섬현상을 억제하기 위해 풍부한

127) 대한주택공사(2009) 미래를 여는 녹색성장이야기 자료 재구성
128) 대한주택공사(2009) 미래를 여는 녹색성장이야기 자료 재구성

녹지공간과 수변공간을 창출한다. 신선한 공기를 유입하고 오염된 공기를 배출할 수 있도록 바람길을 구축한다.

[녹색도시 핵심요소 정리 요약[129]]

계획부문	핵심요소	적용부문		
		도시	단지	건축
토지이용계획	복합적 토지이용	◉		
	직주근접	◉		
	대중교통 결절점의 고밀화	◉		
에너지	신재생에너지 도입	◉		
	집단에너지 공급서비스	◉		
	자연채광 및 차양			◉
	고단열 자재도입			◉
교통	대중교통 연계시스템	◉		
	보행자도로	◉	◎	
	자전거도로	◉	◎	
	친환경 교통수단 도입	◉		
자원순환	중수시스템 도입		◉	
	우수집수시설 설치		◉	
	폐기물 재활용		◉	
공원녹지	그린네트워크	◉	◎	
	탄소흡수 공원녹지 조성	◉	◎	
	생태공간 조성		◉	
	입체(옥상, 벽면) 녹화			◉
생태공간	자연형하천	◉	◎	
	실개울	◉	◎	
	생태면적율 증대	◉	◎	
	수생비오톱 도입		◉	

녹색도시란 지구온난화의 주요 원인으로 지적되는 이산화탄소의 배출을 줄여 온실가스가 없는 도시를 의미하며 녹색도시는 도시의 높은 화석에너지 의존도, 불투수면적의 증가, 원자재의 고갈, 대기오염 및 온실가스 배출, 도시열섬현상, 대기오염 악화, 쓰레기 및 탄소의 지속적 배출 등의 문제점을 해결하기 위해 등장한 도시 및 도시계획의 한 사례이다.

도시생태계와 탄소순환의 관계를 살펴보면, 다음과 같이 정리할 수 있다. 전 지구적으로 탄소는 육상식물과 동물 등의 생체량과 유기토양에 약 2,260Gt(약 5% 수준) 정도가 저장되어 있고 화석연료의 사용으로 매년 대기중으로 배출되는 이산화탄소 6.4Gt 중에서 1.6Gt(약 25%)을 육상생태계에서 순고정하여 축적하는 것으로 알려져

129) 국토연구원(2009) 자료 재구성

있다.130)

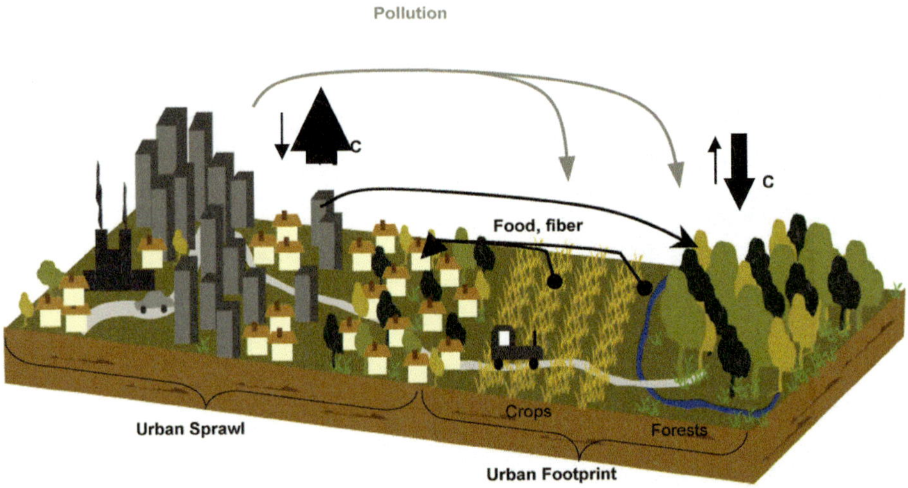

[녹색도시 계획을 위한 도시생태계 내 수직 · 수평적 탄소흐름 모식도131)]

[세계의 주요 녹색도시 사례132)]

구분	국가 및 도시	녹색도시 추진요소
대도시	꾸리지바(브라질)	교통수요관리, 공원녹지 조성, 폐건물 재활용 등
	오스틴(미국)	첨단녹색도시 조성, 난개발 완화, 녹색교통 및 녹색건축 도입 등
	기타큐슈(일본)	무탄소 도시 구현
중소도시	프라이부르크(독일)	에너지 수요관리, 태양광, 녹색교통, 자원재활용 등
	토트네스(영국)	지역 및 에너지 자립, 로컬푸드, 주민역량강화 등
	마메르 스포르트(네델란드)	제로에너지하우스, 녹색교통, 태양광발전 등
	마스다르 (아랍에미레이트)	3無 도시(온실가스, 자동차, 쓰레기), 태양광 발전, 물순환체계 관리, 무인자동차시스템 등
	함마르비 허스타드(스웨덴)	친수녹지네트워크, 바이오에너지, 우수활용 등
마을	보봉(독일)	차없는 도시, 자연교육 및 생태단지, 그린교육 등
	서튼(영국)	패시브하우스 개념 도입, 솔라시스템, 직주근접 등

130) 박은진(2009) 도시수목의 이산화탄소흡수량 산정 및 흡수효과 증진방안
131) Churkina(2009) 자료 재인용
132) 전의찬 등 25인(2013) 기후변화 25인의 전문가가 답하다 자료 재구성

[7] 녹색단지[133)]

인간은 먹고, 입고 살아가는 등의 생활행위를 충족하기 위해 자연생태계의 토양, 에너지, 물, 녹지, 산림, 공기 등의 자원을 소비하게 된다. 인간의 이러한 소비활동이 자연생태계의 순환적 체계(Metabolism)를 파괴하지 않는 범위에서 이루어지고 결과적으로 인간과 자연생태계가 모두 건강한 삶을 영위할 수 있도록 계획된 주거단지로 정의된다.

과거 개발위주의 도시건설에서'인간은 자연생태계를 다스리고 지배하는' 위치를 지켜온 결과 현대사회에서는 극심한 기후변화가 발생하고 상상을 초월하는 물리적·경제적 그리고 사회적 피해가 발생하였다. 이것이 점차 인간의 삶을 위협하게 되자 인간은 도시 및 정주지 개발에서의 문제점을 깨닫게 되었고 이를 해결하기 위해 제시된 것이 바로 녹색단지이다.

국내에서도 이미 이와 유사한 개념으로 친환경주거단지, 생태주거단지, 에코빌리지 등 다양한 개념으로 단지를 실현하고 있으나, 독일이나 일본 등의 친환경국가 수준에서는 못 미치는 실정이다. 향후 종합적이고 근본적인 에너지 절감 및 기후변화대응수단으로서의 기능을 할 수 있어야 한다.

녹색단지를 실현하기 위해서는 효율성(Efficiency), 일관성(Consistency), 적절성(Sufficiency)의 3가지 지속가능한 원칙을 준수해야 한다. 3가지 원칙을 기초로 토지이용 및 설계, 에너지, 녹지, 물순환, 교통, 사회문화 등의 분야별 계획요소를 통합한 녹색단지 조성을 추구한다. 녹색단지에서는 자연지형, 일조 및 채광, 바람의 방향 등 도시차원의 광범위한 분석을 통해 입지가 선정되고 자원 및 에너지 절감에 가장 효과적인 배치나 밀도를 선정하게 된다.

133) 대한주택공사(2009) 미래를 여는 저탄소 녹색성장 이야기 자료 재구성

인공지능(AI)이 알려주는 핵심 포인트

■ 2100년 녹색도시가 실현된다면, 어떤 모습일까?

2100년, 인류는 탄소중립을 넘어 기후회복(climate restoration)의 시대에 진입한다. 지구촌 곳곳의 도시들은 더 이상 화석연료와 콘크리트에 의존하지 않는다. 그 대신 생물기반 구조물(biostructure), 순환형 생태기술, 인공지능 기반의 기후조절 시스템이 융합된 새로운 녹색도시가 펼쳐진다. 이 도시는 기후위기를 겪은 인류가 선택한 생태문명의 실현지이며, 생물학과 기계, 인간과 자연이 조화롭게 얽힌 복합적 공간이다.

2100년의 도시는 스스로 숨 쉬고, 스스로 치유하며, 스스로 에너지를 만든다. 건물 외벽은 광합성 가능한 합성박테리아 유리막(Synthetic Bio-Film)으로 코팅되어 있으며, 이 구조물은 낮에는 햇빛을 통해 전기를 생산하고 이산화탄소를 흡수하며, 밤에는 공기 중 수증기를 응축시켜 식수로 전환한다. 건축물은 3D 바이오프린팅 기술로 제작되며, 소재는 모두 생분해성 혹은 재생가능한 바이오복합물이다. 이른바 “살아있는 건축(Living Architecture)”이 도시 전체를 구성한다.

에너지 시스템은 완전히 탈중앙화된다. 전통적인 발전소는 사라지고, **에너지 블록체인 기반의 초소형 전력거래망(Micro Energy Web)**이 구축된다. 모든 시민은 태양, 바람, 체열, 음식물 쓰레기 등에서 에너지를 직접 생산하고 저장하며, 필요 시 이웃과 실시간 거래한다. 인공지능은 각 가구의 소비 패턴을 예측해 최적의 분배를 실현하며, 도시는 끊임없이 “스스로 에너지 흐름을 조정하는 유기체”처럼 움직인다.

이동 수단은 하늘과 지하, 지상 삼차원에서 작동한다. 지상은 오롯이 생태 공간과 보행자 중심의 자연공원으로 남겨지고, 교통은 자율주행 기반의 공중 전기드론택시, 초고속 자기부상 튜브열차(Hyperloop), 지하 퍼스널 모빌리티 루프 등으로 분산된다. 도시민은 자동차를 소유하지 않고, 필요할 때 호출하는 에너지 절약형 공유 시스템을 통해 이동한다.

녹색도시의 가장 큰 변화는 ‘녹색’의 의미가 단지 나무나 정원이 아니라, 인간이 자연 시스템의 일부로 작동한다는 통합적 이해에 있다는 점이다. 도시 내 생물다양성을 유지하기 위해 도시 생태 AI가 철새의 도래, 동식물 군집 변화, 생태통로의 작동을 실시간으로 모니터링하며 서식지 자동 복원을 실시한다. 토양 마이크로바이옴 복원, 빗물 재이용 기반의 실시간 수분 공급, 공기 정화식물의 이식과 같은 미세한 생태작업들이 기계와 생명체의 협업으로 이루어진다.

시민의 삶 또한 근본적으로 변화한다. 일과 주거, 교육, 여가가 도시 곳곳에 분산된 다핵 구조 도시(Multi-core City)에서, 사람들은 더 이상 출근하지 않는다. 홀로그램 기반 원격 직업과 생태 공동체 기반의 자급적 삶이 조화를 이루며, 도시민은 에너지 생산자이자 생태 관리자이며 동시에 문화 생산자이다. 녹색시민은 도시를 소비하지 않고, 함께 돌보는 존재로 자리잡는다.

이러한 2100년의 녹색도시는 단순히 기후위기를 피하기 위한 대안적 공간이 아니라, 자연과 기술이 하나의 생명망으로 얽힌 진화된 문명의 모습이다. 그것은 “더 많이 갖는 도시”가 아니라 “더 조화롭게 존재하는 도시”이며, 생존을 넘어 회복과 공존을 선택한 인류의 결정체다.

Point 50. 녹색건축

[1] 녹색건축 개념

녹색건축(Green Building)은 에너지와 자원의 효율적 이용, 환경오염 저감, 실내환경 개선 등을 통해 인간과 자연이 조화롭게 공존할 수 있도록 설계된 친환경 건축물을 의미한다. 건축물의 생애주기 전반(설계, 시공, 운영, 해체)에 걸쳐 환경 영향을 최소화하고, 재생가능에너지 활용, 고효율 설비 도입, 자연채광 및 환기 시스템 적용 등을 통해 에너지 절감과 환경 질 향상을 동시에 추구한다.

또한 녹색건축은 단순한 기술적 접근을 넘어 쾌적하고 건강한 생활환경 조성을 목표로 하며, 지속가능한 도시와 건축문화 실현의 핵심 개념으로 자리 잡고 있다.

[녹색건축 적용 주요 기술(국토교통부 자료 참조)]

[2] 친환경주택 성능평가제도

친환경주택 성능평가 제도의 목적은 에너지 소비절감 및 탄소배출량 감소를 위한 에너지절약형 친환경 주택의 건설기준 및 성능을 토대로 친환경적인 주택을 건설하기 위한 제도적 기반을 마련하고, 기후변화 대응 및 저탄소 녹색성장을 위한 친환경주택의 건설기준 등을 마련하고, 에너지비용 절감을 통한 주거비 부담 완화로 국민 주거복지 향상을 유도하는 것이다.

신축되는 공동주택 중 30세대 이상은 의무이며 사업계획승인 신청 시 친환경주택 에너지절약계획서를 함께 제출한다.

[친환경주택 성능평가제도 추진 절차]

절차	내용	담당주체
친환경주택 에너지절약계획서 작성 및 제출	30세대 이상의 공동주택 등	건축주(설계사)
↓		
주택건설사업계획 승인 신청 및 검토의뢰	에너지 관련 전문기관* 검토자문	승인권자(지자체)
↓		
친환경주택 에너지절약계획서 검토	검토결과를 해당 승인권자에게 송부	검토기관
↓		
주택건설사업계획 승인	검토결과를 바탕으로 사업계획 승인	승인권자(지자체)

* 에너지 관련 전문기관에 해당하는 기관은 이하와 같다.
- 공공기관: 국토안전관리원, 한국부동산원
- 민간기관: 경기주택도시공사, 인천도시공사, 한국생산성본부인증원, 한국교육녹색환경연구원, 한국환경건축연구원, 한국건물에너지기술원, 한국건설생활환경시험연구원, 한국그린빌딩협의회

※ 단, 경기 · 인천지역 민간사업의 경우 경기주택도시공사 · 인천도시공사에 우선 협의하여야 한다.

[3] 녹색건축 인증제도(G-SEED; Green Standard for Energy and Environmental Design)

녹색건축 인증제도는 환경부와 건설교통부(이하 국토교통부)가 각각 운영해 오던 주거환경우수인증제도와 그린빌딩제도를 통합하면서 만들어진 제도로써 2002년 1월부터 시행되고 있는 제도이다. 두 제도의 통합이 제기된 후 이를 위한 협의회가 구성되어 통합에 따른 구체적인 논의가 이루어졌고 통합평가기준 및 절차를 만드는 작업은 객관성을 가질 수 있도록 한국에너지기술연구원이 주축이 되어 인증기준을 완성하도록 조치하였다.

2025년 현재 관리기관(중앙정부)은 국토교통부와 환경부로, 주요 운영기관은 한국건설기술연구원(KICT)이다. KICT는 G-SEED 인증관리시스템의 운영, 인증기관의 심사결과검토, 인증제 홍보·교육·컨설팅·연구 및 개발, 인증제의 개선 및 활성화 업무를 수행한다. 인증기관은 한국환경산업기술원, (사)한국환경건축연구원, 국토안전관리원, 한국생산성본부인증원, (사)한국부동산원, 크레비즈인증원, (사)한국그린빌딩협의회, (사)한국교육녹색환경연구원의 8개 기관이 인증심사 및 결과를 검토하고 있다.

녹색건축 인증제도는 건축물의 자재생산, 설계, 건설, 유지관리 폐기 등 전 과정을

대상으로 에너지 및 자원의 절약, 오염물질의 배출감소, 쾌적한 거주환경 조성 등 환경에 영향을 미치는 요소 등을 평가하기 위한 제도이다. 토지이용 및 교통, 에너지 및 환경오염, 재료 및 자원, 물순환 관리, 유지관리, 생태환경, 실내환경의 7개 전문분야의 평가 항목별 점수를 합산하여 등급을 인증하고 있다.

[녹색건축 인증제도의 7개 평가 항목[134]]

분야	내용
토지이용 및 교통	대지의 보존성, 태양광의 차단 여부, 거주자의 대중교통의 근접성, 근거리 교통수단의 인증기준을 마련하여 친환경 효과를 얻도록 한다.
에너지 및 환경오염	건축물의 에너지 절감으로 온실가스 배출을 저감해 신·재생에너지 활용을 권장하는 인증기준을 마련하여 친환경 효과를 얻도록 한다.
재료 및 자원	소비재에 대한 절약, 친환경인증제품 사용으로 에너지 저감, 환경오염 저감이 되도록 인증기준을 마련하여 친환경 효과를 얻도록 한다.
물순환관리	홍수 발생 가능성을 저감하여 토양 생태계 유지 및 하천과 지하수 수량을 확보하고 생활용 상수소비 절감 인증기준을 통해 친환경 효과를 얻도록 한다.
유지관리	건축물의 최대 효율과 지속적인 유지관리를 위한 체계를 마련하고 조직에게 환경이 고려된 체계가 되는 인증기준을 통해 친환경 효과를 얻도록 한다.
생태환경	대지 내부에 녹지 공간 조성이 되고 대상지 환경의 질적 수준 개선 및 도시생태문제의 해결을 위한 인증기준을 마련하여 친환경 효과를 얻도록 한다.
실내환경	유해화학물질 저방출 제품의 적용을 유도하고 쾌적한 실내온열환경을 조성하여 에너지 절감의 인증기준을 마련하여 친환경 효과를 얻도록 한다.

최우수(그린1등급) 우수(그린2등급) 우량(그린3등급) 일반(그린4등급)

134) 출처 : http://gseed.or.kr/overview.do

함께 알아야 할 포인트

녹색기술에서 알아야 할 친환경 건축 설계 방향[135)]

【토지의 원형 보존】

토지의 절·성토량을 최소화하고 토양의 특성을 고려한 계획을 수립함으로써 생태환경과 주변 생태자원들의 높은 질을 유지하기 위해 자연지반 보존율을 최대한 확보하도록 한다.

【개발밀도】

기존의 생태자원의 용량산정을 기반으로 대상지가 감당할 수 있는 개발밀도를 산정하여 장기적인 관점에서 인간의 개발이 적정수준을 넘어서지 않도록 한다.

【생태기능 확보】

토양기능, 미기후조절 및 대기의 질 개선기능, 물순환 기능, 또는 동식물 서식처 기능 등 생태적 기능을 가지는 생태면적율을 최대한 확보하도록 한다.

【일사·일조 활용】

주거단지 내의 모든 건물은 난방, 조명부하 등을 줄이기 위해 최대한 남향으로 배치하고, 세대에서의 연속일조를 최대한 확보할 수 있도록 설계한다.

【신·재생에너지 설치를 위한 주동배치】

신·재생에너지를 설치할 경우에는 신·재생에너지 시설의 생산효율성을 높이는데 장애가 되지 않도록 최적의 위치에 설치하여야 한다.

【바람길을 고려한 주동배치】

바람길은 단지 내의 냉방부하를 줄이기 위해 조성하며, 단지 전체에 통풍이 잘 되도록 주동을 배치한다.

【미기후의 개선】

미기후를 최대한 개선하기 위해 단지 내 활용 가능한 수자원을 이용하여 온·습도를 유지하거나 생태녹지의 조성으로 공기를 신선하게 유지하는 기법 등을 도입하여 단지가 건강하게 숨쉴 수 있도록 계획한다.

【폐기물의 재활용】

단지 내에서 배출되는 생활폐기물은 분리수거하여 재활용하고, 음식물쓰레기는 분리수거 또는 감량화하거나 에너지자원으로 활용하도록 한다.

【빗물의 재활용】

빗물이용은 개발로 인해 왜곡된 물순환을 건전화하고 빗물순환을 복원하기 위한 것으로, 단지 내에서 최대한 저장하여 활용하거나 지반으로 침투시키는 방식을 도입하도록 한다.

135) [국토교통부고시 제2022-235호, 2022. 5. 2., 일부개정] 에너지절약형 친환경주택의 건설기준 자료 발췌

Point 51. 패시브하우스(Passive House)

패시브하우스는 현재 패시브하우스 연구소장이면서 오스트리아 Innbruck 대학의 교수로 재직 중인 독일의 건설물리학자인 Wolfgang Feist가 최초로 사용하였다. 패시브하우스는 일반적으로 자연 상태의 태양에너지 외에는 따로 난방이 필요 없도록 건설한 주택으로 연간 소비되는 단위면적당 난방에너지가 15kWh/㎡ 이하이면서, 냉·난방, 조명, 기타 전기기기 사용이 단위면적당 연간 120kWh/㎡ 이하인 주택으로 정의하고 있다. 또한 순간난방 최대부하는 10W/㎡ 이하로 규정하고 있다.

원래 패시브하우스는 독일 에너지절약법에 따라 약 30% 이상 에너지를 덜 소비하는 저에너지형 건물의 업그레이드 버전이라고 할 수 있다.

패시브하우스의 기준을 충족시키기 위해서는 고단열 및 고기밀, 열교의 최소화가 기본적으로 충족해야 하며 일반적으로 3중창 설치, 30cm가 넘는 단열재 등으로 밖으로 새는 열을 막아 난방 에너지를 획기적으로 절감하였을 때 가능하다.

함께 알아야 할 포인트

■ 패시브하우스의 기준136)

① 난방에너지 ≤ 15kWh/㎡.a

② 난방부하 ≤ 10W/㎡

③ 기밀성능 n50 ≤ 0.6(1/h) 즉, 침기량 0.6ACH 이하

④ 일차에너지 ≤ 120kWh/㎡.a

함께 알아야 할 포인트

■ 패시브하우스의 열쾌적성을 높이는 방법137)

① 건물외피 단열성능의 향상

② 폐열회수 성능이 높은 공기조화기

③ 열교의 최소화

④ 환기나 침기로 인한 열손실을 막기 위한 기밀성의 향상

⑤ 창호를 통한 열손실의 최소화와 동시에 창문을 통한 태양열 이용

---

136) 출처: 패시브하우스 연구소에 따른 정의(Passivhaus, PHI)

137) 홍도영(2013) 패시브하우스 설계&시공 디테일

Point 52. 제로에너지건축물(ZEB; Zero Energy Building)

[1] 제로에너지건축물

제로에너지 건물(ZEB, zero-energy building)은 기름, 가스, 석탄, 전기 등 기존의 화학연료를 전혀 사용하지 않고 순수하게 건물 주변의 자연에너지만을 이용해 냉난방, 조명 및 기타 건물에 필요한 모든 에너지를 충당하는 건물로 정의된다[138]. 현행 법률인 「녹색건축물 조성지원법」 제2조(정의)에서는 건축물에 필요한 에너지부하를 최소화하고 신에너지 및 재생에너지를 활용하여 에너지 소요량을 최소화하는 녹색건축물로 제로에너지건축물을 정의하고 있다.

[해외 제로에너지건축물 정의[139]]

국가	정의
유럽연합	제로에너지건축물이란 난방, 냉방, 급탕, 조명, 환기 등에 대하여 건축적 및 설비적으로 매우 높은 에너지성능을 갖는 건축물을 말한다. 이때 제로에너지의 의미는 대지 내 또는 인근지역으로부터 생산된 신재생에너지가 포함된다.
일본	제로에너지건축물은 건축물 에너지소비량(CO_2 배출량 포함)을 건축물/설비의 에너지절감성능 향상과 부지 내 재생가능에너지를 활용하여 연간 에너지소비량(CO_2배출량 포함)이 "0"이 되도록 하는 건축
미국	공급망으로 부터 에너지를 사용하는 만큼 공급하는 에너지 중립적인 건물을 말하며, 이는 연간 사용되는 에너지와 생산되는 에너지원이 같은 건물을 말한다. 개별가구의 에너지 소비나 요금 측면의 최종에너지가 중요하게 여겨진다.

패시브하우스와 제로에너지 건물은 단계별 적용기술의 우선순위에 따라 시스템을 적용하는 통합 설계 접근방식이 필요하다. 즉, 에너지 절약 기술을 우선적으로 적용하고 그 후에 신재생에너지와 같은 대체에너지를 활용하는 것이다.

열손실을 줄이는 절약 기술은 지역의 기후를 고려하여 기후 순응형 부지 선정, 식재, 건물의 향, 건물형상의 최적화, 단열보강, 고기밀 창호, 기밀화 시공 등에 대한 조치후 설비시스템을 적용해야 한다. 이는 초기 공사비 및 유지관리비의 절감에도 매우 유리한 시스템이다.

138) 윤석천 등(2014) 제로에너지 하우스 개론

139) 한국에너지공단 제로에너지건축물 소개 (https://min24.energy.or.kr/nzeb/BC/BC02/BC02_01_001.do)

제로에너지 건물의 주요 장점을 요약하면 다음과 같다140).

① 건물주로 하여금 미래의 에너지 가격 상승으로부터 자유롭게 할 수 있다.

② 균일한 실내온도를 통한 쾌적성을 향상시킬 수 있다.

③ 에너지 효율이 증가되어 건물 총생애주기를 고려했을 경우 경제성 측면에서 유리하다.

④ 실질적 생활비용(전기비, 가스비 등)이 감소한다.

⑤ 에너지 비용 증가, 기후변화 등에 대한 대처 능력이 양호하다.

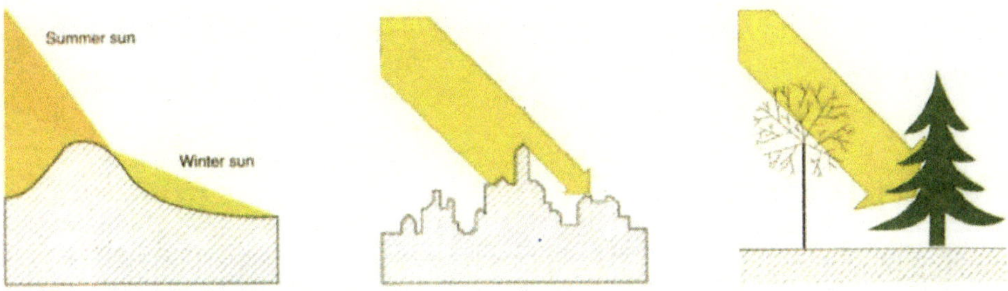

[제로에너지 건물 및 패시브 하우스 구현을 위한 계획적 요소141)]

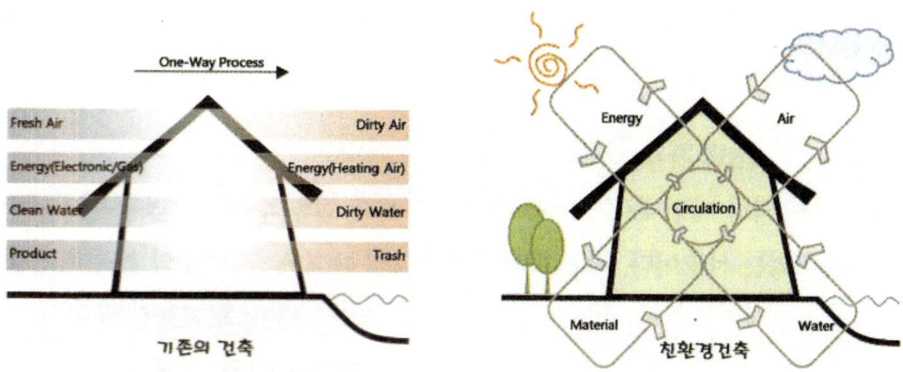

[기존의 건축과 친환경 건축142)]

140) 윤석천 등(2014) 제로에너지 하우스 개론

141) 홍도영(2013) 패시브하우스 설계&시공 디테일

142) 한국건축가협회(2000) 친환경 건축설계 가이드북 자료 재구성

[2] 건축물에너지효율등급인증

건축물에너지효율등급인증제도를 통하여 건축물의 에너지 성능이나 주거환경의 질 등과 같은 객관적인 정보를 제공받고 건축물의 가치를 인정받음으로써, 건설사업주체, 소유주체, 관리주체 및 건축물사용자 등 건축물과 관련된 모두에게 이익이 돌아가도록 하기 위한 제도이다.

건축물에너지효율등급인증의 효과는 크게 소비자 측면, 주택사업체 측면, 국가적 측면으로 구분할 수 있는데, 소비자 측면에서는 건축물의 관리에 요구되는 비용의 절감, 쾌적한 실내환경 제공, 환경친화적 재료의 사용 등이 있으며 국가적 측면에서는 에너지 소비의 20% 이상을 차지하고 있는 건축물 분야의 에너지 절감을 통한 비용절감 및 국제적 대응수단 마련 등이 있다.

[3] 제로에너지건축물 인증제도

2025년 1월 1일부터 '건축물에너지효율등급'과 '제로에너지건축물 인증'이 '제로에너지건축물 인증제도'로 통합되어 운영된다.

제로에너지건축물 인증제도란 고단열·고기밀을 통해 건축물 에너지성능을 극대화하고, 신재생에너지를 활용한 건축물을 대상으로 에너지소요량 또는 에너지자립 수준을 평가하여 등급을 부여하는 제도이다. 제로에너지건축물 활성화 및 신산업 시장의 조기 창출을 위하여 제로에너지건축물 구현에 필요한 제도적·기술적 기반 구축하는 것을 목적으로 한다.

법적 근거는「녹색건축물 조성 지원법」제17조 및「건축물 에너지효율등급 인증 및 제로에너지건축물 인증 기준」등이다.

인증신청주체는 선축주, 건축물 소유자, 사업주체 또는 시공자(건축주나 건축물 소유자가 인증 신청에 동의하는 경우에만 해당)이다.

인증대상건축물은 모든 용도의 신축 및 기축 건축물이며 인증의무건축물은 녹색건축물 조성지원법 시행령 [별표1]의 1~5호의 요건을 모두 갖춘 건축물이다. 이를 표로 정리하면 다음과 같다.

[제로에너지건축물 인증 표시 의무 대상 건축물(녹색건축물 조성지원법 시행령 [별표1]]

1. 소유 또는 관리 주체	가. 제9조제2항 각 호의 기관 나. 교육감 다. 「공공주택 특별법」 제4조에 따른 공공주택사업자
2. 건축 및 리모델링의 범위	가. 건축물을 신축 또는 재축하는 경우 나. 건축물을 전부 개축하는 경우 다. 기존 건축물의 대지에 별개의 건축물을 증축하는 경우
3. 건축물의 범위	법 제17조제5항에 따라 국토교통부와 산업통상자원부의 공동부령으로 정하는 같은 항 제1호의 인증 대상 건축물. 다만, 「건축법 시행령」 별표 1 제2호라목에 따른 기숙사는 제외한다.
4. 공동주택의 세대수 또는 건축물의 연면적	가. 공동주택의 경우: 전체 세대수 30세대 이상 나. 공동주택 외의 건축물의 경우: 연면적 5백제곱미터 이상
5. 에너지 절약계획서 등 제출 대상 여부	가. 공동주택의 경우: 법 제14조제1항에 따른 에너지절약계획서 제출 대상 또는「주택건설기준 등에 관한 규정」 제64조제2항에 따른 친환경주택 에너지절약계획 제출 대상일 것 나. 공동주택 외의 건축물의 경우: 법 제14조제1항에 따른 에너지절약계획서 제출 대상일 것.

제로에너지건축물 인증을 취득하기 위해서는 제1호 또는 제2호와 제3호를 만족하여야 한다. 인증등급은 제1호 또는 제2호 중 높은 등급산정 기준을 제로에너지건축물 인증등급으로 한다.

[제로에너지건축물 인증 기준]

ZEB등급	구분	제1호	제2호		제3호
			주거용	비주거용	
	등급산정기준	에너지자립률(%)	연간 단위면적당 1차 에너지소요량 (kWh/㎡ · 년)	연간 단위면적당 1차 에너지소요량 (kWh/㎡ · 년)	건축물에너지 관리시스템
+등급		120 이상	-10 미만	-70 미만	설치여부 확인
1등급		100 이상	10 미만	-30 미만	
2등급		80 이상	30 미만	10 미만	
3등급		60 이상	50 미만	50 미만	
4등급		40 이상	70 미만	90 미만	
5등급		20 이상	90 미만	130 미만	

Point 53. 가치공학(VE; Value Engineering)

가치공학(이하 VE)은 로렌스 마일스(Lawrence D. Miles)가 주장한 바와 같이 제품을 구입하는 고객은 그 제품의 기능을 사는 것이기 때문에 획득 가능한 자재, 장비, 인력으로 어떻게 그 기능을 제공할 수 있느냐에 근거를 두고 출발한다. 즉, 대체안의 창출 및 개발에 있어서 제품 중심의 유형적 사고를 기능 중심의 무형적 사고로 전환하는 것이며 점차 기능의 개념이 가치의 개념으로 확대되어 재정립되는 것이다[143].

VE[144]는 최저의 생애주기비용(LCC, life cycle cost)으로써 필요한 기능을 확실히 달성하기 위하여 제품이나 서비스의 기능분석에 쏟는 조직적 노력으로 정의된다.

[VE의 정의]

구분	내용
VE 목적	• 최소의 비용으로 필요한 기능을 확실하게 달성
VE 대상 및 방법	• 제품이나 서비스의 기능 연구에 쏟는 조직적 노력
VE 가치	• [기능(function) + 품질(quality)] ÷ 비용(cost)

일반적으로 조경, 건축 등에 종사하는 사람들은 일반적으로 VE를 단순한 설계검토나 원가절감 수단으로 잘못 인식하고 있는 경우가 많다. VE가 결과적으로 원가절감의 효과가 있는건 사실이지만, 기능 중심의 검증을 통하여 시간, 성능, 비용간의 적절한 균형을 추구하여 최적안을 도출하는 것이다. 즉, VE를 통한 원가절감이란 다양한 분야의 전문가가 팀 접근을 통해 불필요한 기능을 찾아서 제거하는 기법이기 때문에 기능정의와 기능분석을 어떻게 하느냐가 VE에서 가장 중요하다[145].

비용과 기능간의 상관관계는 다음과 같은데, VE는 기능과 원가절감을 고려하여 ① ~ ④는 대상으로 하고 ⑤ ~ ⑦은 제외한다. VE 적용형태별로 살펴보면, ①은 원가절감형, ②는 기능향상형, ③은 가치혁신형, ④는 기능강조형이다.

---

143) 안장원(1997) 공공공사에 대한 VE 제안제도의 활성화 방안 연구

144) * 기능: 설계나 부품(design / item)이 수행하여야만 하는 특정 역할
* 품질: 발주자 또는 사용자의 요구(needs), 욕구(desires), 기대(expectations)
* 비용: 제품의 생애주기 비용(LCC)
* 가치: 사용자가 원하는 품질을 유지하면서 필요 기능을 수행하도록 하는 최적 비용 효과

145) 한국건설VE연구원(2007) VE 전문가 양성과정 CVS 자격취득 필수과정 Module Ⅰ

[비용과 기능의 상관관계]

구분	①	②	③	④	⑤	⑥	⑦
F	→	↑	↑	↑	↓	↓	→
C	↓	→	↓	↑	↓	↑	↑
VE 선정여부	선정				기각		

VE의 목적은 제품이나 시설이 가지고 있는 기능을 구체적으로 정의하고 정리하여 분석함으로써 필수기능인 주기능과 2차 기능인 부기능을 유지하면서 불필요한 기능을 제거하고 창조적 아이디어를 제시하는 것이다. 즉, VE는 기존의 설계, 제품, 질서, 시스템을 무시하거나 잘못을 찾아내는 것이 아니라 기능의 필요성 여부에 따라 창조적 개선안을 마련하는 데 그 목적이 있다.

VE는 가치 향상을 목적으로 하는 기법이므로 hardware, software를 포함하여 기능 가치 향상을 위한 것이라면 모든 분야가 대상이 된다.

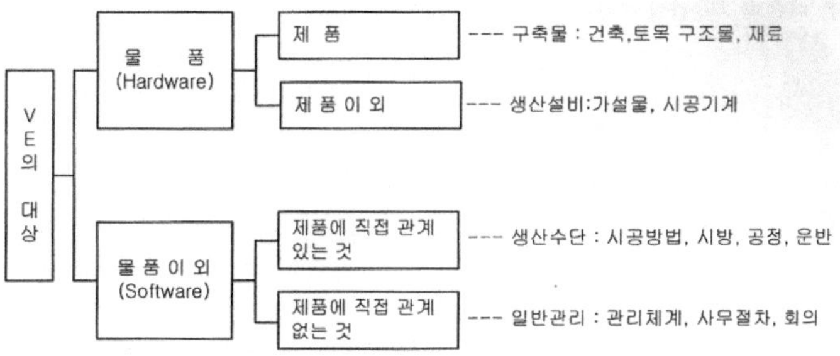

[VE 적용대상[146]]

조경 및 건축 등의 프로젝트를 진행함에 있어 비용의 결정은 설계단계(기본설계, 실시설계)에서 약 80% 정도가 결정되므로 프로젝트 초기부터 적용하는 것이 바람직하다.

기존 연구에 따르면 기본설계의 2/3 정도 진행되었을 때 기본설계 VE를 실시하고 실시설계가 1/2~2/3 정도 진행되었을 때, 실시설계 VE를 진행하는 것이 효과적이라고 제시하고 있다. 시공단계 VE는 각 공종별로 별도로 진행한다.

146) 한국건설VE연구원(2007) VE 전문가 양성과정 CVS 자격취득 필수과정 Module I 자료 재구성

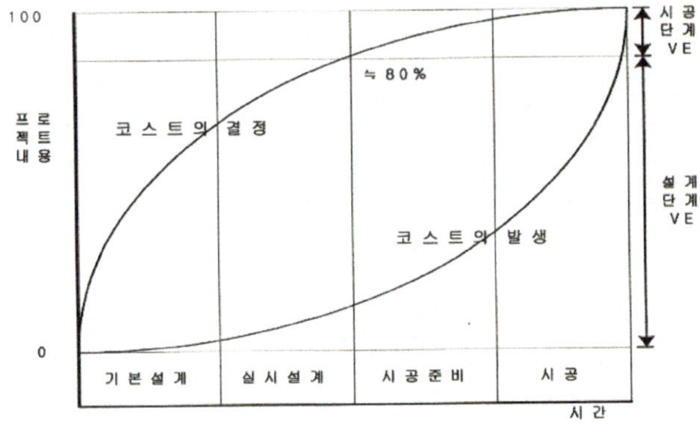

[프로젝트의 진행과 비용 결정의 상관도표[147]]

제품이나 프로젝트의 생애주기가 경과하면, VE 제안 실행하는데 소요되는 비용이 증가한다. 그러므로 VE는 초기단계 즉, 기획 및 설계 단계에서 시행해야지만 기능향상과 비용절감을 동시에 구현가능한 것이다.

함께 알아야 할 포인트

VE 적용 법적 근거[148]

건설기술관리법에서 총 공사비 100억원 이상의 공공건설공사에 대한 설계VE 수행 근거 제시[149]

예산낭비와 부실시공 등의 부작용을 줄이고 건설 프로젝트 참여자의 책임의식을 향상시키며 사후관리 강화를 통하여 공공건설사업의 효율성 제고 목표

최초 2000년에는 총 공사비 500억원 이상의 공공건설공사에 대한 설계 VE 시행

2005년에 100억원 이상으로 확대 적용

2010년에 설계 경제성 검토 등의 내용 포함

설계의 경제성 검토에 관한 시행지침[150]

2000년 건설기술관리법 시행령의 설계 VE 수행 의무화에 따른 시행지침 제정

발주방식별 설계VE 수행시기 및 횟수에 대한 개정(기본설계, 실시설계 각 1회 이상 실시, 일괄입찰시공사의 경우 실시설계 단계에서 1회 이상, 민간투자사업은 실시계획 승인 이전에 설계의 경제성 검토 등 검토를 기본설계와 실시설계 단계에서 각 1회 이상씩 실시)

설계 VE 조직 구성원에 대한 기준 제시(VE leader, VE facilitator, 팀원)

147) 한국건설VE연구원(2007) VE 전문가 양성과정 CVS 자격취득 필수과정 Module Ⅰ 자료 재구성
148) 건설기술관리법 시행령
149) 총 공사비 100억원 미만의 건설공사의 경우에도 발주자의 필요하다고 판단하면 설계의 경제성 검토 등에 대한 VE를 시행할 수 있다.
150) 설계의 경제성의 검토에 관한 시행지침(국토교통부 고시)

함께 알아야 할 포인트

VE 관련 용어 (1)[151]

【가치(value)】

가치의 향상은 건설 사업의 3대 요소인 시간-비용-품질(기능)의 적정한 안배를 통하여 이루어진다. 또한 VE의 예안은 반드시 최적안을 의미하는 것은 아니다. 다만, 적정안에 머무르지 않도록 하는 것이 VE에서 추구하는 가치의 향상이며 VE는 프로젝트가 요구하는 필수적인 기본 기능의 수준을 낮추는 설계의 변경을 추구하지 않는다.

【가치경영(VM, value methodology)】

VE의 방법과 기술을 활용하되 목적물이나 시설의 엔지니어링, 자재 및 기전설비 등을 구별하지 않고 경영시스템 전반의 가치보증, 창조를 위한 연구활동을 의미한다. 일반적으로 VA, VE와 같은 의미이다.

【가치분석(VA, value analysis)】

1947년 로렌드 D. 마일즈에 의해 정립된 개념으로 이미 설계 시공되었거나, 제품화된 프로젝트나 생산물에 대한 가치개선을 위한 연구활동을 의미한다.

【기능계통도(FAST diagram)】

프로젝트 대상의 기능을 정의하고 정의된 기능을 수평적으로 분류하여 연속된 How?와 Why?의 질문을 통해 좌측의 고차기능에서 우측의 저차기능까지를 논리적으로 분류하는 방법으로 각 기능간의 논리적 상관관계를 표현하는 관계도를 말한다.

【기본기능(basic function)】

VE는 분석대상의 기능분석을 함에 있어, What does it do? 라는 무형 기능을 파악하는 과정을 수반하는 것을 의미한다.

【부기능(secondary function)】

기본기능을 지원하고 충족하기 위한 특정 설계방법으로부터 나온다. 기본기능을 달성하기 위한 방법이나 설계 접근법이 변경됨에 따라 부기능 또한 변경될 수 있다.

【성능(performance)】

의도한 기능을 충족하기 위한 시설물, 생산품의 능력, 고객이나 사용자가 성능을 정의하는 것이 이상적이다. 적절한 성능확보를 위해서는 시설물, 생산품 및 서비스가 사전에 결정해 둔 성질, 신뢰성, 상호교환성, 유지관리성, 생산성, 시장성 그리고 이해가능성 수준을 가질 필요가 있다. 이러한 성능 수준은 고객의 요구사항과 부합해야 하고 프로젝트의 성격에 따라 달라져야 한다.

151) 한국환경관리공단(2012) 설계 VE 업무 매뉴얼

함께 알아야 할 포인트

■ VE 관련 용어 (2)[152)]

【파레토의 법칙(Pareto's rule)】

설계 VE 대상 선정기법으로"20:80"법칙으로 알려져 있으며 그 개념은"다수(80%)를 결정하는 주요 영향요인은 소수(20%)이다"로 요약할 수 있다. 설계 VE의 관점에서"공종 수 대비 20%의 공종이 건설사업 비용 대비 80%를 차지하는 주요 공종이다"라는 의미이다.

【코스트모델링(cost modeling)】

건설사업 비용의 비중이 큰 공종 즉, 비용절감의 효과가 큰 공종을 중심으로 설계 VE 대상을 선정하는데 적용되는 기법으로 파레토의 법칙, 비용·효과분석, 전문가적 경험 및 직관 등과 상호보완적으로 활용된다.

【품질모델(quality model)】

설계 VE 대상사업의 사업관련자들의 요구 및 기대수준을 조사하고 이를 바탕으로 대응수준을 결정하여 제시한 것으로 설계 VE의 목표설정 및 일관성 있는 설계 VE 활동을 위한 기초 자료가 되며 특히 창출된 대안을 평가하는데 유용하게 사용할 수 있다.

【할인율】

돈의 가치는 시간의 흐름에 따라 인플레이션 등에 의해 변화되는데, 할인율이란 미래의 가치를 현재의 가치와 같게 하는 비율이다. 이에 반해 수익률은 현재가치에 대해 발생하는 미래가치의 비율을 말한다. 그러므로 통상 이자율이 올라가면 나중에 더 많은 수익을 얻기 때문에 수익률이 높아지며 미래가치를 현재가치와 일치시키는 비율도 높아지기 때문에 할인율도 상승하게 된다.

【현재가치(NPV)】

특정 투자안에 대한 편익을 최소한도의 보수율(報酬率)로 할인해 현재가치화하고 비용도 할인해 현재 가치화하여 편익의 현재가치에서 비용의 현재가치를 차감한 순액을 의미한다. 순현재가를 기준으로 하여 공공사업의 투자 여부를 결정할 경우에는 순현재가가 0보다 크거나 같을 경우 그 투자안을 채택하고 0보다 작을 경우에는 기각한다.

【공인가치전문가(CVS, certificated value specialist)】

SAVE international에서 공인하는 국제자격제도 중 하나로 최상위 단계의 자격제도이며 최고전문가 수준의 VE 및 VM에 대한 지식과 실무경력을 쌓은 자를 위한 국제공인자격증이다.

152) 한국환경관리공단(2012) 설계 VE 업무 매뉴얼

함께 알아야 할 포인트

VE 관련 용어 (3)153)

【SAVE(society of American value engineering)】

1959년에 설립된 미국가치공학협회이며 국제협회로서 VE 방법론의 개선과 촉진에 기여하고자 세계 35개국 이상의 국가의 협회와 연계하여 관련 교육, 국제컨퍼런스 개최 및 자격제도 등을 마련하고 지원하고 있다.

【VE Job-Plan】

미국 SAVE에서 설계 VE 업무를 수행하기 위해 작성한 설계 VE 업무의 구조화된 단계이다. 크게 준비단계(pre-study phase), 분석단계(VE workshop phase), 실행단계(post- study phase)로 분류하며 각 추진 단계별 목표달성을 위하여 사용되는 운영기법은 해당 설계 VE의 특성과 적합성을 검토하여 적용할 수 있다.

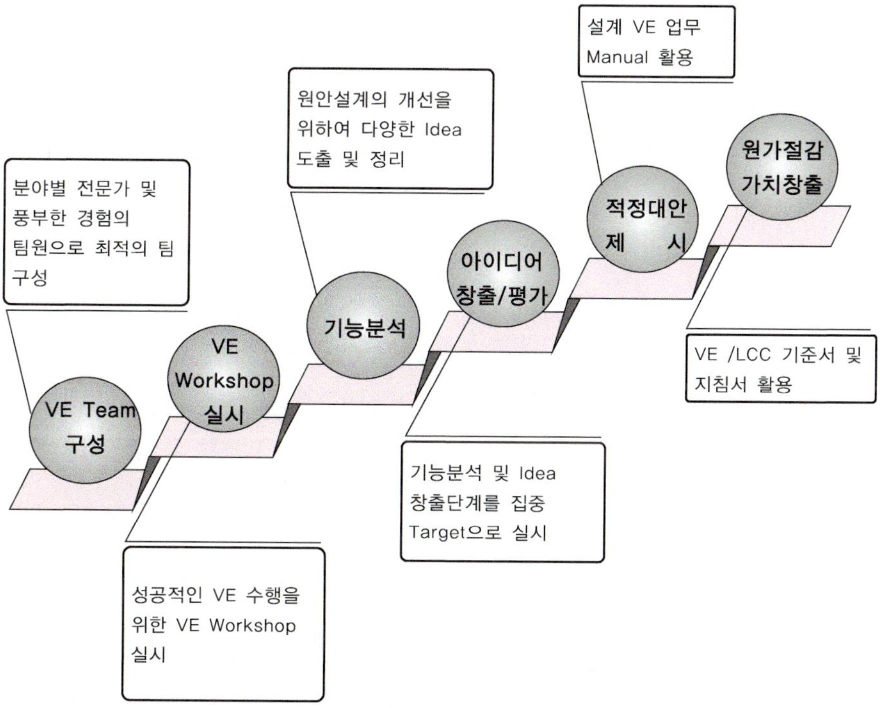

[설계 VE 추진계획 모식도]

153) 한국환경관리공단(2012) 설계 VE 업무 매뉴얼

함께 알아야 할 포인트

■ VE의 5가지 기본원칙

① 사용자 우선의 원칙
② 기능본위의 원칙
③ 창조에 의한 변경 원칙
④ 팀 디자인의 원칙
⑤ 가치향상의 원칙

VE 수행절차는 미국 SAVE International에서 VE수행을 위한 Job-Plan을 개발하여 제시하였다. 미국 SAVE International에서 명시한 VE Job-Plan은 준비단계, 분석단계, 실행단계로 분류되며, 이를 세분화하면, 준비단계, 정보수집단계, 기능분석단계, 아이디어 창출단계, 아이디어 평가단계, 대안개발단계, 발표단계, 이행단계로 구성된다.

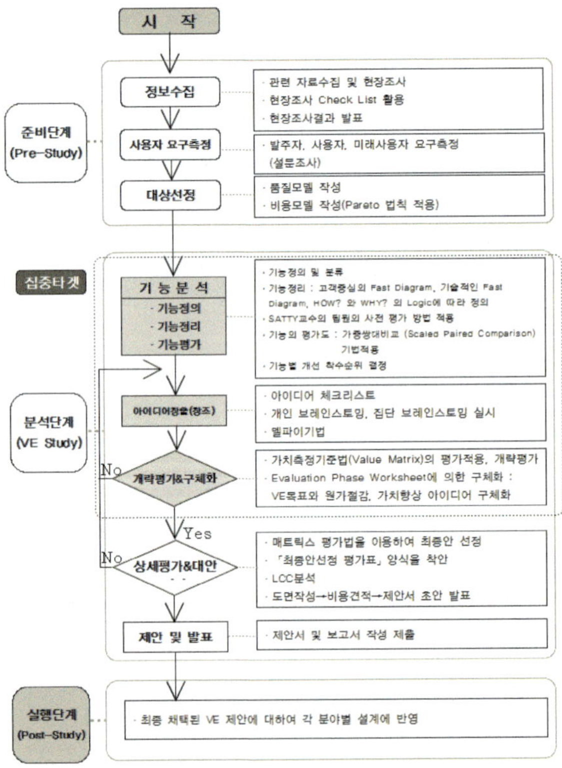

[설계 VE 수행체계도 / VE Job plan]

[VE 수행단계 및 방법[154]]

단계구분		수행업무	수행방법
대분류	세부 수행단계		
준비단계 (pre-study)	준비단계	목적규정 이해당사자 규명 세부계획 조정	사전 과업회의 오리엔테이션 미팅
분석단계 (study)	정보수집단계	정보수집 프로젝트 정의 비용책정 일정계획	설계도서 검토 사용자 요구사항 측정 비용모델 구성
	기능분석	기능정의	평가+동사
		기능정리	FAST diagram
		기능평가	과거 실적자료법 강제결정법(FD)과 IWDM법 경험에 의한 방법 (델파이법) 부정합법
	아이디어 창출단계	아이디어 수집	팀 브레인스토밍 시네틱스법, TRIZ법
	아이디어 개략 평가단계	아이디어 평가 및 대안 정의	매트릭스 평가기법
	대안개발단계	대안개발 대안별 기술 설명 대안별 비용 산정	대안별 도면 비용산정 및 성능평가 가치향상도 측정
실행단계 (post-study)	발표단계	대안 분석 결과 발표 분석 결과 문서화	최종 설명회 최종 제안서 작성
	이행단계	대안 검토 대안 적용 결정 대안 이행	기술검토 회의 실행회의 실행계획

154) 환경관리공단(2012) 설계VE 업무 매뉴얼 자료 재구성

Point 54. LCC와 $LCCO_2$

LCC란 Life Cycle Cost를 말하며, 일반적으로 제품이나 시설물의 기획단계에서부터 폐기처분 시까지 모든 비용 즉, 계획·설계비, 운용관리비, 폐기물 처분 비용을 합한 것으로 시설물의 생애에 필요한 모든 비용이라 하여 '총생애주기비용'이라고 말한다. 저탄소 녹색도시 구현을 위한 기술요소들의 적용에도 LCC 분석기법을 도입한 경제성 평가가 필요하다. 에너지와 환경부하를 절감하고자 하는 그린기술들은 설치비가 높기 때문에 초기공사비와 에너지비의 관계를 파악할 필요가 있기 때문이다.

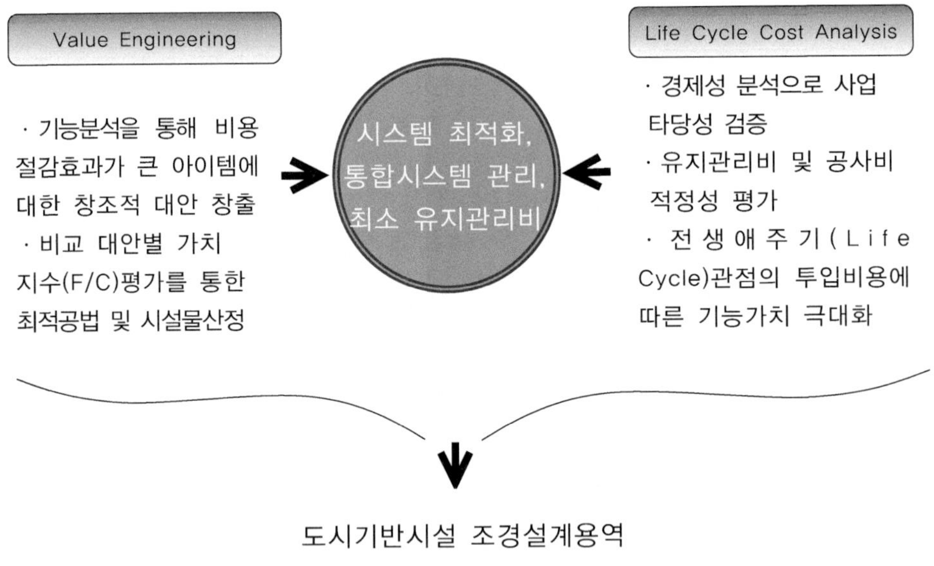

[VE / LCC 수행 목표]

다음 그림은 일반 건설과정의 LCC를 빙산에 비유하여 표현한 것이다. 일반적으로 건물의 비용을 고려할 때는 주로 건설비만을 고려하지만 그림처럼 건설비는 건축물 생애에 소요되는 총비용(LCC)의 일부분에 불과하며, 보전비, 수선비, 운용비(에너지비) 등을 포함하는 유지관리비의 비중이 크다. 따라서 LCC 중 75~85%를 차지하고 있는 유지관리비를 어떻게 줄이느냐가 경제성 확보의 관점에서는 중요하다고 할 수 있다.

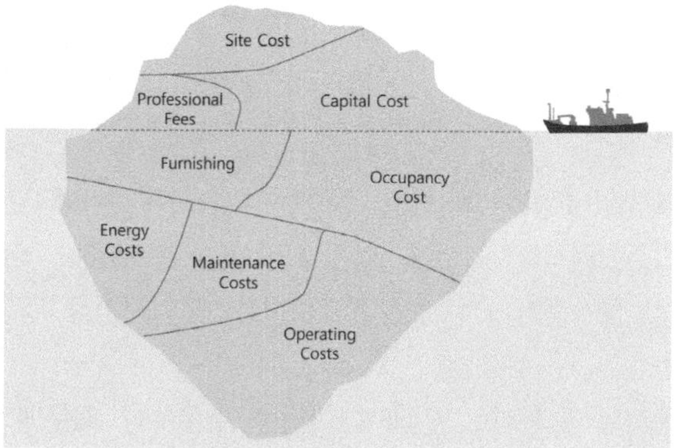

[건축물의 Total life cycle cost]

현재 조경분야에서는 LCC 적용이 기초적인 수준이나, 시설물 및 식재 등에 대한 유지관리 및 경제성에 대한 중요성이 지속적으로 증가하는 시점에 LCC에 대한 적극적으로 검토 및 도입이 필요하다. 즉, 식재의 경우에도 지금까지는 수목구입비 및 식재공사비가 대부분을 차지하지만, 수목 등의 식물식재후 유지관리에 대한 관심과 이해가 부족하여 공사후 초기 공사비보다 유지관리에 많은 비용이 투입되는 경우가 많았다. 향후 식물도입시 지역 및 생태적 특성 등 유지관리를 고려한 경제성 검토가 된다면 생태학적으로 건전하고 경제성측면에서도 양호한 결과를 도출할 수 있을 것이다.

$LCCO_2$(Life Cycle CO_2)는 이산화탄소의 생애주기분석을 말하는 것으로 제품이나 시설물의 라이프사이클 동안에 발생하는 CO_2 배출량을 말하며, 이러한 CO_2배출량을 분석대안별로 비교분석하는 것을 $LCCO_2$ 분석이라고 한다. LCC 분석이 제품 및 시설물의 경제성 평가라고 한다면 $LCCO_2$ 분석은 환경부하평가라고 할 수 있다.

아래 그림은 건축물의 라이프사이클 단계별 CO_2 분석흐름도로 건설단계, 유지관리단계, 해체 · 폐기단계의 CO_2 분석방법을 보여준다.

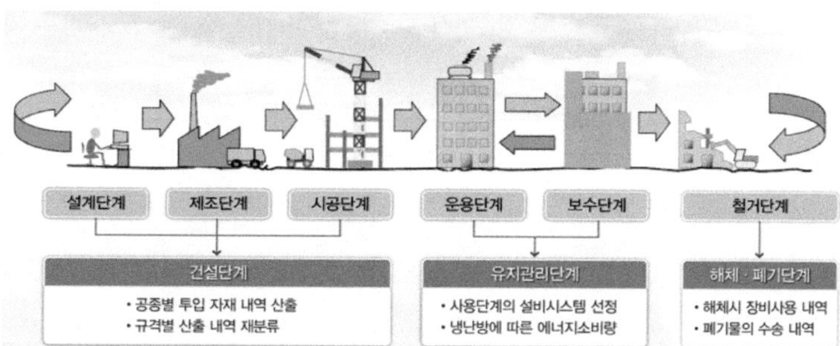

[건축물의 Life Cycle 단계별 $LCCO_2$ 분석흐름[155]]

Point 55. 저영향개발(LID; Low Impact Development)

[1] 정의 및 개요

현재 저영향개발(LID)156)에 대한 정의는 다양하게 논의되고 있는데, 2012년 제2차 비점오염원관리종합대책157)에서는 불투수면 감소를 통해 빗물의 표면유출을 줄이고 빗물의 토양침투를 증가시켜 물순환 개선과 오염저감을 동시에 달성하는 기법으로 정의하고 있다.

미국 EPA에서는 도시화로 인해 변화되는 수문특성 때문에 발생되는 문제점에 대해 지역 내의 자연시설과 수문학적 기능을 도시화 이전의 수문특성과 유사하게 보존하는 계획 및 설계기법으로 정의하였다.

우리나라에서는 저영향개발(LID) 기술요소 가이드라인에서 자연의 물순환에 미치는 영향을 최소로 하여 개발하는 것으로 정의하며, 토지이용계획 단계에서 고려되어야 할 종합적 토지계획과 저류, 침투, 여과, 증발산 등의 기능을 구현할 수 있는 개발요소 등으로 구분하고 있다.

이렇듯 저영향개발(LID)는 국내·외에서 다양하게 정의되고 있는데, 개발로 인해 변화하는 물순환 상태를 자연친화적인 기법을 활용해 최대한 개발 이전에 가깝게 유지하도록 하는 것이 공통된 사항이라 할 수 있다.

[과거 빗물관리와 현재의 빗물관리(LID)]

구 분	과거 빗물관리	현재 빗물관리(LID)
명칭	중앙집중식 빗물관리	분산형 빗물관리
기본방향	빗물을 빠르게 집수하고 배제	빗물을 발생원에서 머금고 가두기
계획목표	개발 후 첨두유출량 증가의 감소	개발 후 총 유출량 증가의 감소
주요시설	빗물펌프장, 저류지	소규모 침투 및 저류시설
한계	물순환 장애 및 건천화	집중 호우시 효과의 한계

155) 김대희(2007) 산업연관분석을 이용한 공동주택 건설단계의 에너지소비량 및 이산화탄소 배출량 평가

156) 저영향개발(LID)와 유사한 개념인 그린빗물인프라(GSI, green stormwater infrastructure)는 강우 유출수에 한정되어 사용되는 개념으로 비점오염저감의 기술적 접근에 중점을 두는 개념이다.

157) 2015년 5월에 개최된 제2차 비점오염원 관리 종합대책에서는 비점오염원 관리를 위한 기본방향, 제도개선, 분야별 세부추진계획 등 관계부처 합동의 중장기 국가종합대책을 수립하였다.
주요 대책으로는 저영향개발기법 적용 확대, 비점오염저감형 그린빗물인프라, 하수저류시설 설치 확대 등을 통한 초기 우수 처리 강화 등이다.

[2] 종류 및 적용시 고려사항

저영향개발은 최근 기후변화에 따른 도시홍수, 집중강우 등에 의한 도시 물순환 훼손에 대한 개선과 도시 비점오염원의 관리를 위해 개발된 기법이다.

우리나라 환경부에서 제시하는 저영향개발 기법은 크게 저류형 시설, 침투형 시설, 식생형 시설이 있다. 세부적으로 살펴보면, 저류형 시설은 저류지와 인공습지, 침투형 시설은 투수성 포장, 투수블럭, 침투도랑, 침투통, 침투트렌치 및 침투관, 침투측구, 침투저류지 등이다. 식생형 시설로는 수목여과박스(침투화분), 식생수로, 식생여과대 등이다.

[저영향개발 기술요소의 종류 및 특성]

기술요소	저류 기능	여과 기능	침투 기능	증발산	생태 서식처	지하수 함량	심미성	적용성	
								단지	도로
식생체류지	●	●	●	●	●	●	●	★★★	★★★
옥상녹화	●	●		●	●		●	★★★	-
나무여과상자		●	●			●	●	★★★	★★★
식물재배화분		●	●	●	●	●	●	★★★	★★
식생수로	●	●	●	●	●	●	●	★★★	★★★
식생여과대		●	●	●	●		●	★★	★★★
침투도랑	●	●	●	●		●	●	★★★	★★★
침투통	●	●	●			●		★★★	★★
투수성 포장		●	●	●		●		★★★	★★
모래여과장치		●	●			●		★★	★
빗물통	●							★★★	-

(★★★: 매우 양호, ★★: 양호, ★: 보통, -: 적용 어려움)

[저영향개발 기술요소별 적용디자인 및 제거효율]

기술요소	적용 디자인 및 주요 기능	항목	제거 효율(%)
식생체류지 (Bioretention)	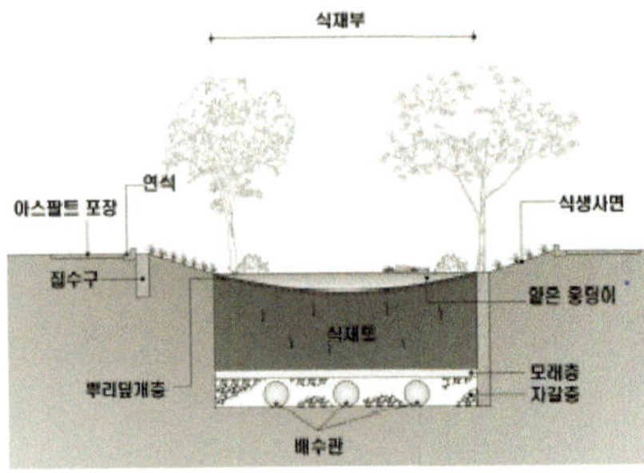 **주요기능** ✓ 저류기능 ✓ 여과기능 ✓ 침투기능 ✓ 증발산 ✓ 생태서식처 ✓ 지하수 함양 ✓ 심미성 **적용성** 단지: 매우 좋음 도로: 매우 좋음 **유지관리** 매우 쉬움	BOD	23~54
		T-N	22~49
		T-P	17~81
		유출 저감량	40
		TSS	80
		Zn	99
		Pb	99
옥상녹화 (green roof)	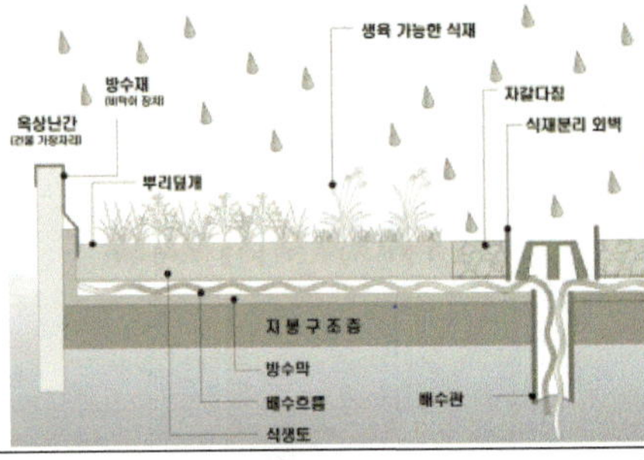 **주요기능** ✓ 저류기능 ✓ 여과기능 ✓ 증발산 ✓ 생태서식처 ✓ 심미성 **적용성** 단지: 매우좋음 도로: - **유지관리** 쉬움	유출 저감량	50~71.7
		TSS	90
		금속류	80
나무여과 상자 (treebox filter)	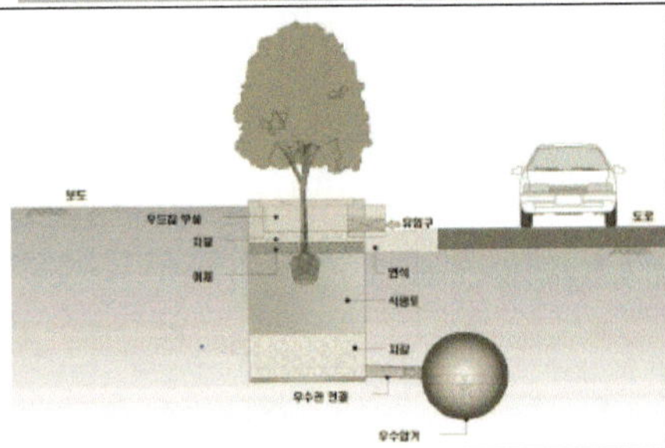 **주요기능** ✓ 여과기능 ✓ 침투기능 ✓ 지하수 함양 ✓ 심미성 **적용성** 단지: 매우좋음 도로: 매우좋음 **유지관리** 매우쉬움	BOD	54
		T-N	49~68
		T-P	74
		TSS	85
		중금속	82
식물재배 화분 (planter box)	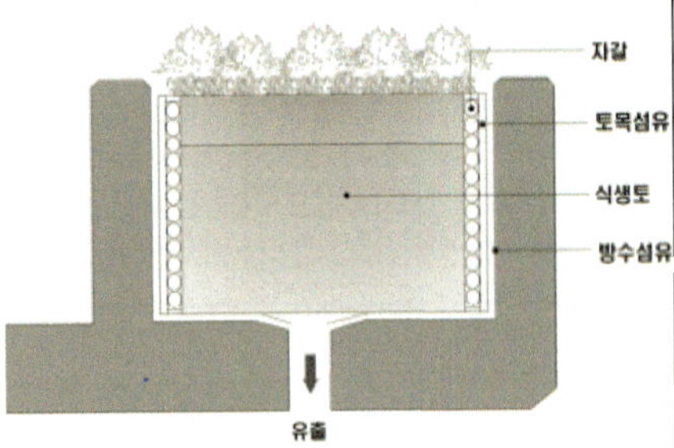 **주요기능** ✓ 여과기능 ✓ 침투기능 ✓ 증발산 ✓ 생태서식처 ✓ 지하수 함양 ✓ 심미성 **적용성** 단지: 매우좋음 도로: 좋 음 **유지관리** 쉬움	BOD	54
		T-N	49
		T-P	65
		유출 저감량	40
		TSS	97
		COD	67
		Oil 및 그리스	98

[저영향개발 기술요소별 적용디자인 및 제거효율]

<table>
<tr><th>기술요소</th><th>적용 디자인 및 주요 기능</th><th>항목</th><th>제거효율(%)</th></tr>
<tr><td rowspan="8">식생수로
(bio swale)</td><td rowspan="8">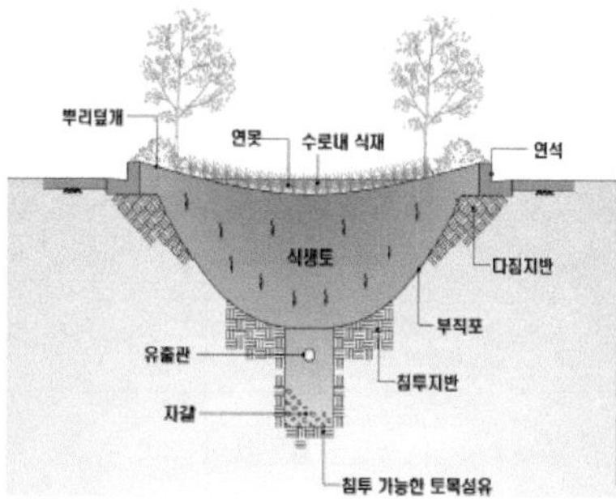

주요기능
✓ 저류기능
✓ 여과기능
✓ 침투기능
✓ 증발산
✓ 생태서식처
✓ 지하수 함양
✓ 심미성
적용성
단지: 매우좋음
도로: 매우좋음
유지관리
매우좋음</td><td>BOD</td><td>34~58</td></tr>
<tr><td>T-N</td><td>0~15
45~62</td></tr>
<tr><td>T-P</td><td>10~25
또는 48~51</td></tr>
<tr><td>유출저감량</td><td>10</td></tr>
<tr><td>TSS</td><td>30~65
또는 84</td></tr>
<tr><td>Zn</td><td>20~50</td></tr>
<tr><td>Pb</td><td>20~50</td></tr>
<tr><td></td><td></td></tr>
<tr><td rowspan="5">식생
여과대
(bio slope)</td><td rowspan="5">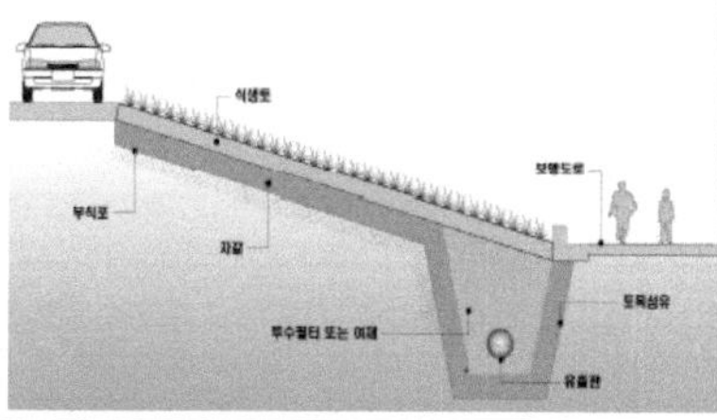
주요기능
✓ 여과기능
✓ 침투기능
✓ 증발산
✓ 생태서식처
✓ 심미성
적용성
단지: 보 통
도로: 매우좋음
유지관리
쉬움</td><td>BOD</td><td>44</td></tr>
<tr><td>T-N</td><td>42</td></tr>
<tr><td>T-P</td><td>42~60</td></tr>
<tr><td>TSS</td><td>88</td></tr>
<tr><td>중금속</td><td>77</td></tr>
<tr><td rowspan="7">침투도랑
(infiltration trench)</td><td rowspan="7">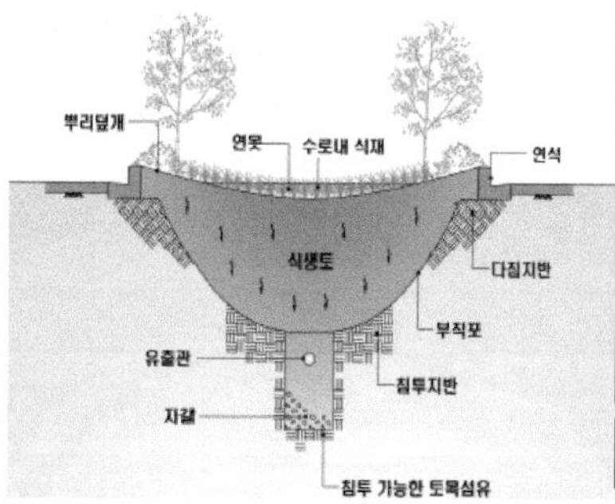

주요기능
✓ 저류기능
✓ 여과기능
✓ 침투기능
✓ 증발산
✓ 생태서식처
✓ 지하수 함양
✓ 심미성
적용성
단지: 매우좋음
도로: 매우좋음
유지관리
매우좋음</td><td>BOD</td><td>77</td></tr>
<tr><td>T-N</td><td>40~60 또는
62</td></tr>
<tr><td>T-P</td><td>40~60 또는
73</td></tr>
<tr><td>유출저감량</td><td>15~35
또는 25</td></tr>
<tr><td>TSS</td><td>80~100</td></tr>
<tr><td>Zn</td><td>80~100</td></tr>
<tr><td>Pb</td><td>80~100</td></tr>
<tr><td rowspan="7">침투통
(dry well)</td><td rowspan="7">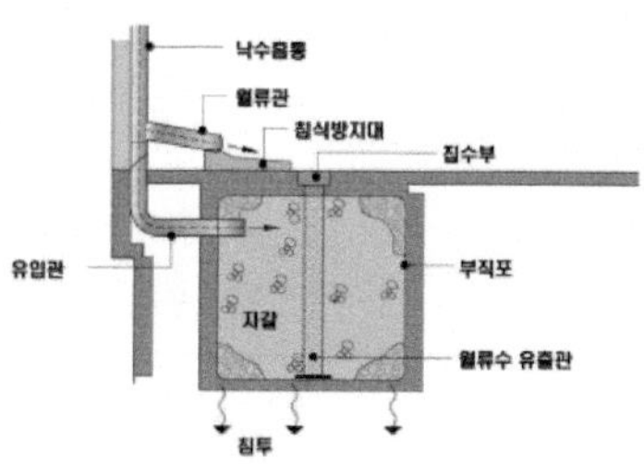

주요기능
✓ 저류기능
✓ 여과기능
✓ 침투기능
✓ 지하수 함양
적용성
단지: 매우좋음
도로: 보통
유지관리
좋음</td><td>BOD</td><td>53</td></tr>
<tr><td>T-N</td><td>40~60
또는 72</td></tr>
<tr><td>T-P</td><td>40~60
또는 46</td></tr>
<tr><td>유출저감량</td><td>50~65</td></tr>
<tr><td>TSS</td><td>80~100</td></tr>
<tr><td>Zn</td><td>80~100</td></tr>
<tr><td>Pb</td><td>80~100</td></tr>
</table>

[저영향개발 기술요소별 적용디자인 및 제거효율]

<table>
<tr><th>기술요소</th><th colspan="2">적용 디자인 및 주요 기능</th><th>항목</th><th>제거 효율(%)</th></tr>
<tr><td rowspan="5">투수성 포장 (porous pavement)</td><td rowspan="5">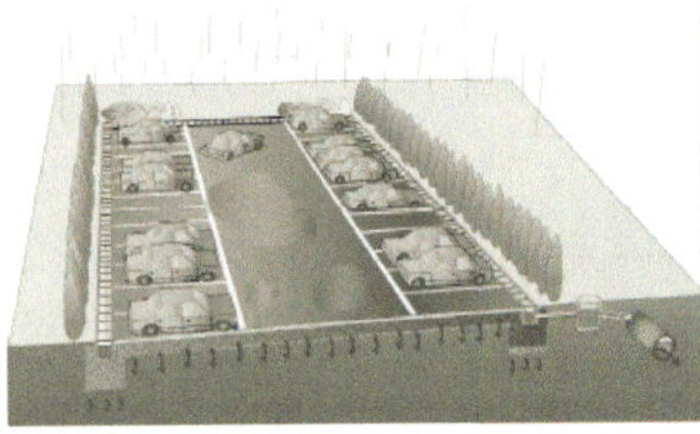</td><td rowspan="5">주요기능
✓ 여과기능
✓ 침투기능
✓ 증발산
✓ 지하수함양
적용성
단지: 매우좋음
도로: 좋 음
유지관리
쉬움</td><td>BOD</td><td>75</td></tr>
<tr><td>T-N</td><td>83</td></tr>
<tr><td>T-P</td><td>65</td></tr>
<tr><td>유출 저감량</td><td>15.7~38.2</td></tr>
<tr><td>첨두유량</td><td>19.9~40.3</td></tr>
<tr><td rowspan="3">모래여과 장치 (sand filter)</td><td rowspan="3">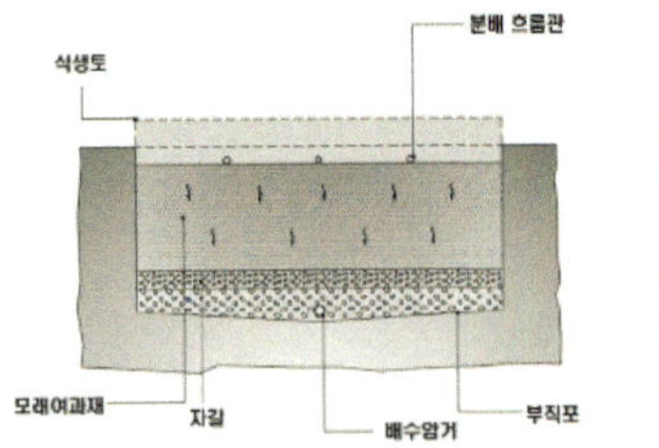
</td><td rowspan="3">주요기능
✓ 여과기능
✓ 침투기능
✓ 지하수 함양
적용성
단지: 좋 음
도로: 보 통
유지관리
보통</td><td>BOD</td><td>50</td></tr>
<tr><td>T-N</td><td>37~71</td></tr>
<tr><td>T-P</td><td>54~60</td></tr>
<tr><td>빗물통 (rain barrel)</td><td>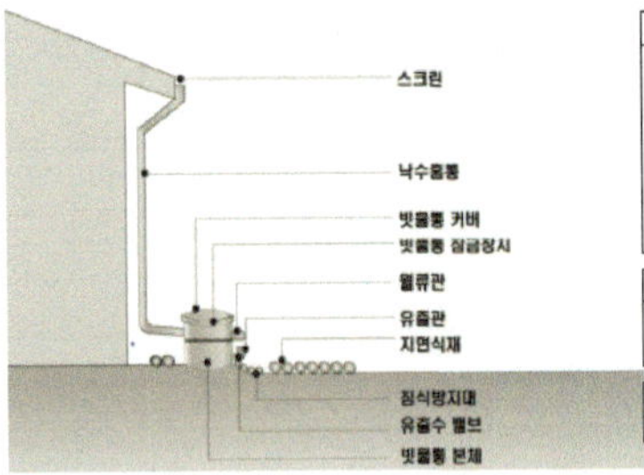
</td><td>주요기능
✓ 빗물이용
✓ 유출저감
적용성
단지: 매우좋음
도로: 적용불가
유지관리
쉬움</td><td colspan="2"></td></tr>
</table>

투수성 포장	모래여과장치	빗물통
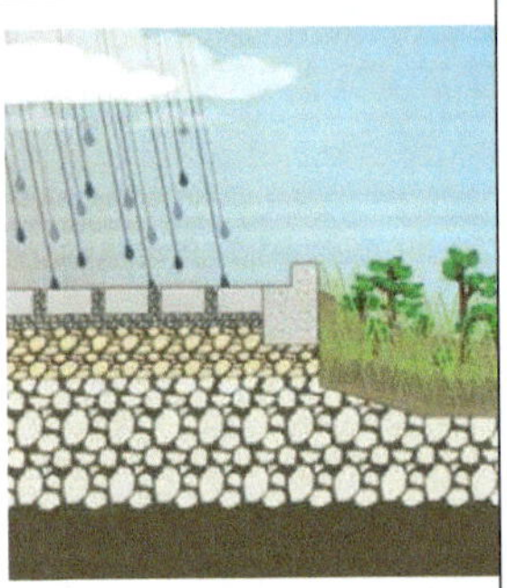	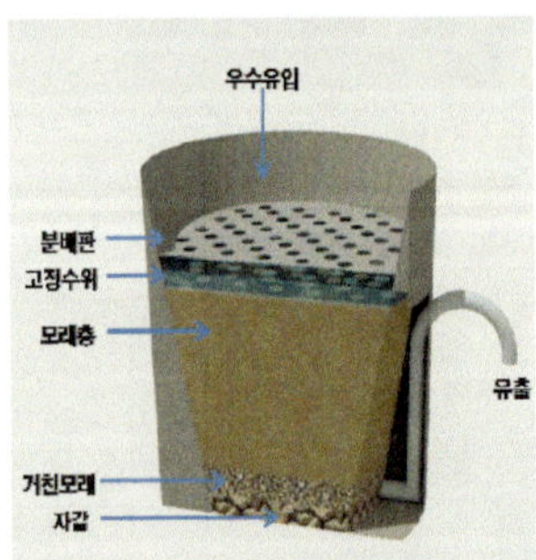	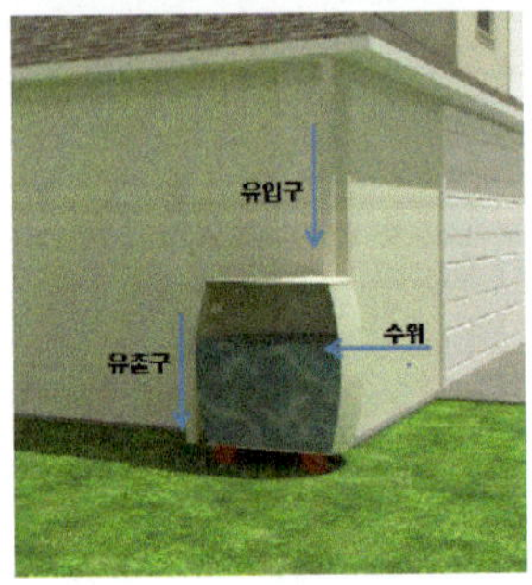

[독일 프라이부르그 Rhim 주거단지내 LID기법 적용 사례158)]

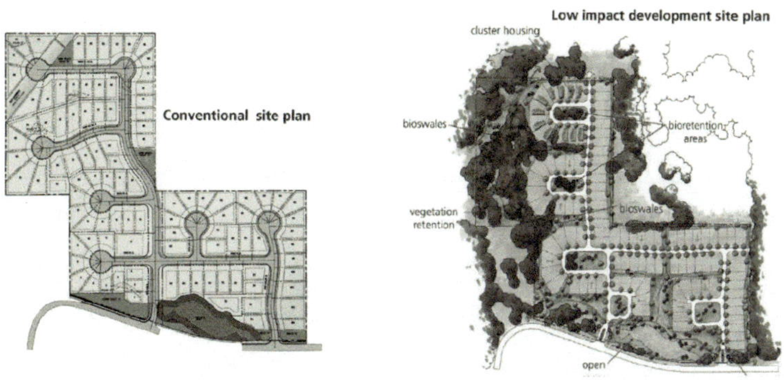

전통적 빗물관리 LID 적용 빗물관리

[전통방식과 LID 개발방식 비교 모식도159)]

158) 환경부(2014) 손에 잡히는 비점오염 해설 자료 재구성
159) PSAT(2012) 자료 재인용

Point 56. 그린외피시스템 (Green envelope system)

그린외피시스템(Green Envelope System)은 건축물의 외피(외벽, 지붕 등)에 식생이나 녹지 요소를 도입하여 에너지 효율을 향상시키고, 환경적 성능을 강화하는 친환경 건축기법을 말한다. 이는 식물의 증산작용과 음영 효과를 통해 건물의 냉난방 부하를 저감시키며, 도시열섬 현상 완화, 빗물 저류, 대기질 개선, 생물서식지 제공 등의 생태계 서비스 기능도 동시에 수행한다. 수직녹화(벽면녹화), 옥상녹화, 파사드형 녹화 등이 대표적인 형태이며, 지속가능한 도시 건축과 탄소중립 실현을 위한 전략적 수단으로 주목받고 있다.

국내 식물기반 외피기술 적용 관련 법규는 「건축법」 제42조제2항에 근거하여 고시된 조경기준(국토해양부고시 제2009-35) 제12조에서 옥상 및 벽면녹화의 적용시 조경식재면적의 일부로 인정할 수 있다는 근거를 제시함으로서 활성화되었다. 이외 지방자치단체별로 옥상녹화 조성시 조경면적 산입과 인센티브 등을 도입하고 있다. 최근에는 건물녹화기본계획 수립을 통해 건축물 녹화계획 정책을 위해 지속적 노력을 하고 있다.

일본의 경우 녹지가 부족한 시가지 등 지자체가 녹화지역을 도시계획으로 지정함으로서 부지의 일정비율 이상의 녹화를 의무화할 수 있다. 대상구역은 용도지역이 지정되어 있는 구역내 양호한 도시환경의 형성이 필요한 녹지가 부족한 지역이며 규제대상은 부지면적이 1,000㎡ 이상(조례로는 300㎡까지 가능) 건축물의 신·증축 건축물, 규제의 내용은 건축물의 녹화율을 도시계획에서 정하는 녹화율의 최저한도 이상으로 하는 것을 의무화하고 있다.

일본 도시녹지법(2001)에서는 녹화시설정비계획 인정제도를 시행하고 있는데, 이는 건축 부지내에서 사업자의 녹화시설정비계획을 지방자치단체장이 인정함으로서 녹화시설에 관련되는 고정 자산세를 경감해 주는 제도이다. 의무지역은 과세표준의 1/3, 의무지역 외는 과세표준의 1/2 수준으로 경감시켜주는 제도이다.

국내·외 사례검토 결과, 우리나라의 경우 건축물 녹화에 대한 가중치 및 제도적 구속력이 낮아 아직 식물기반 외피기술에 대한 다양한 노력이 부족한 상황이며 단지 옥상녹화 보급화에 따라 옥상녹화제품만 많이 생산·보급되고 있는 실정이다. 향후 지속가능한 도시개발을 위한 건물단위 생태성 개선을 위한 고려사항으로 건축물 녹화가 대안이므로 건축물 녹화관련정책, 건축물녹화관련산업, 기술표준화와 녹화 후 모니터링을 통한 검증 등에 대한 지속적 노력이 이루어져야 한다.

[국내·외 그린외피 관련 정책 및 내용 요약]

유 형		내 용
녹색 건축 인증	LEED	· 수자원 효율항목(1~5점) · 에너지와 대기(1~13점)
	BREEAM	· 대지이용 및 생태(최소획득점수 1점이상) · 저탄소 혹은 제로탄소기술((최소획득점수 1점이상)
	CASBEE	· 생물환경의 보전과 창출 · 경관배려, 건물열부하억제, 수자원보호
	녹색건축물 인증	· 생태면적율
생태 면적 관련	BAF (Bioptop Area Factor)	· 가중치: 경량형 및 중량형 옥상녹화(0.5), 입면녹화(0.5) · 육성층 두께에 상관없이 동일한 가중치 부여 · 적용국가: 독일 베를린시
	GSF (Green Space Factor)	· 가중치: 옥상녹화 및 생태지붕(0.8), 입면녹화(0.7) · 수목: 교목층 규격과 관목층 수고에 따라 가중치 달리 적용 · 적용국가: 스웨덴 말뫼시
	SGF (Seattle Green Factor)	· 가중치: 옥상녹화(0.4~0.7), 입면녹화(0.7) · 현실기준에 부합하는 옥상녹화 가중치 적용 · 입면녹화 가중치 조정을 통한 입체녹화 강화 추세
	생태면적율	· 가중치: 경량형(0.5), 중량형(0.6), 입면녹화(0.4) · 입면녹화 가중치 강화를 통한 입체녹화 적극 도입 필요

[그린외피시스템(Green Envelope System) 연구개발 모식도]

그린외피시스템에는 옥상녹화 및 벽면녹화가 있는데, 옥상녹화란 인공적인 구조물인 건물과 구조체의 옥상에 인위적인 지형 혹은 토양층을 새롭게 형성하여 식물을 식재하여 조성한 녹지공간을 조성하는 것을 말한다. 옥상녹화의 유형은 저관리/경량형, 관리/중량형, 혼합형의 3가지가 있다.160)

[옥상녹화별 내용]

유 형	내 용
저관리/경량형	• 토심 20cm 이하 녹화시스템, 단층초지 피복형 • 잃어버린 대지의 기능을 옥상에서 보상하는 의미 • 생태적 측면과 환경적 측면에서 접근한 방법 • 지피식물 식재 • 관수, 예초, 시비 등 관리요구도 최소화 • 구조적 제약 및 유지관리가 어려운 곳에 주로 적용
관리/중량형	• 토심 20cm 이상 녹화시스템, 다층식재 피복형 • 인간의 이용적 측면 중시 • 옥상조경이 이루어진 옥상정원 개념 • 관수, 시비, 전정 등 지속적이고 집약적 관리 요구 • 지피식물, 관목, 교목 등을 활용한 다층구조 식재 바람직 • 구조적 문제가 없는 곳, 주로 신축건물에 적용
혼합형	• 이용요구는 높으나 관리/중량형 시스템 도입이 어려운 공간 • 토심은 10~30cm 내외 • 지피식물과 키가 작은 관목위주 식재 • 저관리를 지향하는 것이 바람직

[옥상녹화시스템 구성요소]

유 형		내 용
건축물 외피	구조안전진단	• 인공지반으로서의 옥상녹화시스템 지지 기능 • 구조물의 허용능력 현장조사
	방수층	• 수분의 건물 구조체로 전달되는 것 차단 • 구조물의 내구성에 가장 중요한 영향 미침 • 안전한 방수소재 및 공법이 요구
식재층	방근층	• 식물뿌리로부터 방수층과 구조물을 보호하는 기능 • 시공시 기계적, 물리적 충격으로부터 방수층 보호
	배수층	• 녹화시스템의 침수로 인해 식물 고사 예방 • 시공후 하자발생이 가장 많은 부분
	토양여과층	• 빗물에 씻겨 내리는 세립토양이 시스템 하부 전달 방지 • 안전하고 내구성 높은 소재 요구
	육성토양층	• 식물의 지속적 생장을 좌우하는 가장 중요한 하부 기반 • 녹화시스템 중량의 대부분을 차지하므로 경량 요구
식재층	식생층	• 녹화시스템의 최상부 구성요소로 토양층을 피복 기능 • 유지관리 프로그램, 토양층의 두께, 토양특성을 종합적으로 고려하여 식재소재 선택

160) 출처: 한국인공지반녹화 협회 자료 재구성

옥상녹화의 효과는 크게 온도저감 및 도시열섬저감, 단열 및 에너지절감, 우수유출저감, 우수유출지연, 환경오염저감, 생태계 재생 및 복원 등이 있으며 이외에도 옥상경관 및 가로경관의 개선, 시민들의 쉼터 제공 및 커뮤니티 공간으로 활용가능하다.

[그린외피시스템의 효과]

유 형	내 용
온도저감 및 도시열섬화 저감 효과	• 열로부터 건물을 보호하는 효과 • 식물을 식재함에 의해 복사열의 저감, 냉각효과 • 미기후적인 측면에서 풍속이 빠른 빌딩의 옥상에서는 좀 더 효과적인 냉각효과를 가져 올 수 있음 (Eumorfopoulou et al(1998)) • 토양두께의 증가에 따라 온도변화의 유동이 감소하는 변화를 보였으며, 가장 중요한 변수는 잎면적지수인 잎의 밀도였고 바람의 세기는 잎으로부터 수증기를 빠르게 증발산시키는 것으로 나타남 (Theodore(2003)) • 식물에 의한 도시열섬화를 저감하는 효과 있음 (미국환경보호국) • 녹지에 의한 일사의 반사 및 증발산의 작용과 함께 건축물냉난방 에너지 절감효과 ((財)都市綠化技術開發機構(1995)) • 일반적 옥상녹화공법을 이용한 실험주택이 콘크리트로된 실험주택에 비해 일평균 약 2K정도의 온도저감효과 (한국건설기술연구원(1997)) • 토양·토심별, 식물피도, 잎의 밀도, 바람의 세기 등에 따른 온도저감효과 (이동근 등(2005))
단열효과 및 에너지절감 효과	• 건물 상부 녹화시 옥상표면은 26~27℃로 일정하게 유지되며, 온도가 일정하게 유지되면 콘크리트 표면이 열에 의한 팽창수축이 없기 때문에 균열의 발생을 방지 (輿水(1994)) • 건물 내외부의 기온을 안정되게 유지함으로써 열손실을 감소시켜 건물의 냉난방비용을 절약 (Niachou et al(2001)) • 토양층 두께의 증가는 토양내 수분함량이 증가하여 건물의 에너지 소비를 저감하는 효과 큼 (Wong et al(2003)) • 옥상녹화시스템을 이용한 실험주택이 외기온과 상관없이 일정한 온도를 유지하는 결과를 나타남에 따라 온도 유지효과가 있는 것을 확인 (한국건설기술연구원(1997)) • 기존의 콘크리트로된 실험주택보다 그린외피시스템을 사용한 실험주택이 6.4%~13.3%정도의 난방에너지 절감효과 (한국건설기술연구원(1997)
우수유출 저감효과 및 우수유출량 지연효과	• 총강우량에 대한 우수유출 저감비율이 약 70% 이상 • 단기간내 집중호우에 대해서도 상당한 우수유출저감 효과 (한국건설기술연구원(1999)) • 장마철 우수시 우수유출 지연시간은 1시간 15분에서 2시간 24분으로 나타났으며, 장마철이 아닌 가을철 우수시 옥상녹화 실험구의 우수유출 지연시간은 5시간 20분에서 10시간 41분으로 나타남 (이동근 등(2006))
환경오염저감 효과	• 그린외피시스템은 CO_2, NO_2, SO_2, HCHO, 벤젠, 분진, O_3, 그리고 중금속 등을 흡수하고 산소를 방출하여 공기를 정화시키는 효과 • 소량의 비가 내릴 경우 빗물을 함유하여 다시 공중으로 증발시키므로 하나의 작은 물순환체제를 구축 • 식물과 식재기반의 초기 우수 여과 작용을 통해 수질오염을 경감시킬 수 있는 이점 ((財)都市綠化技術開發機構(1995)) • 소음을 경감시키는 효과 (Albrecht D(1995))
생태계 재생 및 복원 효과	• 녹화시 단위 면적당 조류의 출현 개체수와 다양성이 증가 (송태갑 등(1994) • 도심내 야생조류 등 소형동물이 서식할 수 있는 비오톱공간 창출 • 녹시율 증가로 인한 쾌적한 도시환경 제공

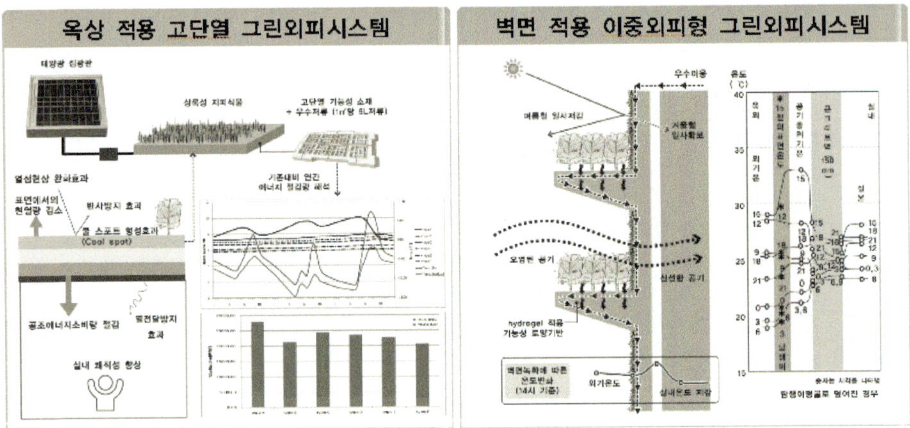

[그린외피시스템(옥상 및 벽면녹화) 모듈 및 해석기술 모식도]

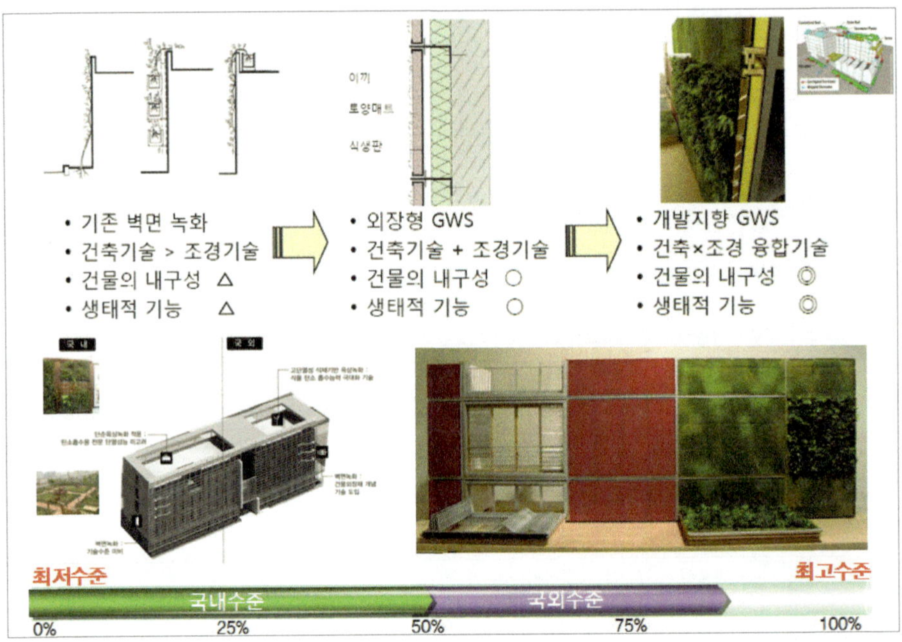

[그린외피시스템 관련 국내외 기술수준 분석]

함께 알아야 할 포인트

■ 녹색기술에서 알아야 할 그린외피시스템 Q&A[161)]

【옥상녹화의 우수저류효과와 지연효과는 어느 정도인가?】

토양용적비로 약 20~40%의 우수저류 효과가 있으며 지연효과는 토양 두께에 비례한다.

베를린의 경우 옥상녹화가 평균 우수의 75%를 흡수하여 우수의 일시적인 지연과 집중홍수의 위험을 줄여주며, 직접적인 우수의 방출을 25%까지 경감시킨다(Liesecke, 1989).

【옥상녹화는 열섬현상을 얼마나 완화하는가?】

일본의 도시녹화기술개발기구(1995)에 따르면, 동경도 23구 전체 옥상면적의 86%를 녹화할 경우 최고기온이 0.2~1.4℃ 낮아진다고 보고하고 있다. 수목피도 10% 증가는 여름철 온도를 0.5~1.0℃ 감소시킨다(조현길, 1999), 녹지면적의 10% 증가는 주변의 평균 최고기온 0.9℃, 평균 최고기온을 2.3℃ 낮출 수 있다(진병화, 2000).

【단열 및 에너지 절감 효과는 어느 정도인가?】

식물을 식재한 옥상녹화의 경우 연간 0.6~14.5%의 건물에너지 절감이 가능하며 토양층은 그 종류에 따라 다르지만, 최고 2.9%까지 건물에너지 절감 효과가 있다(Wong, 2002).

일일 에너지소비량은 콘크리트 주택을 100%로 가정하였을 때, 그린외피시스템 적용 주택은 최대 8.5~10.5% 정도의 에너지 절감효과가 있었다(한국건설기술연구원, 1997).

그린외피시스템 적용은 일반 주택 대비 약 10%의 전열효과를 발생시키는데, 일본 동경도의 연구결과에서는 약 25%까지 절감할 수 있다고 보고하고 있다(Hitoshi, 2000).

싱가포르의 연구에서는 5층 상업건물에 조성된 옥상녹화로 인하여 매년 약 15%의 에너지 비용을 절감할 수 있다고 제시하고 있다(김수봉, 2009).

【이산화탄소 저감 효과는 어느 정도인가?】

녹지의 종류에 따라 다르지만, Kuhn(1996)은 155㎡의 녹지는 하루 한 사람에게 필요한 산소를 생산한다고 제시하였고, 너도밤나무 한 그루는 매시간 10명에게 필요한 산소의 양을 생산한다고 제시하였다(Minke & Witter, 1982).

일본 도시녹화개발기구(1995)에 의하면, 4m 높이의 수목 한 그루가 1년간 고정할 수 있는 이산화탄소의 양은 약 11.5kg으로 성인 1명이 이산화탄소의 양을 같은 기간에 약 60kg 정도 방출한다고 볼 때, 4m 높이의 수목 5~6그루면 성인 1명의 이산화탄소 발생량을 흡수할 수 있을 것이다.

【입체녹화의 쾌적 효과는 어느 정도인가?】

입체녹화에 의한 녹시율은 수목지율보다 약 4~5배 정도 유효한데, 입체녹화에 따른 녹시율의 효과를 분석한 토노사키 코우치(1980)는 Y=2.86(X1) + 0.59(X2)-18.88(R=0.96)으로 제시하였다. 여기서, Y는 녹지가 많다라고 응답한 사람의 비율(%), X1은 녹시율 촬영 50장의 평균치(%), X2는 수목지율, 수림지/지구전체(%) 이다.

161) 옥상녹화 Q&A(김원태 등 역, 2009) , 벽면녹화 Q&A(조용현 등 역, 2009) 자료 내용 일부 발췌 정리

Point 57. 범죄예방 환경설계(CPTED)

범죄예방 환경설계(셉테드, CPTED; Crime Prevention Through Environmental Design)란 도시·건축환경의 적절한 설계와 효과적인 사용을 통해 범죄 및 불안감을 감소시키고, 삶의 질을 향상시키기 위한 다학제적 이론이자 실천전략을 말한다. 범죄예방설계, 범죄예방디자인이라고도 한다.

범죄가 "동기를 가진 범죄자, 취약한 대상, 환경"의 3요소가 갖추어질 때 발생한다는 점에 근거해 CPTED는 "감시와 접근통제, 공동체 강화"를 핵심 개념으로 정립하고 다양한 분야로 응용 범위를 넓혀가고 있다. 골목길에 벽화를 그리고 로고젝터(전봇대나 가로등 등에 설치해 바닥에 특정 로고나 문구를 투영해주는 장치)와 조명을 설치해 범죄예방효과를 유도하는 사례 등을 꼽을 수 있다.

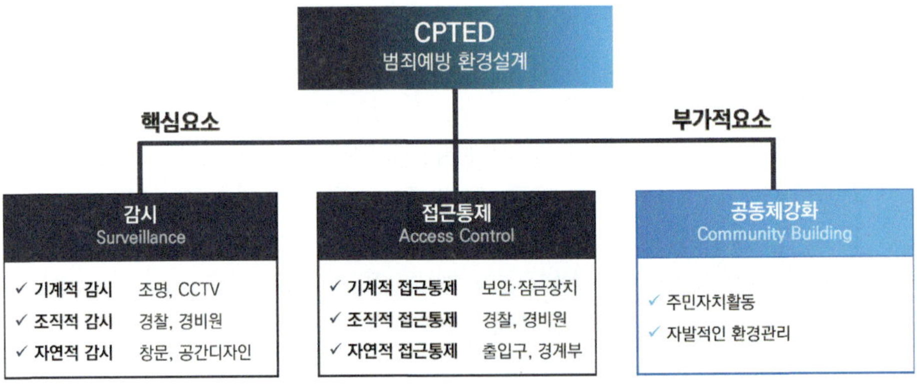

[CPTED의 실천원리]

[경상국립대, 'GNU 세이프 폴' 설치 전후 사례]

Point 58. 유니버설디자인(Universal Design)162)

[1] 정의와 개념

유니버설디자인이란 연령, 능력 또는 생애(삶)의 단계와 상황에 관계없이 사람들의 요구에 대응할 수 있도록 제품과 환경을 디자인하는 개념으로 정의된다. 미국의 건축가이자 제품 디자이너, 교육자인 메이스(Ronald L. Mace, 1942~1998)가 창안하였다.

우리나라는 1988년 개최된 서울 올림픽 이후 경제성장과 무장애디자인에 대한 관심이 증대하였다. 장애인 관련 제도의 제·개정에 대한 목소리가 높아지자 1997년 「장애인·노인·임산부 등의 편의증진 보장에 관한 법률」을 시작으로 2005년 「교통약자의 이동편의 증진법」, 2012년 「보행안전 및 편의증진에 관한 법률」이 제정되었다. 장애인 편의시설 관련 주요 법령 현황을 정리하면 다음과 같다.

[장애인 편의시설 관련 주요법령 제 · 개정 현황(2025. 3.)]

제 · 개정일	시행일	주요 내용
1989.12.30.	1989.12.30.	「심신장애자복지법」 전면개정시 편의시설 의무 신설
1997.04.10.	1998.04.11.	「장애인·노인·임산부 등 편의증진 보장에 관한 법률」 제정
2005.01.27.	2006.01.08.	「교통약자의 이동편의 증진법」 제정
2008.04.10.	2008.04.11	「장애인차별금지 및 권리구제 등에 관한 법률」 제정
2015.01.28.	2016.08.04.	「장애인등편의법」에 장애물 없는 생활환경(BF) 인증제도 도입 등
2019.12.03.	2021.12.04.	「장애인등편의법」 BF인증대상 시설 확대(도시공원, 일부 민간신축건물 포함)
2021.06.08.	2021.12.04.	「장애인등편의법」 BF인증대상 시설 확대(재·개·증축 건물 포함)
2023.03.28.	2023.06.29.	「장애인등편의법」 매년 4월 10일을 편의증진의 날로 하고 국가와 지자체는 편의증진의 날 취지에 맞는 행사 등 사업 시행에 노력하도록 함

국내에서 초기의 유니버설디자인은 주로 장애인 편의시설의 측면에서 접근되었으나, 최근에는 유니버설디자인을 장애인이나 고령자뿐만 아니라 사회구성원 누구나 이용할 수 있는 좋은 디자인이 되기 위해 기본적으로 적용해야 하는 개념으로 간주하여 '개조나 특별한 디자인 없이 모든 사람이 최대한 사용할 수 있는 제품 및 환경으로 디자인하는 것'이라고 정의하고 있다.

162) 경기도청(2023) 제2차 경기도 유니버설디자인 기본계획 자료 재구성

[2] 유니버설디자인 적용 필요성

저출산·고령화, 1인가구 증가 등 인구구조 및 구성비가 변화함에 따라 이동 약자의 자립에 대한 논의가 필요하게 되었다. 다양한 사람들이 일상생활에서 안전하고 편리하게 접근 및 이용이 가능하도록 사회 전 분야에 걸쳐 기술적 정비와 행정 제도 등의 개선이 필요하며, 모두가 차별 없이 공간 및 시설을 이용하기 위해 사회 전반에 유니버설디자인의 적용과 확산이 필요한 실정이다.

나아가 다양한 사회구성원 모두의 자율성을 존중하고 보호하는 포용적 사회를 지향하기 위해서는 유니버설 디자인이 필요하며, 이는 개인이나 특정 집단 중심이 아닌 공동체 중심의 공익성 가치 창출로 이어질 수 있다.

[3] 유니버설디자인 7원칙

유니버설디자인의 창안자 로널드 메이스는 1997년 유니버설디자인 4원칙을 처음 제시하였으나 이는 추상적인 개념으로, 유니버설디자인 전체를 이해하기에는 어려움이 있었다. 이에 1998년 코넬(B. R. Connell)을 포함한 분야별 전문가 10인으로 구성된 연구집단에서 4원칙을 보완하여 '유니버설디자인 7원칙'을 새롭게 설정하고 가이드라인을 제시하였다. 현재는 이 7가지 원칙이 대표적인 기준으로 쓰이고 있다.

유니버설디자인 7원칙은 기존 디자인의 평가, 디자인 프로세스의 방향 선정 등에 적용 가능하며 사용하기 편리한 좋은 환경, 제품 등의 특성을 교육시키는 데 활용되고 있다.

[유니버설디자인 7원칙]

원칙	내용
공평한 사용성	모든 사용자가 디자인의 유용함을 최대한 경험할 수 있도록 디자인
사용의 유연성	사람들마다 다른 각양각색의 선호도와 능력을 고려하여 디자인
단순하고 직관적인 사용	경험, 지식, 언어 등 사용자 수준에 상관없이 쉽게 이해할 수 있도록 디자인
인지할 수 있는 정보	주위의 상태 또는 사용자의 감각 능력에 상관없이 정보가 효과적으로 전달될 수 있도록 디자인
오류에 대한 관대함	우발적 사고나 의도하지 않은 행동에 따른 위험과 부정적인 결과를 최소화할 수 있도록 디자인
최소의 물리적 노력	사용자의 피로도를 최소화하면서 편안하고 효율적으로 상호작용할 수 있도록 디자인
사용에 적합한 크기와 공간	사용자의 신체 크기, 자세 또는 이동 능력과 관계없이 접근, 도달, 조작과 이용을 위한 적절한 크기와 공간이 제공될 수 있도록 디자인

[4] 유사 개념과의 비교

유니버설디자인은 배리어프리 디자인을 포함하는 더 넓은 개념이다. 물리적 장애물 제거를 기본으로 장애인, 고령자 등의 사회적 약자를 넘어 신체적 장애나 제약이 없는 사람들, 외국인 등 모두가 제약없이 이용할 수 있도록 하는 디자인이다.

유니버설디자인과 비슷한 용어로는 배리어프리 디자인(Barrier Free Design, 무장애디자인), 접근 가능한 디자인(Accessible Design), 모두를 위한 디자인(Design for All), 포용 디자인(Inclusive Design) 등이 있다.

[유니버설디자인 관련 용어]

용어	내용
배리어프리 디자인	장애가 있는 사람의 사회 참여를 저해하는 장애물을 제거하는 것과 장애가 있는 사람이 이용할 수 없었던 도시, 교통, 건축물, 제품 등을 이용할 수 있도록 개선시켜 장애인을 포함한 모든 사람이 사용 가능한 상태로 만드는 디자인 방법
접근 가능한 디자인	제품, 건물 또는 서비스를 쉽게 사용할 수 있는 사용자의 수를 최대화하기 위해 특정 능력이나 행동에 제약이 있는 소수의 사용자까지도 표준디자인 적용의 원칙 중심으로 디자인하는 것
모두를 위한 디자인	가능한 광범위한 사용자가 접근 가능하도록 주요 제품 및 서비스를 설계하는 것
포용 디자인	주로 영국에서 사용되는 용어로 특별한 개조나 특수한 디자인 없이 다양한 상황에서 최대한의 가능성과 세계화를 기반으로 가능한 한 많은 사람들이 접근 및 이용할 수 있도록 제품 또는 서비스를 디자인하는 것

〈유니버설 디자인 적용 예시〉

공공청사 유니버설 디자인 적용 안내 책자 ▹ 공공청사 내 픽토그램 활용안내표지판 예시	경기 안양시 ▹ 지하상가 출입구 번호 체계를 인지하기 쉽게 통합하고 안내 내용을 단순화	충남 홍성군 ▹ 고령자·색약자가 인지하기 쉽도록, 계단에 선명한 미끄럼 방지 테이프를 시공해 사고 예방

PART Ⅶ.

환경생태와 녹색기술

Point 59. 생태계와 생태계서비스

[1] 생태학

생태학은 Robert Leo Smith와 Thomas M. Smith(2001)에 의하면 식물생태학, 동물생태학, 생물생태학, 개체군생태학, 생태계생태학 등으로 세분화된다. 그리고 응용생태학으로서 보전생물학, 경관생태학, 복원생태학, 환경생태학 등이 있다[163].

생태학(Ecology)[164]이라는 말은 독일의 생태학자 Haeckel. E. M.(1874~1917)이 1869년에 저술한 "생물의 일반 형태학"이라는 책에서 생태학[165](Ökologie)이라는 용어를 처음 사용하였다. "Ecology"는 고대 그리스어로 가정 혹은 농장, 사는 곳(a place to live) 등을 뜻하는 'oikos'와 학문을 뜻하는 'logos'를 합성한 것이다. 따라서 흔히 생태학은 생물종과 그들이 살고 있는 장소, 그들의 환경 등에 관한 상호 관련성을 연구하는 학문으로 정의한다.

---

163) 조동길(2011) 생태복원 계획·설계론 자료 재인용

164) Webster 대사전: 생태학은 생물과 환경과의 관계의 전부 혹은 그 형상을 연구하는 학문으로 정의하고 있다. E.P. Odum(1963): 자연의 구조와 기능을 연구하는 학문으로 정의하고 있다.

165) 19세기 중엽 생태학의 개념이 널리 보급되어 De Candolle, A.(1855)는 물의 요구에 따라 식물을 6군으로 구분하고 Griesebach, A.R.H.(1872)는 기후분포에 따른 식물의 생활형을 분류하였다. 이후 Clements, F.E.(1905)가 생태학 교과서를 발간하였고 1916년에 생물군집이 시간이 경과함에 따라 변한다는 학설, 곧 **천이설**을 발표하였다.

[생태학의 영역별 조사 연구대상[166]]

생물체계 구성수준	개체	개체군	군집	생태계
생태학 분야	개체생태학	개체군생태학	군집생태학	생태계생태학
연구대상	갈대개체	갈대개체군	갈대-물억새군집	군집과 그 군집의 물리적 환경 포함

생태계는 생물(생산자, 소비자, 분해자), 유기물(낙엽, 수계, 생리활성물질 등), 무기물(태양, 토양, 온도, 바람, 미량원소, 바람 등)으로 구성되어 있다. 광합성에 의해 에너지를 생산하는 식물 등은 독립영양자에 속하며 초식동물(1차 소비자)과 육식동물(2차 소비자) 등은 종속영양자에 속한다.

아래 그림은 생태계 내에서 에너지와 영양물질의 이동을 나타낸 모식도이다. 여기서 에너지는 일방적으로 이동하고 영양물질은 순환하고 있다는 것에 유의해야 한다.

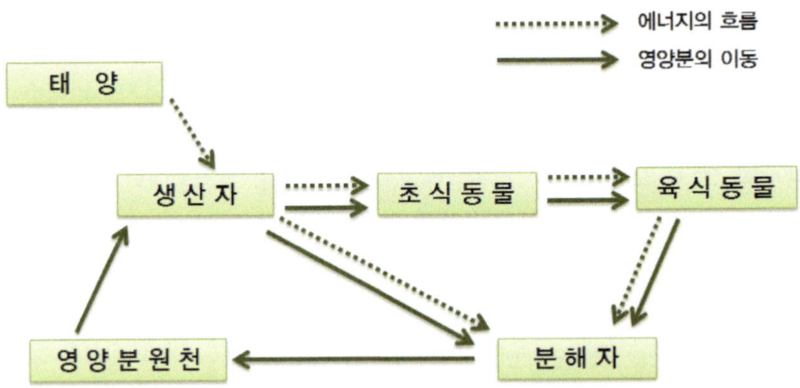

[생태계에서의 에너지와 영양물질 이동 모식도]

생태계의 발전과정을 생태적 천이(ecological succession)이라고 한다. 생태계는 일정한 생장 단계를 거쳐서 성숙 또는 안정화되는데, 그 최후의 단계를 극상(climax)[167]이라고 한다.

166) 조동길(2011) 생태복원 계획·설계론 자료 재구성

167) 극상의 유형은 기후극상(climatic climax)와 토지극상(edaphic climax)로 구분된다. 기후극상은 기후적 조건에 따른 서어나무, 참나무류가 해당하며 토지극상은 능선부 암석지대의 소나무 등이 해당한다.

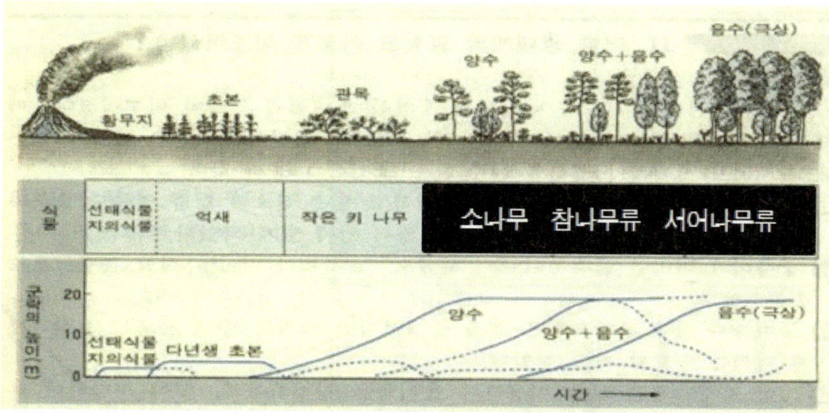

[생태적 천이[168] 모식도]

지금부터는 생태학의 기초 이론에 대해 간단히 설명하고자 한다. 먼저 제한요인(制限要因, limiting factor)을 살펴보자. 생물이 살아가려면 일정한 범위의 물리화학적 및 생물학적 조건이 갖추어져야 한다. 이때 생물은 많은 조건 중에서 가장 약한 단일 또는 소수조건에 의해 지배를 받는데, 이 소수 조건을 제한요인이라고 한다.

열, 빛, 물 등과 같은 환경요인은 많거나 적더라도 다 함께 제한요인으로 작용하는 경우가 많다. 즉, 생물은 이와 같은 환경요인의 생태학적 최소치와 최대치 사이에서 살고 있는데, 이를 내성(tolerance) 범위라고 한다.

생물은 단순히 물리화학적으로 환경의 노예가 아니라 그들 자신을 환경에 순응하도록 적응하여 제한효과를 약화시키는 능력을 가진다. 이를 요인보상(factor compensation)이라 하며 주로 군집 수준에서 흔히 볼 수 있다.

지리적 분포가 넓은 종은 대체로 각 지역에 적응한 생태형(ecotype)이 발달한다. 즉, 생태형은 지리적 분포가 넓은 동일종의 다른 환경하에서 생육하기 위해 그 환경조건 하에서 적응하여 분화한 성질이 유전적으로 고착화되어 생긴 형태이다. 생태형이라는 말은 Turesson(1922)가 단일종간의 유전적 변이를 기재하기 위해 최초로 사용하였다.

168) * 생태적 천이의 특성은 규칙성이 있어야 하고 군집에 따른 물리적 환경의 변화에 따라 발생하며 안정된 군집에 도달했을 때 비로서 천이가 완결되는 것으로 본다.
* 천이의 유형은 정상천이, 퇴행천이, 편향천이 등이 있으며 최근에 연구에 따라 추가적 개념이 지속적으로 정립되고 있다. 일반적으로 우리가 이야기 하는 생태적 천이는 정상척이이다.

함께 알아야 할 포인트

■ 우리나라 소나무(*Pinus densiflora*)의 생태형(ecotype)

우리나라 소나무는 일본 우에끼교수가 1928년도에 6가지 생태형으로 구분하였다.
금강형, 중남부평지형, 동북형, 안강형, 중남부고지형, 위봉형으로 나뉜다.

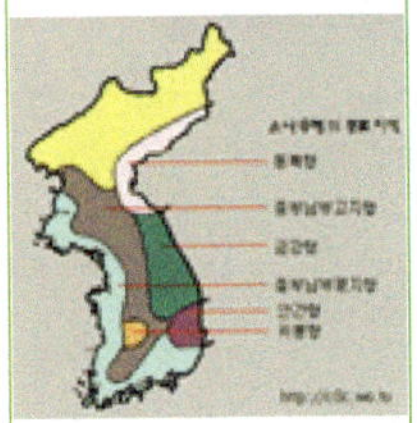				
생태형 분포 위치	금강형	중남부평지형	위봉형	안강형

제한요인(Limiting factor)은 물리화학적 제한요인과 생물적 제한요인으로 구분되며, 물리화학적 제한요인으로는 온도, 광선, 물, 대기가스, 영양염류, 흐름과 압력, 토양, 불, 미환경과 생물기후 등이 있다. 이 중 온도의 경우 생물은 -200~+100℃ 범위에서 생존 가능하지만, 실제로 대부분의 생물은 훨씬 좁은 온도범위에서 생존가능하다.

생물종 중 제한요인에 의해 내성범위가 매우 좁은 종들은 환경조건의 특성을 나타내는 중요한 지표로 사용되는데, 이와 같은 종을 지표종(indicator species)이라 하며 이들 지표종은 기후변화 등의 환경변화를 알려주기도 한다.

생태계 내에서 생물은 지리적 생활장소의 차이, 주기적 혹은 계절적 변화, 생식방식 등의 이유로 집단화를 형성하고 이들 집단화는 생물장소의 고유한 특성, 기후 및 기타 지리적 요인, 종의 번식양식, 사회과정 등에 의존한다.

집단화 과정에는 전체적인 밀도처럼 최적한 개체군의 생장과 생존을 보장하는 밀도가 있는데, 이때에는 과소와 과밀이 제한요인이 된다. 이것이 바로 Allee의 원리(Allee's principle)이다. 예를 들어 무리 지어 사는 새는 무리의 규모가 작을 때 잘 번식할 수 없다.

생태계 내에서 생물군집은 서로 경쟁과 공생을 하면서 생활하는데[169], 서로 다른 두 개체군이 영양물질, 공간, 광선 등을 공통적으로 요구할 때 경쟁이 발생한다. 이는 가우스(Gause)의 원리에서 잘 설명된다. 가우스는 1934년에 짚신벌레를 대상으로 실험하여 두 개체군 사이에 생태적 지위[170]가 겹치면 공존할 수 없다는 것을

---

169) 두 종간에는 매우 다양한 상호작용을 갖는데, 서로의 이해관계에 따라 경쟁, 중립, 편해작용, 기생, 포식, 편리공생, 상리공생 및 원시협동으로 분류된다.

170) 생태적 지위는 자연상태에서 생물이 차지하는 공간 또는 온도, 습도, 토양, pH 등 여러 가지 환경요인에 있어 그 생물이 차지하는 위치(지위)이다.

증명하였다. 그래서 가우스의 원리를 경쟁적 배타의 원리라고도 한다.

지구상에 살고 있는 모든 식물의 양이 99%이고 동물의 양은 1% 정도이다. 즉, 식물에 의한 생산력은 매우 중요하며 생태계나 군집의 기초생산력을 1차생산성(primary productivity)[171]이라 하는데, 이는 광합성과 화학합성에 다른 대사에너지가 먹이로서 이용할 수 있는 유기물로서 고정되는 양이라고도 할 수 있다.

생태학에서 생물군집은 특정지역 또는 특정한 물리적 서식처에서 살고 있는 개체군의 집합체로 정의된다. 생물군집에서 에너지의 흐름이나 물질순환의 주동적 구실을 맡고 있는 종이나 군단을 우점종[172]이라고 한다. 우점종을 포함한 종 다양성, 빈도, 피도, 우점도, 군도 등에 대한 자세한 내용은 녹색조사방법론에서 다시 언급하기로 한다.

두 가지 이상의 이질적 군집이 서로 인접하고 있을 때, 이행부 지역을 추이대 즉, 에코톤(ecotone)이라고 하며 여기에서 주연부 효과(edge effect)가 발생한다. 주연부 지역에는 대부분 종수와 종다양도가 다소 높게 나타난다.

생물군집에서 천이 초기에는 *r*-선택(*r*-selection)이, 천이 후기에는 *K*-선택(*K*-selection)이 지배적이다. MacArthur와 Wilson(1967)은 개체수가 환경수용능력(K)에 가깝도록 증가하는 환경을 *K*-선택 환경, 그리고 생물의 번식능력 r을 발휘하는 환경을 *r*-선택 환경이라 불렀다.

[*r*-선택과 *K*-선택 생물의 특징 비교[173]]

r-선택 생물	*K*-선택 생물
일찍 성숙하여 r을 높임	늦게 성숙함
크기가 작은 다수의 자손 생산	크기가 큰 소수의 자손 생산
짧은 생활사	긴 생활사
일년생	다년생
부모로부터의 자원의 분배 적음 (어린 자손의 생존율 낮음)	부로부터의 자원의 분배가 많음 (어린 자손의 생존율이 높음)
낮은 경쟁력	높은 경쟁력
적합한 서식지에 도달하기 위해 산포력이 매우 좋음	경쟁이나 근친 교배를 피하기 위해 산포력이 좋음
주로 천이 초기종	주로 천이 후기종

171) * 1차 총생산력(gross primary productivity): 일정기간 중 광합성에 의하여 생산된 총량을 말하며 그 기간 중에 흡수에 의하여 사용된 유기물의 양까지도 포함된다. 일차총생산력을 광합성량(total photosynthesis) 또는 총동화(total assimilation)라고도 한다.
* 순생산력 또는 일차총샌산력(net primary productivity): 총생산력에서 흡수량을 제거한 양이며 현실광합성(apparent photosynthesis) 또는 순동화(net assimilation)라고도 한다.
* 군집총생산력(net community productivity): 일정기간에 종속영양자에게 이용되지 않는 유기물의 축적양을 말한다.
* 이차생산력(secondary production): 일정기간의 소비자단계에서의 에너지 축적량을 말한다.

172) 우점도지수는 한 종 혹은 여러 종에 대한 특정 종의 우점의 집중도

173) 김준호 등(2007) 자료와 조동길(2011) 자료 재구성

함께 알아야 할 포인트

■ 생태학의 역사: 자연을 이해하려는 지식의 흐름

생태학(Ecology)은 생물과 환경 간의 상호작용, 그리고 생물들 사이의 관계를 과학적으로 탐구하는 학문이다. 오늘날 생태학은 기후변화, 생물다양성, 환경정책, 도시계획, 보전과 복원에 이르기까지 폭넓은 분야에 응용되며, 지속가능한 사회를 설계하는 데 필수적인 기초과학으로 자리잡고 있다. 그러나 생태학은 단번에 정립된 것이 아니라, 오랜 역사 속에서 철학, 자연사, 실험과학의 흐름이 축적되어 발전한 학문이다.

【고대와 중세: 자연철학의 시대】

생태학적 사고의 기원은 고대 그리스 철학자들로 거슬러 올라간다. 아리스토텔레스(Aristotle)와 그의 제자 테오프라스토스(Theophrastus)는 생물의 분류와 생육 조건, 생물의 서식지에 대한 관찰을 통해 초기적인 생태학적 개념을 제시하였다. 이들은 생물이 환경에 따라 달라지며, 자연에는 고유한 질서가 존재한다는 생각을 피력하였다. 중세 시기에는 종교 중심의 세계관이 지배하면서 자연에 대한 해석이 신학적으로 편향되었으나, 여전히 자연의 순환성과 균형에 대한 직관적 이해는 유지되었다.

【18~19세기: 자연사와 생물지리학의 발달】

근대에 들어 과학적 탐구가 활발해지면서 생물학, 지질학, 지리학의 발전이 생태학의 기초를 마련하였다. 린네(Carl Linnaeus)는 생물의 분류체계를 정립하면서 생태적 지위(niche) 개념의 초석을 놓았고, 훔볼트(Alexander von Humboldt)는 식물지리학과 기후, 지형의 상관관계를 연구하며 생태학의 공간적 인식을 강화하였다.

이 시기는 전 세계를 대상으로 한 식물 분포 연구, 생물 군집의 패턴 관찰, 생물과 환경 간의 관계에 대한 인과 추론이 등장한 시기이며, 종의 다양성과 서식지의 중요성이 부각되었다.

【19세기 후반~20세기 초: 생태학의 과학적 체계화】

'생태학'이라는 용어는 1866년, 독일의 생물학자 에른스트 헤켈(Ernst Haeckel)에 의해 처음 제안되었다. 그는 생태학을 "생물이 그들의 유기적 및 무기적 환경과 맺는 모든 상호관계에 대한 연구"로 정의하였다. 이후 유럽과 북미에서는 식물생태학(plant ecology)과 동물생태학(animal ecology)이 독립적인 분야로 발전하기 시작하였다.

1900년대 초반에는 코울터(F.E. Clements)의 군집 이론(community succession), 로트카

와 볼테라의 포식자-피식자 수학모델, 틸만과 레이번스의 군집 안정성 개념 등이 등장하면서 생태학은 이론과 수리모형을 갖춘 과학으로 체계화되었다. 동시에 생물학적 실험기법이 도입되어 실험생태학(Experimental Ecology)이 발달하였다.

【20세기 중반: 생태계 개념의 등장과 통합】

1935년, 영국의 생물학자 아서 타인슬리(Arthur Tansley)는 '생태계(ecosystem)'라는 개념을 도입하였다. 이는 생물적 요소와 비생물적 요소가 에너지 흐름과 물질 순환을 통해 하나의 기능적 단위로 작동한다는 생각으로, 생태학의 분석 단위를 생물 군집에서 기능적 시스템 단위로 확장시켰다.

이후 레이먼드 린드만(Raymond Lindeman)은 호수 생태계 내의 에너지 흐름을 분석하며 영양단계(trophic level)의 개념을 정립하였고, 유진 오덤(Eugene Odum)은 『기초 생태학(Fundamentals of Ecology)』(1953)을 통해 생태학의 종합적 접근을 제시하면서 생태학을 하나의 통합과학(interdisciplinary science)으로 끌어올렸다.

이 시기부터 생태학은 군집, 개체군, 생물지리학, 에너지생태학, 생물지구화학 등 다양한 하위 분야로 전문화되면서, 체계적이고 계량적인 학문으로 발전하였다.

【현대 생태학: 위기 대응의 학문으로】

1970년대 이후 환경 위기와 지구적 생태 문제의 부상이 생태학의 역할을 다시 확장시켰다. 기후변화, 산림파괴, 생물다양성 손실, 생태계 서비스의 감소 등은 생태학이 자연을 이해하는 학문을 넘어서, 사회와 정책, 기술과 연결된 응용과학으로 진화하게 만든 계기였다.

오늘날 생태학은 원격탐사, 인공위성, 빅데이터, AI 기반의 생물종 탐지 등 첨단 기술과 융합되며, 보전생물학(conservation biology), 도시생태학(urban ecology), 생태복원학(restorationecology), 생태경제학(ecological economics) 등의 새로운 분야와 결합되고 있다. 또한 인류세(Anthropocene)라는 개념을 통해 인간 중심 사회가 자연 시스템에 미치는 영향을 해석하고, 그 속에서 인간과 자연의 공존을 모색하는 핵심 학문으로 재조명되고 있다.

[2] 경관생태학

경관생태학(Landscape Ecology)은 생태계의 구성과 기능을 공간적 패턴과 스케일의 관점에서 통합적으로 이해하려는 학문으로, 생태학과 지리학, 공간정보기술이 융합된 대표적인 학제 간 연구 분야이다. 경관생태학은 단지 생물과 환경의 상호작용을 다루는 데서 나아가, 그 상호작용이 공간적 배치, 크기, 연결성, 경계의 형태 등에 따라 어떻게 달라지는지를 분석함으로써 인간 활동과 자연 환경 사이의 관계를 보다 정밀하게 이해하고자 한다.

경관생태학이라는 용어는 Troll(1939)에 의해 처음 사용되었으며, 지역지리학과 식생학에서 유래하였다. 이 당시 경관생태학의 개념은 물리적 환경과 상호작용하는 경관의 특정한 공간적 유형에 중점을 두었다. 이후 많은 과학자에 의해 경관생태학의 개념이 확장·정리되었는데, 이를 요약하면 경관생태학은 생태계의 공간적 분포 패턴에 관계되는 현상을 밝혀내는 것을 주된 목적으로 연구하는 분야이다[174].

생태학은 일반적으로 유기체와 환경 간의 상호작용을 연구하는 학문[175]으로 정의되며, 또는 생태학은 물, 바람, 에너지 흐름, 동·식물 사이에서 일어나는 수직적인 관계를 규명하는 연구로 요약 정리할 수 있다. 반면에 경관생태학은 공간과 공간 사이에서 일어나는 현상을 규명하는 수평적인 연구[176]라고 할 수 있다.

식물세포나 인체와 같이 살아 있는 시스템은 세 가지의 일반적인 특성인 구조와 기능, 변화를 가지고 있다. 경관생태학은 경관의 구조와 기능, 그리고 변화를 중심으로 연구한다. 경관구조(Structure)는 경관의 공간적 유형이나 배열상태이며 기능(Function)은 경관구조 내의 동·식물과 물, 바람, 물질 그리고 에너지의 이동과 흐름이다. 마지막으로 변화(Change)는 시간변화에 따른 공간적 유형과 기능의 동태나 변화를 말한다.

경관생태학적 원칙[177]은 패치, 가장자리와 경계, 통로, 모자이크(패턴과 규모)의 4가지로 구분할 수 있다.

---

174) 일본조원학회(1999) 자료 재인용

175) 김봉원 역(2000) 조경계획 및 토지이용계획을 위한 경관생태학 자료 재인용

176) 조동길(2011) 생태복원 계획·설계론 자료 재인용

177) 경관생태학의 주요 원칙 요약(이도원, 2003 자료 재구성)

첫째, 패치의 크기와 형태는 생산성, 생물다양성, 토양과 물에 생태적 시사성을 가진다.
둘째, 서식처는 주요 생물종의 서식반경을 고려하여 패치의 크기를 결정해야 한다.
셋째, 대수층과 호수 수질의 유지보호를 위해서는 넓은 패치의 자연식생이 필요하다.
넷째, 생태계의 생물다양성을 유지하기 위해서는 여러개의 넓은 패치가 있어야 한다.
다섯째, 대륙에 가까운 섬이 대륙으로부터 멀리 떨어져 고립되어 있는 섬보다 더 많은 종들이 출현한다.
여섯째, 수로가 만나는 곳을 대규모 식생 결절점으로 처리한다.
일곱째, 패치의 형태는 곡선이어야 하며 불규칙적이어야 한다.
여덟째, 종합을 통한 토지이용의 배치 원칙은 패치, 통로, 매트릭스를 합쳐서 모자이크 패치를 만든다.

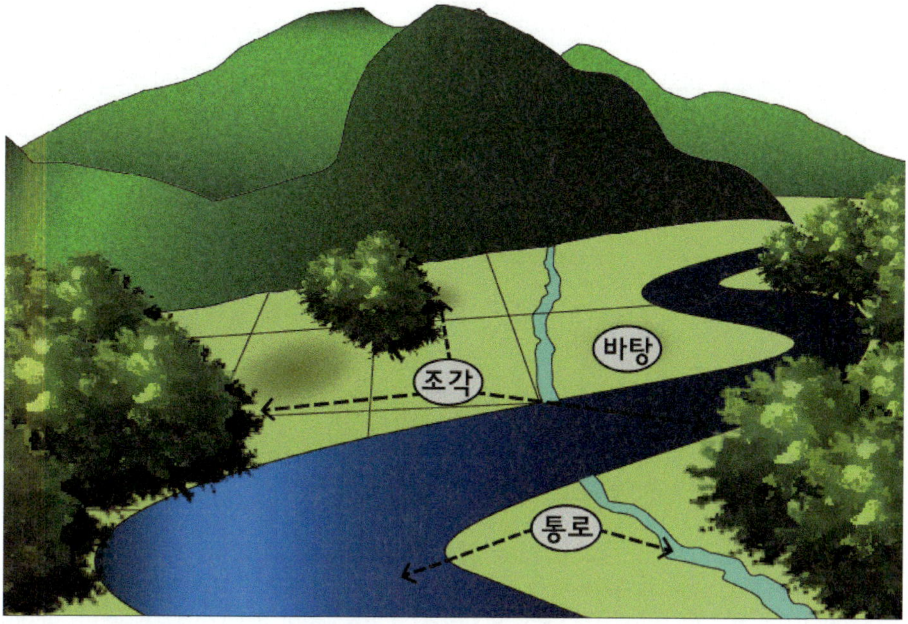

[경관구조의 주요 구성요소]

함께 알아야 할 포인트

■ 경관생태학의 역사: 공간과 생태의 융합을 위한 탐색

【기원: 유럽의 지리적 전통과 생태학의 만남】

경관생태학이라는 개념은 20세기 초 중부 유럽, 특히 독일과 오스트리아에서 등장하였다. 초기에는 '경관(Landscape)'이라는 용어가 지리학적·미학적 개념으로 사용되었고, 생태학은 개체군이나 군집 중심의 자연과학으로 발전해왔으나, 두 분야는 점차 통합의 필요성을 인식하게 되었다. 독일의 지리학자 **카를 트롤(Carl Troll)**은 1939년 "경관생태학(Landschaftsökologie)"이라는 용어를 처음으로 사용하였고, 항공사진 해석과 지형 분석을 통해 생태학적 공간구조를 연구하는 방식을 제안하였다.

트롤은 경관을 단순한 배경이 아닌 생태계의 기능이 구현되는 공간적 틀로 보았으며, 각 지형과 토지피복이 어떻게 생물군집과 상호작용하는지를 분석하였다. 이러한 초기의 경관생태학은 자연 지리학, 식생지도 작성, 산림 관리 등 실용적 분야에서 활용되며 기반을 다지게 되었다.

【이론적 확립: 생태계 모델과 공간 패턴의 연결】

경관생태학은 1970~80년대에 들어와 북미와 서유럽에서 이론적 체계를 정립하며 본격적인 학문

분야로 발전하기 시작하였다. 특히 1980년대 중반 이후, 인간의 토지이용 변화, 도시 확산, 농업집약화 등이 생태계에 미치는 영향을 이해하기 위해서는 생태적 원리와 공간적 분석을 결합하는 새로운 접근 방식이 필요하다는 인식이 확대되었다.

이 시기의 대표적인 학자는 **리처드 포먼(Richard T. T. Forman)**이다. 그는 『Landscape Ecology』(1986)와 『Land Mosaics: The Ecology of Landscapes and Regions』(1995)를 통해 패치(Patch)-코리도어(Corridor)-매트릭스(Matrix) 모델을 제시하였다. 이는 경관을 이질적 공간구조로 구성된 생태계 단위로 해석하는 모델로, 경관의 구조와 기능을 통합적으로 분석할 수 있는 개념적 틀을 제공하였다.

이 시기에는 또한 중간 규모(mesoscale)에서 생태계를 이해하려는 경향, 그리고 인간 영향이 반영된 동태적 경관 해석이 강화되었으며, 경관생태학은 순수 자연과학의 경계를 넘어 도시계획, 환경설계, 생물다양성 보전 등의 분야와도 연결되기 시작했다.

【기술적 발전: GIS와 원격탐사의 도입】

1990년대 이후 GIS(지리정보시스템), 원격탐사, 공간통계학의 발전은 경관생태학의 발전에 획기적인 전환점을 마련하였다. 고해상도 공간 데이터를 기반으로 경관 패턴을 정량화하고, 생태계 기능과의 관계를 수치적으로 모델링할 수 있는 기술이 등장하면서, 경관생태학은 공간계획과 생태 관리의 주요 도구로 떠오르게 되었다.

이 시기에 등장한 주요 개념으로는 경관 연결성(connectivity), 단편화(fragmentation), 경계효과(edge effect), 생태네트워크(ecological network) 등이 있으며, 이는 도시와 농촌, 보호구역과 개발지 사이의 생태적 연계와 통합을 모색하는 핵심 개념으로 발전하였다.

【현대의 경관생태학: 인간과 자연의 공진화적 접근】

21세기 들어 경관생태학은 기후변화, 도시화, 생물다양성 위기, 토지이용 갈등 등 복합적 문제에 대응하는 실천학문으로 진화하고 있다. 특히 도시경관, 사회생태계 시스템(socio-ecological systems), 생태계 서비스(ecosystem services), 회복탄력성(resilience) 등의 개념과 결합되면서, 경관생태학은 자연과 인간의 공진화(co-evolution)를 다루는 통합과학으로 확장되고 있다.

최근에는 AI 기반 공간모델링, 시나리오 시뮬레이션, 기후적응 도시설계, 그리고 정의로운 전환(Just Transition)을 위한 경관계획 등에도 응용되며, 정책 수립과 공간 설계에서 생태적 근거를 제공하는 핵심 학문으로 자리 잡고 있다. 또한 도시열섬 완화, 생물 이동 경로 확보, 생태계 복원 등의 실천적 문제에 있어 경관 단위의 분석과 계획 수립이 점점 더 중요해지고 있다.

[3] 복원생태학

복원생태학은 생태학과 공학이 연계하여 나타났으며 최근 생태계의 중요성이 대두되면서 우리가 자연생태계 일으킨 손상이나 피해를 치유하거나 생태계를 재건함으로써 다시 자연의 서비스를 제공받기 위해 노력하는 학문이다. 즉, 자연은 놀라운 재생력을 가지고 있으며 우리는 여러 가지 방법을 통해 훼손된 생태계를 재건할 수 있다는 생각을 전제로 하고 있다.

이상을 종합하면, 복원생태학은 복원을 위해 필요한 생태적 이론을 적용하고 발전시켜 나가는 과학적 학문이라고 할 수 있다.

복원생태학은 크게 4가지를 기원으로 하는데, 첫째, 보전생물학으로 개별 종의 복원에 대한 관심, 둘째, 경관생태학, 셋째, 습지관리 및 복원분야, 넷째, 훼손지 녹화 및 복구분야 등이다.

생태복원은 초기에 생물군집의 완전한 복원[178](restoration of entire communities of organisms), 교란이전의 상태에 가장 근접하게 생태계를 되돌리는 것[179](return of an ecosystem to a close approximation of its condition prior to disturbance) 등으로 정의되다가, 최근에는 질적·양적으로 저하되었거나, 훼손되었거나, 파괴된 생태계의 회복을 도와주는 과정[180](ecological Restoration is the process of assisting the recovery of an ecosystem that has been degraded, damaged or destroyed)이라고 정의되고 있다. 최근의 생태복원 개념은 생태적 측면을 포함하여 사회·경제적 측면과 개인·문화적 측면까지 고려한 복원을 의미한다.

또한, 생태복원은 훼손된 상태만을 과거로 되돌리는 것을 의미하는 것이 아니라 현재와 그리고 미래와 연계되어야 한다는 것이다. 생태복원의 결과는 과거로 되돌아가는 것이 아니라 어쩔 수 없이 현재의 표현인 것이다. 즉, 생태복원은 훼손된 생태계를 미래와 연계시켜야만 한다는 의미이다.

안드레 클레웰(Andre F. Clewell)과 제임스 아론스(James Aronson)는 저서 Ecological Restoration에서 생태복원을 단순한 과거로의 회귀가 아닌 미래와 연계해야 한다고 제시하고 있다.

"We restore historical ecological continuity, not historic ecosystems"

"We invariably restore ecosystems to the future"

---

178) Jordan et al.(1987)

179) National Research Council(1992)

180) SER(2004), 조동길(2011) 생태복원계획론 자료 재인용

철학자인 켄 윌버(Ken Willber)는 생태복원을 통해서 축적되는 수많은 가치를 총체적이면서 조직적인 방법으로 검토하기 위하여 생태복원의 사분위 모델(four-quadrant model for ecological restoration)을 고안하였다. 이를 토대로 생태 관련 문제들을 다각도로 바라볼 수 있게 해주며 새로운 통합 생태학을 설명하는 데 효과적으로도 이용할 수 있다.

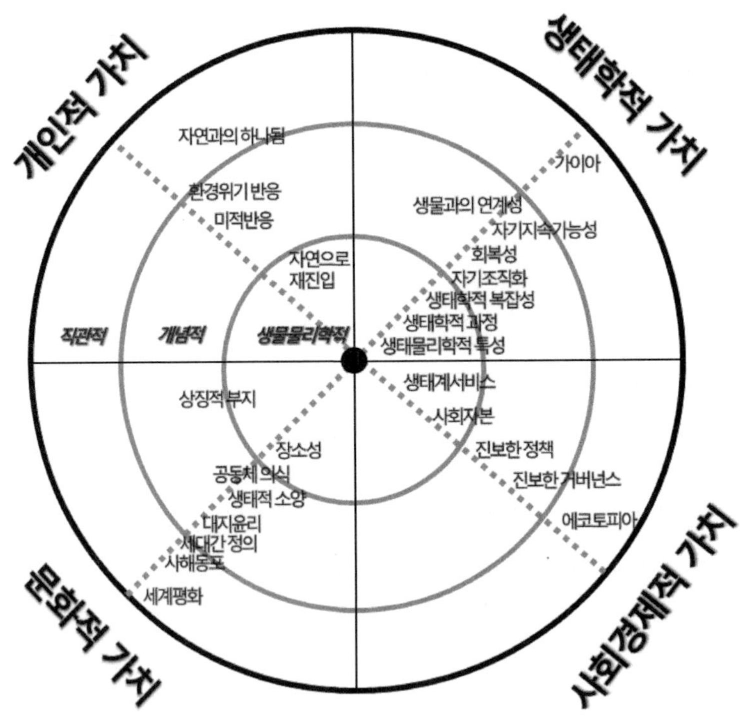

[Ken Wilber가 제안 생태복원 사분위 모델[181]]

[4] 생태계서비스(Ecosystem service)

생태계서비스 개념은 Odum이 1959년에 저술한 생태학의 기초(Fundamentals of Ecology)에서 자연자산과 생태계의 일부로 인구를 표현하면서 시작되었다. 이후 1960~1970년대에 자연의 기능에 대한 사회적 가치가 강조되고, 1970~1980년대에

181) 조동길 등 역(2015) 생태복원 자료 재구성

생물다양성 보존이 강조되는 등 자연자산과 더불어 이와 연계된 사회와 경제 의존성을 포괄하기 시작하였다.

생태계서비스의 용어는 Ehrlich and Ehrlich(1981)가 처음 사용하였으나 생태계서비스에 대한 주류적인 견해는 1997년에 Daily의 저서 '자연의 서비스: 자연생태계에 대한 사회의존성(nature's services: societal dependence on natural ecosystems)'과 지구자연자산의 가치에 대한 Constanza 등의 논문(1997)에서부터 대두되었고 이후 생태계서비스에 대한 연구가 본격적으로 이루어졌다[182].

생태계서비스는 인간사회와 생태계를 연결하고 자연에 대한 인간의 의존성과 인간의 환경에 대한 영향이 증가하고 있음을 나타내기 위해 도입된 개념으로 기존의 문헌에서는 다음과 같이 정의하고 있다.

[생태계서비스의 정의]

구 분	정 의
Daily (1997)	- 생태계와 생물종이 인간의 삶을 이루고 살아가게 하고 충족시키는 것
Constanza et al.(1997)	- 인간이 생태계 기능으로부터 직접 또는 간접적으로 얻는 혜택
MA[183]	- 인간이 생태계로부터 얻는 혜택
Boyd and Banzhaf(2007)	- 생태구성요소가 직접 소비되거나 즐겨 인간복지에 기여하는 것
Fisher et al (2009)	- 인간의 삶의 질 향상에 이용되는 생태계 측면

생태계서비스의 분류체계 역시 Costanza *et al.*(1997)에서 시작하였으며 de Groot *et al.*(2002)은 생태계 기능을 생산기능, 조절기능, 서식처기능, 정보기능으로 범주화하고 그 하부에 23개의 개별 기능을 열거하였다[184]. MA(2005)는 생태계서비스를 역할에 따라 공급서비스, 조절서비스, 지지서비스, 문화서비스로

182) 한국환경산업기술원(2011) 생태계 서비스 증진을 위한 생태계 조성기술 자료 재구성

183) 2000년대에 들어 유엔 주도로 백여 개 국가에서 저명한 과학자 1,300여 명이 모여 2001년 6월부터 2005년 5월까지 생태계 변화와 인간 삶의 질을 연계하는 과학적 정보를 위하여 의사결정자의 요구를 충족시키도록 설계하기 위해 새천년생태계평가(MA; Millennium Ecosystem Assessment)를 수행하였다. MA는 누구나 이해할 수 있는 공통분모의 생태계서비스로서 생물다양성으로부터 제공되는 모든 제품과 서비스를 설명하기 위한 개념적 틀을 제공하였다. 지구 전체 24개 생태계서비스 가운데 15개가 하락추세이며 미래의 인간복지에 부정적인 영향을 미칠 것이라고 예측하고 있다(MA, 2005).

184) 안소은 등(2014) 생태계서비스 측정체계 기반구축(Ⅰ): 하천생태계를 중심으로 자료

구분하였다.

유럽환경청(EEA)의 주도로 생태계 계정 작성을 위한 국제표준 생태계서비스 분류체계(CICES; Common International Classification of Ecosystem Services) 개발연구와 생태계 계정 작성 시범사업이 병행 진행되었다. 국제표준 생태계서비스 분류체계는 2018년 v5.1까지 작성되어 부문(Section), 구분(Division), 그룹(Group), 클래스(Class), 클래스 유형(Class type)의 5단계로 구성되며 공급서비스(Provisioning)와 조절 및 유지서비스(Regulation and Maintenance), 문화서비스(Cultural)를 포함한다. 특히 공급서비스의 경우 자연자산(Natural assets)과 경작자산(Cultivated assets)의 구분을 통해 환경자산계정과의 연계성을 강화하였다. 또한 조절 및 유지서비스는 물리적, 화학적, 생물학적 조건의 조절(Regulation of physical, chemical, biological conditions)로 분류되며, 측정 가능한 항목을 우선 배치하였다. 문화 서비스는 직접적(in-situ) 및 간접적(remote) 상호작용으로 세분화되며, 지지 서비스는 다른 서비스의 기반으로 간주되어 별도의 분류 없이 통합적으로 고려된다[185].

생태계서비스 구분 및 지표개발을 위해 인간활동과 환경의 상호작용을 보다 구체적으로 살펴보기 위해 압력-상태-반응(PSR) 모델은 요인-상태-영향-반응(DPSIR, driver-pressure-state-impact-response) 모델로 발전하였다.

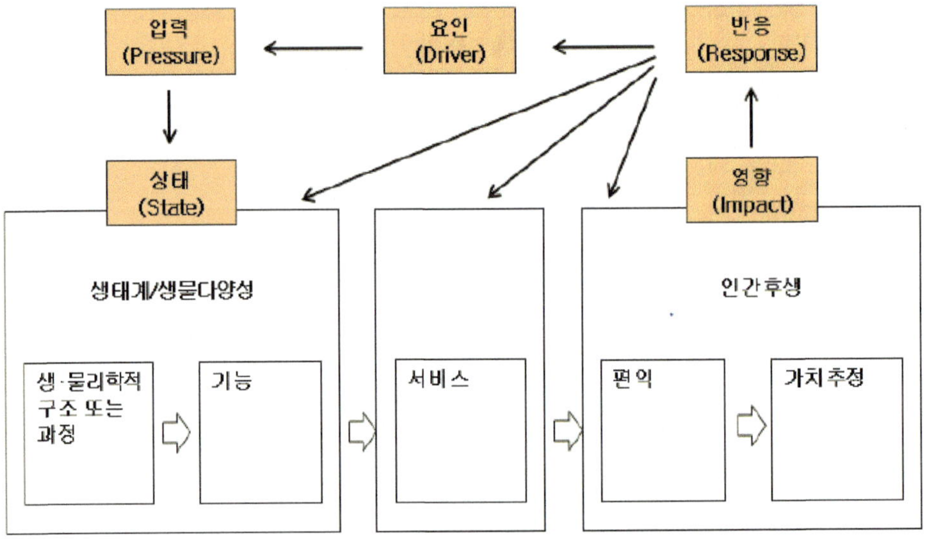

[생태계서비스 지표개발의 개념적 틀[186]]

185) Haines-Young, R. and M.B. Potschin (2018): Common International Classification of Ecosystem Services (CICES) V5.1 and Guidance on the Application of the Revised Structure.
186) Haines-Young and Postshin(2010), 안소은 등(2014) 자료 재구성

[CICES v5.1(2018)에 의한 생태계 분류체계(Group Level)]

Section (부문)	Division (구분)	Group (그룹)
공급서비스 (Provisioning)	생물량 (Biomass)	식량용 작물 및 동물, 목재 및 섬유, 바이오연료
	물 (Water)	식수, 기타 사용을 위한 물
	유전자원 (Genetic materials)	재배/사육 종의 유전자, 야생 유전자 자원
조절 및 유지서비스 (Regulation & Maintenance)	생물적 상호작용 조절	해충 및 질병 조절, 수분 매개
	물리적 환경조절	기후조절, 온도 및 수분 조절
	화학적 및 생물학적 상태 조절	공기/물/토양 정화, 탄소 저장
	물의 흐름 조절	홍수 및 침식 조절, 유출수 완화
	생물 유지 및 서식처 제공	생물다양성 유지, 서식처 제공
문화서비스 (Cultural)	신체적 및 경험 기반 상호작용	레크리에이션, 자연체험
	지적 및 상징적 상호작용	교육, 예술 영감, 정체성
	영적 및 명상적 체험	종교적 장소, 정신적 위안

함께 알아야 할 포인트

생태계서비스 관련 주요 용어[187)]

【생태계(ecosystem】
기능단위로 구분되는 식물, 동물, 미생물 개체군과 비생물학적 환경의 동적인 복잡성
【생물다양성(biological diversity)】
모든 근원, 특히 육상, 해양 및 다른 수생태계로부터 발생한 유기체 간의 변이성과 종간 또는 종과 생태계 간의 다양성을 포함한 생태학적 복잡성
【생태계 특성(ecosystem characteristics)】
특정 생태계가 지닌 속성들로서 주로 생물학적, 화학적, 물리적으로 고유한 특징을 말하며 생태계의 구조와 과정을 규정하는 제약조건으로 작용함
【생태계 구조(ecosystem structure)】
식생, 토양, 지형 수분과 같은 생물적, 비생물적 요소들이 앞서 언급된 특성들과 어우러져 복합적으로 구성된 하나의 망(webs)
【생태계 과정(ecosystem process)】
생태계의 구조를 기반으로 구성요소 간의 물질 및 에너지가 상호 교환되는 동태적인 상태
【생태계 기능(ecosystem function)】
생태계 특성, 구조, 과정 간의 상호작용 결과로 인한 현상
【생태계서비스(ecosystem services)】
생태계의 직접적 또는 간접적인 인간후생의 증가
【생태계 편익(ecosystem benefit)】
생태계서비스 소비로 인해 더 직접적인 인간후생 증가
【지표(indicator)】
환경(현상)의 어떤 측면을 표현하기 위해 정량적 데이터를 사용한 간접적인 측정 도구
【지수(index)】
합산된 또는 가중치가 부여된 파라미터 또는 지표의 집합

187) 국립산림과학원(2013) 주요 산림수종의 표준 탄소흡수량, 국립산림과학원(2006)

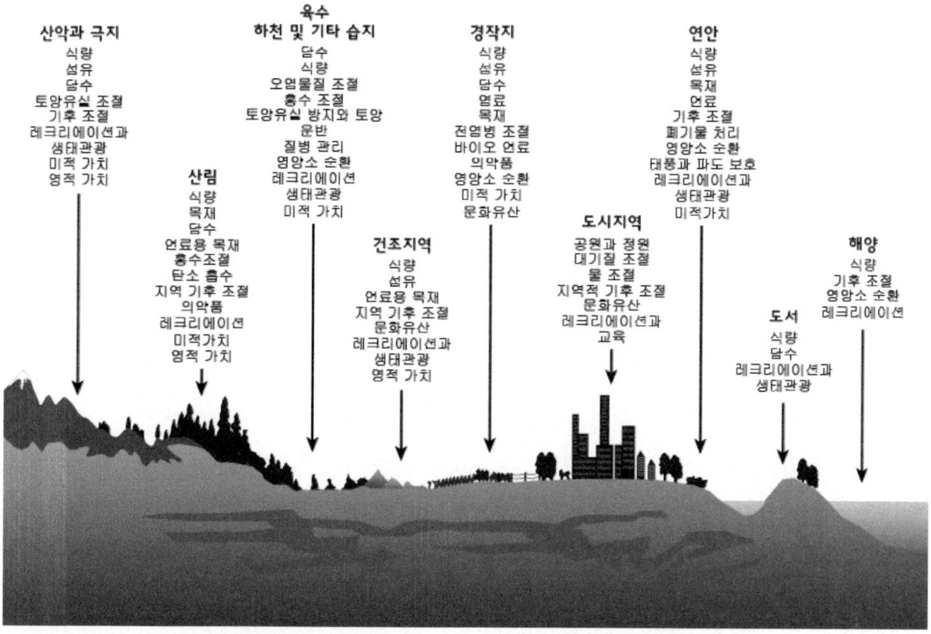

[생태계 유형별 생태계서비스 개념 모식도188)]

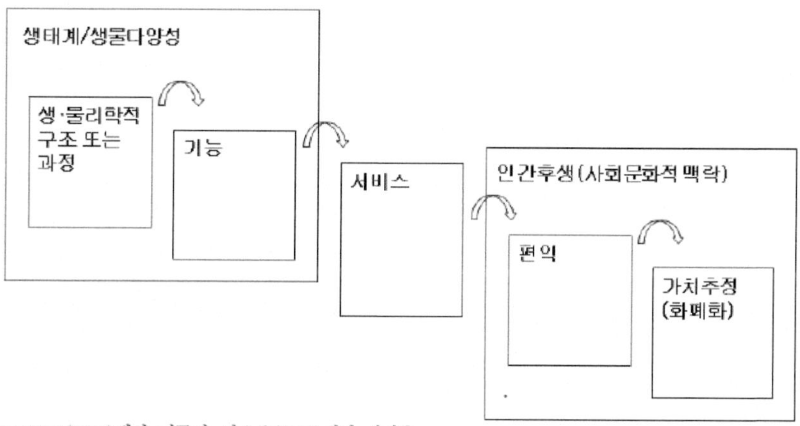

자료: TEEB(2010)에서 재구성; 안소은(2013)에서 재인용

[생태계 구조/과정, 기능, 서비스, 편익, 가치에 이르는 연계 구도 모식도189)]

188) A(2005) A Toolkit for understanding and action 자료 재구성
189) A(2005) A Toolkit for understanding and action 자료 재구성

인공지능(AI)이 알려주는 핵심 포인트

긍정적 측면에서 인공지능(AI)가 바라본, 2100년 우리나라 생태계

2100년, 대한민국의 생태계는 과거 수십 년간의 파괴와 회복을 오가는 역사 끝에 새로운 균형점을 향해 나아가고 있다. 탄소중립이 실현되고, 기후회복 기술이 정착된 이 시점의 생태계는 단순히 '보존'의 대상이 아니라, 인간과 공존하는 회복력 있는 시스템으로 진화한다.

기후변화의 영향은 여전히 깊게 남아 있다. 한반도는 아열대화가 고착되며 기온 상승과 강수 패턴의 변화가 생태계의 구조와 기능에 큰 변화를 가져왔다.

전통적으로 한반도에 서식하던 온대성 식생은 북상하거나 고산지대로 밀려났으며, 참나무류, 소나무류 중심의 산림은 점차 남방계 상록수림과 혼효림으로 대체된다. 반면 남해안과 제주도에는 열대성 식물과 곤충, 조류의 정착이 본격화되며 생물지리학적으로 완전히 새로운 '신(新)한반도 생태대'가 형성된다.

생물다양성 측면에서는 21세기 초반의 위기 이후 일정 부분 회복 국면에 접어든다. 과거 도시화와 개발로 단절되었던 서식지 연결성(ecological connectivity)이 전국적 생태 네트워크 시스템으로 복원되며, 대형 포유류의 이동도 일부 가능해진다. 한강-금강-낙동강을 연결하는 수변 생태축, 백두대간을 따라 이어지는 산림 회랑은 야생동물에게 새로운 이동통로를 제공한다. 멸종위기종 중 일부는 야생 복원에 성공하거나 유전자은행 기반으로 복원 중이며, 인공지능 기반 생태 모니터링 시스템이 실시간으로 개체군 동향과 교란종 확산을 감시한다.

해양 생태계는 수온 상승과 산성화로 큰 타격을 입은 후, 기술과 규제를 통해 부분적으로 회복되고 있다. 동해의 냉수대는 약화되었고, 제주 해역에는 열대성 어종이 정착했다. 한때 붕괴 위기에 놓였던 갯벌, 염습지, 해조류 군락은 '블루카본 생태계'로 인식되며 대규모 복원되었고, 연안지역에는 해양보호구역(MPA)이 확대되어 어민과 생태계가 상생할 수 있는 구조가 자리잡는다.

2100년의 생태계는 기술과 공존한다. 인간은 생태계를 소외된 공간으로 대하지 않고, 도시 안에서 생태계를 '공동체의 일부'로 받아들인다. 도시 외곽에만 머물던 자연은 스마트 녹지, 수직생태정원, 도심 생태하천 등의 형태로 일상 속에 스며들며, 자연기반해법(NbS: Nature-based Solutions)이 도시 설계의 핵심으로 자리잡는다.

도시 생태계는 조류, 곤충, 소형 포유류, 인간이 함께 살아가는 복합서식지(meta-habitat)가 되며, 시민은 그 관리와 보전에 능동적으로 참여한다.

결국 2100년의 대한민국 생태계는 '자연을 되살리는 시대'를 넘어 자연과 함께 살아가는 시대로 진입한다. 자연은 보존의 대상이 아니라, 우리 삶의 가장 안정된 기반이며, 생태계는 기술문명 이후의 회복적 질서로 작동한다. 그 미래는 선택이 아니라, 오늘의 결정과 실천에 달려 있다.

인공지능(AI)이 알려주는 핵심 포인트

■ 부정적 측면에서 인공지능(AI)가 바라본, 2100년 우리나라 생태계

2100년, 대한민국의 생태계는 회복보다는 심각한 붕괴의 징후가 더 짙게 드러나는 시대일 수도 있다. 과거 수십 년간 이어진 기후변화, 도시팽창, 생물 다양성 감소, 생태계 파편화는 되돌리기 어려운 수준에 이르렀고, 일부 생태계는 사실상 비가역적 변화(irrevocable change)를 겪는다. 탄소중립 정책이 전 세계적으로 추진되었지만, 그 속도와 규모는 기후 시스템의 변화를 늦추기엔 너무 부족했을지도 모른다.

한반도의 기온은 산업화 이전 대비 3~4℃ 상승했고, 사계절이 사실상 붕괴된 가운데 여름은 6개월 이상, 겨울은 일부 고산지대에서만 확인된다. 이로 인해 온대성 식생은 거의 사라졌고, 제주도와 남해안을 제외한 대부분의 지역은 반(半)건조지대로 전환되었다. 과거 생태계를 구성하던 참나무, 단풍나무, 소나무 등은 자취를 감추었고, 그 자리는 외래종과 강건종이 차지하면서 생태적 균형이 깨진다.

생물다양성은 급격히 붕괴된다. 한국 고유종의 상당수가 멸종했으며, 철새 도래지는 기온 상승과 서식지 상실로 기능을 상실한다. 특히 갯벌의 축소, 하천의 단절, 무분별한 해안 개발로 인해 물새·양서류·갯벌 생물 군집이 붕괴되고, 식물–곤충–조류의 상호작용 고리도 끊어진다. 몇몇 멸종위기종은 유전자은행에서만 존재하며, '야생'은 더 이상 존재하지 않는 개념으로 전락한다.

해양 생태계는 산성화와 수온 상승의 직격탄을 맞는다. 해양의 플랑크톤 군집이 붕괴되면서 먹이사슬의 기초부터 흔들리며, 남해와 동해에서는 이미 산호초의 백화 현상, 연안 저산소 수역, 어류의 떼죽음 등이 반복된다. 양식업은 바이러스성 질병과 해수 온도 변동성 때문에 극단적인 불안정성을 띠고 있으며, 해양 생물종 중 일부는 연안에서 완전히 사라진다.

도시 생태계 역시 피난처가 되지 못한다. 도시 확장과 인프라 개발은 생태계를 더욱 고립시키며, 녹지는 '경관 장식물' 수준으로 축소된다. 도심 생물은 생존력이 강한 종(예: 비둘기, 까치, 들쥐)에 집중되며, 도시의 생물다양성은 단조로운 '도시생물 군집'으로 수렴된다. 게다가 도심 온도는 주변보다 7~8℃ 높아지는 '슈퍼 열섬 현상'이 고착되며, 생물의 계절성은 붕괴되고 도시민의 건강도 위협받는다.

복원 기술은 존재하지만, 기술은 생태계의 본질을 대체하지 못한다. 도입된 AI 기반 생태 복원 시스템은 복잡한 생태작용을 예측하지 못해 단편적인 보전에 그치고, 인간 중심의 인공 녹지는 자정능력을 가지지 못한다. 결국 인간은 '복원하는 척' 하지만, 회복은 일어나지 않는 도시 생태계를 마주한다. 생태계는 조용히 붕괴되며, 그 변화는 일상의 소음 속에 묻혀버린다.

2100년의 대한민국 생태계는 선택의 실패와 실천의 부족이 만들어낸 결과일 수 있다. 자연은 순응하지 않았고, 인간은 충분히 늦지 않았다고 착각했다. 이 시나리오는 단지 암울한 예언이 아니라, 우리가 지금 무엇을 하지 않았을 때 맞이할 수 있는 미래의 경고장이다. 미래의 생태계는 기술이 아니라 결단과 행동, 그리고 책임의 윤리 위에 세워져야 한다.

Point 60. 생태축(Ecological Axis)과 생태네트워크(Ecological Network)

[1] 생태축

「자연환경보전법」에서 정의하는 생태축이란 '전국 또는 지역 단위에서 생물다양성을 증진시키고 생태계 기능의 연속성을 위하여 생태적으로 중요한 지역 또는 생태적 기능의 유지가 필요한 지역을 연결하는 생태적 서식공간'이다. 보전이 필요한 핵심 생물 서식지(핵심지역)를 곡선 또는 직선의 형태로 연결하는 자연 생태적 흐름의 선으로 이해할 수 있다. 흔히 산림축, 하천축, 해양축으로 구분하여, 각각 산림-산림, 강-습지-연안, 갯벌-해양 생태계를 잇는다.

현재 시행되고 있는 환경 분야의 최상위 계획인 제5차 국가환경종합계획('20~'40)에서는 생태계 지속가능성과 삶의 질 제고를 위하여 국가 및 광역 생태축을 보전하면서 이에 연결되는 도시 생태축을 구축하고, 생태축 단절지역을 대상으로 우선순위를 고려한 복원계획을 마련할 것과, 생태축 접근성이 상대적으로 낮은 지역에는 생태축을 신설하는 방안을 계획지침으로 명시하고 있다.

[제5차 국가환경종합계획의 국토생태축 기본구상190)]

190) 관계부처 합동(2019) 제5차 국가환경종합계획(2020-2040)

[2] 생태네트워크

생태네트워크는 단일 보호지역이나 생태축만으로는 부족한 생물다양성 보전을 위해 여러 생태적 기능 지역을 유기적으로 연결한 공간적 체계를 말한다. 생태축이 단일 선분이라면 생태네트워크는 망(net) 형태로 이루어졌다고 할 수 있다. 주요 구성요소로는 핵심지역, 완충지역, 코리더(연결), 복원창출지역이 있다.

[생태네트워크의 구성요소]

구성요소	기능
핵심지역 (Core Area)	중요 생물종의 이동, 번식 등과 관련된 지역. 다양하거나 희귀한 생물종이 서식하는 장소이며 야생동물의 긴급 피난처 역할을 수행한다. 생태네트워크의 핵으로서 기능하는 절대적 보전지역이다.
생태적 연결/코리더 (Ecological corridor)	핵심지역 사이를 연결하는 경관구조. 반드시 물리적으로 연결된 상태일 필요는 없으며 징검다리형, 점 · 선 · 면의 형태로도 나타난다. 생물들의 피난통로 역할을 수행한다.
완충지역 (Buffer Zone)	핵심지역, 코리더, 복원지역의 주변지역으로서 생태네트워크를 보호하는 일정 범위의 지역. 주로 외부(인간 활동 등)로부터의 충격을 완화시키는 역할을 수행한다.
복원지역 (Restoration Area)	생물종 서식이나 생물다양성 증진을 위해 새롭게 조성되는 지역. 생태적 기능과 연결성 회복이 요구된다. 반드시 훼손 이전과 같은 형태가 아닌 다른 형태로 복원되어도 구조와 기능이 개선된다.

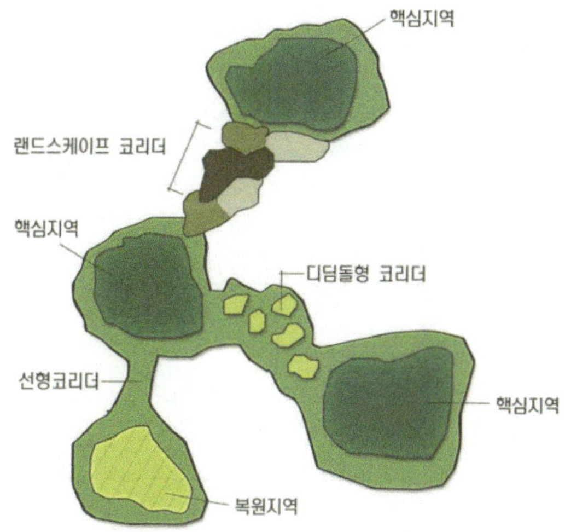

[생태네트워크 도면 작성 개념도[191]]

191) 한국환경정책·평가연구원(2010) 환경정보체계에 기반한 공간환경계획 수립 가이드라인 마련 II : 광역시.도 단위 적용 사례

Point 61. 생태공학(Ecological engineering)

인간은 자연을 변화시켜 보다 유용하게 활용하고자 할 때 토목사업을 시행한다. 땅을 파고 지면을 고르게 한 다음 도로, 터널, 철도나 항만, 교량이나 댐, 공항 등을 세우는 것이다. 이는 필연적으로 기존의 자연생태계에 영향을 끼친다. 잔디 대신 아스팔트와 시멘트가 덮인 지표면, 굴곡지게 흐르던 강 대신 일직선으로 흐르는 하천이 되기 때문이다. 따라서 자연보호운동과 각종 건설사업은 그 이해관계가 상충할 수밖에 없다. 어디까지 자연을 변화시킬지, 변화시켜도 될지에 대한 논의는 쉽게 종식될 수 없는 문제이다.

이러한 갈등을 배경으로 등장한 생태공학은 자연의 생태학적 원리를 인간사회, 즉 토목공학이나 환경학 분야에 응용하기 위한 방법론 분야이다. 생태공학은 자연 생태계를 모방하거나 활용하여 인간에게 유익한 시스템을 설계하고 관리하는 방향을 궁극적인 목표로 한다. 생태공학은 다양한 사람들에 의해 정의되어 왔는데, 몇 가지를 정리하면 다음과 같다.

[생태공학의 다양한 정의]

정의자	정의	
	원문	국문
Odum, H.T. (1996)[192]	Ecological engineering is the management of nature by man that maintains and restores the self-designing capacity of ecosystems.	생태공학은 인간이 자연을 관리함으로써 생태계의 자가 설계 능력을 유지하고 복원하는 것을 목표로 하는 학문이다.
Mitsch & Jørgensen (2004)[193]	Ecological engineering is defined as the design of sustainable ecosystems that integrate human society with its natural environment for the benefit of both.	생태공학은 인간 사회와 자연 환경을 통합하여 양자 모두에게 이익이 되는 지속가능한 생태계를 설계하는 학문이다.
UNEP (2021)[194]	Nature-based solutions, such as ecological engineering, use ecosystem services to address societal challenges, particularly in water, climate, and biodiversity sectors.	생태공학과 같은 자연 기반 해법은 생태계서비스를 활용하여 사회가 직면한 문제들—특히 물, 기후, 생물다양성 분야—에 대응하는 접근 방식이다.

192) Odum, H.T. (1996). Environmental Accounting: EMERGY and Environmental Decision Making. Wiley-Interscience.

193) Mitsch, W. J., & Jørgensen, S. E. (2004). Ecological Engineering and Ecosystem Restoration. Wiley.

생태공학은 자연과 인간이 지속가능한 공존을 이룰 수 있도록 인간 활동으로 인해 훼손된 생태계의 복원, 정화, 조절 등에 초점을 맞춘다. Mitsch & Jørgensen(2004)은 저서[195]에서 생태공학의 19가지 원칙을 제시하였다. 이를 핵심원칙 5가지로 요약하면 다음과 같다.

첫째, 생태계는 자가 설계(Self-design)하는 시스템이다.
둘째, 시스템 접근(System approach)을 사용해야 한다.
셋째, 생물다양성은 생태계의 자가 설계 능력을 유지하기 위해 중요하다.
넷째, 생태공학 설계는 가능한 한 펄싱(Pulsing) 시스템으로 계획해야 한다.
다섯째, 생태기술은 가능한 모든 상호작용을 통합하는 전체론적 접근(holistic approach)을 필요로 한다.

첫째로, 자연은 스스로 조직되고 회복할 수 있는 능력이 있다. 생태공학 설계 시에는 새로운 생태계를 창조하거나 건설하기보다는, 이 원칙을 고려하여 생태계가 스스로 회복되고 균형을 찾도록 유도하는 것에 주안점을 두어야 한다.

둘째, 생태계는 다양한 생물적·비생물적 요인이 복잡하게 결합된 하나의 계(system)이다. 생태계의 모든 구성요소는 상호 연결되어 있으므로 식생, 토양, 수질 등의 개별 요소를 따로따로 다루는 것이 아니라 거시적인 관점에서 접근하여야 한다. 항상 경관, 유역, 기후 등 상위 시스템 관점에서도 살펴보아야 하며, 전체 생태계 시스템의 기능과 흐름을 이해하고 활용해야 한다.

셋째, 생태공학 설계 시 생물다양성은 중요한 고려 요인이 된다. 특정 종에 초점을 맞추어서는 안 되며 생물종의 기능적 다양성(functional diversity)을 확보하는 것이 중요하다.

넷째, 자연에는 변동성과 주기(pulse dynamics)가 존재한다. 계절 변화나 유량 변동, 조수간만의 차가 발생하는 등의 예시를 들 수 있다. 생태공학의 설계에는 이러한 자연의 변동성을 반영하여야 한다. 자연 생태계에 정적(static)으로 접근하는 것이 아니라 동적(dynamic)으로 접근하여야만 더욱 안정적이고 지속가능한 설계가 가능하다.

다섯째, 생태공학 설계는 단순히 생태계를 모방하는 활동이 아니다. 생태공학은 물리·화학·생물·사회 시스템 전반을 통합적으로 설계하는 것으로써, 설계하고자 하는 단위가 커질수록 생태공학 설계는 다학제적 접근을 필수로 요한다.

---

194) UNEP (2021). Making Peace with Nature. United Nations Environment Programme.
195) Mitsch, W. J., & Jørgensen, S. E. (2004). Ecological Engineering and Ecosystem Restoration. Wiley.

함께 알아야 할 포인트

Mitsch & Jørgensen가 제시한 생태공학 설계의 19가지 원칙[196)]

1. 생태계의 구조와 기능은 외부 및 내부 요인에 의해 형성되며, 이러한 요인들을 이해하는 것이 생태공학 설계의 기본이다.
2. 생태계는 한정된 에너지와 자원을 활용하므로, 효율적인 사용이 필수적이다.
3. 생태계는 에너지와 물질을 교환하므로 이러한 흐름을 고려한 설계가 필요하다.
4. 소수의 핵심 요인에 집중하는 것이 오염 방지나 생태계 복원에 전략적인 접근 방식이다.
5. 생태계는 변동성 있는 입력을 완화하는 항상성 능력을 지니고 있으므로, 자연의 자기 조절 능력을 활용하여 안정적인 시스템을 구축할 수 있다.
6. 자연의 물질 순환 속도에 맞는 재활용 시스템을 설계하여 오염을 최소화하여야 한다.
7. 가능한 한 펄싱 시스템으로 설계한다. 자연의 주기적 변화를 반영한 설계가 바람직하다.
8. 생태계는 스스로 설계하는 시스템이다.
9. 생태계는 고유한 시간과 공간 규모를 가지므로, 환경 관리 시 이를 고려해야 한다.
10. 생물다양성은 생태계의 자기 설계 능력을 유지하기 위해 중요하다.
11. 생태계의 전이구역은 생태계에서 세포의 막과 같이 중요하다.
12. 생태계 간의 연결을 최대한 활용해야 한다.
13. 생태계의 구성 요소는 상호 연결되어 있으므로, 직접적 및 간접적 효과를 모두 고려해야 한다.
14. 생태계는 발전 역사를 지닌다.
15. 생태계와 종은 지리적 경계에서 가장 취약하므로 이를 고려해야 한다.
16. 생태계는 계층적 시스템이며, 더 큰 경관의 일부이다.
17. 자연에서 물리적 과정과 생물학적 과정은 상호작용하므로, 이를 이해하고 해석하는 것이 중요하다.
18. 생태기술은 가능한 한 모든 상호작용하는 부분과 과정을 통합하는 전체론적 접근을 요구한다.
19. 생태계의 정보는 구조에 저장된다.

---

196) Mitsch, W. J., & Jørgensen, S. E. (2004). Ecological Engineering and Ecosystem Restoration. Wiley. 자료 재구성

Point 62. 자연기반해법(NbS; Nature-based Solution)

자연기반해법은 사회적 도전과제를 효율적이며 순응적으로 해결하고자 자연생태계 및 변모된(modified) 생태계를 보호하고, 지속가능하게 관리 및 복원하는 조치[197]를 말한다. 주로 생물다양성 보존과 복원이라는 목표 아래 환경, 사회, 경제 문제를 공학적인 방식이 아닌 자연의 지속가능한 방식으로 해결한다.

2000년대 중반 들어 콘크리트 하천이나 댐과 같은 회색 인프라만으로는 장기적인 생물다양성의 손실과 생태계 훼손을 막을 수 없다는 의견이 제기되었다. 이에 2000년대 후반부터 국제자연보전연맹(IUCN; International Union for Conservation of Nature)이 NbS를 주창하였다. 기후변화, 생물다양성 손실, 수자원 고갈과 같은 자연 생태계의 복합적 위기를 생태적으로 해결하자는 것이다. 국제사회는 NbS를 새로운 해결책의 방향으로 받아들였으며, IUCN은 2016년 9월 하와이에서 개최된 세계자연보전총회(WCC; World Conservation Congress)에서 NbS의 정의를 포함하는 결의안(WCC-2016-Res-069)을 채택하였다.

[NbS를 통한 생물다양성과 인간 삶의 질 향상]

197) 원문: "Nature-based Solutions are actions to protect, sustainably manage, and restore natural or modified ecosystems, that address societal challenges effectively and adaptively, while simultaneously providing human well-being and biodiversity benefits."

오늘날 NbS는 지속가능발전목표(SDGs) 달성에 있어서 필수적인 매커니즘으로 받아들여진다. IUCN은 전 세계 각국의 이해관계자들이 NbS를 의사결정과정에 활용할 수 있도록 '자연기반해법을 위한 IUCN 국제 표준'을 만들어 배포하고 있다. 이 표준은 8대 기준과 28개의 지표로 구성되어 있다. 이를 정리하면 다음과 같다[198].

[자연기반해법을 위한 IUCN 국제표준 요약]

구분	내용	
기준 1	NbS는 효율적으로 사회적 과제를 다룬다.	
	지표1.1	권리자와 수혜자에게 가장 시급한 사회적 과제의 우선순위를 정한다.
	지표1.2	해결해야 할 사회적 과제를 명료하게 이해하고 명문화한다.
	지표1.3	NbS의 (인간)웰빙 성과물을 확인하고 벤치마킹하여 주기적으로 평가한다.
기준 2	NbS 설계는 규모를 고려한다.	
	지표2.1	NbS 설계는 경제, 사회, 생태계 간의 상호작용을 인식하고 이에 대응한다.
	지표2.2	NbS 설계는 기타 상호보완적 도입을 통합하고 부문 간의 시너지를 고려한다.
	지표2.3	NbS 설계는 도입 현장의 위험 식별과 위험 관리를 통합한다.
기준 3	NbS는 생물다양성 및 생태계 건강성을 증대시킨다.	
	지표3.1	NbS는 생태계 현황에 대한 근거 기반 평가 및 생태계 파괴와 손실에 대한 주요 동인에 직접 대응한다.
	지표3.2	명확하고 측정 가능한 생물다양성 보전 성과를 식별하고 벤치마킹하여 주기적으로 평가한다.
	지표3.3	모니터링은 NbS로 인해 자연에 발생하는 의도치 않은 부정적 결과의 주기적 평가를 포함한다.
	지표3.4	생태계 건강성 및 연결성을 강화하는 기회를 식별하고 NbS 전략에 통합한다.
기준 4	NbS는 경제성이 있다.	
	지표4.1	NbS와 관련하여 직간접적으로 이익을 얻는 자와 비용을 부담하는 자를 식별하고 명문화한다.
	지표4.2	비용 효율성 조사는 모든 관련 규제 및 보조금으로 인해 발생할 수 있는 영향을 포함하여 NbS를 뒷받침할 수 있도록 한다.
	지표4.3	NbS 설계 효과는 관련된 모든 외부 요소를 고려하여 현재 가용한 대안 해법 대비 정당화되어야 한다.
	지표4.4	NbS 설계에서는 시장 기반, 공공 부문, 자발적 약속 및 규제 준수 지원을 위한 조치와 같은 자원과 관련된 옵션을 고려해야 한다.

198) IUCN(2020) 자연기반해법을 위한 국제 표준 - 국립생태원 번역 자료 재구성

[자연기반해법을 위한 IUCN 국제표준 요약(계속)]

구분		내용
기준 5	NbS는 포용적이고 투명하며 실행력을 가진 거버넌스를 필요로 한다.	
	지표5.1	NbS 도입을 시작하기 전에 갈등 해결 메커니즘을 설정하고 만장일치의 동의를 얻어 모든 이해관계자가 사용할 수 있도록 한다.
	지표5.2	성, 연령 또는 사회적 신분과 관계없이 상호 존중과 평등에 기반한 참여가 이루어져야 하며, 자유롭고, 우선적이며, 정보에 입각한 동의(FPIC; Free, Prior and Informed Consent)에 대한 토착민의 권리를 인정해야 한다.
	지표5.3	NbS에 직간접적으로 영향을 받는 이해관계자를 식별하고 NbS 도입의 모든 절차에 참여하게 한다.
	지표5.4	의사결정과정은 참여하고 영향을 받는 모든 이해관계자의 권리와 이익을 명문화하고 이에 대응한다.
	지표5.5	NbS 규모가 법적 허용범위 경계를 넘어 확장되면 법적 허용범위 영향권 내 이해관계자 간의 공동 의사결정 체계를 확립한다.
기준 6	NbS는 주요 목표 달성과 여러 혜택의 지속적인 제공 사이에서 트레이드오프의 균형을 유지한다.	
	지표6.1	NbS 도입과 관련된 트레이드오프의 잠재적 비용편익을 명시적으로 인정하고 보호 장치 및 시정 조치를 안내한다.
	지표6.2	여러 이해관계자의 책임과 함께 토지 및 자원에 대한 사용 및 접근 권리를 인정하고 존중한다.
	지표6.3	상호 합의된 트레이드오프 한계를 준수하고 전체 NbS의 안정성에 대한 위협 여부를 확인하기 위해 확립된 보호장치를 주기적으로 검토한다.
기준 7	NbS는 근거에 기반하여 순응적으로 관리된다.	
	지표7.1	NbS 전략은 정기적인 점검과 사업 수행의 평가를 위한 기초로 수립되고 사용된다.
	지표7.2	도입의 전 과정에 걸쳐 모니터링 및 평가 계획을 개발하고 이행한다.
	지표7.3	적응 관리를 이행하는 반복 학습 체계를 전 과정에 적용한다.
기준 8	NbS는 법적 허용범위 내에서 지속가능하며 주류화된다.	
	지표8.1	NbS 설계의 이행 경험과 관련 시사점을 공유하여 전환적 변화를 촉진한다.
	지표8.2	NbS를 통해 정책 및 규제 체제를 정보로 뒷받침하고 강화하여 NbS의 활용과 주류화를 촉진한다.
	지표8.3	NbS는 관련 상황에서 유엔토착민권리선언(UNDRIP; United Nations Declaration on the Rights of Indigenous Peoples)을 포함한 인간의 웰빙, 기후변화, 생물다양성, 인권에 대한 국가 및 국제 목표에 기여한다.

함께 알아야 할 포인트

자연기반해법(NbS; Nature based Solution)

자연기반해법(NbS)에 대한 다양한 국제기구들의 정의는 다음과 같다.

【세계자연보전연맹(IUCN)】

"생태계를 보호하고 지속가능한 관리를 통한 복원을 달성하여 기후변화, 식량, 물, 재해위험, 건강, 생물다양성 등 사회문제를 효과적 그리고 적응적으로 해결하고 동시에 인류복지와 생물다양성 혜택을 얻는 것"

【유엔환경총회(UNEA)】

"자연, 경제 및 환경문제를 효과적이고 적응적으로 해결하는 동시에 인간의 웰빙, 생태계서비스, 회복력 및 생물다양성 혜택을 제공하는 자연 또는 변형된 육상, 담수, 해안 및 해양생태계를 보호, 보존, 복원, 지속가능하게 사용 및 관리하기 위한 조치"

【유럽연합(EU)】

"자연에서 영감을 받고 지원되는 비용 효율적인 솔루션인 동시에 환경적, 사회적, 경제적 이익을 제공하고 회복력을 구축하는데 도움이 된다. 이러한 솔루션은 지역적으로 적응되고 자원 효율적이며 체계적 간섭을 통해 도시 및 자연생태계를 더 다양하게 할 수 있다라고 하며 자연기반해법의 중요성과 필요성을 제시하고 있다."

자연기반해법 개념은 2008년 세계은행에서 최초로 제기되었다. 2000년대에 들어서면서 본격적으로 생물다양성 손실의 심각성, 기후변화 가속화으로 인한 기후위기를 해결하기 위한 국제사회의 논의가 활발하게 이루어졌다. 2008년 세계은행에서는 자연기반해법(NbS)를 다룬 첫 공식 보고서 'Biodiversity, Climate Change and Adaptation: Nature-Based Solutions from the World Bank Portfolio'를 발간하였다.

이후 세계자연보전연맹(IUCN)에서 2009년에 열린 유엔 기후변화협약 제15차 당사국총회에서 기후변화 완화와 적응, 물·식량·에너지 공급 안전, 빈곤 퇴치와 경제성장 방안으로 자연기반해법(NbS)를 제시하면서부터 자연기반해법(NbS)에 대한 논의가 구체화되기 시작하였다.

논의가 계속되어 2018년에 제8차 세계물포럼 기간에 UN-Water가 2018년 물 개발 보고서를 주제로 자연기반해법을 발표하면서 전 세계의 주목을 받기 시작하였다. 여기에서는 물순환 단절의 문제점과 해결방안, 에너지의 단절과 흐름 등을 강조하였다.

2019년 유엔(UN)은 '기후행동 정상회의'를 통해 자연기반해법(NbS)을 기후변화 대응 9대 대책의 하나로 확정했고, 이후 세계 각국은 자연기반해법(NbS)을 기후변화 대응과 생물다양성 증진을 동시에 해결할 대안으로 평가받고 있다.

영국 옥스퍼드대 세실 지라르딘 등은 2021년 네이처 지의 논평에서 자연기반해법으로 매년

10GtCO2e(이산화탄소 환산 기가톤·10억톤)를 감소시킬 수 있다고 분석하였다. 이중 50%는 배출량을 줄이는 것이고 나머지 50%는 흡수량을 늘리는 것이다. 이산화탄소 배출은 식재 및 조림을 통한 '복원'으로 20%, 생태계 '보호'로 40%, 토양 '관리'로 40%를 줄일 수 있다고 제안하고 있다.

이 때문에 스웨덴을 포함한 많은 국가들이 자연기반해법(NbS)을 기후위기 대응을 위한 수단으로 여기고 있다. 파리기후협정에 따라 국가온실가스 감축목표(NDC)를 제출한 168개국 중 대한민국을 포함한 131개국이 자연기반해법(NbS)을 기후위기 대응을 위한 수단으로 사용하고 있다.

자연기반해법(NbS)은 탄소중립을 달성하는데 도움이 될 수 있다. 2022년 발간된 기후변화에 관한 정부 간 협의체(IPCC) 제3실무그룹의 제6차 평가 보고서에 따르면, 농업, 임업과 기타 토지이용(Agriculture, Forestry and Other Land Use) 부문에서 자연기반해법으로 2020년에서 2050년까지 매년 경제적으로 온실가스 8~16GtCO2e를 감소할 수 있다고 제안하고 있다. 이는 2050년까지 기온상승을 1.5℃ 또는 2℃ 이내로 막아야 하는 전 세계 온실가스의 20~30%에 해당하는 수준이다.

유엔환경계획(UNEP)은 2022년 '자연을 위한 재정 상태'(State of Finance for Nature) 보고서에서 지구온도 상승 1.5℃ 억제 목표를 달성하려면 자연기반해법에 2030년까지 매년 4,840억 달러 투입을 제안하고 있다. 향후 더 많은 투자가 필요한 수준이다.

세계자연보전연맹(IUCN)은 자연기반해법(NbS)을 크게 복원(Restoration), 특정문제(Issue-specific), 기반시설(Infrastructure), 관리(Management), 보호(Protection) 등으로 구분하고 있다. 그리고 목표는 인류의 복지와 생물다양성 회복이라는 사회문제를 해결하는 것이다.

☞ 복원(Restoration)
- Ecological Restoration(ER); 생태복원
- Ecological Engineering(EE); 생태공학
- Forest Landscape Restoration(FLR); 산림경관복원

☞ 특정문제(Issue-specific)
- Ecosystem-based Adaptation(EbA); 생태기반적응
- Ecosystem-based Mitigation(EbM); 생태기반완화
- Climate Adaptation Services(CAS); 기후적응서비스
- Ecosystem-based Disaster Risk Reduction (Eco-DRR); 생태기반 재난리스크 저감

☞ 기반시설(Infrastructure)
- Natural Infrastructure(NI); 자연 기반시설
- Green Infrastructure(GI); 녹색 기반시설

☞ 관리(Management)
- Ecosystem-based Management(EbMgt); 생태기반관리

☞ 보호(Protection)
- Area-based Conservation(AbC); 지역기반 보전

Point 63. 생물다양성(Biodiversity; Biological diversity)

[1] 개념과 가치

생물다양성이란 육상생태계 및 수생생태계와 이들의 복합생태계를 포함하는 모든 원천에서 발생한 생물체의 다양성을 말한다. 종내(種內)·종간(種間) 및 생태계의 다양성을 포함한다. 우리나라에서는 「생물다양성 보전 및 이용에 관한 법률(약칭: 생물다양성법)」에서 이를 정의하고 있다.

생물다양성은 생태계 기능 유지, 기후 조절, 재해 완화 등 환경적 안정에 핵심적인 역할을 하며, 경제적·문화적 측면에서도 중요한 가치를 지닌다. 생태계서비스의 기반인 생물다양성은 식량, 의약품, 바이오소재, 생명공학 등 주요 산업의 토대가 된다. 실제로 신약의 약 50%가 생물 유래 성분에서 비롯되는 만큼 생물유전자원의 확보와 보전은 국가 경쟁력과도 직결된다. 또한 전통지식과 민속문화, 생태적 경관은 지역 고유 생물종과 밀접하게 연결되어 있어, 생물다양성은 문화적·정서적 가치 역시 포함한다. 이처럼 다면적 가치를 지닌 생물다양성을 보전하는 일은 자연 생태계의 자정능력을 유지하고 인간 삶의 질을 향상시키는 데 필수적이다.

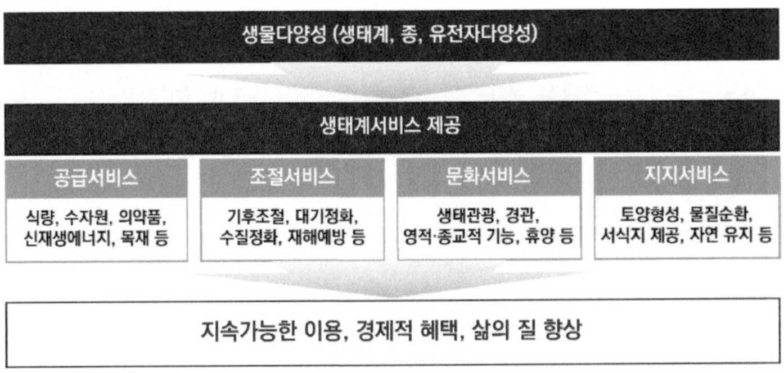

이러한 생물다양성 감소의 주요 원인으로는 서식지 파괴 및 변화, 과도한 자원 이용과 소비, 침입 외래종, 환경오염, 기후변화 등이 있다. 1970년 이후 지구상 척추동물의 약 60%가 감소하였으며, 2050년까지 기후변화, 토지개발, 환경오염으로 인해 지구의 평균종풍부도는 9% 감소할 것으로 예측된다. 생물종 및 개체군 감소와 함께 생물이 지구적 환경변화에 적응하여 살아가는 데 필수적인 유전자다양성도 손상될 것으로 예상된다[199]. 생물다양성의 보전과 지속가능한 이용을 위한 노력이 절실한 실정이다.

199) 환경부(2020) 제4차 야생생물 보호 기본계획('21~'25)

생물다양성은 단순히 종의 수만을 의미하지는 않는다. 생물다양성이란 생물의 많고 적음을 넘어 지구생태계의 안정성, 회복력, 기능 수행에 핵심적인 개념으로, 다음의 3가지 다양성을 포함한다.

[생물다양성의 범주]

구분	내용
유전적 다양성 (Genetic diversity)	같은 종 내 개체들 사이의 유전적 차이 ※ 예: 같은 나무 종이더라도 지역별로 병해충 저항성이 다름
종 다양성 (Species diversity)	특정 지역 또는 전 지구적으로 존재하는 생물 종의 다양성
생태계 다양성 (Ecosystem diversity)	서로 다른 생태계, 서식지, 그리고 생물학적 공동체의 다양성 ※ 예: 산림, 초원, 습지, 해양 등

[2] 국내 생물다양성 현황

우리나라는 백두대간으로 대표되는 산악·분지 지형과 리아스식 해안으로 대표되는 해안·도서 지형을 모두 갖추었으며 이에 따라 지역별로 독특한 기후 특성을 보이는 편이다. 환경이 다양한 만큼 우리나라는 풍부한 생물다양성을 보유하고 있다.

2024년을 기준으로 확인된 우리나라의 생물종은 총 60,010종으로, 동물계 33,693종, 식물계 8,284종, 유색조식물계 3,316종, 균계 6,291종, 원생동물계 2,973종, 세균계 5,403종, 고세균계 50종[200]이다. 특히 한반도 고유종[201]은 2,355종이 확인되었으며 이는 척추동물 22종, 곤충류 1,171종, 식물 406종을 포함한다.

200) 환경부 국립생물자원관(2024) 2023 국가생물다양성 통계자료집

201) 고유종(endemic species)은 지리적으로 한정된 지역에서만 자생하는 생물종을 의미한다. 우리나라의 고유종은 지리적으로 한반도에서만 자생하는 종 혹은 종 이하의 모든 생물종으로 정의된다. 고유종은 다른 생물종에 비해 개체군 크기와 그 분포 범위가 작아 환경 변화와 외래종과의 경쟁, 지역절멸(멸종)에 취약하고, 유전적 교란에도 민감하게 반응하므로 범국가 차원의 지속적인 관리가 필요하다.

멧토끼(*Lepus coreanus*)

크낙새(*Dryocopus javensis*)

[우리나라 고유종]

[3] 생물다양성 보전과 이용을 위한 제도 및 정책

우리나라는 생물다양성의 보전과 지속가능한 이용을 위해 「생물다양성법」을 제정하여 정책적 기반을 마련하였다. 이 법률에 따라 5년 단위로 국가생물다양성전략을 수립하고 있으며, 2025년 현재는 제5차 국가생물다양성전략(2024~2028년)이 시행 중에 있다.

제5차 국가생물다양성 전략은 '현명하게 지키고 균형 있게 이용하여 모두가 지속가능하게 자연의 혜택을 누리는 사회'를 비전으로 설정하고, 생태계·생물종 보전, 생태계·생물종의 지속가능한 이용, 모든 사회구성원의 참여 확대를 통한 이행 강화 등 세 가지 정책 분야와 12대 핵심과제를 제시하고 있다.

또한 국제적으로는 1994년 생물다양성협약(CBD)에 가입하여 생물다양성 보전, 그 구성요소의 지속가능한 이용, 유전자원 이용으로부터 발생하는 이익의 공정하고 공평한 공유를 위한 국제적 노력에 동참하고 있다. 최근에는 2022년 채택된 쿤밍-몬트리올 글로벌 생물다양성 프레임워크(K-M GBF)의 목표에 부합하도록 국내 전략을 수립하여 국제사회와의 협력을 강화하고 있다. 생물다양성에 관한 국제 협약과 K-M GBF는 다음 챕터에서 알아보기로 한다.

2030 비전	현명하게 지키고 균형있게 이용하여 모두가 지속가능하게 자연의 혜택을 누리는 사회		
전략 목표	① 생물다양성 보전목표 달성 → 국제사회 의무 이행	②자연혜택 지역 공유, 경제 효과창출 →정책수용성확대	③ 모든 사회구성원 참여 → 생물다양성 주류화
	생태우수지역 30% 달성 노력, 훼손지 30% 복원, 침입외래종 50% 이하 관리 등	생태관광 연계, 탄소 상쇄 이익 및 복원 일자리 창출 등	자연자본 정보 공시체계 마련, 시민의 정책 참여 확대 등

3대 정책분야 & 12개 핵심과제

	생태계	생물종
보전	① 생태우수지역 확대 및 지역사회 혜택 강화 ② 생태계 복원으로 자연자본 가치 확대	① 국가보호종 및 유전다양성 관리 강화 ② 침입 외래생물 유입경로 관리 및 퇴치
이용	① 개발부터 조성까지 자연친화적 공간 활용 ② 자연을 통한 기후변화 대응	① 안전하고 지속가능한 생물자원 관리 및 이용 ② 유전자원 이익 공유 및 바이오안전성 확보
이행 강화	① (기업) 생물다양성 ESG 경영 확대로 기업 경쟁력 제고 ③ (과학) 생물 활용 기술개발 고도화 및 과학적 평가 기반 구축	② (시민) 생물다양성 정책 참여 확대와 가치 확산 기여 ④ (정부) 체계적 재정지원과 국제 기여 확대

21개 실천목표가 포함된 국가생물다양성전략을 통해 이행

[제5차 국가생물다양성전략(‘24~’ 28) 비전 및 목표]

함께 알아야 할 포인트

■ 생물다양성(Biodiversity)의 가치

생물다양성(Biodiversity)은 지구상에 존재하는 모든 생명의 다양성과 그것이 이룬 상호작용의 총합을 의미한다. 이는 유전자 수준의 다양성, 종(species) 수준의 다양성, 그리고 생태계 수준의 다양성을 포함하는 개념으로, 생명체가 진화하고 적응하며 복잡한 생태계를 구성할 수 있도록 하는 자연 자원의 근본적인 토대라 할 수 있다. 생물다양성은 단지 생태학적 개념에 그치지 않고, 인간의 삶과 문화, 경제, 건강에 직간접적으로 깊이 연결된 핵심 자산이다. 이에 따라 생물다양성의 가치는 다양한 차원에서 이해되고 평가될 수 있다.

【생태적 가치: 생태계 기능의 유지와 안정성】

가장 기본적인 생물다양성의 가치는 생태계의 구조와 기능을 유지하는 데 필수적인 역할을 한다는 점이다. 각 생물종은 먹이망(food web)과 물질순환, 에너지 흐름의 일원으로 기능하며, 그 다양성이 클수록 생태계는 더 큰 복원력(resilience)과 안정성을 갖게 된다. 예를 들어, 여러 종이 동일한 기능을 수행하는 기능적 중복성(functional redundancy)이 높을수록 특정 종의 소멸이 생태계 전체에 미치는 영향은 완화될 수 있다. 또한 생물다양성은 토양 형성, 수질 정화, 기후 조절, 해충 조절 등 생태계 서비스(Ecosystem Services)의 기반이 되며, 이는 인간 생존과 직결된 필수 기능들이다.

【경제적 가치: 자원 이용과 지속가능한 발전의 기초】

생물다양성은 농업, 임업, 어업, 의약품 개발 등 다양한 산업 활동의 근간이 되는 자원을 제공한다. 수많은 식량작물과 가축 품종은 야생종의 유전자풀로부터 지속적으로 개량되며, 이는 식량 안보와 기후변화 적응력 강화에도 기여한다. 예를 들어, 아프리카의 건조지역에 자생하는 작물들은 온난화에 강한 유전자를 갖고 있어, 향후 글로벌 농업의 지속가능성 확보에 중요한 역할을 할 수 있다.

의약품의 경우, 현재 시판되는 약물의 50% 이상이 자연에서 유래한 물질에서 개발되었으며, 이는 생물다양성 보전이 바이오산업과 공중보건의 미래와 직결됨을 보여준다. 또한 생태관광(ecotourism)과 자연유산은 지역경제 활성화와 고용 창출에 기여하며, 지속가능한 발전(SDGs)의 실현에 있어 필수적인 요소로 간주된다.

【사회문화적 가치: 정체성과 정신적 웰빙의 원천】

생물다양성은 다양한 문화, 전통지식, 지역공동체의 삶과 밀접하게 연관되어 있다. 원주민과 지역 주민들은 특정 생물종이나 생태계와 오랜 관계를 맺어왔으며, 이는 정체성, 신앙, 전통지식 체계의 일부로 자리 잡아왔다. 예를 들어, 특정 나무는 의례의 상징이 되거나, 특정 동물은 지역 신화나 문학 속에 녹아들어 있다.

또한, 생물다양성이 풍부한 자연 환경은 정신적 안정, 치유, 여가, 교육적 기회를 제공하며, 도시 환경에서도 생물다양성은 녹색 공간과 생태 네트워크를 통해 삶의 질 향상과 인간의 웰빙에 기여한다. 특히 현대사회에서는 자연과 접촉이 줄어들수록 생물다양성의 존재 자체가 인간 정신건강과 창의력, 감성 발달에 중요한 역할을 하는 것으로 인식되고 있다.

【윤리적·철학적 가치: 생명존중과 책임의 근거】

생물다양성은 인간을 포함한 모든 생명이 지구에 공존하고 있다는 사실을 일깨우며, 생명체의 고유한 가치와 인간의 책임윤리를 환기시킨다. 생물은 단지 인간에게 유용한 자원일 뿐만 아니라, 자체적인 존재 가치(intrinsic value)를 가지며, 인간은 그들의 서식지와 생존을 보장할 책임이 있다는 관점이 널리 받아들여지고 있다.

이러한 윤리적 인식은 환경철학과 보전윤리의 근간이 되며, 세대 간 정의(intergenerational justice), 종 간 정의(interspecies justice)를 실현하기 위한 도덕적 토대를 제공한다. 생물다양성의 보전은 단지 현세대의 자원을 지키는 것이 아니라, 미래세대에게 생명 풍요로운 지구를 물려주는 정의로운 행위로 간주된다.

즉, 생물다양성은 자연과 인간, 생명과 문명이 유기적으로 연결되어 있음을 보여주는 핵심 개념이며, 그 가치는 단일한 기준으로 환산될 수 없다. 그것은 생태적 안정성과 경제적 생산성, 문화적 정체성과 윤리적 사유를 모두 아우르는 다차원적 가치의 총체이다. 따라서 생물다양성의 보전은 환경보호의 수단이 아니라, 인류가 지속가능한 미래를 향해 나아가기 위한 필수 조건이자 공공의 책임으로 인식되어야 한다.

Point 64. 생물다양성협약(CBD; Convention on Biological Diversity)

[1] 개요

20세기 후반 들어 생물다양성의 급격한 감소와 유전자원의 상업적 활용 확대에 대한 국제적인 우려가 커지면서, 이를 포괄적으로 다룰 수 있는 국제협약의 필요성이 제기되었다. 1992년 브라질 리우데자네이루에서 개최된 유엔 환경개발회의(UNCED, 일명 '리우 정상회의')는 이러한 흐름의 전환점을 마련하였으며, 이 회의를 계기로 「생물다양성에 관한 협약(CBD; Convention on Biological Diversity)」이 공식 채택되었다.

CBD는 1993년 12월 29일에 발효되었으며, 2024년 기준으로 196개국이 가입한 글로벌 협약으로 자리 잡았다. 이는 자국의 생물다양성 보전, 생물자원의 지속가능한 이용, 유전자원으로부터 발생하는 이익의 공정한 공유를 목적으로 하는 종합적인 협약으로, 생물다양성을 다루는 최초의 법적 구속력을 가진 국제협약이다.

생물다양성협약의 제정은 '생물다양성 보전'이라는 단순한 목표를 넘어 생물다양성을 인류 공동의 자산이자 지속가능한 발전의 자원으로 인식하는 관점을 반영한 것이며, 이는 이후 국제환경 거버넌스의 기틀을 형성하는 데 크게 이바지하였다.

생물다양성협약의 핵심 목적은 다음의 세 가지로 요약된다(CBD 제1조).

첫째, 생물다양성의 보전 (Conservation of Biological Diversity)
둘째, 생물다양성 구성요소의 지속가능한 이용 (Sustainable Use of Its Components)
셋째, 유전자원의 이용으로부터 발생하는 이익의 공정하고 공평한 공유
(Fair and Equitable Sharing of Benefits Arising out of the Utilization of Genetic Resources)

첫째, 종, 유전자, 생태계 수준의 생물다양성을 보호하고 지속적으로 유지하여야 한다. 둘째, 생물자원을 이용할 때는 미래 세대를 고려하여 현재 세대부터 조화롭게 활용하여야 한다. 셋째, 생물유전자원의 활용에서 발생하는 이익은 공정하고 공평하게 공유되어야 한다. 이는 특히 생물유전자원이 풍부한 개발도상국과 관련된 이익 공유 체계를 정립해 국제적 형평성을 확보하여야 한다는 것이다. 선진국은 개도국의 생물유전자원을 활용하며 이익을 독점하거나, 불균등한 분배를 하여서는 안 된다.

함께 알아야 할 포인트

■ 세계 3대 환경협약

1. 생물다양성협약(CBD)

: 생물다양성의 보전과 지속가능한 이용, 유전자원 이익의 공정한 공유를 통해 생명체 기반의 지속가능 발전을 도모함

2. 사막화방지협약(CCD)

: 사막화 및 토지 황폐화를 방지하고 회복력 있는 토지 관리 체계를 구축하여 생계 기반을 보호하고 빈곤을 완화함

3. 기후변화협약(UNFCCC)

: 온실가스 배출을 억제하고 기후변화에 대응함으로써 지구 평균기온 상승을 제한하고 생태계와 인류 사회를 보호하기 위한 국제협약

이러한 생물다양성협약의 목적은 생물다양성협약이 국제사회의 단순 환경보전 약속이 아니라, 사회·경제적 정의를 실현하고 지속가능한 미래로 나아가고자 하는 성격의 협약임을 잘 보여준다.

생물다양성협약은 당사국총회(COP; Conference of the Parties), 사무국, 과학기술자문보조기구(SBSTTA; Subsidiary Body on Scientific, Technical and Technological Advice)로 구성된 거버넌스 체계를 중심으로 운영된다. 이 중 당사국총회는 CBD의 최고 의사결정기구로, 협약 이행 상황을 검토하고 정책 방향을 결정하는 역할을 한다. 모든 당사국이 참여해 2년에 한 번씩 개최되며 전략계획(아이치 목표, 글로벌 생물다양성 프레임워크 등) 수립, 의정서 채택, 기술 지침 승인 등이 이루어진다. 대표적인 성과로는 2010년 아이치 생물다양성 목표, 2022년 쿤밍-몬트리올 글로벌 생물다양성 프레임워크(K-M GBF) 채택이 있다.

[2] 나고야 의정서(Nagoya Protocol)

앞서 생물다양성협약의 핵심 목적 세 가지를 살펴보았다. 개중 세 번째 항목에 해당하는 '생물유전자원의 활용으로부터 발생하는 이익의 공정하고 공평한 공유(ABS; Access and Benefit-Sharing)'는 이후 국제 생물자원 논의의 핵심 의제로 발전해 2010년 나고야 의정서(Nagoya Protocol)로 법제화된다.

생물다양성협약 초창기에는 ABS의 이행에 대한 구체적인 사항이 명시되지 않았다. 이에 따라 생물유전자원을 이용한 선진국의 상업적 개발과 개발도상국의 자원 주권 간 갈등이 지속되었다. 선진국 기업들은 개발도상국의 생물유전자원을 활용해 상업적 이익을 창출하면서도, 해당 자원을 제공한 국가나 지역 공동체에는 아무런 보상을 제공하지 않은 것[202]이다.

문제가 지속되자 국제사회는 2010년 일본 나고야에서 개최된 CBD 제10차 당사국총회(COP10)에서 「유전자원의 접근 및 이익 공유에 관한 나고야 의정서(Nagoya Protocol on ABS)」를 채택한다. 2014년 10월 12일 발효된 나고야 의정서는 생물유전자원의 이용과 이익 배분을 규율하는 최초의 국제적이고 법적 구속력 있는 체계이다.

접근 Access	이익공유 Benefit-Sharing	의무준수 Compilance
유전자원 및 유전자원 관련 전통지식에 이용을 목적으로 접근 시 유전자원 제공국이 정한 절차에 따라 **사전통고승인(PIC)**을 취득하여야 함	유전자원 및 유전자원 관련 전통지식의 이용자는 그 **이용으로부터 발생하는 이익**을 상호합의조건(MAT) 체결에 따라 **제공자와 공정하고 공평하게 공유**	**당사국**: 접근 및 이익공유에 대한 입법적·행정적·정책적 조치 **이용자**: 입법 및 규제요건에 따라 접근허가(PIC) 및 이익공유(MAT) **국가점검기관**: PIC, MAT 체결에 관한 정보 접수·수집

[유전자원 접근 및 이익 공유(ABS)의 구성 요소]

---

202) 사례로 인도의 '니임 나무(Neem Tree)'를 들 수 있다. 인도에서 수천 년간 피부질환, 살충, 치유용으로 사용되어 온 니임 나무의 추출물에서 살충 성분을 추출한 기술로 미국과 유럽 기업들이 특허를 출원하였다. 인도와 현지의 시민단체는 "서구 기업이 자국 전통지식을 도용하고 있다"고 주장하며 이를 '생물해적행위(Biopiracy)'라고 비판하고, 적극적으로 이의를 제기하여 결국 2000년대 초 유럽 특허청이 특허를 취소한 사건이 있었다.

[3] 2020 생물다양성 전략계획: 아이치 생물다양성 목표(Aitchi Biodiversity Target)

아이치 생물다양성 목표, 통칭 아이치 타겟(아이치 목표)은 나고야 의정서가 채택된 생물다양성협약 제10차 당사국총회(COP10)에서 채택된 것으로, 2020년까지 생물다양성 손실 방지 및 복원을 위한 전 지구적 행동계획이다. 이 목표는 '2011-2020 생물다양성 전략계획(Strategic Plan for Biodiversity 2011-2020)'의 핵심 구성 요소이며, 각국 국가생물다양성전략(NBSAPs; National Biodiversity Strategies and Action Plans)의 설계 기준으로 사용되었다.

아이치 목표는 5개 전략목표(Strategic Goals)와 하위 20개의 목표로 구성되어 있다. 이를 정리하면 다음과 같다.

[아이치 생물다양성 목표의 핵심 내용]

전략목표	핵심 내용 요약	
A. 생물다양성 가치 인식 및 반영	Target 1	생물다양성의 가치에 대한 인식 제고
	Target 2	생물다양성 가치를 국가 및 지방 개발 계획에 통합
	Target 3	유해한 인센티브 폐지 및 긍정적 인센티브 도입
	Target 4	지속가능한 생산 · 소비 체계로의 전환 촉진
B. 생물다양성에 대한 압력 완화	Target 5	서식지 파괴율 최소 50% 감소 및 파편화 완화
	Target 6	어업의 지속가능한 수준 관리
	Target 7	농업, 임업, 양식업의 지속가능성 확보
	Target 8	오염 물질 방출을 생태계에 해롭지 않은 수준으로 억제
	Target 9	침입 외래종의 확산 방지 및 관리
	Target 10	기후변화 등으로 취약한 생태계의 악화 최소화
C. 생물다양성 상태의 향상	Target 11	육상 17%, 해양 10% 이상을 효과적으로 보호구역으로 지정
	Target 12	멸종위기종의 절멸 방지 및 개체군 회복
	Target 13	농업 및 야생 생물의 유전자 다양성 보전
D. 생태계서비스와 복지에의 기여 보장	Target 14	취약계층이 생태계서비스를 안정적으로 이용 가능하도록 보장
	Target 15	기후변화 대응을 위한 생태계 기반 복원
	Target 16	유전자원의 접근 및 이익 공유(ABS) 제도 구축 및 운영화
E. 이행 기반 확보	Target 17	국가생물다양성전략(NBSAPs) 수립 및 시행
	Target 18	토착민과 지역 공동체의 전통지식 보호 및 반영
	Target 19	생물다양성 과학기술 · 정보 공유 및 접근성 증진
	Target 20	생물다양성 보전 이행을 위한 재정 자원 확대

아이치 목표는 생물다양성 보전을 구체적 수치 목표로 전환한 첫 사례이다. 환경 정책의 목표 중심 패러다임 전환을 이끌었다는 평가를 받는다.

그러나 CBD 사무국과 UN 산하 생물다양성국제기구(IPBES; Intergovernmental Science-Policy Platform on Biodiversity and Ecosystem Services)의 2020년 평가에 따르면, 2020년까지 달성해야 했던 아이치 목표의 20개 타겟 중 완전히 달성된 것은 0개이다. 다수의 목표는 일부 진전이 있는 수준에 그친 것이다. 미달성 사유로는 국가 간 이행 격차, 충분치 않은 재정 및 제도적 기반, 생물다양성 정책과 타 부문의 통합 부족 등이 꼽힌다.

이러한 아이치 목표의 뒤를 이어 현재('22~'30년) 전 세계 생물다양성 정책의 핵심 기반으로 활용되는 것이 쿤밍-몬트리올 글로벌 다양성 프레임워크(K-M GBF)이다.

[4] 2030 생물다양성 전략계획: 쿤밍-몬트리올 글로벌 생물다양성 프레임워크(K-M GBF)

2020년 종료된 아이치 생물다양성 목표는 그 목표 대부분이 달성되지 못했다는 평가(IPBES, CBD)를 한계로 한다. 이에 따라, 아이치 목표를 대체할 새로운 글로벌 목표 체계를 마련할 필요성이 부상하였다. 국제사회는 2022년 12월, 캐나다 몬트리올에서 열린 CBD 제15차 당사국총회(COP15)에서 K-M GBF(Kunming-Montreal Global Biodiversity Framework)[203]를 채택한다.

K-M GBF는 4개의 장기 목표와 23개의 세부 목표로 구성되어 있다. 아이치 목표가 주로 행동 중심의 지침이었다면 K-M GBF는 정량적 목표를 확대하고 이행 수단을 강력하게 명시하였으며, 모니터링 프레임워크를 포함하는 지침이라고 할 수 있다. 각국의 이행 촉진을 위해 추적지표와 국가보고서를 강화할 예정이기도 하다. K-M GBF의 개요와 목표를 정리하면 다음과 같다.

[쿤밍-몬트리올 글로벌 생물다양성 프레임워크의 핵심 내용]

구분	핵심 내용
장기 비전 (~2050)	자연과 조화를 이루는 삶(Living in harmony with nature)
중기 목표 (~2030)	2030년까지 생물다양성 손실을 멈추고 역전시켜 회복 궤도에 올려놓는다.
구성 체계	4개 장기 목표 (Goals A~D) → 2050년까지 지향
	23개 구체적 세부목표(Targets 1~23) → 2030년까지 달성

203) COP15 협상은 당초 중국 쿤밍에서 시작되었으나, 전 세계를 덮친 COVID-19의 여파로 개최 장소를 캐나다 몬트리올로 바꾸었기에 본 프레임워크의 정식 명칭은 '쿤밍-몬트리올 글로벌 생물다양성 프레임워크'가 되었다.

[쿤밍-몬트리올 글로벌 생물다양성 프레임워크의 핵심 내용(계속)]

4대 장기 목표	핵심 내용
Goal A	생태계(면적, 연결성, 온전성) 증대, 멸종위기종 멸종 경감, 유전적 다양성 보호 및 유지
Goal B	자연이 인간에게 주는 혜택 가치화, 보존·복구·지속가능한 이용 통한 증대 및 유지
Goal C	유전자원으로부터 발생하는 금전적·비금전적 이익의 공정·공평한 공유
Goal D	2050 비전 및 GBF 달성에 필요한 생물다양성 재정 및 이행수단 격차 축소

23개 실천목표		핵심 내용
생물다양성 위협요인 저감	01	지구 모든 육지와 해양에 생물다양성 통합 공간계획 수립 보장 및 생물다양성이 높은 중요 지역의 손실을 30년까지 제로화
	02	훼손된 담수, 해양 및 육지 생태계의 최소 30% 복원·보장
	03	생물다양성과 생태계서비스에 특별히 중요한 육지·해양 최소 30% 보호지역, 기타 효과적인 보전수단(OECM) 통해 관리
	04	멸종위기종의 복원 및 보전, 야생종·가축종의 유전적 다양성을 위한 적극적 관리, 인간-야생동물 상호작용 효과적 관리 및 갈등 방지
	05	야생종의 지속가능하고 합법적이며, 인간 건강에 안전한 이용·매매·수확 보장
	06	침입외래종 유입률 및 정착률을 최소 50% 감소시키고, 주요 종 및 지역 중심으로 침입외래종 영향 감소·제거를 위한 퇴치·조절
	07	환경 유실 영양, 살생물제를 절반 이상 줄이고, 플라스틱 폐기물 제로화 등 생물다양성에 해로운 오염 감소
	08	기후변화의 생물다양성 영향을 최소화, 자연기반해법 및 생태계기반 접근법을 통해 저감·적응·회복에 기여하고, 저감·적응 노력의 생물다양성 악영향은 회피
지속가능한 이용과 이익 공유	09	야생종의 지속가능한 관리 및 이용 보호, 모든 사람(특히 취약한 사람들)의 사회·경제·환경적 이익 보장, IPLC의 관습적 이용 보장
	10	생물다양성의 지속가능한 이용을 통해 생산활동(농·수산·어업·임업 등) 지속성 유지
	11	매체질 조절, 자연재해 보호 등 생태계 기능 서비스 복구·유지·증진
	12	도시 및 인구 밀집 지역의 녹지 및 수변공간 면적·질, 접근성 및 이익 증대
	13	유전자원과 전통지식에 접근하고 공정·공평한 이익공유를 위한 효과적 조치
이행과 주류화를 위한 방안	14	생물다양성 가치를 모든 정부 및 경제 분야의 정책·규제·계획, 환경영향평가 등에 완전히 통합, 공공 및 사적 영역 활동 및 재정흐름에 동조
	15	대기업, 다국적기업 및 금융기관의 생물다양성 의존도 및 영향을 평가·공개하고 소비자에게 필요한 정보를 제공
	16	교육 및 정보제공을 통해 모든 사람의 지속가능한 소비·선택을 보장하고, 식량 및 자원 과소비에 의한 낭비 감소
	17	생명공학기술로 인한 잠재적인 부정적 영향 감소를 위한 조치 수립·이행·강화
	18	생물다양성에 유해한 보조금을 '25년까지 규명, 5,000억 달러/년 절감
	19	생물다양성 보전에 필요한 재정 자원을 매년 2,000억 달러 이상 동원, 개도국 금융 지원을 '25년까지 200억달러, '30년까지 300억달러 이상 지원

[쿤밍-몬트리올 글로벌 생물다양성 프레임워크의 핵심 내용(계속)]

23개 실천목표	핵심 내용	
이행과 주류화를 위한 방안	20	GBF 이행을 위한 역량개발, 기술이전 및 접근 강화, 과학기술협력 촉진
	21	인식 · 교육 · 연구 등 강화를 위해 생물다양성의 효과적 정책결정을 위한 지식 및 정보에 대한 접근을 보장
	22	여성, 소녀, 청소년, 장애인, IPLC 등의 공평한 접근, 대표성 및 참여 보장
	23	여성, 소녀의 토지와 자연자원에 대한 동등한 권리와 공평한 의사결정 보장
이행/평가		
GBF의 내용을 국가생물다양성전략에 반영하고, 지표 기반의 이행 모니터링 및 평가를 실시하는 등 전지구적 이행점검 체계 구축		

K-M GBF에서 주요하게 다루어지는 실천목표 중 하나는 3번(Target 3)에 해당하는 “2030년까지 전 세계 육상과 해양의 최소 30%를 보호하고 효과적으로 관리된 보전지역으로 지정하자는 목표”이다. 이는 생물다양성 손실을 막고 생태계 복원을 촉진하기 위한 전 지구적 보호지역 확대 전략을 의미하며, 통칭 ‘30×30 목표’로 정의된다.

과거 아이치 목표(‘10-’20)에서도 보호지역을 육상 17%, 해양 10%로 확대하자는 목표가 있었으나 대부분 국가에서 실효적 관리 부족, 보호지역 질 저하, 취약 생태계 미포함 등의 문제가 발생하여 최종 목표 달성에는 실패[204]한 바 있다. 이에 아이치 목표의 달성 실패를 보완 및 극복하고자 국제사회는 K-M GBF에서 단순한 보호지역 면적 확대가 아니라 생태학적으로 대표성 있고 연결성 있는 보호구역 체계를 만들고자 하는 새로운 시도로 30×30 목표를 도입하였다. 우리나라의 보호지역 현황과 30×30 목표 달성 현황 등은 다음 챕터에서 알아보기로 한다.

204) 2020년을 기준으로 전 세계 생물다양성 보호구역은 육상 약 17%, 해양은 8% 내외에 불과하였다.

Point 65. 보호지역(Protected Areas)

[1] 보호지역205)

보호지역(보호구역)이란 특정 지역의 생물다양성, 생태계, 경관, 또는 문화적 가치를 장기적으로 보전하기 위해 법적 또는 기타 효과적인 수단으로 지정·관리되는 지역을 말한다. 국제기구나 세계 각국이 보호지역에 대하여 정의하고 있는 바는 조금씩 다르나, 공통적으로 '생물다양성', '법이나 기타 효과적 수단', '보전을 위해 장기적으로 관리하는 지역' 등이 핵심 키워드로 들어가 있다. 이를 표로 정리하면 다음과 같다.

[국제기구 및 국가별 보호지역의 정의]

구분		정의
국제기구	IUCN	생물다양성, 자연문화자원 보호와 유지를 위해 특별히 지정한 지역으로 법 또는 기타 효과적인 수단으로 관리하는 지역(1994년)
		자연보전, 생태계서비스, 그리고 문화적 가치 유지를 위해 특별히 지정한 지역으로 법 또는 기타 효과적인 수단으로 관리하는 지역(2007년)
		법률 또는 기타 효과적인 수단을 통해, 생태계서비스와 문화적 가치를 포함한 자연의 장기적 보전을 위해 지정·인지·관리되는 지리적으로 한정된 공간(2008년)
	CBD	특별한 보전 목적을 성취하기 위해 지정, 통제, 관리하는 지리적으로 한정된 지역(2004년)
	UNEP	지역의 생물다양성과 생태계의 기능을 유지·보호할 수 있도록 법적으로나 다른 효과적인 방법으로 관리하는 육지, 담수, 해수 또는 하구의 일정 지역(2003년)
국가별	미국	지구와 생명 공동체가 인간에 의해 제한받지 않는 지역, 자연 상태 그대로 유지, 보호, 관리하는 원시지역으로 생태적, 지리적 그리고 과학적, 교육적, 경관적, 역사적 가치를 포함한 지역 (Wilderness Act)
	영국	과학적 연구 및 레크리에이션을 위한 자원을 제공하기 위하여 중요한 야생생물 서식처를 보호 및 관리하고, 현재와 미래세대를 위한 자연환경 보존, 향상, 관리의 목적을 갖는 지역 (National Parks and Access to the Countryside Act)
	독일	특정한 야생 동·식물종 군집군이나 이들의 생태계 유지, 학문적, 자연사적, 지리학적 이유 또는 희소성, 우수한 아름다움 등을 근거로 전체 혹은 개별적인 부분에 있어서 자연과 경관의 특별한 보호가 요구되는 지역 (연방자연보호법)
	일본	풍경 지역과 생태계를 보전하고, 이용을 증진함으로써 국민의 보건·휴양 및 문화생활에 기여하는 것 (토지이용기본계획)

205) 국립공원공단(2019) 국립공원학개론 자료 재구성

국내에서 통용되는 보호지역의 정의는 기관별로 상이하며, 법률로는 「자연환경보전법」에서 '생태·경관보전지역'에 대해 정의하고 있다. 표로 정리하면 다음과 같다.

[국내의 보호지역 정의]

구분		정의
법률	「자연환경보전법」[206]	(생태 · 경관보전지역) 생물다양성이 풍부하여 생태적으로 중요하거나 자연경관이 수려하여 특별히 보전할 가치가 큰 지역으로서 동법 제12조 및 제13조제3항에 따라 환경부장관이 지정 · 고시하는 지역
기관별	환경부	특정 지역의 자연생태계, 자연 경관지, 문화유적지 등의 자연환경이나 문화환경을 개발이나 훼손으로부터 보호하기 위해 법률에 따라 지정한 일정한 구역(2007년)
	산림청	생물다양성과 자연자원 및 문화자원의 보호와 관리를 위해 특별히 지정한 곳으로서 법적인 기타 효과적인 수단에 의해 관리하는 육상 및 해상 지역
	국립공원공단	생물다양성, 생태계, 자연 · 문화자원, 경관의 보전 및 지속가능한 이용을 목적으로 법적 또는 기타 효율적인 수단으로 지정 · 관리하는 지역(2006년)
	국토연구원	생물다양성의 보전 및 유지를 위해 생태계 및 생태계의 집합, 보호 가치가 있는 서식처 또는 종, 이와 관련된 자연경관 및 문화자원을 대상으로 법률에 의해 규제하는 지역(2007년)

IUCN은 또한 보호지역 시스템의 목적을 '현지 내(in-situ) 생물다양성 보전의 효과성을 높이는 것'으로 설정하고 보호지역 카테고리를 6가지로 구분하였다. 이를 정리하면 다음과 같다.

[IUCN 보호지역 카테고리[207]]

구분		정의
I	a	◆ 엄정자연보전지(Strict nature reserve) ◆ 생물다양성과 가능한 지리/지형적 특징을 보호하기 위해 특별하게 지정된 엄정 보호구역 ◆ 보전가치의 보호를 확보하기 위해서 인간의 방문과 이용, 영향이 엄정하게 통제되고 제한되는 지역
	b	◆ 원시야생지역(Wilderness area) ◆ 보통 변형되지 않거나 약간의 변형만 있는 넓은 지역 ◆ 영구적이거나 중대한 인간의 거주 없이 자연특성과 영향력을 유지하고, 그런 자연 상태를 보전하기 위해서 보호되고 관리되는 지역

206) [시행 2025. 3. 18.] [법률 제20821호, 2025. 3. 18., 일부개정]
207) Dudley, N. (Editor) (2008). Guidelines for Applying Protected Area Management Categories. Gland, Swizerland: IUCN. x+86pp.

[IUCN 보호지역 카테고리(계속)]

구분	정의
Ⅱ	◆ 국립공원(National park) ◆ 지역의 생물종과 생태계 특징의 완성과 함께 큰 대규모의 생태적 형성과정을 보호하기 위해 따로 남겨둔 자연상태 또는 자연과 가까운 상태의 큰 지역 ◆ 환경적으로, 문화적으로 양립할 수 있는 영적, 과학적, 교육적, 휴양적, 탐방 기회의 토대를 제공할 수 있는 지역
Ⅲ	◆ 자연기념물이나 특징(Natural monument or feature) ◆ 독특한 자연기념물을 보호하기 위해 따로 남겨두는 곳 ◆ 자연기념물은 지형이나 해산, 해저 동굴, 동굴 같은 지리적 특징이나 고대의 숲 같은 생활적 특징일 수 있음 ◆ 이 보호지역은 일반적으로 매우 작고, 탐방객은 매우 많음
Ⅳ	◆ 종 및 서식지 관리지역(Habitat/species management area) ◆ 특정한 종이나 서식지를 보호하는 것을 목적으로 하며 관리는 이 우선사항을 반영함 ◆ 많은 카테고리 Ⅳ 보호지역이 특정한 종이나 서식처의 필요조건을 다루거나 서식처를 유지하기 위해서 정기적이고 적극적인 간섭을 요하지만, 이것이 이 카테고리의 필요조건은 아님
Ⅴ	◆ 육상(해상) 경관 보호지역(Protected landscape/seascape) ◆ 시간이 흐르면서 사람과 자연의 상호작용이 중요한 생태적, 생물적, 문화적, 경관적 가치가 있는 차별적인 특징 지역을 만들어 내고, 이 상호작용의 온전함을 보호하는 것이 그 지역과 연관된 자연 보전과 다른 가치를 보호하고 유지하는 데 절대 필요한 보호지역
Ⅵ	◆ 자연자원의 지속가능한 이용을 위한 보호지역(Protected area with sustainable use of natural resource) ◆ 연관된 문화적 가치와 전통적 자연자원 관리 시스템과 함께 생태계와 서식지를 보호함 ◆ 지속가능한 자연자원 관리에 따르는 지역이 있고, 자연보전과 양립할 수 있는 낮은 수준으로 자연자원을 비산업적으로 이용하는 것이 이 지역의 주된 목적 중 하나임 ◆ 일반적으로 규모가 크고 대부분이 자연적 상태에 있음

[2] 자연공존지역(OECMs; Other Effective area-based Conservation Measures)

최근에는 보호지역 외에도 실질적인 보전 효과를 가진 지역을 인정하는 OECMs 개념이 확산되고 있다. 30×30 목표에서도 보호지역과 OECMs를 합산하여 목표를 달성하게 되어 있다. 국내에서는 OECMs에 대해 '기타 효과적인 지역 기반 보전 수단' 또는 '자연공존지역'[208]의 명칭을 사용한다.

전 세계적으로 세계 보호지역 데이터베이스(WDPA; The World Database on Protected Areas)에 등록된 자연공존지역은 2025년 4월을 기준으로 스웨덴, 캐나다, 필리핀 등 12개국 6,477개소(내륙 2,065,858㎢, 해양 9,051㎢)[209)210]이다.

[WDPA의 OECMs 등록 국가 및 현황(2025년 4월)]

번호	국명	전체 OECM 수	내륙OECM면적(㎢)	해양OECM면적(㎢)
1	스웨덴	5,365	960.52	0.0
2	캐나다	328	93,207.62	142.01
3	필리핀	178	6,319.46	354.65
4	일본	159	479.743	0.85
5	콜롬비아	47	571,765.15	8,553.13
6	부탄	11	318.79	0.0
7	건지섬(영국)	10	6.61	0.0
8	에스와티니	8	82.57	0.0
9	알제리	5	1,391,217.0	0.0
10	한국	4	42.41	0.0
11	쿡 제도	1	1.55	0.0
12	페루	1	1,456.61	0.0
계		6,477	2,065,858	9,051

국립산림과학원과 국립수목원은 국내 산림 부문의 여건을 고려하여 산림 OECM의 개념을 정의하고, 개념에 적합한 산림 OECM의 발굴 및 지정을 위한 단계별 기준을 정의한 바 있으며[211], IUCN은 자연공존지역 확인을 위한 현장(site-level) 평가 도구를

208) '자연공존지역'이라는 명칭은 국가 차원의 한국적 용어 사용 토론(IUCN 역량강화 워크숍/3차 포럼, '22.10.) → 1차 후보 용어 도출 → 전문가 설문조사('22.10.~11., 30여명 참여)을 거쳐 '23년 '1차 국가보호지역 확대포럼'에서 국문 명칭을 (가칭)"자연공존지역"으로 하는 합의('23.4.25.) 과정을 통해 도출된 것이다.

209) UNEP-WCMC and IUCN (2025), Protected Planet: The World Database on Protected Areas (WDPA) and World Database on Other Effective Area-based Conservation Measures (WD-OECM) [Online], April 2025, Cambridge, UK: UNEP-WCMC and IUCN. Available at: www.protectedplanet.net.

210) OECMs을 등록하였으나 내륙·해양 OECMs의 면적이 0인 국가는 제외하였다.

211) 국립산림과학원·국립수목원(2024) 산림OECM의 발굴·지정을 위한 가이드라인

체크리스트 형태로 제작하여 배포하고 있다. 대상지가 자연공존지역인지 확인하고자 할 때에는 총 3단계를 거쳐 판단한다.

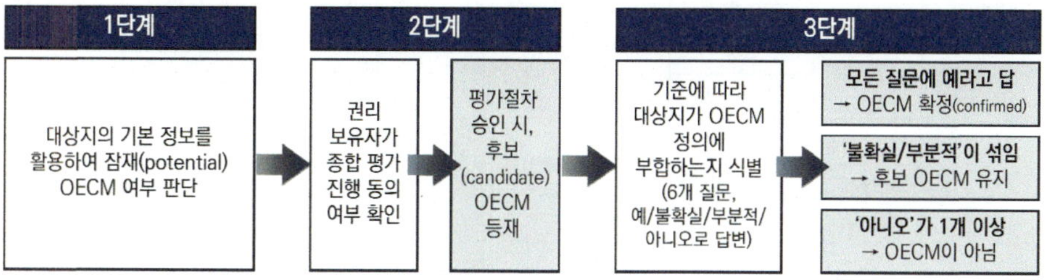

[OECM 현장 평가 과정(process)212)]

[3] 국내 보호지역 현황

우리나라에서 보호지역을 제도로 규정하기 시작한 것은 1960년대부터다. 1961년 제정된 산림법을 시작으로 1962년 문화재보호법, 1967년 공원법 등을 제정하며 천연기념물, 천연보호지역, 국립공원213) 등이 지정되었다.

현재 우리나라 보호지역은 보호지역과 자연공존지역을 모두 포함하여 육상 17.8%(17,859.2㎢), 해양 1.84%(8,114㎢)로 총 보호지역의 개수는 1,755개(25,973.27㎢)이다214). 이는 2030년까지 전 세계 육상과 해양의 최소 30%를 보호하고 효과적으로 관리된 보전지역으로 지정하자는 K-M GBF의 실천목표(Target 3)에 비하면 턱없이 모자라는 수치다. 육상, 해양 분야를 가리지 않고 보호지역 및 자연공존지역의 발굴이 시급한 과제라고 할 수 있다.

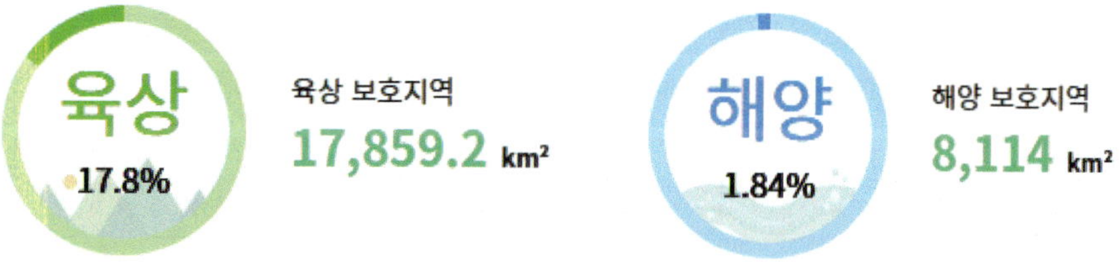

[우리나라 육상 및 해양의 보호지역&자연공존지역 현황]

다양한 현행 법률에 따라 환경부 등 각 부처에서 지정·관리하는 보호지역의 종류는 다음과 같다.

---

212) Jonas, H. D., MacKinnon, K., Marnewick, D. and Wood, P. (2024). 자연공존지역(OECMs) 확인을 위한 현장(site-level) 도구.제1판. IUCN WCPA 기술 보고서 시리즈 6호. 발행인: IUCN, 스위스 Gland.
213) 우리나라 최초로 지정된 국립공원은 1967년 12월 29일 지정된 지리산국립공원이다.
214) KDPA(Korea Database on Protected Areas), '25. 4. 기준

[우리나라 주요 보호지역 현황]

부처	보호지역 유형		소관법률
환경부	자연공원	국립공원	「자연공원법」
		도립공원	
		군립공원	
	야생생물보호지역		「야생생물법」
	야생생물특별보호지역		
	특정도서		「도서생태계법」
	생태·경관보전지역		「자연환경 보전법」
	생태·경관보전지역(시·도)		
	습지보호지역		「습지보전법」
	습지보호지역(시·도)		
	수변구역(4대강)		「4대강수계법」
	상수원보호구역		「수도법」
	특별대책지역		「환경정책 기본법」
국토교통부	도시자연공원구역		「공원녹지법」
	자연환경보전지역		「국토계획법」
	보전녹지지역		
	생태계보호지구		
농림축산식품부	농업진흥구역		「농지법」
	농업보호구역		
	농촌특화지구		「농촌공간 재구조화법」
국가유산청	보호물 및 보호구역		「문화유산법」
	역사문화환경 보존지역		
	천연기념물		「자연유산법」
	명승		
	시·도자연유산		
	천연보호구역		
	세계유산 완충구역		「세계유산법」

부처	보호지역 유형		소관법률
해양수산부	습지보호지역	갯벌	「습지보전법」
		시·도	
	해양보호구역	생태계	「해양생태계법」
		생물	
		경관	
	환경보전해역		「해양환경 관리법」
	수산자원보호구역		「국토계획법」
	보호수면		「수산자원 관리법」
	수산자원관리수면		
	무인도서	절대보전	「무인도서법」
		준보전	
		이용가능	
		개발가능	
	해양환경관리해역		「해양환경 보전법」
문화체육관광부	전통사찰보존지		「전통사찰법」
	전통사찰 역사문화보존구역		
산림청	백두대간보호지역		「백두대간법」
	산림보호구역	산림 유전자원	「산림보호법」
		생활환경	
		경관	
		수원함양	
		재해방지	
	산림복지지구		「산림복지법」
	채종림, 시험림		「산림자원법」
	특별수종육성권역		
	보전산지		「산지관리법」
	공익용산지		
	산지전용·일시사용제한지역		
	국립수목원 완충지역		「수목원정원법」

함께 알아야 할 포인트

■ 보호지역(Protected Areas)의 가치

보호지역(Protected Areas)은 생물다양성, 생태계, 경관, 문화유산 등의 보전을 목적으로 법적·제도적으로 지정된 지역을 의미한다.

유엔 산하 국제자연보전연맹(IUCN)은 보호지역을 "장기적인 자연보전과 생태계 서비스의 유지, 그리고 문화적 가치 보전을 위해 명확한 경계와 목적을 가지고 관리되는 지리적 공간"으로 정의한다.

이러한 지역은 단순한 자연 보호를 넘어서, 인간과 자연이 공존할 수 있는 지속가능한 공간 모델로서 다양한 가치를 지닌다.

【생태학적 가치: 생물다양성 보전과 생태계 기능 유지】

보호지역의 가장 기본적인 가치는 생물다양성과 생태계의 안정성 유지에 있다. 지구상에 존재하는 종의 약 75%가 보호지역 내에서 발견될 만큼, 보호지역은 야생동물의 핵심 서식지이자 멸종위기종의 마지막 피난처로 기능한다. 또한 산림, 습지, 해양 등 각기 다른 생태계 유형을 대표하는 보호지역은 기후 조절, 탄소 저장, 수자원 보호, 토양 안정화 등의 생태계 서비스를 제공하며, 이는 인간의 생존과 건강에 직결되는 기반을 형성한다.

특히 보호지역은 생태적 연결성(ecological connectivity)을 강화하는 거점으로 작용하며, 생물의 이동 통로(생태축)로서 종의 유전적 다양성과 생존 가능성을 유지하는 데 필수적인 공간적 기반이 된다. 또한 기후변화에 대응해 종의 분포가 이동할 수 있는 공간을 확보하는 데에도 결정적인 역할을 한다.

【사회경제적 가치: 지속가능한 지역 발전의 플랫폼】

보호지역은 경제적 가치 또한 상당하다. 많은 보호지역은 생태관광(ecotourism)과 연계되어 지역 경제를 활성화하고, 고용 창출과 소득 증대에 기여한다. 예를 들어 국립공원이나 생물권보전지역은 방문객에게 자연 체험과 휴식의 기회를 제공하며, 관광 수익이 보호활동 및 지역사회 복지로 환원될 수 있는 구조를 형성한다.

또한 보호지역은 자연재해를 완충하는 역할도 수행한다. 산림 보호구역은 산사태와 홍수를 방지하고, 해안 습지는 태풍과 해일로부터 내륙 지역을 보호하는 등 재해 저감 기능(nature-based solutions)을 제공함으로써 인프라 투자에 대한 자연 기반 대안을 제시한다.

더 나아가, 보호지역은 생물자원의 지속가능한 이용을 위한 공간이기도 하다. 약용식물,

수자원, 목재, 비목재 임산물 등의 이용은 보호지역의 관리방침에 따라 조절되며, 자원의 고갈 없이 지역주민의 생계와 조화를 이루는 이용 방식이 모색된다.

【문화적·역사적 가치: 정체성과 전통의 보고】

보호지역은 단순한 자연 공간이 아니라, 인간의 역사와 문화가 함께 하는 장소이다. 많은 국립공원, 세계자연유산, 생물권보전지역에는 원주민의 거주지, 신성한 장소, 전통 지식 체계가 함께 보존되어 있으며, 이는 지역사회의 문화적 정체성과 자율성의 근간이 된다.

특히 IUCN은 자연유산과 문화유산이 결합된 '자연-문화 연계적 보호지역' 개념을 강조하며, 보호지역을 단지 '인간 없는 자연'으로 보지 않고, 인간과 자연의 지속가능한 공존의 장으로 인식하고 있다.

이러한 문화적 보호는 단순한 과거의 보존이 아니라, 생태적 가치와 인간 가치의 통합적 보전 모델로서 미래세대의 환경 교육과 문화 계승에 큰 기여를 한다.

【교육 및 연구 가치: 지식의 현장과 살아있는 교실】

보호지역은 생물학, 생태학, 지리학, 환경과학 등 다양한 분야의 현장 연구와 장기 생태 모니터링이 이루어지는 자연 실험실이다. 특히 기후변화, 생태계 교란, 종 다양성 변화 등에 대한 데이터를 장기적으로 축적할 수 있는 공간은 보호지역 외에는 찾기 어렵다.

또한 청소년과 시민들에게 자연의 소중함을 직접 체험하고 이해하게 해주는 환경교육의 핵심 현장으로 기능한다. 탐방로, 생태관, 안내센터, 해설 프로그램 등은 교육적 가치와 함께 자연에 대한 공감 능력을 확장시키는 중요한 도구가 된다.

즉, 보호지역은 단지 사람의 손을 멀리하는 '보호된 땅'이 아니라, 사람과 자연이 함께 살아갈 미래를 설계하는 핵심 공간이다. 그것은 생물다양성의 마지막 보루이자, 생태계 서비스의 공급처이며, 지역경제와 문화 정체성을 지탱하는 기반이며, 교육과 연구의 중심지이기도 하다. 따라서 보호지역의 가치는 단일한 목적에 국한되지 않으며, 지속가능한 사회로의 이행을 위한 복합적이고 전략적인 공간으로 이해되어야 한다.

Point 66. 국립공원(NP; National Park)

[1] 개요

국립공원은 우리나라를 대표할 만한 자연·문화경관을 보전하고 지속가능하게 이용할 수 있도록 국가가 지정하여 보호·관리하는 보호지역이다. 2025년 현재 우리나라에는 23개 국립공원이 지정되어 있다.

1872년 미국은 옐로우스톤(Yellowstone)이 세계 최초의 국립공원으로 지정하였다. 이는 "자연의 아름다움과 생태적 가치를 미래 세대까지 보존한다"는 이념 아래 국가가 직접 자연을 통제·관리·보존하고 그렇게 보존된 자연을 사람들이 향유할 수 있도록 하며 자연생태계의 중요성에 대한 인식을 고취하자는 첫 사례이다. 이를 시작으로 전 세계에 국립공원 제도가 전파되었으며, 우리나라는 1967년 법률 제1909호로 「공원법」[215]을 제정하여 국립공원 제도를 받아들였다. 국립공원은 IUCN 보호지역 카테고리에서 II에 해당한다.

우리나라에서 국립공원의 지정을 위해서는 다음 다섯 가지의 필수 요건을 만족하여야 한다.

첫째, 자연생태계의 보전상태가 양호하거나 멸종위기 야생동·식물, 천연기념물, 보호 야생 동·식물 등이 서식할 것
둘째, 자연경관의 보전상태가 양호하여 훼손이나 오염이 적으며 경관이 수려할 것
셋째, 국가유산 또는 역사적 유물이 있으며, 자연경관과 조화되어 보전의 가치가 있을 것
넷째, 각종 산업개발로 경관이 파괴될 우려가 없을 것
다섯째, 국토의 보전·관리측면에서 자연공원을 균형있게 배치할 수 있을 것

국립공원은 풍부한 종다양성을 지닌 자연 생태지역으로서 미래를 위한 유전자원의 보고이며, 청정한 자연환경과 수려한 경관지를 공공에 개방하고 제공하는 국민의 휴식처로 기능한다. 또한 타 지역에서는 불가능한 자연과 생명의 신비에 대한 조사·연구를 통해 공공의 이익에 기여하며 자연생태계 보전의 결과로 다양한 자연적·문화적 정서함양을 위한 교육의 장을 제공하고 있다.

---

215) 2025년 현재는 1980년 1월 제정되어 동년 6월 1일부터 시행된 법률 제3243호 「자연공원법」이 이를 대신하고 있다.

2025년 4월을 기준으로 한 우리나라의 국립공원 목록은 다음과 같다.

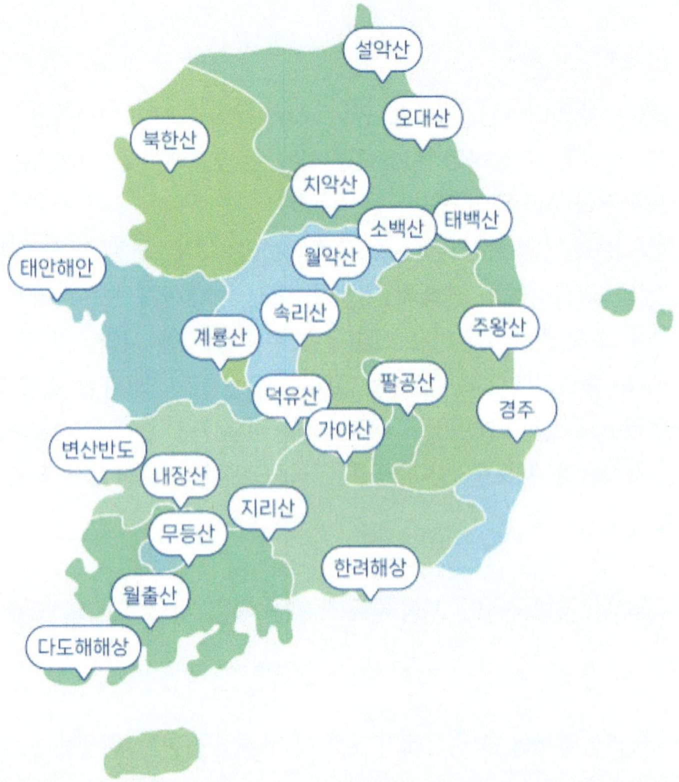

[우리나라 국립공원 지정 현황(2025.4.)]

번호	공원명	지정일	번호	공원명	지정일
1	지리산국립공원	1967. 12. 29.	13	태안해안국립공원	1978. 10. 20.
2	한려해상국립공원	1968. 12. 31.	14	다도해해상국립공원	1981. 12. 23.
3	경주국립공원	1968. 12. 31.	15	북한산국립공원	1983. 4. 2.
4	계룡산국립공원	1968. 12. 31.	16	치악산국립공원	1984. 12. 31.
5	설악산국립공원	1970. 3. 24.	17	월악산국립공원	1984. 12. 31.
6	한라산국립공원	1970. 3. 24.	18	소백산국립공원	1987. 12. 14.
7	속리산국립공원	1970. 3. 24.	19	변산반도국립공원	1988. 6. 11.
8	내장산국립공원	1971. 11. 17.	20	월출산국립공원	1988. 6. 11.
9	가야산국립공원	1972. 10. 13.	21	무등산국립공원	2013. 3. 4.
10	덕유산국립공원	1975. 2. 1.	22	태백산국립공원	2016. 4. 15.
11	오대산국립공원	1975. 2. 1.	23	팔공산국립공원	2023. 12. 31.
12	주왕산국립공원	1976. 3. 30.	-		

[2] 국립공원기본계획

국립공원기본계획은 국립공원의 원활하고 건전한 보전·이용·관리를 위해 장기적인 발전방향을 제시하는 종합계획으로서, 공원계획과 공원별 보전·관리계획의 지침이 되는 계획을 말한다. 계획의 수립주체는 환경부장관, 수립주기는 10년 단위이다. 내용에는 ① 국립공원 지정 현황, ② 국립공원 자연생태계 현황, ③ 국립공원의 관리전략 및 관리목표 설정에 관한 사항, ④ 국립공원의 자원 보전·이용 등 관리에 관한 사항, ⑤ 그 밖에 환경부장관이 국립공원의 관리를 위하여 필요하다고 인정하는 사항이 포함되어야 한다.

국립공원기본계획의 수립 목적은 국립공원의 이념과 기능을 재정립하여 이에 적합한 관리목표의 설정과 함께 중·장기적인 국립공원 관리개선 방향을 제시[216]하는 것이다. 국립공원기본계획을 수립할 때에는 상위계획인 자연공원기본계획에 부합하여야 하며, 현행 계획은 제3차 자연공원기본계획('23~'32)이다.

[국립공원기본계획 수립 목적[217]]

구분	내용
1	국립공원관리를 위한 의사결정의 방향 및 관리과정의 틀을 제공하고 자연공원법 등 관련법규와 일관성을 가져야 한다.
2	하위계획 수립에 필요한 세부적인 과정 및 내용을 다루어 현장에서 반영될 수 있는 지침기능을 가져야 한다.
3	공원의 효율적 관리를 위한 정책적, 제도적, 관리적 쟁점들을 상위에서 제어할 수 있는 기능을 가져야 한다.
4	자연공원의 기본구성 요소인 자원, 이용, 시설, 토지이용에 대한 관리지침을 폭넓게 다루어 하위계획과의 연계성을 확보해야 한다.

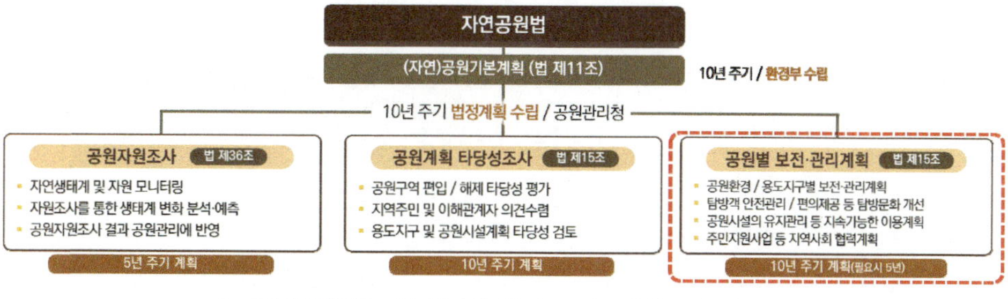

[「자연공원법」에 의거한 법정 조사 · 계획수립 체계]

216) 국립공원공단(2019) 국립공원학개론 자료 재구성
217) 환경부·국립공원공단(2002) 공원기본계획 수립을 위한 연구 용역보고서: 국립공원공단(2019) 국립공원학개론에서 재인용

함께 알아야 할 포인트(제3차 자연공원기본계획218))

■ 계획의 수립 방향

「자연공원법」 상 「자연공원 기본원칙('20. 6. 9.)」을 기반으로 제3차 자연공원 기본계획 수립 기본방향을 설정함

자연공원 기본원칙은 ① 현재세대와 미래세대를 위해 보전 ② 생태계 건전성, 생태축 보전·복원, 기후변화 대응에 기여 ③ 과학적 지식과 객관적 조사에 기반한 공원 특성에 따른 관리 ④ 지역사회와 협력적 관계에서 상호혜택을 창출 ⑤ 보전 및 지속가능한 이용을 위한 국제협력 증진 등으로 구성됨

■ 비전 및 추진전략

(비전) 자연과 사람이 함께하는 미래, 자연공원

(목표) 자연을 기반으로 과학적 관리를 통한 지속가능한 가치창출

(핵심전략) 비전과 목표를 실현하기 위한 5개의 추진전략으로 ① 공원자원 보전·복원 강화 ② 지속가능한 이용을 위한 탐방서비스 강화 ③ 탄소중립 실현으로 기후위기 대응 ④ 과학기반의 자연공원 관리 ⑤ 이해관계자 협력을 통한 파트너십 확대 등을 제시하고, 이에 따른 17개의 추진과제를 선정함

비전	자연과 사람이 함께하는 미래, 자연공원
목표	자연을 기반으로 과학적 관리를 통한 지속가능한 가치창출

추진전략	추진과제
1. 공원자원 보전·복원 강화	① 훼손지 복원·신규 공원 지정으로 생태계 연결성 확보 ② 핵심생태계와 공원자원의 엄정한 보전과 가치 공유 ③ 우선복원종 보호·복원 확대로 종다양성 보전 강화 ④ 경관·문화자원 보전·관리 기반 확립
2. 지속가능한 이용을 위한 탐방서비스 강화	① 국민 여가·휴양을 위한 탐방서비스 확대 ② 자연 친화적인 체험 인프라 확충 ③ 지역과 상생하는 생태관광 활성화
3. 탄소중립 실현으로 기후위기 대응	① NBS 기반 탄소저장·흡수·배출의 체계적·과학적 관리 ② 자연공원 탄소중립 제도 기반 확립 및 역량 제고 ③ 자연공원 탄소중립 인식 및 문화 확산
4. 과학기반의 자연공원 관리	① 공원자원 통합정보플랫폼 및 디지털파크 구축 ② 과학적 재난 대응 및 안전관리 이행 ③ 첨단기술·자료 기반 과학적 오염관리 ④ 빅데이터 기반 자연공원 유형별 용도지구 관리체계 개선
5. 이해관계자 협력을 통한 파트너십 확대	① 지역·이해관계자 상생협력 및 대국민 참여 확대 ② 자연공원 간 협력으로 수평적 동반 성장 ③ 자연공원 글로벌 파트너십 확대·강화

218) 환경부(2022) 제3차 자연공원기본계획 수립 연구 용역 자료 재구성

[3] 공원별 보전·관리계획

공원별 보전·관리계획은 10년 주기 법정계획으로 매 10년마다 국립공원을 대상으로 수립해야 한다. 우리나라에서는 2012년에 당시 한라산국립공원을 제외한 19개 국립공원을 대상으로 최초로 수립하였으며 신규 지정된 무등산국립공원은 2014년, 태백산국립공원은 2016년에 각각 제1차 보전관리계획을 수립하였다.

이후 제1차 공원별 보전·관리계획의 기간 만류에 따라 2022년에 한라산국립공원을 제외한 21개 국립공원을 대상으로 제2차 공원별 보전·관리계획(2023~2032)이 수립되었다. 2023년에 지정된 팔공산국립공원[219]은 2024년에 제1차 보전·관리계획을 수립하였다.

「자연공원법」상 공원별 보전·관리계획 수립 근거

자연공원법 제17조의3(공원별 보전·관리계획 수립 등) ① 공원관리청은 제12조부터 제14조까지의 규정에 따라 결정된 공원계획에 연계하여 10년마다 공원별 보전·관리 계획을 수립하여야 한다. 다만, 자연환경보전 여건 변화 등으로 인하여 계획을 변경할 필요가 있다고 인정되는 경우에는 그 계획을 5년마다 변경할 수 있다.

국립공원 보전·관리계획의 성격을 자연공원법, 제1차 보전관리계획 내용, 미국 국립공원청 등에서 제시한 내용을 토대로 종합해 보면 다음과 같이 정립할 수 있다.[220]

첫째, 보전·관리계획은 명확한 관리목표의 설정 및 목표 달성을 위한 공원별 지침의 성격

둘째, 공원관리 의사결정에 고려되어야 하는 통합적 관리 지침의 성격

셋째, 공원의 쟁점을 해결할 수 있는 전략 및 수단으로서의 성격

넷째, 국가 정책 및 공단 중장기 경영목표 등을 근간으로 하여 사회환경 및 공원관리 환경에 탄력적으로 적용할 수 있는 중장기적 전략계획의 성격

다섯째, 직원들이 이해하고 쉽게 적용할 수 있는 가이드라인 성격

219) 저자인 김정호(건국대학교 글로컬캠퍼스 녹색기술융합학과)는 제2차 보전·관리계획 수립시 월악산국립공원, 속리산국립공원의 연구책임을 맡아 진행하였으며 당시 설악산국립공원, 오대산국립공원, 태백산국립공원, 소백산국립공원의 보전·관리계획수립 연구에서 연구원으로도 참여하였다. 이후 2023년 12월에 지정된 팔공산국립공원의 제1차 보전·관리계획의 연구책임자로 선정되어 과업을 총괄하였다.

220) 국립공원연구원(2002) 공원별 보전·관리계획 수립을 위한 가이드라인 마련 연구 자료 재구성

제2차 공원별 보전·관리계획에서는 계획 방향 설정, 공원별 관리목표 및 지향점 설정, 부문별 추진계획 마련, 용도지구(관리지구)별 관리계획 마련 등 크게 3파트로 구분하여 제시하고 있다.

공원별 관리목표 및 지향점 설정에서는 제3차 자연공원기본계획(환경부, 2022)을 토대로 공원의 핵심가치를 도출하고 공원별 관리 이슈를 고려하여 뚜렷한 관리목표를 설정한다.

부문별 계획과제 수립은 국내외 환경여건, 제1차 보전·관리계획 이행평가, 공원별 특성(자원특성, 이용특성, 관리여건 특성)을 토대로 계획과제를 도출한다.

용도지구(관리지구)별 관리계획 수립은 용도지구와 관리지구별 부문별 계획과제를 도출하고 용도지구와 주요 현황이 잘 표현되도록 작성한다.

자연공원법에 따르면 조사-계획과 관련된 사항은 자연자원조사, 자연공원기본계획, 공원계획, 공원별보전관리계획으로서 서로 연계되어야 한다. 그러나 10년마다 마련되는 각 계획의 수립주기가 거의 동일하여 연계성이 결여되는 상황으로, 자연공원기본계획 → 자연자원조사 → 공원별보전관리계획이 순차적으로 연결되는 위계성이 정립되도록 계획 수립의 순서를 고려해야 한다.

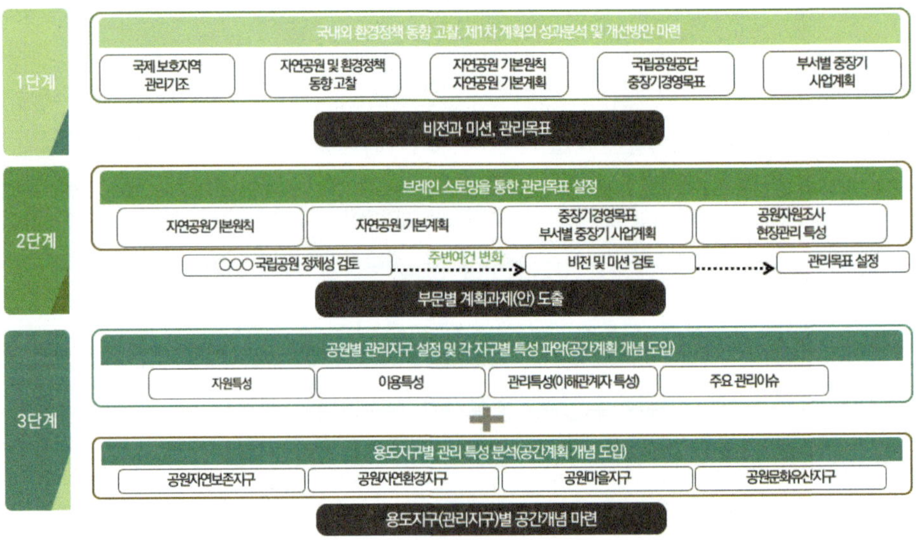

[제2차 국립공원별 보전 · 관리계획 수립을 위한 프로세스(안)[221]]

221) 국립공원연구원(2021) 공원별 보전·관리계획 수립을 위한 가이드라인 마련 연구 자료 재구성

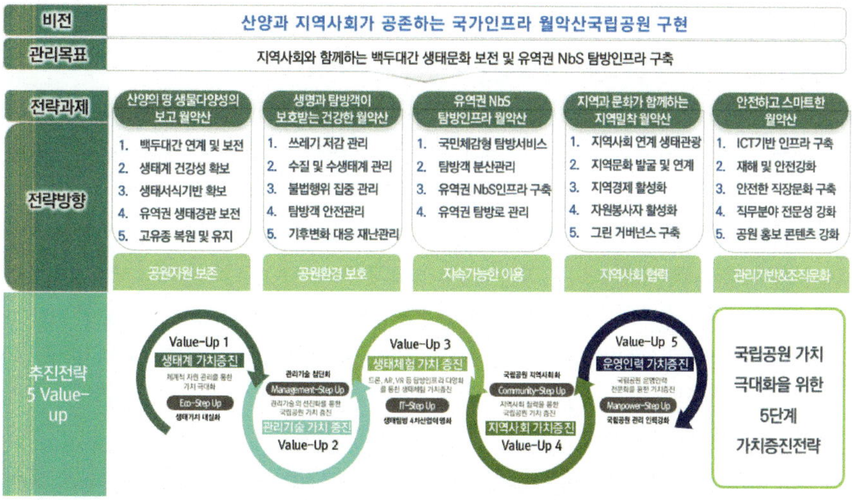

[월악산국립공원의 제2차 보전 · 관리계획의 비전, 관리목표, 전략방향 예시[222)]]

국립공원	구분	내용
지리산국립공원	비전	백두대간 아고산 생태계 연결축의 핵심 지리산국립공원 구현
	관리목표	아고산대 기후변화 대응 강화 및 고지대·문화자원 생태탐방 서비스 고도화를 통한 사람과 생물간 이용 공존
경주국립공원	비전	역사 · 문화자원 및 자연자원의 현명한 이용
	관리목표	신라 천년의 문화가 어우러진 자연환경에서 건강하고 여유 있는 생태문화 국립공원
계룡산국립공원	비전	국립공원의 미래가치를 창출하는 자연생태계 보전 선도기관
	관리목표	자연과 문화를 보전하고, 시민들에게 휴식처를 제공하는 계룡산국립공원
설악산국립공원	비전	자연, 문화, 사람이 공존하는 세계적 보호지역 '설악산'
	관리목표	설악금강 자연문화 가치 증진과 국민행복 지향 보전·관리
속리산국립공원	비전	자연 그리고 유교와 불교 문화의 융합 상생 국가 인프라 속리산국립공원 실현
	관리목표	백두대간의 자연과 구곡의 문화 그리고 천년고찰의 불교가 어우러진 저지대 생태문화 탐방 거점 국립공원 구현
내장산국립공원	비전	국립공원의 미래가치를 창출하는 자연생태계 보전 선도기관
	관리목표	자연·문화자원의 보전과 이용의 조화, 지역사회와의 연계를 통한 4계절형 국립공원
가야산국립공원	비전	자연과 문화가 공존하는 지속가능한 생태·문화 복지 실현
	관리목표	핵심 공원자원의 체계적 보전관리를 통한 미래가치 창출
주왕산국립공원	비전	이색적인 자연경관과 야생동식물 보호, 그리고 고도화된 지질명소 관리 및 지구별 생태계서비스
	관리목표	가치증진
북한산국립공원	비전	도시에 스며드는 자연의 정기, 2000만 도시민의 자연휴식처 실현
	관리목표	자연생태계 보전 및 탐방 이용 분산을 통한 국립공원 생태계 건강성 회복
치악산국립공원	비전	모든 세대가 감동하는 생태·문화·휴양 국립공원
	관리목표	도시산악형 국립공원의 정체성 확립을 위한 보전·관리
월악산국립공원	비전	산양과 지역사회의 상생 국가 인프라 월악산국립공원 구현
	관리목표	지역사회와 함께하는 백두대간 생태문화 보전 및 유역권 NbS 탐방인프라 구축

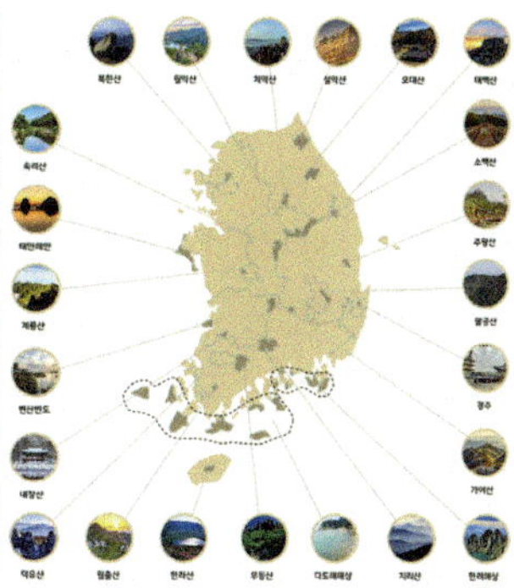

국립공원	구분	내용
한려해상국립공원	비전	국립공원의 미래가치를 창출하는 자연생태계 보전 선도기관
	관리목표	국민참여를 통한 미래 해양국립공원 가치 증진과 기후변화 대응 선도
태안해안국립공원	비전	보전과 이용이 조화를 이룬 육상-연안-해양(도서) 연속 생태계 구축
	관리목표	육상-연안-해양의 연속생태계 보전을 통한 생태계 서비스 가치 극대화
오대산국립공원	비전	오대문화와 전나무숲으로 지역과 세대를 잇는 생물다양성과 힐링(치유) 중심 공원
	관리목표	오대 '역사·문화·생태길'에서 '과거·현재·미래'를 만나는 보전·관리
덕유산국립공원	비전	미래가치를 창출하는 아고산대 생태계 보전과 휴양문화선도
	관리목표	아고산대 생태축의 보전과 체계적인 공원관리를 통한 생태계서비스 다양화
다도해상국립공원	비전	기후변화와 생태계 훼손, 문화소멸 위기에 대응하는 지속가능한 다도해해상국립공원 다양성 보전
	관리목표	해양·섬·사람이 공존하는 해상국립공원 생태계의 지속가능한 가치 창출
소백산국립공원	비전	별이 빛나는 백두대간 생태·탐방문화의 중심, 소백산
	관리목표	생태·문화가 어우러진 백두대간 탄소중립지 구현
변산반도국립공원	비전	국립공원의 미래가치를 창출하는 자연생태계 보전 선도기관
	관리목표	육상과 해양을 보전하고, 역사와 문화를 계승·발전시키는 국내 유일의 반도형 국립공원
월출산국립공원	비전	기(氣)차게 솟아오른 남도의 명산, 자연과 사람, 문화를 잇는 국립공원
	관리목표	저지대 국민 행복, 고지대 자연 행복!
무등산국립공원	비전	국립공원의 미래가치를 창출하는 자연생태계 보전 선도기관
	관리목표	정상부(주상절리대) 중심의 보전·관리와 저지대 중심의 생태·문화 자원 연계로 탐방객 분산
태백산국립공원	비전	지역사회 상생을 통한 신규 지정 국립공원의 안정적인 정착
	관리목표	노후시설 재생으로 체류형 종합탐방체험지구 구축을 통한 지역사회 성공적 안착

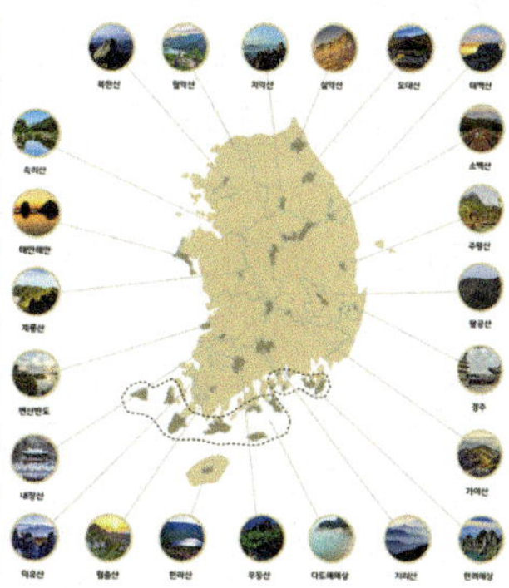

[국립공원별 제2차 보전 · 관리계획의 비전, 관리목표[223)]]

---

222) 국립공원공단 월악산국립공원사무소(2022) 월악산국립공원 보전·관리계획 수립 연구(연구책임자 김정호) 용역자료 재구성

223) 2022년에 수립된 21개 국립공원의 제2차 공원별 보전·관리계획 보고서를 토대로 저자(김정호)가 직접 작성

함께 알아야 할 포인트

■ 세계 최초 국립공원 "옐로우스톤 국립공원"

옐로우스톤 국립공원(Yellowstone National Park)**은 1872년 미국에서 세계 최초로 지정된 국립공원으로, 국가가 특정 자연지역을 법적으로 보호하고 공공의 이익을 위해 관리한 최초의 사례로 평가된다. 이 공원의 지정은 근대적 자연보전 사상의 출발점이 되었으며, 이후 전 세계 국립공원 제도의 모델이 되었다는 점에서 지구 환경사적 전환을 이룬 상징적인 사건이다.

옐로우스톤은 미국 서부 와이오밍(Wyoming) 주를 중심으로 몬태나(Montana), 아이다호(Idaho) 주에 걸쳐 약 8,983km²의 광대한 면적을 차지한다. 이 지역은 지질학적으로 활발한 화산 지대를 포함하고 있으며, 세계 최대 규모의 간헐천(geysers), 온천(hot springs), 증기공(gas vents) 등이 밀집되어 있어 독특한 자연현상을 보여준다.

또한 옐로우스톤은 다양한 생태계가 공존하는 고유한 야생지역으로, 고산지대, 숲, 초원, 호수, 강 등의 다양한 환경이 펼쳐져 있다. 이곳은 북미의 대표적 포식자이자 생태계 건강성의 지표로 여겨지는 회색곰(grizzly bear), 회색늑대(gray wolf), 아메리카들소(bison), 엘크(elk) 등의 주요 대형 포유류의 서식지이며, 이들의 군집적 존재는 이 지역의 식물군락, 수생생태계, 먹이망 구조 등에 영향을 미치는 생태계 핵심종(keystone species)으로 기능한다.

생태적 가치를 넘어, 옐로우스톤 국립공원의 설립은 자연환경에 대한 사회적 인식의 전환을 보여준다. 19세기 미국은 서부 개척과 산업화의 영향으로 급속한 환경 파괴가 진행되던 시기였으며, 당시 일부 정치가, 예술가, 과학자들은 이 지역의 자연미를 지켜야 한다는 주장을 펼쳤다. 그 결과, 1872년 3월 1일, 당시 대통령인 율리시스 S. 그랜트(Ulysses S. Grant)는 옐로우스톤을 국립공원으로 지정하는 법안에 서명하였고, 이는 "인류 전체의 이익을 위해 영구히 보전된다"는 철학을 담고 있었다.

이처럼 옐로우스톤은 자연을 민간 개발로부터 보호하고, 공공의 유산으로서 관리할 수 있다는 새로운 개념을 제도화한 첫 사례였다. 이는 후속적으로 미국의 요세미티, 그랜드캐니언, 세쿼이아 등 국립공원의 지정으로 이어졌고, 1916년에는 이들 공원을 체계적으로 관리하기 위한 미국 국립공원청(National Park Service, NPS)이 설립되었다.

국제적으로도 옐로우스톤은 국립공원의 전형적 모델이자 자연보전 철학의 상징으로 자리매김했다. 1978년에는 유네스코 세계자연유산(UNESCO World Natural Heritage)으로 등재되었으며, 이후 여러 나라에서 국립공원 제도 도입 및 자연유산 보전 정책을 추진하는 데 있어 핵심 사례로 활용되었다. 또한 이 공원은 생태계 복원 분야에서도 세계적인 주목을 받았다. 1995년부터 시작된 회색늑대 재도입 프로그램은 생물다양성 회복의 성공 사례로 꼽히며, 생태계 내 상위 포식자의 복원이 어떻게 전체 생태계 구조를 회복시키는지를 입증한 대표적 실험으로 평가된다.

결론적으로, 옐로우스톤 국립공원은 단지 독특한 자연경관을 보전한 공간이 아니라, 자연의 공공적 가치와 생물다양성 보전을 제도적으로 실현한 인류 최초의 시도였다. 이는 오늘날 국립공원이 수행하는 생태계 보전, 기후변화 대응, 환경교육, 지속가능한 관광의 모델이 되었으며, 향후에도 자연과 인간이 공존하는 공간의 의미를 성찰하는 상징적 유산으로 그 가치를 지닐 것이다.

Point 67. 백두대간 및 백두대간보호지역

[1] 백두대간(白頭大幹)

백두대간이란 백두산 장군봉과 지리산 천왕봉을 잇는 마루금 길이 1,400㎞(남한 701㎞)의 거대한 축[224]을 말한다. 1대간(大幹), 1정간(正幹), 13정맥(正脈) 체계[225]로 이루어져 있다. 여기서 '대간(大幹)'이란 큰 줄기라는 뜻으로, 생물의 척추처럼 백두대간이 한반도 전체를 남북으로 잇는 지형적 중심축이자 생태적 축으로 기능한다는 뜻을 내포한다.

백두대간은 한반도의 등줄기로서 그만큼 큰 상징성을 지닌 지역이다. 자연 생태계의 핵심축을 이루는 생물다양성의 보고(寶庫)이자 우리나라 고유의 전통 산지인식체계의 산물이라고 할 수 있다.

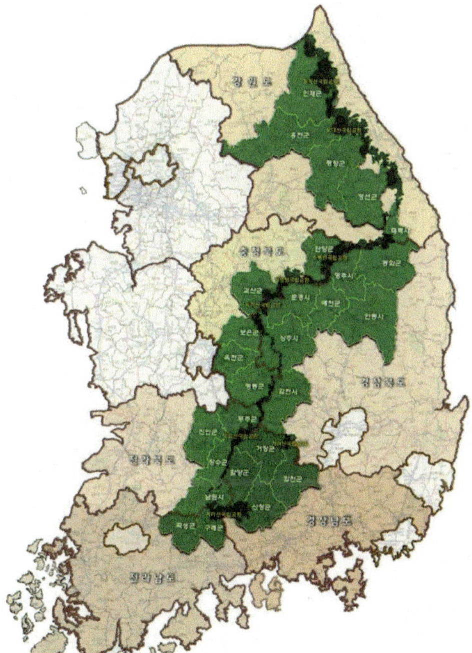

[백두대간권의 공간적 범위[226]]

224) 백두대간권: 백두산~두류산~금강산~설악산~오대산~태백산~속리산~덕유산~지리산
225) 산림청(2015) 제2차 백두대간보호 기본계획
226) 강원·충북·전북·전남·경북·경남(2022) 백두대간권 발전종합계획 변경

백두대간은 인문지리적, 자연생태적, 산업적, 문화적 측면에서 다양한 가치를 지닌다. 백두대간은 국토 공간구조의 골격이자 생활 영역과 문화양식의 기반이 되는 민족의 인문적 바탕이 된다. 천연림이 많이 분포하는 대표적인 산림지대로 한반도 산림자원의 비축기지이자, 생물종다양성이 풍부한 한반도 핵심 생태축으로서 동식물과 곤충 등 생물 서식지와 이동통로로 기능하며, 한강·금강·낙동강 등 한반도 주요 하천의 발원지로서 의의를 지닌다.

[2] 백두대간보호지역

백두대간보호지역은 「백두대간 보호에 관한 법률(약칭: 백두대간법)」에 의하여 지정된 곳으로 백두대간 중 생태계, 자연경관 또는 산림 등에 대하여 특별한 보호가 필요하다고 인정하는 지역을 환경부장관과 산림청장이 협의하여 지정한다. 보호지역은 백두대간의 능선을 중심으로 특별히 보호하려는 지역인 핵심구역과, 핵심구역과 맞닿은 지역으로서 핵심구역 보호를 위하여 필요한 지역인 완충구역으로 구분된다.

2025년 4월 현재 백두대간보호지역은 총 4차에 걸쳐 그 면적이 확대지정되었다. 가장 최근의 확대지정은 2023년 5월로, 제2차 백두대간보호 기본계획('16~'25)에서는 백두대간보호지역을 2025년까지 30만 ha로 확대하겠다고 언급한 바 있다. K-M GBF에서 보호지역(자연공존지역 포함)의 면적을 국토면적의 30%까지 확대하기로 한 내용(30×30 목표)이 채택된 바 있으므로, 백두대간보호지역의 면적은 지속적으로 확대될 전망이다.

[백두대간보호지역 현황 및 확대지정 연혁(2025. 4.)[227]]

구분	합 계(ha)	핵심구역(ha)	완충구역(ha)
최초지정	263,427	169,950	93,477
제1차 확대지정(2014)	275,077	179,110	95,967
제2차 확대지정(2016)	275,646	179,245	96,401
제3차 확대지정(2020)	277,190	180,821	96,369
제4차 확대지정(2023)	277,645	181,064	96,581

227) 산림청고시 제2023-37호 백두대간보호지역 확대 지정

함께 알아야 할 포인트

백두대간의 유래

백두대간이 최초로 나타난 문헌은 10세기 초의 고려 승려 도선이 지은 옥룡기(玉龍記)로서 "우리나라는 백두(산)에서 일어나 지리(산)에서 끝났으며 물의 근원, 나무 줄기의 땅이다."라고 표현되어 있다.

다음으로 백두대간을 의미하는 대간(大幹)이라는 용어를 국내에서 최초로 사용한 문헌은 이중환의 [택리지](1751년)로서 "대간은 끊어지지 않고 옆으로 뻗었으며 남쪽으로 수천 리를 내려가 경상도 태백에 까지 통하여 하나의 맥령(脈嶺)을 이루었다." 라고 표현되어 있다. 백두대간과 백두정간이라는 말을 처음 사용한 문헌은 이익의 [성호사설](1760년)로서, 백두산을 우리나라의 조종산이며 대간의 시작 산으로 보았으며 "백두대간(白頭大幹)"이라는 용어를 사용하였고 산맥상황도 나름대로 제시하였다.

다음으로 백두대간을 체계화한 것은 1770년 경(영조) 여암 신경준의 [산경표]로서 백두대간에 대해서 그 용어 뿐만 아니라 백두산에서 지리산에 이르는 산맥연결의 상태·관계·순서를 알기쉽도록 일목요연하게 표로 제시하였다. 다만 산경표의 저자나 제작시기에 대하여 다른 의견도 있는 것도 사실이다.

백두대간의 가치

인문지리적으로 국토를 산계의 연속으로 인식하여 지리적으로 일체감을 부여하며, 유역을 가르는 분수계로서 국토 공간구조의 골격이자 생활 영역과 문화양식의 기반이 되는 민족의 인문적인 바탕을 이루고 있다. 민족정기의 상징으로 귀중한 유무형문화재와 구비문학, 산간신앙 등이 산재하고 있어 산림의 인문학적 가치가 돋보이는 공간이다. 또한 백두대간은 생물종이 다양하고 풍부한 한반도의 핵심 생태축으로 대륙의 야생동식물이 우리나라로 들어오는 이동통로이자 서식지가 되고 있으며, 한강, 금강, 낙동강 등의 발원지로서 생명력이 시작되고 이어지는 중심지이다. 산업적인 측면에서 볼 때에도 천연림이 많이 분포하는 대표적인 산림지대인 백두대간은 산림자원의 비축기지 입지와 농립업, 광업 및 휴양관광 등 산업적인 이용기회를 제공한다. 이렇듯 백두대간은 지형, 기후, 토양, 수문 등 자연환경과 동식물이 어우러진 생태계, 그리고 사람이 함께 살아가는 복합적인 공간으로서 매우 다양한 가치를 지니고 있다.

[백두대간과 산맥체계 비교]

구분	백두대간	산맥체계
성격	• 산과 강에 기초하여 산줄기 형성 • 산줄기는 산에서 산으로만 연결 • 실제 지형과 일치하는 자연스러운 선	• 지하지질구조에 근거하여 팡 위의 산을 분류 • 산맥선이 중간에 강에 의해 단절 • 실제 지형과 불일치
장점	• 경관상 잘 보이는 무단절 분수령을 중심으로 하천, 산줄기 등의 파악 용이 • 산지이용계확과 실천에 편리 • 물수지리적 한국지형과 산계(山系)의 이해에 편리	• 국제관행에 부합 • 산맥형성이 원인과 관련성이 높음

함께 알아야 할 포인트

■ 일본 지질학자 고토 분지로(小藤 文次郎)에 대해

우리가 과거 교과서에서 배워 온 태백산맥, 노령산맥, 차령산맥, 장백산맥 등의 이름을 지은 사람은 일본 지질학자 고토 분지로(小藤 文次郎)다. 그는 1900년과 1902년 두 차례에 걸쳐 14개월 동안 우리나라의 지질을 조사했다. 이를 토대로 1903년 동경제국대학 이과대학 기요(紀要 : 논문을 실은 정기간행물)에 'An Orographic Sketch of Korea(조선산맥론)'이라는 논문과 'Journeys through Korea(조선의 지질지리적 여행기)' 2편, 지명사전(공저), 지질구조도(1:2,000,000)를 발표했다.

그의 〈조선산맥론〉이 현재 우리나라 산맥체계의 근간을 이루고 있다. 과거 우리나라 교과서에 제시된 14개 산맥의 이름 중 함경산맥을 제외한 나머지 13개는 100여년 전 고토 분지로가 지은 이름이다. 이처럼 고토 분지로의 산맥체계와 명칭이 우리 지리교과서의 골격을 이루고 있었다.

고토 분지로는 일본 메이지 시대의 대표적인 지질학자다. 동경대 지질학과 졸업 후 독일 유학을 거쳐 1886년부터 동경대 교수로 역임했으며 1935년 사망했다. 서양 지질학의 일본 도입 과정에 절대적인 기여를 했으며, 한국 지질학에도 절대적인 기여를 했다.

고토 분지로는 조랑말 4마리에 6명의 대원을 끌고 우리나라의 지형과 지질을 조사했다고 한다. 한겨울의 맹추위나 열악한 답사 환경에도 아랑곳없이 동해에서 서해로, 서해에서 동해로 한반도를 가로지르고 오르내리며 개마고원, 두만강 하류, 금강산, 지리산, 육십령 등을 누비고 다녔다. 그의 조선 남부 답사기를 역은 〈조선기행록〉은 2010년 부산대학교 지리학과 손일 교수에 의해 국내에서 발간되었다.

■ 산경표에 의한 백두대간체계(왼쪽)과 1903년 일본 지질학자 고토 분지로(小藤 文次郎) 에 의해 작성된 지질구조를 기준 한 산맥체계(오른쪽)

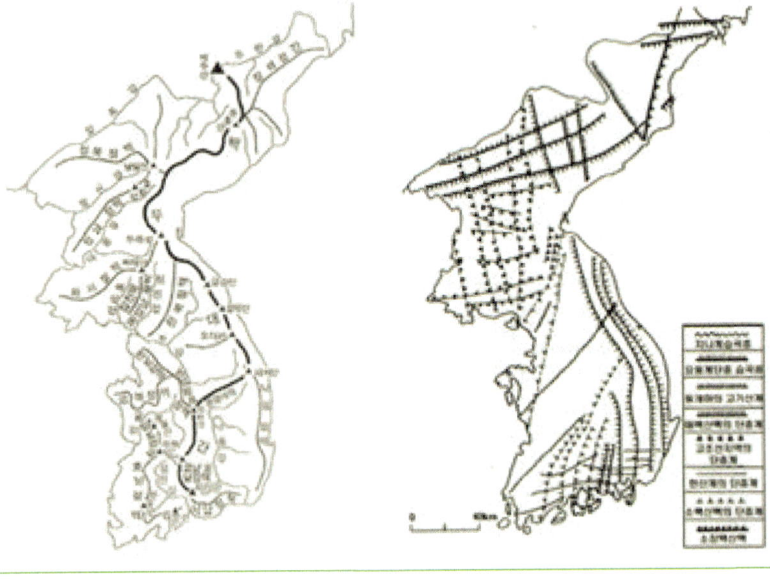

Point 68. 습지와 람사르협약

람사르협약이란 간척과 매립으로 사라지고 있는 습지를 보존하기 위해 맺은 국제적 협약으로 정식 명칭은 '물새 서식지로서 특히 국제적으로 중요한 습지에 관한 협약(convention on wetlands of international importance especially as waterfowl habitat)'이다.

1971년 2월 2일 물새 서식처인 이란의 카스피해 연안 람사르(Ramsar)에서 체결됐다. 총회는 3년마다 개최되며 우리나라는 1997년 7월 28일 101번째로 가입하였다. 협약 가입 때 한 곳 이상의 습지를 람사르 습지 목록에 등재하도록 되어 있는 규정에 따라 강원도 양구군 대암산 용늪을 신청하여 지정되었다.

람사르습지 선정 기준은 특이한 생물지리학적 특성을 가졌거나 희귀동식물 종의 서식지이거나 또는 특히 물새 서식지로서의 중요성을 가진 습지가 선정 대상이 된다. 이를 구체적으로 살펴보면 다음과 같다.

[람사르습지 선정 기준[228]]

구분	기준	관련 기준
그룹 A. 대표적, 희귀적 또는 독특한(유일의) 습지 유형		
기준 1	생물지리적 지역(biogeographic region) 내 확인된 자연 또는 자연에 가까운 습지 유형 중 대표적, 희귀적, 독특한(유일의) 습지 유형 ※ 이탄습지, 맹그로브습지, 산호습지, 카르스트지형 습지 등 포함	-
그룹 B. 생물다양성 보전을 위해 국제적으로 중요한 습지		
기준 2	취약종(vulnerable, VU), 위기종(endangered, EN), 위급종(critically endangered, CR) 생물종 또는 위협을 받고 있는 생태적 군집	종/ 생태적 군집
기준 3	생물지리적 지역의 생물다양성을 유지하기 위한 중요 식물 및/또는 동물종 개체군 서식처 제공	
기준 4	생명 주기 중 중요 단계에 있는 식물 및/또는 동물종 서식처 제공 또는 생존에 불리한 환경 속에서 피난처 제공	
기준 5	2만 개체 이상의 물새들에 대한 주기적/지속적 서식처 제공	물새
기준 6	물새 종 또는 아종 개체수의 1% 이상에 대한 주기적/지속적 서식처 제공	
기준 7	생물다양성 유지 측면에서 고유종 어류의 과, 종 또는 아종의 서식, 생명 주기에 따른 서식처 제공, 종 간 상호작용 등의 비율이 높거나, 습지의 혜택과 가치를 대표하는 어류종의 서식처 제공	어류
기준 8	습지 내 · 외부에 의존하는 어류의 먹이원, 산란장소, 생육장소 또는 이동경로에 중요	
기준 9	습지에 의존하여 서식하는 조류 이외의 동물 중 하나의 종 또는 아종 개체수의 1% 이상이 정기적/지속적으로 서식	기타 분류군

228) Ramsar Regional Center - East Asia. (2017). The Designation and Management of Ramsar Sites - A practitioner's guide

협약의 의무는 첫째, 국제적 중요한, 소위 람사르사이트에 포함시킬 수 있는 습지 한 곳 이상의 지정, 둘째, 지정한 습지의 생태학적 특성의 유지, 셋째, 자신들의 영역에서 모든 습지를 현명하게 이용하기 위한 기획을 조직, 넷째, 습지의 자연보호구 지정 등이다.

습지는 물의 원천, 우점식생, 규모, 위치, 물리적 화학적 생물학적 과정 및 특성에 따라 매우 다양하다. 일반적으로 '소택지(swamp)', '늪(marsh)', '이탄늪(bog)' 등 몇 가지 용어로 사용되어 왔으며, 때로는 식생의 발달과 토양 등을 기준으로 저층습지, 중층습지, 고층습지(high moor, raised more) 등으로 구분하기도 하는데, 일반적으로 해안습지, 내륙습지, 인공습지로 구분한다.

[2025년 현재 우리나라 주요 람사르 습지 지정 현황]

세계적으로 널리 쓰이는 람사르(Ramsar)협약에서는 식생과 토양보다는 수문의 관점에서 다음과 같이 정의를 내리고 있으며, 통상적으로 인정되는 2m의 수심을 초과하는 6m의 수심까지로 습지의 범위를 확대하여 정의하고 있다.

즉, 습지란 자연 또는 인공이든, 영구적 또는 일시적이든, 정수 또는 유수이든, 담수, 기수 혹은 염수이든, 간조시 수심 6m를 넘지 않는 곳을 포함하는 늪, 습원, 이탄지, 물이 있는 지역으로 정의된다. 이와 함께 습지에 인접한 하천변과 섬, 그리고 습지 내 있는 저수위시 6m 이상 되는 해양도 포함된다. 아울러 양어장, 농경지 연못, 관수 농경지, 저수지, 운하 등과 같은 인공적 요소도 습지로 분류하고 있다.

2009년 3월 현재까지 159개국, 1,836개소의 습지가 지정되어 있으며, 우리나라는 2015년 현재 21개의 람사르 습지[229]가 지정되어 있다.

현재 국제적으로 가장 일반적이고 널리 사용되는 분류체계는 습지에 관한 국제협약인 람사르협약에서 마련한 '습지유형분류체계(classification system for wetland type)가 있다. 이 분류체계는 1990년 당사국 총회에서 승인되었고 주요 습지 서식처 유형을 신속하게 파악하기 위해 총 42가지의 습지유형으로 분류하고 크게 연안, 내륙, 인공습지로 구분하고 있다.

우리나라 환경부에서는 2011년 국가습지유형분류체계를 확립하여 국내습지를 연안습지, 내륙습지, 인공습지 등 크게 3가지 유형으로 구분하고 각각의 소분류를 통해 총 35개의 습지유형으로 구분·확정하였다.

우포늪

순천만

[우리나라 람사르 등록 습지]

229) 한국의 람사르 습지 21개소(2015년도 기준)
【대암산 용늪(1997), 창녕 우포늪(1998), 신안 장도습지(2005), 순천만 보성갯벌(2006), 제주 물영아리오름(2006), 울주 무제치늪(2007), 태안 두웅습지(2007), 전남 무안갯벌(2008), 강화 매화마름군락지(2008), 오대산국립공원습지의 질뫼늪·소황병산늪·조개동늪(2008), 제주 물장오리오름(2008), 충남 서천갯벌(2009), 제주 한라산 1100고지 습지(2009), 전북 고창·부안갯벌(2010), 제주 동백동산습지(2011), 전북 고창 운곡습지(2011), 전남 신안 증도갯벌(2011), 서울 한강 밤섬(2012), 인천 송도갯벌(2014), 제주 숨은물뱅듸(2015), 강원 한반도습지(2015)】

함께 알아야 할 포인트

■ 습지의 기능 및 역할[230)]

습지는 국민들이 쉽게 다가갈 수 있는 생태 휴식공간을 제공함과 동시에 지구 생물다양성 균형유지: 지구 육지면적의 6%인 습지에 지구상의 생물종 40%가 서식(전 세계적 농업생산의 30%, 어업활동의 90%가 직·간접적으로 습지에 의존)

야생동물 서식 제한인자(limiting factor) 해결: 생명체 서식의 근본인 물, 먹이, 공간(서식처) 제공

유전자원 보고: 생물산업에 이용될 수 있는 다양한 연구 소재(생물종) 서식

(이탄층의 미생물을 이용한 악취제거, 포식선충을 이용한 생물방제 등 습지의 생물자원은 활용 가능성이 매우 높으나, 현재까지 미개척 분야로 방치)

수질·토양 정화: 습지의 정화효과 47억원/ha/년, 미국 플로리다의 삼나무 늪지는 지표수내 질소의 98%, 인 97%를 제거한다(ramsar, 2002)

기후안정: 대표적 사례로서 우포늪의 기온은 인근 밀양, 창녕지역과 1~2℃ 차이 발생

탄소저장: 지구상에 존재하는 탄소의 40% 이상을 저장

생산기능: 동일 면적의 산림에 비해 2~7배 높은 가장 생산적인 생태계

홍수조절기능: 습지 1㎡는 약 1.5㎥의 물을 저장할 수 있는 능력

문화적 기능: 많은 습지가 종교적, 역사적, 고고학적 또는 문화적 측면에서 지역사회 뿐만 아니라 한 국가가 갖는 유산으로서 중요한 의미

■ 습지의 날

매년 2월 2일을 습지의 날로 지정하여 각국은 습지관련 행정기관과 전문가, 기타 이해당사자들이 습지보전을 위한 학술대회 개최, 주요 습지 생태탐방 및 시민참여 활동 등을 통해 습지의 중요성, 보전 및 복원의 필요성을 강조하고 있다.

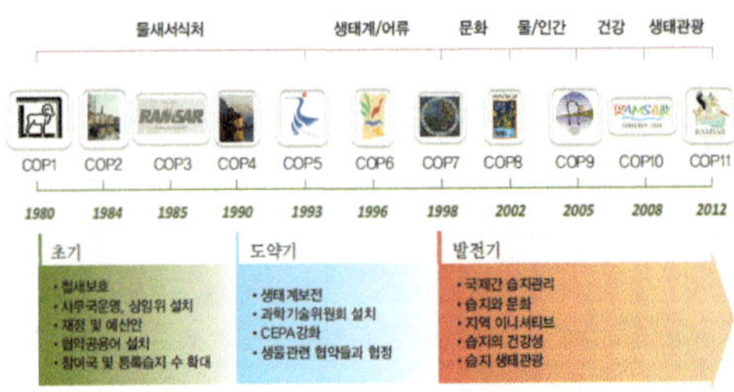

그림 6. 당사국총회 주요 논의사항 변화

2012_습지와 생태관광: 위대한 경험 2011_습지와 숲 2010_습지를 위한 주의: 기후변화

[세계습지의 날 포스터[231)]]

230) 국립산림과학원 국립습지센터(2015) 내륙습지 생태복원을 위한 안내서

231) 환경부 국립습지센터(2013) 습지이해 자료 재인용

[환경부 습지의 유형 구분232)]

대분류	중분류(지형)	소분류(수원/범람)	상세분류(식생 · 토양 · 수문)	비고(특성)
연안습지	연안	조하대	해양수초대습지	수초대
			산호습지	산호초
			해양습지	고결/미고결대
		조간대(조상대)	연안수초대습지	수초대
			암석해안습지	암석해안
			갯벌습지	미고결대
			해빈습지	
			염습지	
내륙습지	하천형233)	기수역	하구갯벌습지	하구
			하구삼각주습지	
			하구염습지	
		유수역	하도습지	제외지(유수역의 하도습지)
			보습지	보의 축조로 형성된 습지
		정수역	배후습지	제내지 범람원(정수역의 배후습지)
			용천습지	용출천(용천습지)
	호수형234)	기수역	석호습지	석호(기수/염수)
			간척호습지	자연발생적 인공호습지(기수/염수)
		담수역	담수호습지	자연호수습지, 자연발생적 인공호습지
			우각호습지	구하도
			사구습지	해안/하안
	산지형235)	강우	고층습원(bogs)	산성습원, 이탄습원
		지중우	저층습원(fens)	계절적/영구적 알카리성습원
		지표수/지중소	저습지(marshes)	추수성 수생식물 우점 늪/묵논, 이탄지
			소택지(swamps)	관목우점 묵논
인공습지	연안	염전	염전	염전/폐염전
		양식장	연안양식장	양식장
	내륙	인공호	인공호습지	인공댐, 저수지
		농경지	논	경작지(논)
		내수면어업	내수면어업	양식장/낚시터
		용수로	인공수로습지	관개 및 연락수로, 어도
		조성습지	인공수로습지	관개 및 연락수로, 어도
			수질정화습지	오 · 폐수 및 비점오염원 저감시설
			대체습지	새로 복원된 습지
			생태수변공원	도시공원
		인공웅덩이	채굴지습지	채굴지

232) 국립환경과학원 국립습지센터(http://www.wetland.go.kr) 자료 재구성
233) 하천형 습지는 하천 범람과 침식, 퇴적작용의 영향으로 형성된 습지로서 하도와 하구, 범람원 지역이다.
234) 호수형 습지는 영구적 혹은 계절적으로 침수되어 폐쇄적인 정체수역을 이루는 지역이다.
235) 산지형 습지는 산지 혹은 구릉지의 사면과 분지, 산정부에 있는 습원, 늪, 소택지 등이다.

[OECD와 람사르에서 제시하는 습지의 유형 구분[236)]]

구분	대분류	세분류	종 류
해안 습지	해양형	영구 저수심 해안	간조시 6m이하 해안(해협 및 만 포함)
		해안 수초대	갈조류장, 잘피밭, 열대 해안습지
		산호초	
		암석 해안	연안바위섬, 해안 절벽
		모래 및 자갈해안	사주, 사취, 모래섬, 사구 및 습한 사구습지
	하구형	하구수역	하구수역, 삼각주
		조간대 갯벌	펄갯벌, 모래갯벌, 혼성갯벌
		조간대 초본 소택지	염습지, 염초지
		조간대 삼림 습지	맹그로브 소택지
	호소형/소택형	기수/염수 석호	바다와 연결된 수로가 있는 석호?
		연안 담수 석호	담수 삼각주 석호?
	카르스트형	해안형	
내륙 습지	하천형	내륙 삼각주	
		영구하천	폭포 포함
		간헐 하천	
	호수형 (8ha이상, 수심 2m 이상)	영구 담수호	담수 호수
		간헐 담수호	
		영구 염호	염수/기수/알카리성 호수
		간헐 염호	
	소택형 (8ha이하, 수심2m 이하)	영구 염수/기수 늪	염수/기수/알카리성 늪
		영구 담수 늪	연못, 정수식물군락 우점, 무기질토양 습지
		간헐 염수/기수 늪	염수/기수/알카리성 늪
		간헐 담수 늪	진흙구덩이, 사초늪, 무기질토양 습지
		비삼림 이탄습지	관목 또는 개수 고층습원
		담수 관목우점 습지	관목 우점 소택지 또는 늪
		삼림 이탄습지	이탄 소택지 숲
		담수 교목우점 습지	담수 소택지 숲
		고산습지	고산초지 (일시적 고산 융빙수 습지 포함)
		툰드라습지	툰드라 웅덩이 (일시적 툰드라 융빙수 습지 포함)
		샘물습지	담수 샘, 오아시스
	지열형	지열습지	
	카르스트형	내륙형	돌리네, 우발레 등
인공 습지	내수면어업	양어장	어류, 새우 양식
	농경지	농업용저수지	일반적으로 8ha 이하
		관개지	논, 관개수로
		계절성침수경작지	
	염전	소금산출지	염전
	도시 및 공단	저수지, 댐, 간척호	
		채굴장	자갈/벽돌/점토/토사 채취장
		수질정화습지	하수처리장, 침전지, 산화지
		운하 및 수로	운하 및 배수로, 도랑

236) 국립환경과학원 국립습지센터(http://www.wetland.go.kr) 자료 재구성

Point 69. 멸종위기 야생생물

[1] 멸종위기 야생생물

멸종위기 야생생물이란 자연적 또는 인위적인 위협요인에 의해 개체수가 현격히 감소하거나 소수만 남아 있어 가까운 미래에 절멸될 위기에 처해있는 야생생물을 말한다. 소관 법률은 「야생생물 보호 및 관리에 관한 법률(약칭: 야생생물법)」이며, 동법에 따라 지정하여 보호·관리한다. 멸종위기 야생생물 Ⅰ급과 Ⅱ급으로 나뉜다. 2025년 현재 9개 분류군 282종 지정(1급 68종, 2급 214종) 및 관찰종 56종이 지정[237]되어 있다.

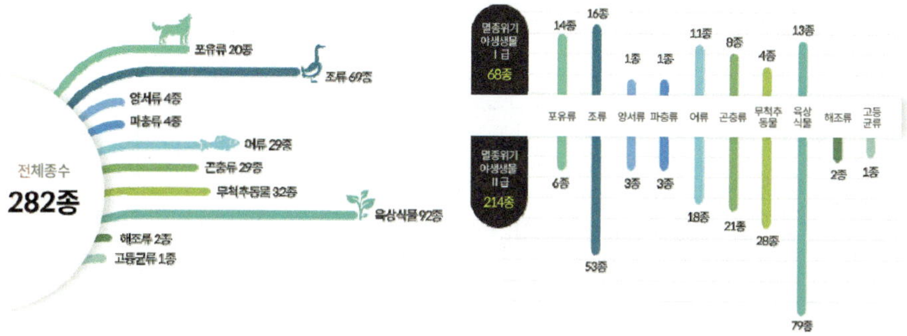

[멸종등급별 지정종수[238]]

[분류군별 멸종위기 야생생물 지정 현황(2025. 4.)]

번호	분류군(종수)	예	번호	분류군(종수)	예
1	포유류(20)	호랑이, 여우, 스라소니 등	6	곤충류(29)	비단벌레, 수염풍뎅이, 상제나비 등
2	조류(69)	저어새, 황새, 호사비오리 등	7	무척추동물(32)	귀이빨대칭이, 나팔고둥, 물거미, 갯게 등
3	파충류(4)	비바리뱀, 구렁이, 표범장지뱀, 남생이	8	육상식물(92)	광릉요강꽃, 대흥란, 섬개야광나무 등
4	양서류(4)	수원청개구리, 고리도롱뇽, 맹꽁이, 금개구리	9	해조류(2)	그물공말, 삼나무말
5	어류(29)	여울마자, 좀수수치, 남방동사리 등	10	고등균류(1)	화경솔밭버섯

237) 멸종위기 야생생물 3차 개정(2022.12.9.)
238) 국립생태원(2025) 멸종위기 야생생물 지정현황

[2] IUCN 적색목록

IUCN은 1964년부터 전 세계 동식물, 균류 등의 보전 상태를 평가하여 멸종 위험 수준을 분류한 IUCN 적색목록(IUCN Red List)을 공개하고 있다. IUCN 적색목록에는 각 종의 분포, 개체수, 서식지, 생태적 정보, 이용 및 거래, 위협요인, 보전조치 등이 포함된다.

IUCN 적색목록은 모든 종을 총 9가지 카테고리로 분류한다. 멸종 위험도가 큰 순서대로 절멸, 야생절멸, 위급, 위기, 취약, 최소관심(관심대상), 정보부족, 미평가이며, 이를 표로 정리하면 다음과 같다.

[IUCN 적색목록 범주239)]

<table>
<tr><th>구분</th><th>내용</th><th colspan="2">비고</th></tr>
<tr><td>절멸(Ex; Extinct)</td><td>마지막 개체가 죽었다는 점에 대하여 합리적으로 의심할 여지가 없을 경우</td><td colspan="2">-</td></tr>
<tr><td>야생절멸(EW; Extinct in the Wild)</td><td>사육 상태나 재배 상태에서만 존재하며 자연 서식지에서는 사라진(절멸한) 상태</td><td>-</td><td rowspan="6">절멸위험 (Extinction Rist)</td></tr>
<tr><td>위급(CR; Critically Endangered)</td><td>자연에서의 절멸 위험이 극도로 높은 상태</td><td rowspan="3">멸종우려 범주 (Threatened categories)</td></tr>
<tr><td>위기(EN; Endangered)</td><td>자연에서의 절멸 위험이 매우 높은 상태</td></tr>
<tr><td>취약(VU; Vulnerable)</td><td>자연에서의 절멸 위험이 높은 상태</td></tr>
<tr><td>준위협(NT; Near Threatened)</td><td>현재 멸종위기 상태는 아니지만 이에 근접한 상태에 처한 분류군 또는 현재 멸종위기 범주에 해당하는 기준을 충족하지는 않지만 진행 중인 보전조치가 약화되거나 중단될 경우 멸종위기 범주의 기준을 충족할 가능성이 높은 분류군</td><td>-</td></tr>
<tr><td>최소관심(관심대상, LC; Least Concern)</td><td>멸종위기 또는 준위협(NT)에 해당하지 않고, 그 상태에 가깝지 않은 분류군
단, 더 심각한 다른 종보다 멸종위기 우려가 적다는 것뿐 종 보전 수준의 우려가 없다는 의미는 아님</td><td>-</td></tr>
<tr><td>정보부족(DD; Data Deficient)</td><td>온전한 상태 평가를 위한 충분한 정보가 부족함</td><td colspan="2" rowspan="2">분류군의 위협 상태를 나타내지 않음</td></tr>
<tr><td>미평가(NE; Not Evaluated)</td><td>적색목록 기준으로 아직 평가되지 않은 분류군</td></tr>
</table>

239) NIBR and Korean National Red List Committee. 2015. Guidelines for Using the IUCN Red List Categories and Criteria. Version 11. National Institute of Biological Resources. 286pp.

[3] 국가생물적색목록

IUCN은 또한 선정된 멸종위기종의 분포 및 서식 현황을 수록한 자료집 'Red Data Book'을 발간하고 있다. 1996년 처음 발간된 자료집의 표지가 위기를 나타내는 붉은색이어서 '적색자료집'이라는 이름이 붙게 되었다. 이는 우리나라도 마찬가지이다. 우리나라의 국립생물자원관은 2011년부터 국내 자생 야생생물 8,029종을 대상으로 "한국의 멸종위기 야생동·식물 적색자료집' 10권을 발간하였으며 2019년부터 2023년까지 거미 등 총 10개 분류군에 대한 연차별 개정을 완료하였다. 평가 결과 대상종 중 487종이 멸종우려 범주에 수록되었다.

[국가생물적색목록 현황(개정판, 2023)[240]]

구분	범주										분류군별 소계
	EX	EW	RE	CR	EN	VU	NT	LC	DD	NA	
조류			3	9	19	30	19	19			99
양서·파충류					3	7	4	22	4	3	43
어류			1	4	13	7	13	41	2	3	84
포유류	1		5	2	5	7	2	18	6	2	48
관속식물			5	30	74	88	131	152	47	31	558
연체동물				4	17	47	88	559	1,077	29	1,822
곤충(나비류)			1	6	15	39	10	76	226	20	394
곤충(딱정벌레)			1	6	6	22	14	240	50		340
곤충(수서곤충)						9	9	208	131	4	361
거미				8	3	8	8	590	285		900
범주별 소계	1	0	16	68	155	264	300	1,760	1,829	92	4,649

240) 국립생물자원관(2024) 국가생물적색자료집 통합본(2019~2024)

Point 70. 바이오에어로졸(Bioaerosol)

[1] 에어로졸(Aerosol)

에어로졸(Aerosol)은 공기 중에 부유하고 있는 미세한 고체 또는 액체 입자의 분산계(dispersion system)[241]를 의미하며 일반적으로 입자의 크기는 0.001~100㎛이다. 에어로졸의 입자 크기는 역학적 행동을 결정짓는 가장 핵심 요소 중 하나이다. 입자의 크기가 작을수록 대기 중에 오래 부유하고, 더 멀리 이동하며, 폐 깊숙이 침투가 가능하다.

[에어로졸 입자의 크기 분포]

구분	입자 크기	특성
Nucleation mode	0.001~0.1 ㎛	◆ 응축성 기체에서 새롭게 생성된 입자 ◆ 주로 화학 반응이나 증기 응축에 의해 형성
Accumulation mode	0.1~2.5 ㎛	◆ 작은 입자들이 응집되거나 기체 응축으로 성장한 입자 ◆ 광학적, 건강 영향 측면에서 중요
Coarse mode	2.5~10+ ㎛	◆ 주로 기계적 분해나 강풍에 의해 생성 ◆ 큰 먼지, 꽃가루, 해염, 재 등

에어로졸은 발생 기원에 따라 자연적 에어로졸과 인위적 에어로졸로 구분할 수 있다. 자연적 에어로졸에는 화산 활동으로 발생하는 화산재, 바다로부터 기인한 소금 입자, 꽃가루, 황사 등이 포함되며, 인위적 에어로졸로는 차량 배기가스, 분무형 제품, 공장 굴뚝에서 발생하는 연기 등이 있다. 또한, 에어로졸은 입자의 상태에 따라서도 분류할 수 있다. 예를 들어, 구름, 안개, 스모그 등은 액체 입자 에어로졸에 해당하고, 연기나 공기 중의 먼지는 고체 입자 에어로졸로 분류된다.

에어로졸은 공기 중에 부유하며 지구 환경과 인체 건강에 긍정적 또는 부정적 영향을 줄 수 있다. 특히, 에어로졸은 대기 중에서 햇빛을 산란하거나 흡수함으로써 기후변화에 직접적인 영향을 미친다. 대표적인 예로 화산 폭발 시 고체 입자인 화산재와 가스상 물질인 이산화황(SO2)이 공기 중으로 방출된다. 이 중 화산재는 햇빛을 산란시켜 일시적인 냉각 효과를 일으키지만, 고체 입자이기 때문에 중력에 의해 빠르게 침강하며 효과가 오래 지속되지는 않는다. 반면, 이산화황은 대기 중에서 화학 반응을 통해

241) 분산계(Dispersion system)는 기체에 해당되는 분산매(Dispersing medium)와 고체 입자(먼지 등) 또는 액체 입자(안개, 연무 등)에 해당되는 분산상(Dispersed phase)으로 구성된다.

황산에어로졸(Sulfate aerosol)[242]로 전환되며, 성층권에 도달할 경우 수개월에서 수년 동안 머무를 수 있다. 이러한 황산에어로졸은 햇빛을 산란 및 반사시켜 지표면에 도달하는 일사량을 감소시키며, 이러한 현상을 지구 냉각 효과(Global Cooling Effect)라고 한다.

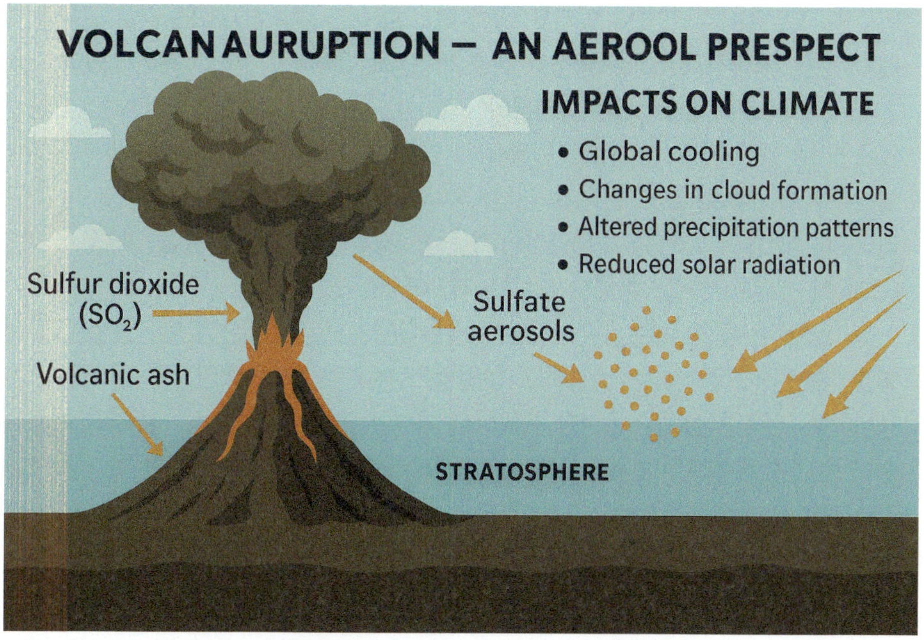

[화산활동에 의한 지구 냉각 효과 메커니즘]

[2] 바이오에어로졸(Bioaerosol)

바이오에어로졸(Bioaerosol)은 생물을 뜻하는 'bio'와 부유하는 작은 입자를 뜻하는 'aerosol'의 합성어로, 공기 중에 부유하는 작은 입자 중 생물학적 기원을 가지는 입자를 의미한다. 이러한 생물학적 입자는 생물체 자체, 생물체에서 생성되는 독소, 분비물, 배설물, 죽은 생물의 잔해 등을 포함한다. 즉, 바이오에어로졸은 자연적 또는 인공적으로 발생한 생물 기원의 물질로, 기체 환경 내에서 미세 입자 형태로 분산되어 인체에 흡수되거나 침투함으로써 영향을 미칠 수 있는 모든 요소를 통칭한다.

바이오에어로졸의 입자 크기는 일반적으로 0.02~100㎛이며, 구성은 크게 생물성입자(viable particle)[243]와 비생물성입자(non-viable particle)[244]로 나뉜다.

242) 황산에어로졸(Sulfate aerosol)은 대기 중 이산화황(SO_2)이 산화되어 생성된 황산(H_2SO_4) 입자로, 공기 중에 부유하는 미세한 액체 또는 고체 형태의 에어로졸이다.

생물성 입자(viable particle)는 실험실의 특정 조건에서 배양 가능한 미생물로, 주로 지름 10㎛ 이하의 크기를 가지며 단독 또는 집합체 형태로 존재한다. 대표적인 예로는 바이러스(Virus), 진균(Fungi), 아메바(Amoebae), 진드기(Mites), 이스트(Yeasts), 세균(Bacteria), 기침을 통해 방출된 침 입자, 미생물 휘발성 유기화합물(MVOC) 등이 있다. 반면, 비생물성 입자(non-viable particle)는 배양은 되지 않지만 인체에 민감한 반응을 일으킬 수 있는 입자를 말하며, 보통 지름 10~100㎛의 크기를 가진다. 예시로는 꽃가루(aeroallergen), 곤충의 신체 부위, 분진 등이 있다. 비생물성 입자(non-viable particle)는 지름이 약 10~100㎛ 크기인 입자 중 배양은 되지 않으면서 인체에 민감한 반응을 일으키는 것으로, 꽃가루와 같은 공기 알레르겐(aeroallergen), 곤충의 신체 부위(insect body part), 분진 등이 있다. 현재 바이오에어로졸의 측정은 배양이 가능한 생물성 입자를 통해 배양 기반 방법(Culture-based)[245]을 통해서 대부분 이루어지고 있다.

바이오에어로졸의 기본 측정 단위는 콜로니(Colony)이며, 생물성 입자는 고체배지(예: 한천배지) 위에 정착하여 성장하고 분열함으로써 육안으로 확인 가능한 집락(colony)을 형성한다. 이러한 집락은 동일한 생물학적 특성을 가진 개체군이다. 집락의 수를 측정하는 방법은 집락계수법(Colony Count Method)[246]을 사용하며, 단위는 CFU(Colony Forming Units)로 표기한다.

[배지 종류에 따른 목적 및 특성]

구분	목적 및 특성
액체배지 (Broth)	증균 자체가 목적인 배지
고체배지 (Agar 함유배지)	순수 배양을 목적으로 만들어진 배지(colony를 얻는 것)
선택배지 (Selective medium)	특정세균의 증식만 억제함
감별배지 (Differential medium)	세균의 생화학적 성상 관찰 가능
환원배지 (Reducing medium)	혐기성 세균을 배양하기 위한 배지

243) 생물성 입자(viable particle)는 실험실의 특정한 환경조건 내에서 배양 가능한 것이다.
244) 비생물성 입자(non-viable particle)는 배양은 되지 않으나 인체에 민감한 반응을 주는 것이다.
245) 배양 기반 방법 (Culture-based)은 살아 있는 생물성 입자의 분리 및 수량을 측정하는 것이다.
246) 집락계수법(colony count method)은 생물성 입자 중 일정 기간 동안 배양 후 확인된 미생물의 개체 수를 말하며 이러한 생물성 생균계수를 세는 활동

바이오에어로졸 중 세균, 진균과 같은 미생물이 원인인 오염의 측정방법은 측정대상과 목적에 따라 다르게 나타난다. 미생물오염 측정 방법의 공통적인 한계점은 배양기간을 꼭 필요로 한다는 것인데, 배양기간이 짧을 시 충분히 배양되지 못하여 집락으로 나타나지 않는 경우가 발생하고, 반대로 배양기간이 너무 길 때에는 목적한 균과는 다른 생물이 우점하게 되어 정확한 현황 파악이 어려워질 수 있다. 따라서 바이오에어로졸의 측정은 각 측정법의 특징 및 원리, 얻어지는 결과 등 충분한 이해를 바탕으로 목적에 맞는 방법을 선정하고 계측과 평가 수행이 진행되어야 함

바이오에어로졸을 측정하는 방법은 크게 수동식 시료 채취법(Passive flow sampler)과 능동식 시료 채취법(Active flow sampler)으로 구분할 수 있다. 수동식 시료 채취법은 중력침강법(Gravity settler)247)과 표면오염측정법(Surface sampling)248)으로 구분할 수 있으며, 능동식 시료 채취법은 관성충돌법(Inertial impaction)249)과 여과법(Filtration)250)으로 나뉜다.

[배지 종류에 따른 목적 및 특성]

<table>
<tr><th colspan="3">구 분</th><th>세분류</th></tr>
<tr><td rowspan="2">수동식 시료 채취법</td><td colspan="2">중력침강법/ 낙하균법</td><td>◆ 일본 약학계 위생시험법에 의한 공중낙하균 측정
◆ NASA 규격에 의한 공중낙하균 측정(스텐레스 강판법)
◆ 국내 분야별 측정법(식품위생규범, 의약품 조제시설, 보통 실내공기시험)</td></tr>
<tr><td colspan="2">표면오염 측정법</td><td>◆ 직접 접촉법
◆ 간접 접촉법
◆ 면봉(Swab)</td></tr>
<tr><td rowspan="3">능동식 시료 채취법</td><td rowspan="2">관성충돌법</td><td>고체배지</td><td>◆ Slit법
◆ Andersen's microbial impactor
◆ RCS air sampler</td></tr>
<tr><td>액체배지</td><td>◆ 액체포집법</td></tr>
<tr><td colspan="2">여과법</td><td>◆ 여과샘플장치</td></tr>
</table>

247) 중력침강법(Gravity settler)은 낙하균법이라고도 하며, 공기 중 입자가 중력에 의해 자연스럽게 침강하는 원리를 이용한 낙하식 포집 방법이다.
248) 표면오염측정법(Surface sampling)은 바닥과 벽면, 사용 기구 및 작업대의 표면 등 다양한 곳의 표면에 부착된 미생물이나 오염 물질을 채취하여 오염정도를 평가하는 방법이다.
249) 충돌법(Inertial impaction)은 일정 부피의 공기를 강제로 흡입하여 장치에 장착된 배지 표면에 고속의 공기를 충돌시켜 미생물 입자가 관성력에 의해 포집되는 채취 방법이다.
250) 여과법(Filtration)은 공기 중 입자를 필터를 통해 물리적으로 걸러내어 포집하는 방법이다.

사람은 평생 약 50억 리터의 공기를 흡입하는데 이 안에는 다양한 미생물이 부착된 입자인 바이오에어로졸이 포함[251)]되어 있다. 미국산업위생전문가협의회(ACGIH)에 따르면 생물학적으로 파생되는 에어로졸의 형태를 이루는 물질들이 실내 건물 내에서 질병을 일으키거나 사람에게 건강상 악영향을 끼치는 경우 이들을 생물학적 오염으로 간주한다. 또한 실외의 경우에도 바이오에어로졸의 농도가 높을 경우 생물학적 오염으로 간주한다. 국내에서는 1996년 '지하생활공간 공기질 관리법'(법률 제5224호)이 제정된 이후 지하생활 공간 뿐만 아니라 다중 이용시설, 신축 공동주택 및 대중교통 차량의 실내 공기질을 알맞게 유지 및 관리하기 위해 그 시설을 이용하는 국민의 건강을 보호하고 환경상의 위해를 예방하기 위해 실내공기질관리법 제5조가 개정되었다. 위법률에서는 취약계층 이용시설 등을 대상으로 오염물질 항목 및 유지기준을 제시하고 있으며, 다중이용시설내 총 부유세균의 농도기준은 800CFU/㎥ 이하로 유지하도록 제한하고 있다. 또한 2018년 다중이용시설 등에서 실내공기 중 부유진균(곰팡이) 농도의 허용기준을 500CFU/㎥로 제한하였다.

[국내 실내공기질 유지기준]

다중이용시설	오염물질 항목					
의료기관 산후조리원 노인요양시설 어린이집 실내어린이놀이시설	미세먼지 (PM-10) (㎍/㎥)	미세먼지 (PM-2.5) (㎍/㎥)	이산화탄소 (ppm)	폼알데하이드 (㎍/㎥)	총부유세균 (CFU/㎥)	일산화탄소 (ppm)
	75 이하	35 이하	1,000 이하	80 이하	800 이하	10 이하

[국내 실내공기질 권고기준]

다중이용시설	오염물질 항목			
의료기관 산후조리원 노인요양시설 어린이집 실내어린이놀이시설	이산화질소 (ppm)	라돈 (Bq/㎥)	총휘발성 유기화합물 (㎍/㎥)	곰팡이 (CFU/㎥)
	0.05 이하	148 이하	400 이하	500 이하

251) 고광표(2007) 바이오에어로졸의 노출 및 인체 위해성 평가

[국외 실내공기질 관리 우수시설 평가항목중 총 부유세균 평가기준]

국가명	reference	기준치(CFU/㎥) (유지/권고/기타)	적용 대상시설	적용근거
미국	ACGIH	1,000(권고)	작업환경	실태조사 기반
	NIOSH	1,000(권고)	작업환경	ACGIH 참고
	Healthy building international	750(안전수준)	실내 환경	-
유럽	EU-OSHA	1.0×103~7.0×103(권고기준)	비 산업지역	-
		7.5×102~2.0×104(권고기준)		
		1.0×103~2.0×104(GNB)(권고기준)	산업지역	
	European collaborative Action	10,000(권장수치)	개인주택	실태조사 기반
		2,000(권장수치)	비 산업지역	
	SSBRA	Matrix 기반	작업환경	매트릭스 기반
캐나다	IRSST	10,000 (배양 가능한 총 부유세균)	농업 및 산업시설	실태조사 기반
		1,000 (배양 가능한 총 부유세균)	환기장치가 설비된 비 산업시설	
		1,000(GNB)	농업 및 산업시설	
		0(GNB)	비 산업시설	
핀란드	Reponen et al. (1992)	5,000(정상범주)	실내환경	실태조사 기반
	Nevalainen A. (1989)	4,500(권장수치)	가정집 및 사무실	실태조사 기반
중국	Hygienic norm of indoor air quality and related codes	2,500~7,000(관리기준)	적용대상 시설에 따라 다름	-
싱가폴	IEEME (1996)	500(권고기준)	냉난방시스템가동 사무실	실태조사 기반
홍콩	IAQ management group	500(최우수 등급)(유지기준)	실내 환경	-
		1,000(우수 등급)(유지기준)		
일본	Tamamiet al. (2013)	500(권장수치)	일반사무실	실태조사 기반
	Ikeda et al. (2008)			

Point 71. 자연침해조정(Eingriffsregelung)

자연에서 가장 중요한 녹색기술은 자연의 보존, 복원이라고 할 수 있다. 개발에 의한 훼손, 자연생태가치를 고려한 토지이용 등을 수립하기 위해 앞에서 서술한 환경생태계획을 토대로 이루어지며 최대한의 회피 혹은 저감이 이루어졌다고 할지라도 토지의 변형, 식생훼손, 서식처의 손실 및 단편화와 같은 생태적 질 저하는 반드시 동반된다. 자연의 관점에서 녹색기술은 바로 훼손이 우려되는 지역의 보존, 훼손시 생태적 질 저하의 최소화, 훼손 후 복원 기술이라고 볼 수 있다.

이렇듯 자연훼손을 저감하면서 그 가치를 증진시키는 녹색기술이 바로 독일의 자연침해조정 규정과 미국의 미티게이션[252] 기법이다.

독일에서 개념이 정립되어 소개된 자연침해조정은 훼손이 예상되는 지역에서 훼손에 의한 자연침해가 발생하지 않게 회피, 최소화, 보상(균형·대체)의 개념을 도입하여 적용하는 내용이다. 독일 자연보호법에서는 자연침해조정 관련 개념으로 자연침해(eingriffe), 회피(vermeidung), 균형(ausgleich), 형량(abwägung), 대체(ersatz), 보상(kompensation) 등이 있다[253].

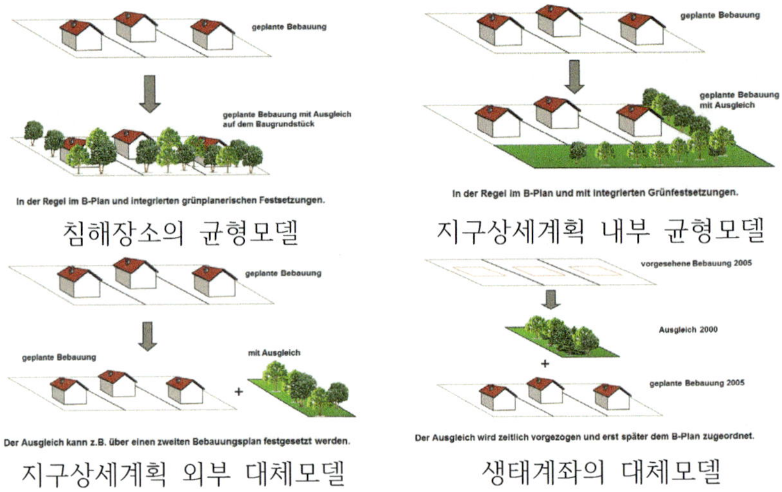

[독일 자연침해조정 보상 조치계획 모식도]

252) 미국 환경영향평가제도에서 미티게이션을 규정하고 있으며 침해의 회피, 저감/최소화, 보상, 비용지불 등을 규정하고 있다.

253) BNatSchG(2002)

함께 알아야 할 포인트

■ 자연침해조정(Eingriffsregelung) 관련 용어[254)]

【침해(Eingriffe)】

자연생태균형의 성능 및 기능성 또는 자연풍경을 현저히 훼손할 수 있는 토지의 형질 변경, 표토층과 접촉하고 있는 지하수위의 변화를 초래하는 행위

【회피(Vermeidung)】

자연침해가 발생하지 않도록 피하는 행위로서 자연의 침해가 발생될 우려가 있는 지역을 피하거나 일부 사업의 축소 등의 행위를 포함

【균형(ausgleich)】

자연침해가 발생한 장소에 생태계 복원을 실시하는 행위로서 동일한 장소의 복원이므로 생태계 기능 회복의 시기가 다소 빠름

【저감(Mitigation)】

어떤 사업과 사업 실행의 정도 혹은 규모를 제한(줄임)으로써 그 악영향 최소화

【형량(Abwägung)】

개발사업으로 인한 자연침해가 자연보호 및 경관관리의 이익과 사업의 이익을 고려하는 행위

【보상(Kompensation)】

균형과 대체 개념을 포괄하는 상위 개념

【대체(Ersatz)】

균형조치가 불가능한 경우 자연침해가 발생한 이외의 장소에 훼손된 자연생태균형의 기능이 동일 혹은 더 좋은 가치로 대체 조성하는 행위

【생태계좌(Ökokonto)】

현재의 구체적인 침해와 관련 없이 미리 보상조치를 실행한 상태

254) 이경재(2011) 환경생태계획 자료 재구성

Point 72. 생태·자연도(Degree of ecological naturality)

자연환경보전법 제34조(생태자연도작성)에서는 "환경부장관은 각종 개발계획의 수립이나 시행에 활용할 수 있도록 하기 위하여 전국자연환경조사결과를 기초로 하여 자연환경을 1등급, 2등급, 3등급, 별도관리권역으로 구분한 생태·자연도를 작성하여야 한다."고 명시되어 있고, 동법 제8조(주요시책의 협의등)에서는 "환경부장관은 관계중앙행정기관의 장과 협의하여 각종 개발계획 또는 사업을 시행함에 있어 자연환경보전 및 자연의 지속가능한 이용을 위하여 고려하여야 할 지침을 작성하여 활용하도록 할 수 있다"고 규정되어 있다.

[생태자연도 등급 기준[255]]

등 급	등급별 평가기준
1등급	• 야생동 · 식물보호법 제2조의 규정에 의한 멸종위기야생동 · 식물의 주된 서식지 · 도래지 및 주요 생태축 또는 주요 생태통로가 되는 지역 • 생태계가 특히 우수하거나 경관이 특히 수려한 지역 • 생물의 지리적 분포한계에 위치하는 생태계 지역 또는 주요 식생의 유형을 대표하는 지역 • 생물다양성이 특히 풍부하고 보전가치가 큰 생물자원이 존재 · 분포하고 있는 지역 • 자연원시림 또는 이에 가까운 산림 및 고산초원 • 자연상태 또는 이에 가까운 하천·호소·강하구·갯벌 및 해양
2등급	• 1등급 기준에 준하는 지역으로서 장차 보전의 가치가 있는 지역 • 1등급 권역의 외부지역으로서 1등급 권역의 보호를 위하여 필요한 지역
3등급	• 1등급 권역, 2등급 권역 및 별도관리지역으로 분류된 지역외의 지역으로서 개발 또는 이용의 대상이 되는 지역
별도 관리 지역	• 산림보호법 제7조제1항에 따른 산림보호구역 • 자연공원법 제2조제1항의 규정에 의한 자연공원 • 문화재보호법 제6조의 규정에 의하여 천연기념물로 지정된 구역(그 보호구역을 포함한다) • 야생동·식물보호법 제27조제1항의 규정에 의한 야생동·식물특별보호구역 또는 제33조제1항의 규정에 의한 야생동·식물보호구역(해양에 포함되는 지역은 제외) • 국토의 계획 및 이용에 관한 법률 제40조의 규정에 의한 수산자원보호구역 • 습지보전법 제8조제1항의 규정에 의한 습지보호지역(연안습지보호지역 제외) • 백두대간보호에 관한 법률 제6조의 규정에 의한 백두대간보호지역 • 자연환경보전법 제12조의 규정에 의한 생태·경관보전지역 및 동법 제24조의 규정에 의한 시·도 생태·경관보전지역

255) 환경부(2010) 사전환경성검토 업무메뉴얼 자료 재구성

생태·자연도는 전 국토를 산지, 습지, 기타 농경지·도시 등 생태계별로 구분하여 각각에 대하여 1, 2 그리고 3등급으로 구분하여 환경영향평가 등의 기본자료로 활용하도록 되어있지만, 생태자연도를 작성하기 위한 평가자료가 식생도, 임상도 등 기존의 자료를 종합하여 작성한 것으로 데이터의 정확도가 문제로 지적되며 또한 장차 보전가치가 예상되는 지역의 잠재적가치에 대해서는 판단이 부족한 실정이다.

생태·자연도에서 보전가치 평가는 "식생, 멸종위기 야생동·식물, 습지, 지형"등 4개 항목을 기준으로 평가하였으며 각 항목을 평가할 때에는 다음의 자료들을 활용하였다[256].

[생태 · 자연도 보전가치 평가시 활용자료 예시]

등 급	항목별 활용자료 목록
식생	• 현존식생도, 식생보전등급, 임상도 등 식생의 현황을 파악할 수 있는 자료
멸종위기 야생 동 · 식물	• 자연환경조사보고서(무인도서 및 습지조사보고서 포함), 철새동시센서스보고서, 조수실태조사보고서, 멸종위기야생동식물 전국분포조사보고서, 철새도래지, 국제협약보호지역 관련 자료 등 야생동 · 식물의 현황을 파악할 수 있는 자료
습지	• 전국자연환경조사보고서, 철새동시센서스보고서, 조수실태조사보고서, 습지조사보고서 등 습지의 생태적 특성을 파악할 수 있는 자료
지형	• 전국자연환경조사보고서, 관련 조사연구보고서 등 지형보전등급을 파악할 수 있는 자료

256) 환경부 예규 제346호(2009) 생태자연도 작성 지침 자료 재구성

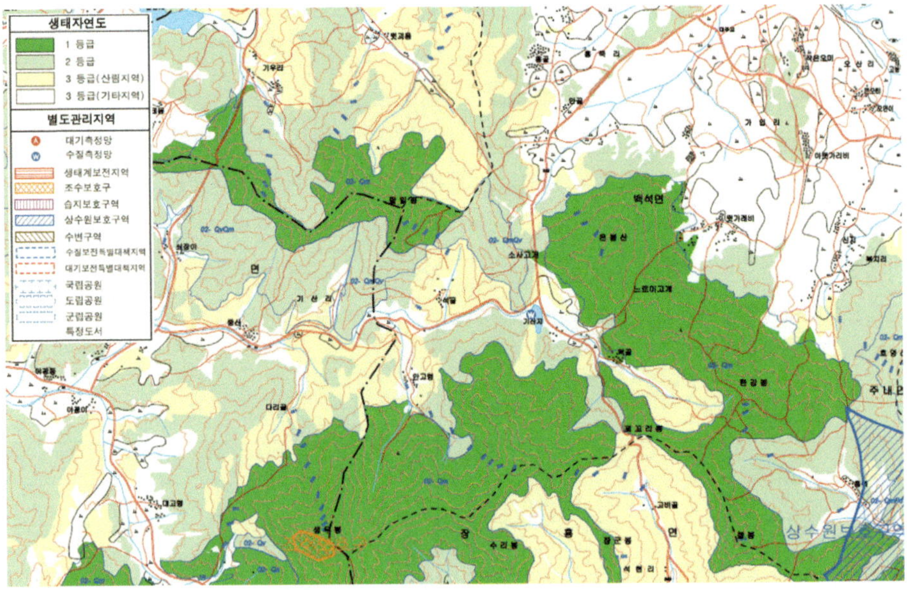

[생태 · 자연도 작성 및 등급 사례(경기도 파주시 광탄면 일원)]

함께 알아야 할 포인트(생태·자연도[257])

■ 생태·자연도 연혁

생태·자연도는 과거 녹지자연도에서 발전된 개념으로 5년 주기의 자연환경 조사 결과를 기초로 자연환경을 생태적 가치, 자연성, 경관적 가치 등에 따라 등급화한 지도로 자연 환경보전 및 개발 평가기준 등으로 활용되고 있다.

전국자연 환경조사, 각종 생태계 정밀조사 결과 등을 GIS-DB화(현존식생도, 지형현황도, 동·식물분포도)하여 전국을 생태적 가치에 따라 1-3등급 및 별도관리지역으로 구분한 1:25,000 축척의 생태·자연도를 제작하여 일반에 공개해 오고 있다. 1998년 생태·자연도 법제화 이후 2007년 4월에 처음 환경공간정보서비스를 통해 공개하기 시작하여, 2013년에는 전국의 약 50%에 달하는 지역의 생태·자연도를 갱신하였다. 2014년에는 국립환경과학원으로부터 국립생태원이 생태·자연도 작성 업무를 이관받아 8년(2015-2022년)에 걸쳐 2013년부터 2020년까지 조사된 자연환경자료에 대해 GIS-DB 구축사업을 추진하였다.

이를 토대로 2018~2021년에는 5년간(2014년-2018년)의 조사결과를 반영하여 생태·자연도 정기고시가 이루어졌으며 2022년에는 2019~2021년 조사내용을 기초로 하여 생태·자연도 정기고시를 완료하였다.

■ 생태·자연도 정의

생태·자연도는 산, 하천, 습지, 호소, 농지, 도시 등 전국 자연환경을 생태적 가치, 자연성, 경관적 가치 등에 따라 등급화하여 작성한 지도이다.

■ 생태·자연도 작성과정

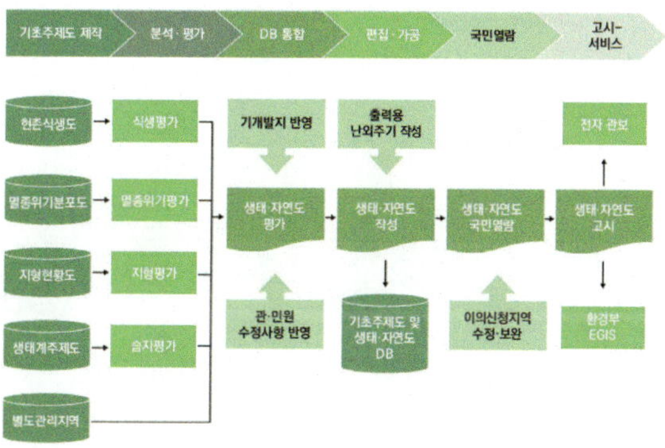

■ 생태·자연도 조회방법

생태·자연도는 환경부 환경공간정보서비스(http://egis.me.go.kr/)에서 확인 가능하다. 환경부 환경공간정보서비스 접속 → 생태·자연도 선택하기 → 도엽으로 구분된 생태·자연도 초기화면 → 지번, 도엽을 이용한 검색 → 해당 지역 및 공간의 생태·자연도 등급 확인

---

257) 환경부·국립생태원(2024) 생태자연도 해설서 자료 재구성

함께 알아야 할 포인트(생태·자연도[258]))

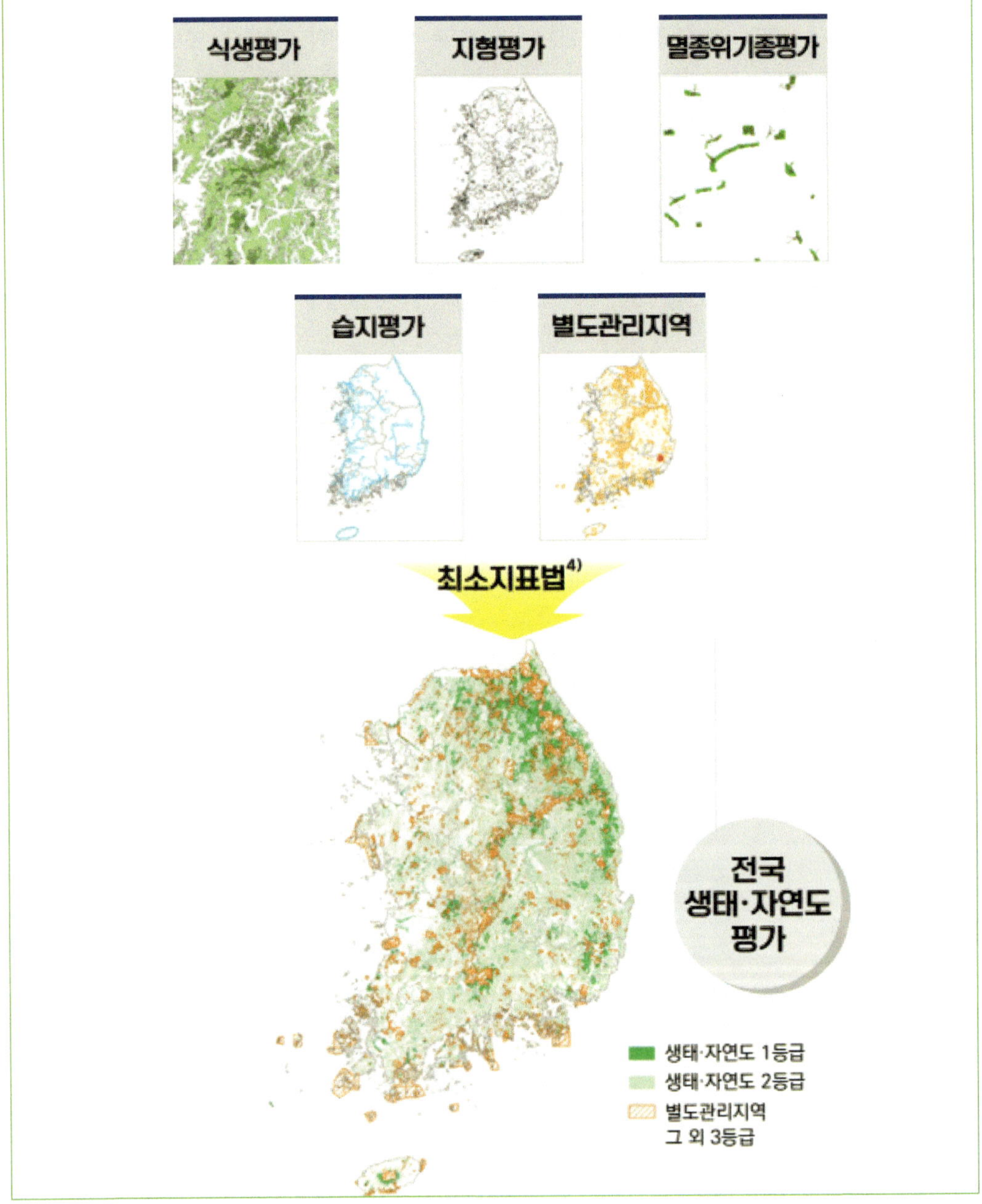

258) 환경부·국립생태원(2024) 생태자연도 해설서 자료 재인용. 최소지표법이란 평가항목별 결과물을 종합하여 최상위 등급으로 산출하는 방법이다.

함께 알아야 할 포인트(생태·자연도259))

■ 생태자연도 등급 평가기준

<table>
<tr><th>구분</th><th>식생</th><th>멸종위기야생생물</th><th>습지</th><th>지형</th></tr>
<tr><td>평가 자료</td><td>① 식생보전 등급 (현존식생도)
② 임상영급 (임상도)</td><td>① 멸종위기 야생생물 Ⅰ·Ⅱ급 서식 현황</td><td>① 국가하천, 지방하천, 소하천(수치지형도)
② 내륙수, 내륙습지, 자연나지(토지피복지도)
③ 철새도래 현황(겨울철 조류 동시 센서스 보고서)
④ 습지 내 멸종위기 야생생물 서식현황 (습지조사 보고서 등)</td><td>① 지형 보전 등급</td></tr>
<tr><td>1 등급</td><td>① 식생보전등급Ⅰ·Ⅱ등급</td><td>① 멸종위기 야생생물 Ⅰ·Ⅱ급 종이 서식하는 지역</td><td>① 멸종위기 야생생물 6종 이상 서식 습지
② 최근 5년간 철새 2만 마리 이상 도래하면서, 멸종위기 야생생물 조류가 평균 4종 이상 도래하는 철새도래지 내 습지
③ 멸종위기 야생생물 6종 이상 서식 습지 주변 100m를 벨트화하여 이에 속하는 산림
기타 생태·자연도 작성지침 제12조3호 참조</td><td>① 지형 보전 등급 Ⅰ등급</td></tr>
<tr><td>2 등급</td><td>① 식생보전등급 Ⅲ·Ⅳ등급
② 식생조사 미실시 지역의 경우는 임상도 2영급 이상</td><td>해당없음</td><td>① 멸종위기 야생생물 2~5종이 서식하는 습지
② 최근 5년간 철새 5천 마리 이상 도래하면서, 멸종위기 야생생물 조류가 평균 2종 이상 도래하는 철새도래지 내 습지
③최근 5년간 철새 2만 마리 이상 도래하면서, 멸종위기 야생생물 조류가 평균 4종 이상 도래하는 철새도래지 내 습지 주변 250m를 벨트화하여 이에 속하는 농경지(논, 밭)
기타 생태·자연도 작성지침 제13조2호 참조</td><td>① 지형 보전 등급 Ⅱ등급</td></tr>
<tr><td>3 등급</td><td colspan="4">① 생태·자연도 1등급 권역 및 2등급 권역 및 별도관리지역을 제외한 지역
② 주거지, 시가지 등을 포함한 개발지 및 농경지(단, 생태·자연도 작성지침 제12조3호라목에 의한 습지평가 2등급 농경지 제외)</td></tr>
<tr><td rowspan="2">별도 관리 지역</td><td colspan="4">다른 법률에 따라 보전되는 지역</td></tr>
<tr><td colspan="4">① 산림보호구역 ② 자연공원 ③ 천연기념물로 지정된 구역
④ 야생생물 특별보호구역 ⑤ 야생생물 보호구역 ⑥ 수산자원보호구역
⑦ 습지보호구역 ⑧ 백두대간 보호지역 ⑨ 생태·경관보전지역
⑩ 시·도 생태·경관 보전지역</td></tr>
</table>

259) 환경부·국립생태원(2024) 생태자연도 해설서 자료 재인용.

Point 73. 국토환경성평가(Environmental evaluation of national land)

국토환경성평가란 환경자원의 지속가능한 보전을 통해 국토환경을 효율적으로 이용, 관리하기 위하여 토지가 지닌 물리적, 환경적 가치를 과학적으로 평가하여 보전 적성의 등급으로 구획한 것이다.

국토환경성평가는 보전적지와 개발적지를 구획하는 도시계획, 개발입지 선정 등의 기초자료로 제공되고 환경성평가자료로 활용된다. 토지적성평가는 관리지역에 한하고 물리적 특성과 토지이용특성, 공간적 입지성을 평가지표로 하는데 반하여 국토환경성평가는 전국토를 대상으로 하고 다양성, 자연성, 풍부도, 희귀성, 허약성, 잠재적 가치, 연계성 등의 환경적 지표를 포함하고 있다.

국토환경성평가지도의 법적 근거는 "환경정책기본법 제15조의2(환경친화적계획기법 등의 작성·보급) ②환경부장관은 국토환경의 보전과 환경친화적인 국토의 이용을 위하여 국토에 대한 환경적 가치를 평가하여 등급으로 표시한 환경성평가지도를 작성·보급할 수 있다"에 근거하고 있다.

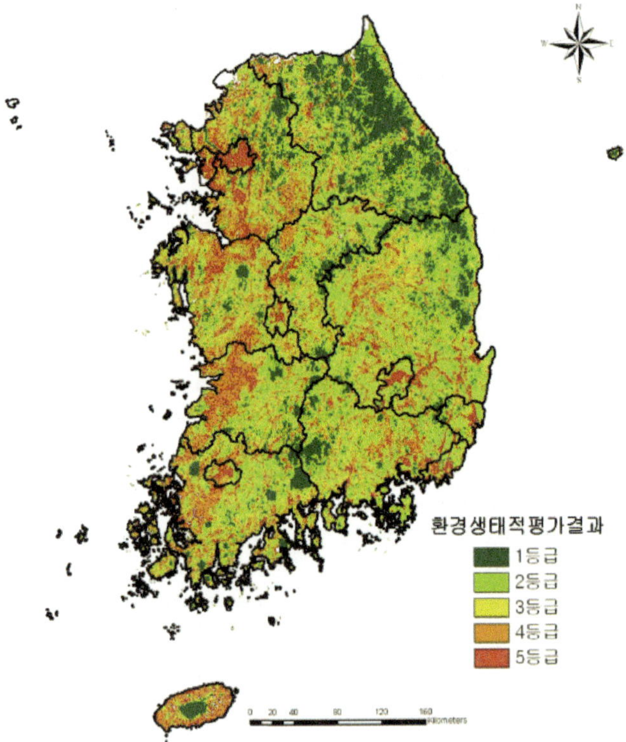

[국토환경성평가결과 지도260)]

Point 74. 식생보전등급평가

[1] 도입배경 및 적용 개념

식생보전등급이란 용어는 제2차 전국자연환경조사 지침(2001)에서 처음으로 사용하였으며, 이보다 앞서 1998년도의 제2차 전국자연환경조사 지침에서는 식생평가등급이라는 용어를 사용했었다. 이와 같은 용어의 기원은 제2차 전국자연환경조사에서 식생분야의 조사목적이 "국가의 전반적인 식생현황을 파악하여 생태학적으로 보전가치가 있는 식생자원을 찾고, 이를 평가할 수 있는 기초자료를 제공하고자 한다"는데 있다. 즉, 전국자연환경조사에서 식생조사의 궁극적인 목적이 가치 있는 식생자원의 보전에 있는 만큼 「식생평가등급」 보다는 「식생보전등급」이라는 용어가 더 적절한 표현으로 판단되었기 때문이다.

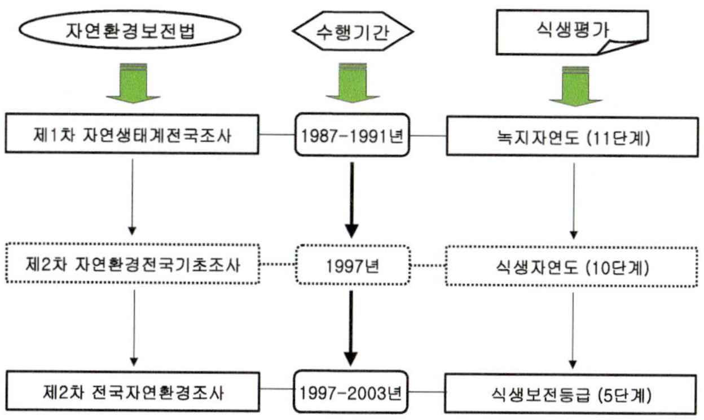

[전국자연환경조사의 용어 변천과 식생보전등급의 도입과정]

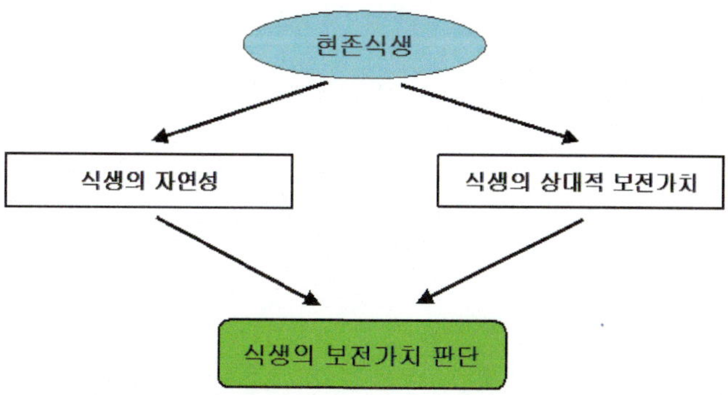

[식생보전가치의 평가 개념도]

260) 환경부(2009) 국토환경성평가지도 유지관리 자료 재구성

[2] 식생보전등급 기준

식생보전등급은 5개 등급으로 구분되며 가장 생태계가 양호한 등급은 V등급이며 등급별 세부 판단기준은 다음과 같다.

[식생보전등급 평가 해설표]

<table>
<tr><th>생태
자연도</th><th>식생
보전등급</th><th>기 준</th></tr>
<tr><td rowspan="2">1</td><td>V</td><td>○식생천이의 종국적인 단계에 이른 극상림 또는 그와 유사한 자연림
- 평균수령이 50년 이상된 삼림식생(난온대상록활엽수림, 낙엽활엽수림)
- 아고산대 침엽수림(분비나무군락, 구상나무군락, 주목군락 등)
- 산지 계곡림 (고로쇠나무군락, 층층나무군락 등), 하반림 (버드나무-신나무군락, 오리나무군락, 비술나무군락 등), 너도밤나무군락 등의 낙엽활엽수림
○삼림식생이외의 특수한 입지에 형성된 자연식생이나 특이식생
- 해안사구, 단애지, 자연호소, 하천습지, 습원, 염습지, 고산황원, 석회암지대, 아고산초원, 자연암벽 등에 형성된 식생
○ 「식생보전III,IV,V등급 판정기법」 에 의해 총점 17점이상인 삼림식생의 식물군락</td></tr>
<tr><td>IV</td><td>○자연식생이 교란된 후 2차천이에 의해 다시 자연식생에 가까울 정도로 거의 회복된 상태의 삼림식생
- 군락의 계층구조가 안정되어 있고, 종조성의 대부분이 해당지역의 잠재자연식생을 반영하고 있음
- 난온대 상록활엽수림 (동백나무군락, 구실잣밤나무군락 등)과 신갈나무-당단풍군락, 졸참나무군락, 서어나무군락 등의 낙엽활엽수림
○ 「식생보전III,IV,V등급 판정기법」 에 의해 총점 14점이상인 삼림식생의 식물군락</td></tr>
<tr><td>2</td><td>III</td><td>○자연식생이 교란된 후 2차천이의 진행에 의하여 회복단계에 들어섰거나 인간에 의한 교란이 지속되고 있는 삼림식생
·군락의 계층구조가 불안정하고, 종조성의 대부분이 해당지역의 잠재자연식생을 충분히 반영하지 못함
·조림기원 식생이지만 방치되어 자연림과 구별이 어려울 정도로 회복된 경우
○산지대에 형성된 2차관목림이나 2차초원
○ 「식생보전III,IV,V등급 판정기법」 에 의해 총점 13점이하인 삼림식생의 식물군락</td></tr>
<tr><td rowspan="2">3</td><td>II</td><td>○인위적으로 조림된 식재림
※식재림의 정의는 인위적으로 조림된 수종 또는 자연적(2차림)으로 형성되었다 하더라도 아까시나무 등의 조림기원 도입종이나 개량종에 의해 식피율이 70%이상인 식물군락으로 함. 단, 녹화목적으로 적지적수(適地適樹)가 식재된 경우에는 식재림으로 보지 않음</td></tr>
<tr><td>I</td><td>○2차적으로 형성된 키가 큰 초원식생 (묵밭이나 훼손지 등의 억새군락이나 기타 잡초군락 등)
○2차적으로 형성된 키가 낮은 초원식생 (골프장, 공원묘지, 목장 등)
○과수원이나 유실수 재배지역 및 묘포장
○논, 밭 등의 경작지
○비교적 녹지가 많은 주택지 (녹피율 60%이상)</td></tr>
</table>

함께 알아야 할 포인트

■ 헤메로비(hemeroby) 등급[261]

헤메로비 등급은 생태계에 대한 인간의 영향 정도를 파악하는 등급으로 인위적 에너지의 투입과 인간 간섭 정도에 따라 자연, 준자연, 반자연/반인공, 완전 인공으로 구분하고 있다.

<table>
<tr><th rowspan="2" colspan="2">인간간섭도 hemeroby values</th><th rowspan="2">인간간섭분류 level of naturalness</th><th rowspan="2">Na, Tb의 분포비율</th><th colspan="4">적 용 기 준</th><th rowspan="2">해 설</th></tr>
<tr><th>에너지원</th><th>인간영향</th><th>생태계 구조와 기능</th><th>토양 변화</th></tr>
<tr><td rowspan="3">완전 인공</td><td></td><td>(metahemerob)
(fully modified)</td><td>-</td><td>보조에너지</td><td>강함</td><td>완전인공</td><td>과도</td><td>인간의 간섭이 매우 지배적인 공간/유기체들의 활동이 완전히 정지된 공간/건축물 및 기타독성물질로 인해 식생이 완전히 파괴된 공간</td></tr>
<tr><td>[1]</td><td>polyhemerob
(artificial)</td><td>N>22%,
T>40%</td><td>보조에너지</td><td>강함</td><td>완전인공</td><td>과도</td><td>인간의 간섭이 지배적인 공간/건축물 등으로 인해 노출된 토양이 거의 없으며 자연발생적인 식물류의 출현이 배척된 공간/부분적으로 개척식물이 잔류하지만, 생태계의 파괴를 의미하는 조류, 박테리아, 곰팡이류의 생육이 왕성한 공간</td></tr>
<tr><td>[2]</td><td>α-euhemerob
(artificial)</td><td>N<18-22%,
T>40%</td><td>태양광선
<<
보조에너지</td><td>약강</td><td>대부분 인공</td><td>보통-과도</td><td>인간의 간섭이 다소 많이 미치고 있는 공간/자연발생적 식물류의 출현이 곤란한 공간</td></tr>
<tr><td rowspan="3">반자연반인공</td><td>[3]</td><td>β-euhemerob
(altered)</td><td>N<13-17%,
T<21-30%</td><td>태양광선
<
보조에너지</td><td>주기적</td><td>자연
<<
인공</td><td>보통</td><td>전형적인 기존의 농업경영형태에서 발생되는 생태계</td></tr>
<tr><td>[4]</td><td>α-mesohemerob
(altered)</td><td rowspan="2">N<5-12%,
T<20%</td><td rowspan="2">태양광선
>
보조에너지</td><td rowspan="2">약함</td><td rowspan="2">자연>인공</td><td rowspan="2">소규모로 표면적</td><td rowspan="2">임업 등으로 인한 새로운 생태계가 출현하고 있는 공간</td></tr>
<tr><td>[5]</td><td>β-mesohemerob
(moderately altered)</td></tr>
<tr><td rowspan="3">준자연</td><td>[6]</td><td>α-oligohemerob
(moderately altered)</td><td rowspan="3">N<5%,
T<20%</td><td rowspan="3">태양광선</td><td rowspan="3">미약함</td><td rowspan="3">거의 자연</td><td rowspan="3">미약함</td><td rowspan="3">생태계에 약간의 변동이 있음/인간의 영향력을 약간 받고 있는 생태계</td></tr>
<tr><td>[7]</td><td>β-oligohemerob
(seminatural)</td></tr>
<tr><td>[8]</td><td>γ - oligohemerob
(seminatural)</td></tr>
<tr><td>자연</td><td>[9]</td><td>ahemerob
(natural)</td><td>N:없음,
T<20%</td><td>태양광선</td><td>없음</td><td>자연상태</td><td>없음</td><td>인간의 영향력이 전혀 미치지 않은 생태계</td></tr>
</table>

261) Grabherr et al.(1998), 김종원과 이율경(2006) 자료 재구성

Point 75. 녹지자연도(DGN; Degree of Green Naturality)

녹지자연도는 원래 일본의 식생자연도[262] 개념을 도입한 것으로서(박재현, 1994), 일본의 식생자연도가 등급 1에서 등급 10의 10단계로 이루어져 있으나, 우리나라의 녹지자연도는 수역권을 등급 0으로 나누어 총 11개의 등급으로 나누어 사용하고 있다.

녹지자연도의 사정기준은 0등급(저수지, 하천유역)의 수역권과 육지권(개발지역, 반자연지역, 자연지역)으로 크게 나눌 수 있고, 육지권 중 개발지역은 등급 1~3, 반자연지역은 등급 4~7, 자연지역은 등급 8~10으로 구분한다(환경부, 2000).

[녹지자연도 등급 구분(환경부, 생태자연도 작성지침 자료 재구성]

등 급	등급별 평가기준
1등급	• 시가지: 녹지식생이 거의 존재하지 않는 지구
2등급	• 농경지: 논 또는 밭 등의 경작지구
3등급	• 과수원: 경작지나 과수원, 묘포지 등과 같이 비교적 녹지식생의 분량이 우세한 지구
4등급	• 2차초원: 잔디군락이나 인공초지 등과 같이 비교적 식생의 키가 낮은 2차적으로 형성된 초원지구
5등급	• 2차초원: 갈대, 조릿대군락 등과 같이 비교적 식생의 키가 높은 2차 초원지구
6등급	• 인공조림지: 인공적으로 식재한 수림대 혹은 군락
7등급	• 2차림: 이차림이라 불리는 대생식생지구, 20년생이하 수림대
8등급	• 2차림: 자연림에 가까운 이차림, 20~50년생의 수림대
9등급	• 자연림: 다층의 식물사회를 형성하는 천이의 마지막에 이르는 극상림
10등급	• 고산자연초원: 자연식생으로서 고산성 다층의 식물사회를 형성하는 지구
0등급	• 저수지, 하천유역(하중사구 포함)

이중 개발시 보전이 요구되는 녹지자연도의 기준은 등급 8의 환경부 기준 "원시림 또는 자연식생에 가까운 이차림의 대상식생(Substitutive community)이 주를 이루는 지역으로서 수령은 장령림 단계인 20~50년생"이다. 우리나라의 대부분의 산림지역의 경우 80년대의 산림보전정책으로 인한 대부분의 산림식생이 30년 이상된 이차림이므로 녹지자연도만으로 산림지역을 평가한다면 개발행위가 상당히 제한 될 수밖에 없을 것이다. 그리고 전국적으로 동일하게 적용되고 있는 녹지자연도 판정은 각 지역의 독특한 자연환경조건하에서 각기 다른 구조를 가지는 식물군락의 발달과정에 대한

262) 宮脇(1971) 일본의 식생자연도는 현존식생을 기본으로 하여 식생에 가해진 인위적 간섭과 식생구조와의 상관관계의 정도를 기준으로 하여 얻어진 것으로, 그 입지고유의 자연식생에서 어느 정도 이격되어 있는가를 단계별로 나타낸 것이다.

정보를 가지지 못하고, 임령에 거의 의존하는 판정기준은 식생구조에 근거한 식생의 잠재성에 대한 평가가 전혀 고려되고 있지 않다.

과거 산림지역 자연생태계평가시 가장 많이 사용되고 있는 것이 녹지자연도인데, 이에 대한 문제점이 많이 발생하고 있다. 또한 녹지자연도가 등급 8 지역을 보존 기준으로 삼고 있기 때문에 대부분의 개발업자들이 녹지자연도 등급을 낮추는 사례가 빈번하였다.

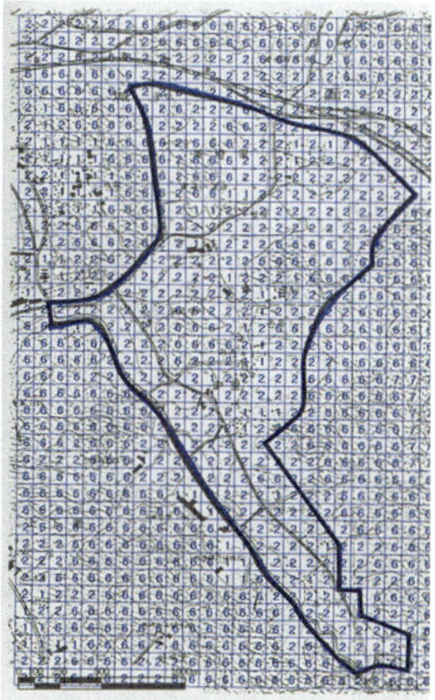

격자형

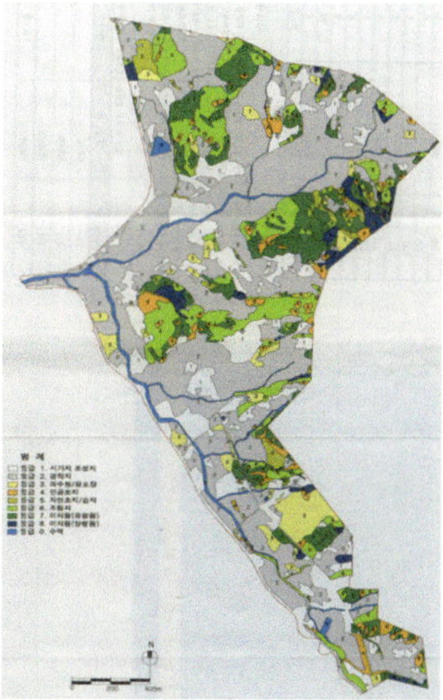

실선형

[녹지자연도 작성 사례]

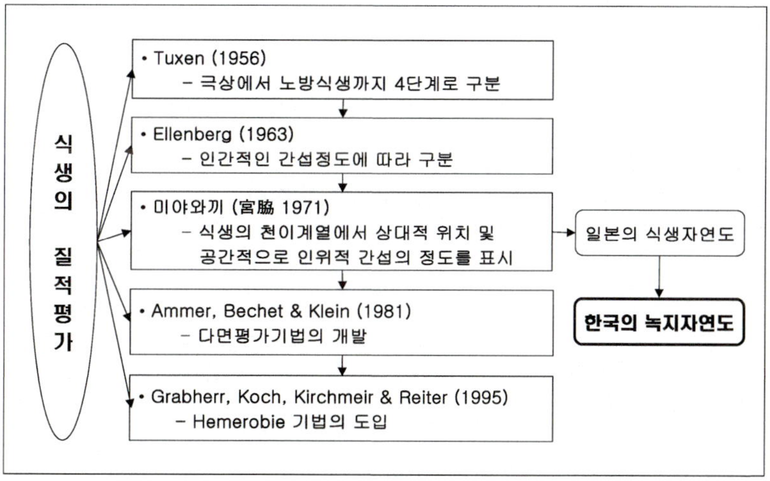

[식생평가연구방법의 주요 발달과정과 우리나라 도입배경]

[녹지자연도 등급 구분(환경부, 생태자연도 작성지침 자료 재구성]

등 급	한국	일본	차이점
1등급	시가지, 조성지	시가지, 조성지	-
2등급	농경지	농경지-전답	-
3등급	과수원	농경지-과수원	-
4등급	2차초원 A	키작은 2차 초원	-
5등급	2차초원 B	키큰 2차 초원	-
6등급	조림지	식림지	-
7등급	2차림 A	2차림	녹지자연도 수령추가(20년 까지)
8등급	2차림 B	자연림에 가까운 2차림	녹지자연도 수령추가(20년 이상)
9등급	자연림	자연림	녹지자연도 수령추가(50년 이상)
10등급	고산자연초원	자연초원	녹지자연도 습원 등 특이식생 누락
0등급	수역	기타(자연나지, 개발수역)	녹지자연도 수역을 0등급 처리

Point 76. 토지적성평가(Land evaluation & site assessment)

토지적성평가는 국토의 난개발을 방지하고 개발과 보전의 조화를 유도하기 위하여 토지의 토양, 입지, 활용 가능성 등에 따라 토지의 보전 및 이용 가능성에 대한 등급을 분류하여 토지용도 구분의 기초를 제공하는 제도이다.

토지적성평가는 도시관리계획 입안권자가 도시관리계획을 입안하기 위하여 실시하는 기초조사의 하나로서 이는“관리지역 세분을 위한 평가” 및“기타 도시관리계획 입안을 위한 평가”로 구분된다.

도시관리지역 세분을 위한 평가법의 시행으로 준도시지역과 준농림지역이 관리지역으로 통합되고 관리지역을 일정기간 내에 보전관리지역, 생산관리지역, 계획관리지역으로 세분하여야 함에 따라 이를 세분하는데 필요한 자료를 제공하기 위하여 실시하는 토지적성평가를 말하며 도시관리계획 재정비에도 이 평가방식을 준용할 수 있다.

토지적성평가는 어느 지역의 단위토지를 개발적성, 보전적성, 농업적성 등 3가지 측면에서 평가한 후 이를 종합하여 어느 특정한 적성을 부여하는 과정을 거치고 있다. 토지의 적성을 미리 검토하여 어떠한 용도로 토지가 활용되었으면 적절한가에 대해 평가하여 토지의 난개발을 막고 효율적인 이용을 도모하며 도시관리계획 결정을 위한 기초정보를 제공하는 데 그 목적이 있다.

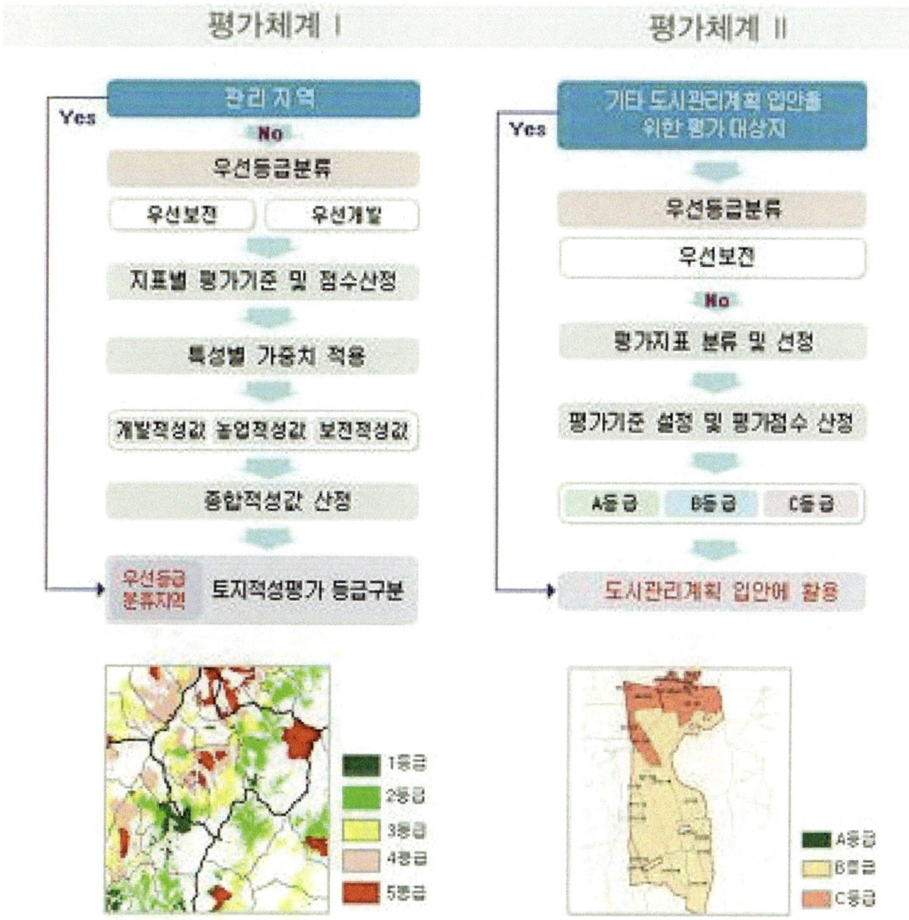

[토지적성평가 평가절차 모식도]

PART Ⅷ.

농업 · 임업과 녹색기술

Point 77. 애그테크(Ag-Tech)

인류 사회의 형태가 동적인 수렵채집사회에서 정적인 농경사회로 변화하면서 곡물의 생산은 인류문명의 존속과 발전을 좌우하는 매우 중요한 문제로 자리 잡았다. 이에 지난 수 세기 동안 과학자들은 늘어나는 인구를 감당할 수 있도록 농업 생산량을 늘리는 기술을 발명하기에 주력해 왔다.

농업 생산량을 늘리기 위한 시도는 현재에도 계속되고 있다. 현대인들은 과학기술의 발전으로 일어난 4차 산업혁명을 농업 분야에 적용하였는데, 이러한 첨단기술이 농업(Agriculture)과 기술(Technology)의 앞 글자를 딴 '애그테크(AgTech)'다.

애그테크는 인공지능(AI), 사물인터넷(IoT), 빅데이터, 드론, 로봇 등의 첨단기술을 활용하여 우수한 품질의 농산물을 재배하기 위해 농산물의 수확부터 파종까지 토양의 온도 및 습도, 일조량 등의 요소들을 작물에 최적화된 상태로 유지하여 관리하는 기술을 말한다.

1798년 영국의 인구통계학자 토머스 맬서스(Thomas R. Malthus, 1766~1834)는 저서인 《인구론》을 통하여 인구 증가에 따른 식량 생산과 공급이 따라가질 못해 결국 인류가 멸망한다는 '맬서스 트랩(Malthusian Trap)' 가설을 제시하였다.

실제로 세계 인구가 증가할수록 식량 수요량은 더욱 증가한다. 갈수록 더 높은 작물 생산량이 요구되는 것이다. 근래에는 러시아-우크라이나전쟁 및 코로나 19의 여파, 기후위기 등의 이유로 식량 단가가 상승하여 급성 식량불안인구[263]가 2021년 1억 9,300만 명에서 2022년 2억 5,800만 명으로 증가하였다. 이는 2022년 기준 4년 연속 증가한 수치이다.[264]

인구가 증가하면서 작물 수요량이 늘어나고, 기후가 변화하면서 안정적인 환경에서 농작물 생산이 필요하게 되었으며, 중산층이 증가하면서 소비자들이 소비패턴이 변화하여 저렴한 농산물보다 환경친화적인 고품질 농산물에 대한 수요가 증가하였다.[265] 아울러 전 세계적으로 발생하는 각종 문제로 인해 애그테크의 중요성이 증가하기 시작하였다.

[애그테크의 주요 기술]

주요기술	내용
사물인터넷	사물에 다양한 센서 디바이스를 활용, 실시간으로 데이터 수집, 공유하며 인터넷으로 주고받는 기술 로봇, 드론, 센서 등 활용하여 토양, 작물, 환경 등 정보 수집
빅데이터	디지털 환경에서 생성된 방대한 데이터, 데이터를 구성하고 있는 물리적 하드웨어와 이를 기반으로 하는 앱과 소프트웨어를 포괄하는 플랫폼 사물인터넷 기반 수집된 데이터 분석, 예측으로 최적 재배환경 컨설팅
클라우드	데이터를 중앙컴퓨터에 저장하여 인터넷 접속으로 언제 어디서든 데이터를 이용할 수 있는 것 데이터 보관과 농장 관리에 필요한 정보처리 및 커뮤니케이션 제공
인공지능	인간의 지능적 행동(사고, 학습, 자기계발 등)을 모방할 수 있는 컴퓨터공학 및 정보기술 축적된 빅데이터 분석 후 필요한 정보 제공
농업용 로봇	스스로 외부 환경을 인식하고 상황을 판단하여 자율적인 동작을 통해 지능화된 또는 서비스를 제공하는 기계 노지농업용, 시설농업용, 축산용 구분 자율주행 트랙터, 콤바인, 방제용 드론, 파종, 제초, 수확용 로봇, 로봇 착유기, 생육관리 로봇 등
농업용 드론	무선전파로 조정하는 무인항공기(Unmanned Aerial Vehicle) 항공 촬영으로 매핑, 파종, 살포, 작물의 생육상태, 병해충 검출 등 사용
5G	5세대 이동통신 기술(4G 대비 전송속도 20배 빠름, 처리 용량은 100배 많음) 가상현실, 자율주행, 사물인터넷 기술 구현 / 5G 바탕 새로운 서비스 시장 출현 전망

263) 긴급 식량, 영양, 생계 자원을 필요로 하는 인구

264) 유엔세계식량계획(2023) Global report on food crises: Number of people facing acute food insecurity rose to 258 million in 58 countries in 2022 자료 재구성

265) 한국농촌경제연구원(2022) 애그테크(AgTech)의 성장가능성과 활성화 방안 자료 재구성

함께 알아야 할 포인트

■ 애그테크(Ag-Tech)와 산업

농업은 전통적인 식량생산에서 생태계를 보전하면서 생산성을 높이고, 자원투입을 최소화하는 형태로 변화해 가는 과정에 있다. 이는 소비자들의 요구, 사회적 요구, 환경오염 심화에 대한 부담 증가와 식량부족 지역에 대한 해결 등의 압력에 의한 불가피한 선택이기도 하다.

생물학적 기술, 첨단 제조 기술, 자율주행 기술, 상호연결 기술 등 새로운 기술들의 등장으로 농업의 형태도 자연 순응적 방법에서 자연 통제 방법을 통한 새로운 농업들로 변화하고 있다. 드론 및 자율주행 농기계, 스마트팜, 생물기반 농업 투입재 등이 대표적이다. 이러한 새로운 농업의 중심에 애그테크가 있다.

국내에서는 스마트팜, 빅데이터, 인공지능, 투자 등과 관련한 애그테크에 대한 관심도가 꾸준히 증가하고 있으며, 특히 2021년 1~9월 언론에서 '애그테크'가 노출된 기사(96건)는 2020년 동기 대비 223.3% 수준으로 크게 증가하였다. 우리나라에서는 2015년 4월, 미국에서 농업과 IT를 결합한 사례를 소개하는 뉴스기사에서 '애그테크'가 최초로 언급된 바 있다.

[애그테크 관련 연관어 검색[266]]

애그테크(AgTech)는 농업(Agriculture)과 첨단기술(Technology)을 결합한 합성어(Agriculture Technology)로 주로 통용되고 있으며, 광의적으로는 농업생명 공학기술(Ag Biotechnology), ICT 기술, 나노 기술 등을 통한 스마트 농업과 정밀농업(Precision Ag) 등을 실현하는 기술들을 망라하는 개념으로 통칭되고 있다.

애그테크는 농축산업의 생산활동에서 필요로 하는 자원투입의 효율화, 생산성 증대, 고부가가치 창출을 위해 투입되는 첨단기술(IT, ET, NT, BT 등)을 의미한다. 즉, 첨단기술을 활용한 농업투입재(input)와 그것을 활용한 농업생산활동이 애그테크의 대상이 되며, 이들 기술과 융복합화를 통해 시너지 효과를 극대화시키는 특징을 보이고 있다.

266) 농촌경제연구원(2021) 애그테크 산업 활성화 방안 자료 재구성

함께 알아야 할 포인트

■ 애그테크-푸드테크 연계 개념[267)268)]

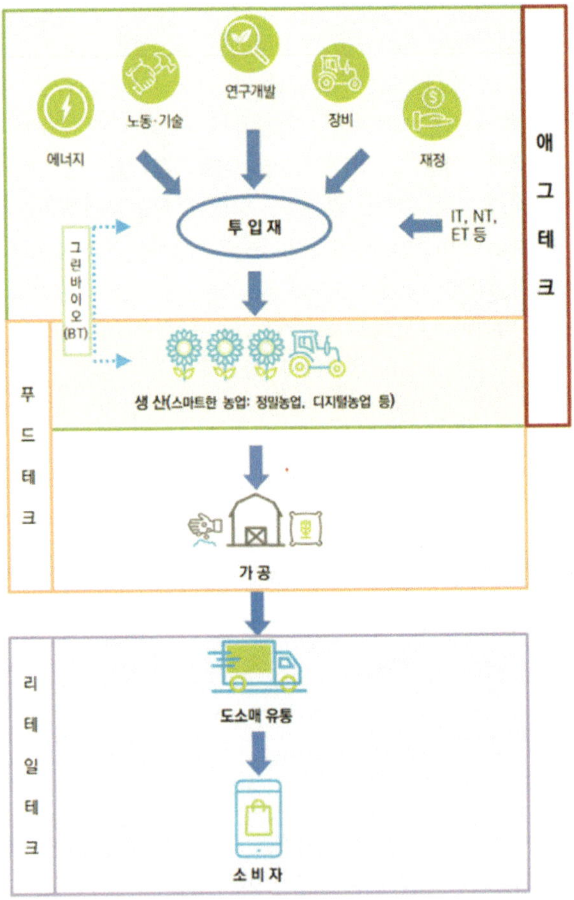

---

267) StartupAUS(2017) 자료 및 한국농촌경제연구원(2021) 자료 재구성
268) 농업온(http://agrion.kr) 농식품지식정보서비스 자료 재구성

Point 78. 스마트팜(Smart Farm)과 식물공장

[1] 스마트팜

스마트팜은 ICT 기술을 농업에 접목하여 비닐하우스·유리온실·축사 등의 시설들을 원격·자동으로 작물과 가축의 생육환경을 적정하게 유지·관리할 수 있는 농장이다.

농업에서의 ICT 활용은 초기에 주로 관개 시스템 자동화와 온·습도 제어 등으로 시작되었다. 이러한 자동화 시스템의 도입으로 농업 노동의 부담이 줄고 생산성이 향상되었다. 21세기에 들어 ICT 기술이 본격적으로 도입되어 다양한 센서와 네트워크 기술로 농업 환경을 실시간 모니터링하게 됨으로써 데이터 수집으로 농업 정보를 즉각 파악하고 이를 바탕으로 농작물의 생육 상태를 최적화할 수 있게 되었다. 근래에 들어선 AI와 빅데이터 등의 애그테크의 도입으로 더욱 정밀한 농업 데이터 분석이 가능해져 농업의 모든 과정에서 데이터를 활용한 자동화와 최적화가 이루어졌다.

특히 IoT 기술이 스마트팜의 핵심이 되어 즉각적인 환경 변화에 대처함은 물론 예측까지 가능해짐으로써 농업의 생산성과 지속가능성이 크게 향상되었다.

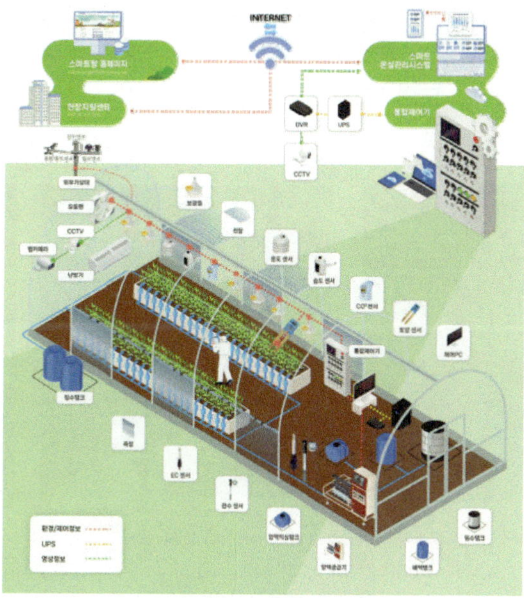

[스마트온실 구성도[269]]

269) 출처: 스마트팜코리아
https://www.smartfarmkorea.net/contents/view.do?menuId=M11010102

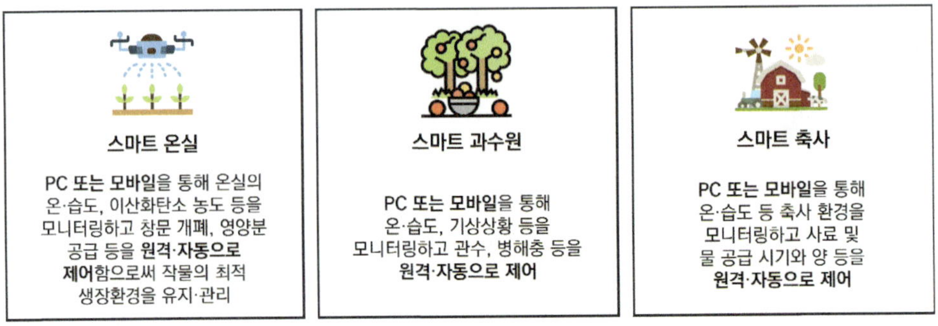

[스마트팜의 분야별 적용]

[2] 식물공장

식물공장은 스마트팜에서 한 단계 발전한 식물생산 공정을 말한다. 스마트팜은 농작물을 생산하는 데 흙이 필요하며 스마트팜 부지가 외부환경과 단절되지 않는 편이나, 식물공장은 흙 없이 흙 대용물이나 영양액만으로 작물을 기르며 외부환경과 단절된 상태를 유지한다. 도심 빌딩에서 영양액으로 작물을 재배하는 수직농장은 식물공장의 대표적인 예시이다.

유럽에서는 식물공장이 상업화되었으며 국내 식물공장 규모도 2015년 1,800억 원에서 2020년 3,576억 원으로 빠르게 성장[270]하고 있다. 최근에는 건강에 관한 관심 증대와 가치관 변화 등의 이유로 채식을 선호하는 소비자가 늘고 있어 식물공장의 전망은 밝은 편이다.

실내농장의 모습

수직온실의 모습

고체 형태의 흙 배지를 쓰는 수경식물공장

[식물공장의 다양한 형태]

270) 한국농촌경제연구원(2023) 푸드테크 산업의 혁신 트렌드와 미래 전망

함께 알아야 할 포인트

■ 수직농장(Vertical Farm)

수직농장은 식물공장의 고도화라고 할 수 있다. 수직농장의 조성 시초는 1999년 미국 컬럼비아 대학교의 딕슨 데스포미어 교수가 미래의 식량난을 해결하기 위해 제시한 농경시스템의 일환이다. 조성개념은 수십층 높이의 건물 꼭대기에 태양광 발전시스템, 지열 등 신재생에너지를 도입하여 각층을 농경지(수경재배 위주)로 활용한다는 개념이다.

수직농장의 장점은 도시정장 유지 촉매 역할, 30층 높이의 수직농장은 연간 5만명 수준의 도시민들에게 신선한 야채 제공 가능, 연간 지속적 식물생장 가능, 가뭄, 홍수, 해충에 따른 피해없이 작물 생산 가능, 농경지를 생태계로 환원하여 지구환경보전 등이 대표적이다.

인공지능(AI)이 알려주는 핵심 포인트

■ 2100년 시대에 우리의 농업은 어떤 모습일까?

2100년, 인류는 농업을 단순히 "식량 생산"의 수단으로 보지 않는다. 기후위기와 생물다양성 붕괴, 토지 황폐화, 수자원 고갈은 21세기 중반을 거치며 전통적 농업 시스템을 압도했고, 농업은 생태계 안에서 지속가능하게 작동해야 하는 복합 기술 시스템으로 재탄생한다. 다시 말해, 농업은 더 이상 자연을 지배하는 도구가 아니라 자연과 협력하는 전략적 기술이다.

가장 큰 변화는 기후위기에 따른 재배환경의 격변이다. 지구 평균기온이 산업화 이전 대비 3℃ 이상 상승하면서, 전통적인 작물 재배지는 대부분 변화한다. 한반도의 경우, 논농사가 가능한 지역은 북상하거나 고산지대로 이동했고, 중남부 평야 지역은 더위와 가뭄으로 인해 쌀 대신 고온건조 작물(퀴노아, 수수, 밀, 콩 등) 중심으로 재편된다. 또한 고랭지였던 강원도 일대는 이제 아열대 과일과 채소를 재배하는 '신 열대 농업지대'로 탈바꿈한다.

농업 생산의 중심축은 지면을 벗어난다. 대도시와 인근 지역에서는 수직농장(vertical farm)과 도심형 스마트팜(Urban Smart Farm)이 주요한 식량 공급 기반이 된다. 이 농장들은 폐쇄형 LED 조명, 수경재배, 자동화 로봇, 인공지능 작물관리 시스템을 갖추고 있으며, 기후 외부 요인의 영향을 받지 않는 폐쇄순환형 생산 공간으로 운영된다. 이러한 스마트 농업은 물 사용량을 90%까지 줄이고, 농약 없는 청정 재배가 가능하며, 기후에 상관없이 연중 공급을 유지할 수 있다.

2050년대 이후 본격화된 인공단백질과 세포배양육(cultured meat)은 2100년에 이르면 일상 식탁의 중심이 된다. 과거의 대규모 축산업은 환경오염, 탄소배출, 동물복지 문제로 인해 사실상 중단되었고, 도심 외곽의 바이오배양센터에서 맞춤형 단백질 식품을 생산해 공급하는 체계가 구축되었다. 1g의 고기를 얻기 위해 수십 리터의 물을 소비하던 시대는 지나가고, 생물정보 기반 고효율 식품 생산 시스템이 주류가 되었다.

하지만 이러한 기술 중심의 농업이 모든 해답은 아니다. 일부 지역은 여전히 토양 기반 농업을 유지하며, 자급자족과 생태농업(agroecology)이 결합된 형태로 전환되어 있다. 특히 농촌 공동체들은 고기술 농업과 생태 기반 순환농업을 병행하며, 자연 회복과 식량 자립을 동시에 꾀하는 하이브리드 농업 체계를 실현하고 있다. 이곳에서는 토종 씨앗 보존, 토양 미생물 복원, 곤충과 수분 생물의 회복을 중심으로 한 생물다양성 농업이 실행되고, 농업은 생태보전과 식량생산을 겸하는 중요한 생태계 서비스로 인식된다.

2100년의 농업은 더 이상 "생산량 중심"이 아니다. "회복력(resilience)과 순환성", 그리고 "환경 윤리와 기술의 균형"이 핵심 원칙이 된다. 식량 위기는 더 이상 단순히 작물 생산의 문제가 아니라, 사회구조·기술접근성·기후정의의 복합 이슈로 여겨진다. 생태위기 속에서 살아남은 농업은 결국 자연을 통제하는 농업이 아니라, 자연의 일부로 다시 편입된 농업이다.

Point 79. 푸드테크(Food-Tech)

푸드테크(FoodTech)란 음식(Food)과 기술(Technology)의 합성어로, 식품산업에 바이오, 인공지능(AI), 사물인터넷(IoT), 3D프린팅, 로봇과 같은 혁신기술이 접목된 신산업분야를 말한다. 푸드테크는 농·축·수산물의 생산과 유통, 음식료 제조와 관리, 배달 및 소비, 식당 운영 등 다양한 분야에서 혁신을 일으키고 있으며, 관련 시장 또한 급속도로 성장하고 있다. 실제로 우리가 일상속에서 접할 수 있는 식물성 고기, 스마트팜을 통해 재배된 농산물, 모바일 어플리케이션을 통한 배달음식 주문, 서빙로봇, 무인 식당 키오스크 주문 등은 모두 푸드테크의 산물이다[271].

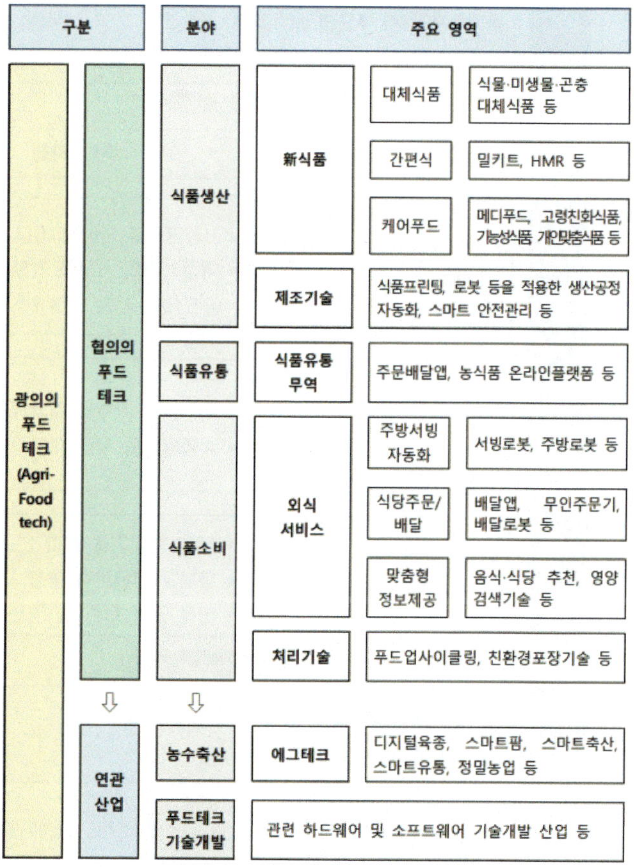

[푸드테크 산업의 개념과 범위[272]]

---

271) 삼일PwC경영연구원(2022) "푸드테크의 시대가 온다" 자료 재구성
272) 관계부처 합동(2022) 푸드테크 산업 발전방안

2022년 12월 농림축산식품부는 '첨단 식품 기술(푸드테크) 산업 발전방안'을 발표하고 '푸드테크 정책과'를 신설함으로써 푸드테크 산업의 본격적인 육성을 선언하였다. 또한 향후 지속적으로 푸드테크 산업의 지원과 육성, 푸드테크 산업 창업 촉진, 푸드테크 연구개발 및 상용화, 전문인력양성 사업을 추진하기 위하여 푸드테크 산업의 정의 및 진흥을 목적으로 '식품산업진흥법 일부개정안'이 발의되었다[273].

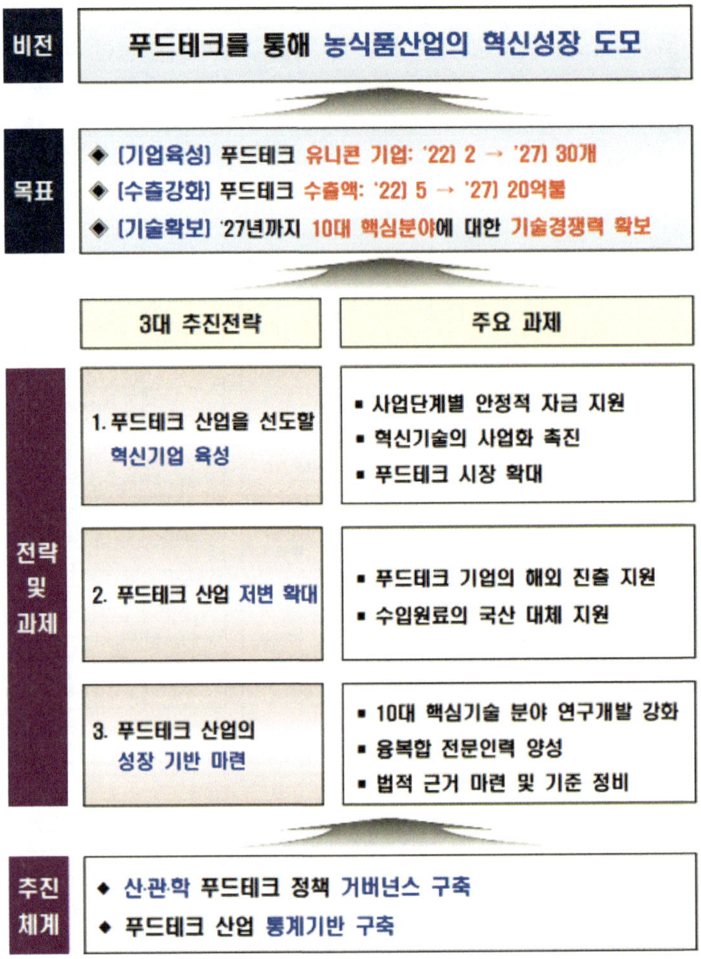

[관계부처 합동으로 발표한 부드테크 산업 발전방안의 비전과 추진과제[274]]

273) 273) 한국농촌경제연구원(2023) 푸드테크 산업의 혁신 트렌드와 미래 전망 자료 재구성
274) 관계부처 합동(2022) 푸드테크 산업 발전방안

인공지능(AI)이 알려주는 핵심 포인트

■ 2100년 시대에 우리의 농촌은 어떤 모습일까?

2100년, 대한민국의 농촌은 더 이상 쇠퇴하거나 소외된 공간이 아니다. 도시와 농촌의 경계는 흐려졌고, 농촌은 생산과 생태, 치유와 자급, 기술과 전통이 공존하는 복합 공간으로 재탄생했다. 한때 고령화와 인구 유출로 위기에 처했던 농촌은, 이제 기후위기와 식량안보 시대의 대안적 중심지로 부상하고 있다.

가장 두드러진 변화는 인구 구조와 역할의 전환이다. 21세기 중반까지 급속히 진행된 고령화는 AI 기술과 원격 의료, 로봇 돌봄 시스템의 발달로 극복되었으며, 농촌은 오히려 세대 혼합형 커뮤니티로 변모했다. 은퇴자와 도시 이주민, 기술 기반 청년 창업자, 생태주의자들이 공존하는 이 공간은 단순한 거주지가 아니라, 지속가능한 삶의 실험장이 되었다. 이들은 자급 농업, 커뮤니티 기반 생산, 생태복원 프로젝트 등에 공동 참여하면서, 개별 주거 공간보다는 공유 기반의 마을 단위 자율 생태 사회를 이루고 있다.

농촌의 경관은 더욱 복원적이고 탄력적인 생태계 중심으로 재구성되었다. 모노컬처 단작지대는 사라지고, 복합 다모작, 작물-곤충-가축 통합 순환 시스템이 도입되었으며, 농경지와 삼림, 수로와 습지가 유기적으로 연결된 생태경관 농촌(ecoscape village)이 주를 이룬다. 도심에서는 더 이상 볼 수 없는 토종 생물과 계절의 리듬이 농촌에서 되살아났고, 탄소저장과 생물다양성을 동시에 충족시키는 '농촌 생태자본'이 지역의 핵심 가치로 인정받는다.

기술적으로 농촌은 초스마트화되어 있다. 대부분의 작물 재배는 무인 자율 농기계, 드론 방제, 인공지능 작황 예측을 기반으로 하고 있으며, 수확부터 가공, 판매까지는 블록체인 기반의 식품 이력 추적 시스템으로 연결된다. 하지만 이는 대규모 시스템만의 일이 아니다. 마을 단위의 공동 스마트팜, 자가 설치형 수직농장, 폐자원 활용 미생물 비료 생산소 등 소규모·분산형 기술 생태계가 농촌 내부에 자립적으로 자리잡았다. 기술은 중앙에서 하달되는 것이 아니라, 농촌 스스로 재설계하고 운영하는 방식으로 발전해 있다.

농촌은 이제 단지 식량을 생산하는 공간이 아니라, 도시민의 재충전과 교육, 자연 회복의 거점으로 기능한다. 많은 도시민이 일정 기간 농촌에 머물며 작물을 가꾸고, 생태를 배우며, 심리적 치유를 경험한다. 농촌은 기후치유 마을, 먹거리 공공 시스템, 생태-사회 교육의 장으로서 다기능적인 공간이 되었고, 이는 농촌의 경제적 자립과 지역 정체성 강화로 이어진다.

무엇보다 2100년의 농촌은 '주변부'가 아니다. 농촌은 기후위기 시대를 통과하며 생존성과 공동체성을 회복한 공간이며, 미래세대에게 '어떻게 살아야 할 것인가'를 가르쳐주는 윤리적 생활 모델의 핵심 장소다. 복잡한 도시와 글로벌 시스템에서 멀어지고 싶은 이들이 돌아오는 곳, 기술과 자연이 적절히 조화를 이루는 곳, 바로 그곳이 2100년의 농촌이다.

Point 80. 농촌재생

[1] 농촌의 정의

학술적으로 농촌은 사전적 측면과 제도적 측면에서 정의할 수 있다. 먼저 사전적 측면에서 살펴보면, 농촌진흥청은 농업용어사전을 통해 농촌을 주민의 대부분이 농업을 생업으로 삼는 지역이나 마을, 농가가 모여 있는 마을로 정의하였다.

제도적 측면에서 살펴보면 우리나라 법률상 '농촌'은 「농업·농촌 및 식품산업 기본법(약칭: 농업식품기본법)」에 의해 정의된다. 「농업식품기본법[275]」에 따르면, 농촌이란 읍·면 지역이나 그 외의 지역 중 그 지역의 농업, 농업 관련 산업, 농업인구 및 생활여건 등을 고려하여 농림축산식품부장관이 고시하는 지역을 의미한다.

농촌과 유사한 개념으로는 산촌이나 어촌이 있다. 이 중 산촌은 「산림기본법」에서, 어촌은 「수산업·어촌 발전 기본법(약칭: 수산업기본법)」에서 정의되고 있다.

[농촌과 농촌 유사개념의 정의[276]]

개념	정의	출처
농촌	주민의 대부분이 농업에 종사하는 마을이나 지역.	국립국어원 표준국어대사전
	주민의 대부분이 농업을 생업(生業)으로 삼는 지역이나 마을. 농가(農家)가 모여 있는 마을.	농촌진흥청 농업용어사전
	읍 · 면 지역이나 그 외의 지역 중 그 지역의 농업, 농업 관련 산업, 농업인구 및 생활여건 등을 고려하여 농림축산식품부장관이 고시하는 지역	「농업식품기본법」
산촌	산림면적의 비율이 현저히 높고 인구밀도가 낮은 지역으로서 대통령령으로 정하는 지역 1. 행정구역면적에 대한 산림면적의 비율이 70퍼센트 이상일 것 2. 인구밀도가 전국 읍 · 면의 평균 이하일 것 3. 행정구역면적에 대한 경지면적의 비율이 전국 읍 · 면의 평균 이하일 것	「산림기본법」
어촌	하천 · 호수 또는 바다에 인접하여 있거나 어항의 배후에 있는 지역 중 주로 수산업으로 생활하는 다음 각 목의 어느 하나에 해당하는 지역	「수산업기본법」

275) [시행 2025. 1. 23.] [법률 제20503호, 2024. 10. 22., 일부개정]
276) 각 자료의 검색일은 2025.3.18.을 기준으로 한다.

[2] 농촌의 소멸 위기

우리나라는 출생아 수 감소 추세와 청년 인구의 도시집중 현상, 고령화 문제의 심화, 총인구수 감소 문제가 겹쳐 일부 지역은 소멸 위기에 처해있다.

농촌 인구는 2020년 976만 명에서 2022년 961만 명(총인구의 18.6%)까지 소폭 감소하였으며 2050년 무렵에는 약 845만 명 수준까지 감소할 것으로 전망되고 있다[277]. 이는 전체적인 추세로, 개별 농촌지역에는 입지에 따라 인구 증가 지역과 감소 지역이 구분되는 공간적 불균형이 존재한다. 수도권 및 대도시 인근의 농촌 인구는 증가하는 반면 비수도권 지역에서는 농촌 인구 감소 경향이 두드러지게 나타나고 있다.

거주 인구가 줄어든 농촌에는 빈집과 노후주택, 서비스 수요가 감소하여 폐업·휴업한 시설들이 남는다[278][279]. 불안정한 치안과 생활 서비스 불편 문제는 농촌의 정주 여건을 악화시켜 농촌의 인구절벽을 유도하는 악순환으로 이어진다.

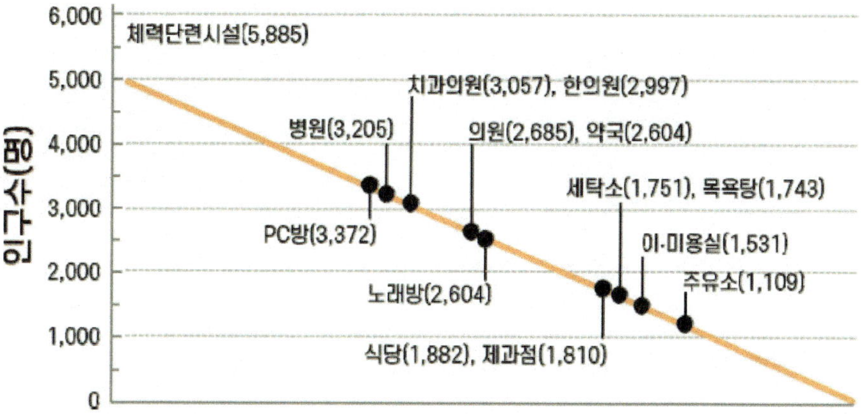

주: 임계인구는 612개 인구감소 면 지역에서 2010~2020년 간 폐업한 기초생활시설들을 추출하고, 각 시설별로 폐업 시점 인구들의 중위값으로 산출함.
자료: 한이철 외(2022), p. 101

[농촌 면 지역 생활서비스 임계인구[280]]

277) 한국농촌경제연구원(2023) 지방소멸 위기에 대응한 농촌 생활서비스 혁신

278) 면 지역 인구가 3천 명 이하로 줄어들면 병원이 사라지기 시작하고, 인구 2천 명 이하로 줄어들면 식당, 세탁소, 이·미용실 등이 폐업하기 시작한다.

279) 한국농촌경제연구원(2024) 농촌소멸에 대응한 혁신과 협력의 재생 전략 자료 재구성

280) 한국농촌경제연구원(2022) 인구감소 농촌 지역의 기초생활서비스 확충 방안

[3] 농촌재생의 정의와 관련 정책

이러한 농촌 소멸 문제에 대응하고 농촌의 가치와 농민 삶의 질을 향상시키기 위한 전략이 바로 농촌재생이다. 농촌공간 재생은 「농촌공간 재구조화 및 재생지원에 관한 법률(약칭: 농촌공간재구조화법)」에 따라 "농촌공간의 정비와 함께 일자리·경제기반 창출, 주거·정주 환경정비, 교통·교육·문화·복지 등 농촌생활서비스 확충을 통하여 농촌의 삶터·일터·쉼터로서의 기능을 회복하거나 증진시키는 것"으로 정의된다.

농촌재생에는 도시재생이나 타 지역·지구 재생과 달리 농촌이 보유한 고유의 생태환경, 역사·문화적 가치, 경제·산업적 기능 등을 개선하고 보전하기 위한 접근법이 주로 적용되고 있다. 심재헌 등(2023)[281]은 농촌재생을 단순한 인구증가 시책이나 지역개발 사업이 아닌 "농촌 지역사회 자본(community capitals)의 쇠퇴를 해결하기 위한 개입으로 선순환 과정을 만들거나 하향 추세에 대응하는 순환과정을 유도하는 것"이어야 한다고 언급하였다.

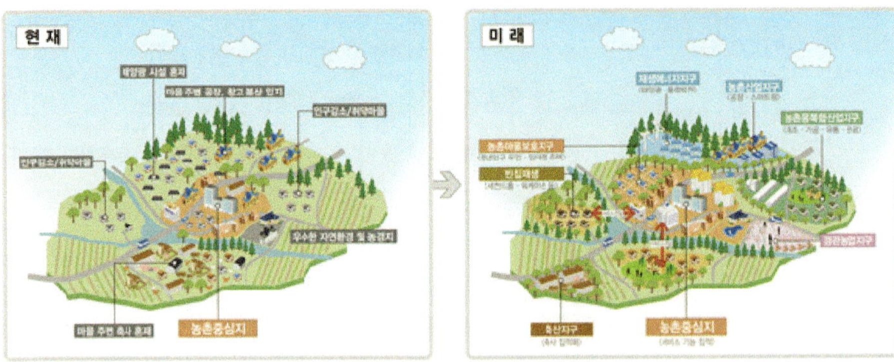

[농촌공간계획 인포그래픽]

2024년 농림축산식품부는 '농촌공간 재구조화 및 재생 기본방침'을 발표하였다. 본 방침은 「농촌공간재구조화법」에 따라 국가 차원의 농촌공간의 미래상과 장기적인 발전 방향을 제시하는 농식품부의 10년 단위 전략적 계획이다. '새로운 농촌(New Ruralism 2024)' 패러다임에 따라 "국민 누구나 살고, 일하고, 쉬는 열린 기회의 공간"을 비전으로 삶터, 일터, 쉼터 등 3대 목표와 농촌공간 재구조화, 주거·정주, 생활서비스, 경제·일자리, 경관·환경, 공동체·활력 등 6대 전략 및 추진과제를 제시하였다[282].

281) 한국농촌경제연구원(2023) 현장 중심의 농촌재생 모델 개발 실증연구(1/5차년도)
282) 농림축산식품부(2024) 농촌공간 재구조화 및 재생 기본방침 발표, 보도자료(24.4.22. 조간)

Point 81. 치유농업

도시와 사회에서 받은 스트레스를 자연 친화적인 삶 속에서 해소하고자 하는 사회적 요구가 증대하고, 완치가 어려운 만성·노인성·환경성·정신성 질환[283]의 차도(差度)를 위해 일상적으로 시도할 수 있는 활동의 수요가 증가하였다. 이에 대응하는 방법으로 농업이 주목받기 시작했다. 농촌의 자연·문화적 자원을 향유하고 텃밭 등을 조성해 농작업을 하는 등, 농업활동의 치유 효과에 집중한 것이다.

치유농업은 「치유농업 연구개발 및 육성에 관한 법률(약칭: 치유농업법)」에 의하여 '국민의 건강 회복 및 유지 · 증진을 도모하기 위하여 이용되는 다양한 농업 · 농촌자원의 활용과 이와 관련한 활동을 통해 사회적 또는 경제적 부가가치를 창출하는 산업'으로 정의된다.

우리나라에서 치유농업이 본격적으로 논의되기 시작한 것은 2013년이다. 농촌진흥청은 1994년부터 원예작물의 치유 효과에 관한 연구를 시작해 2013년 각계 전문가들과 협의를 거쳐 '치유농업'의 개념을 정립하였고, 2017년부터는 치유농업 육성 시범사업을 도입하였다[284].

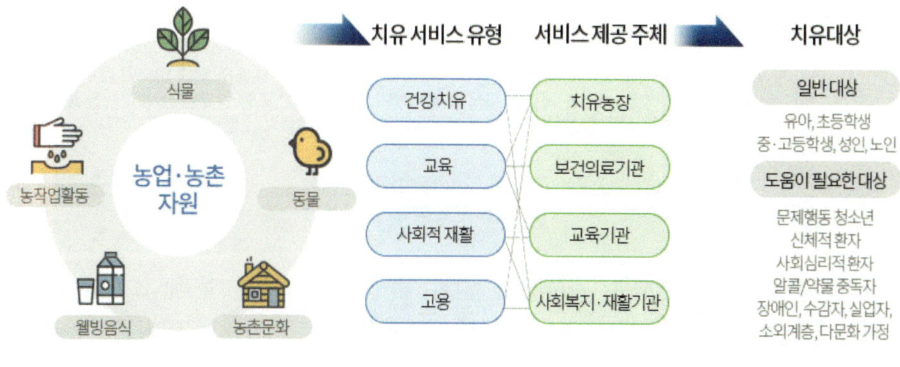

[치유농업의 개념[285]]

283) 고혈압 등, 치매 등, 비염 등
284) 농촌진흥청(2020) 농진청, 국민의 건강한 생활을 돕는 치유농업 본격 추진, 보도자료(24.3.9.)
285) 출처: 국립원예특작과학원 도시농업과, 농사로 - 치유농업의 개념
https://www.nongsaro.go.kr/portal/ps/psz/psza/contentMain.ps?menuId=PS04325

산림청과 해수부에서도 산림자원과 해양자원을 이용해 치유서비스를 제공하려는 움직임이 활발하다.

산림청은 산림문화·휴양 기본계획, 산림치유 활성화 추진계획, 산림복지 진흥계획 등 중장기 정책을 수립 및 추진하여 산림치유사, 숲해설가, 유아숲지도사 등 전문인력 양성에 노력을 기울이고, 산림치유, 산림문화휴양, 산림교육 등 산림을 기반으로 치유서비스를 제공하고 있다.

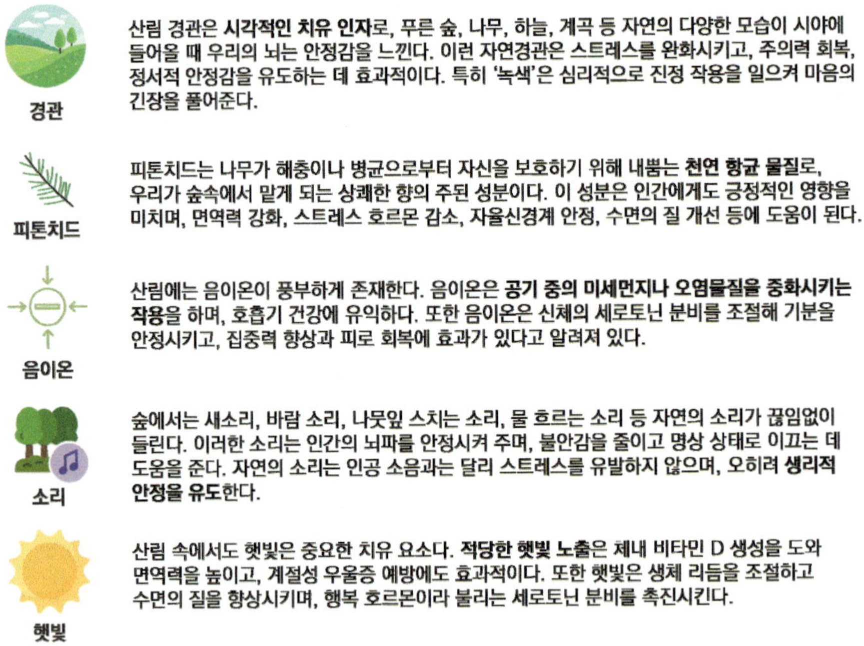

[산림의 치유인자]

해양수산부는 해양치유 가능자원 발굴 연구('17~'19)를 통해 8개 자원[286]의 치유 가능 효과를 확인하였으며, 해양치유관리단('21.7.)을 운영하고 해양치유센터를 조성(~'24)하는 등의 노력을 기울이고 있다. 이외에도 의료·복지·교육 시설을 연계한 '해양치유지구'를 지정하여 해양치유 생태체험지 등 치유지구 중심으로 해양치유 서비스[287] 제공을 확대하고 있다.

286) 해양기후·경관, 해수, 염지하수, 바다모래, 피트(퇴적물), 머드, 소금, 해조류
287) 서비스 유형: 스포츠재활형, 레저복합형, 중장기 치료형, 기업연계형 등

Point 82. 혼농임업(Agroforestry)

혼농임업이란 농업에 임업과 축산업을 결합한 형태로서, 하나의 토지 이용단위에서 목재생산, 농작물 재배, 가축 사육 등을 병행하는 시스템을 말한다. 혼농임업이 적용되는 면적은 세계적으로 약 10억 ha에 달한다[288].

순수임업은 묘목이 생장하여 상품성을 띤 목재가 되기까지 30~50년가량 소요되어 장기적이며 자금 회전율이 낮다는 한계가 있다. 이에 반해 혼농임업은 목재생산과 함께 농작물 생산이나 가축 생산을 병행하여 자본의 회전율과 수익율을 보완할 수 있다는 장점이 있다. 혼농임업의 종류를 정리하면 다음과 같다.

[혼농임업의 종류[289]]

종류	내용
순수혼농임업	산림에서 목재생산과 농작물 생산을 병행실시
혼목임업	산림에 초지를 조성하여 가축 방목 인공사료에 의존하지 않고 가축의 생산원가를 낮춤
혼농축임업	산림에서 목재생산과 농작물 생산, 가축 방목을 모두 병행실시

혼농임업은 열대지방, 중앙아메리카, 유럽 지역에서 주로 발전하였다. 열대지방에서는 코코아 혼농임업이, 중앙아메리카에서는 숲에 가축(소)을 방목하여 키우는 혼농임업 체계가 주를 이룬다. 혼농임업 체계가 가장 발전한 유럽 지역은 지역마다 실행되는 혼농임업 체계가 다르며 대표적으로 떡갈나무와 이베리코 돼지를 함께 키우는 스페인의 데헤사(Dehesas), 포르투갈의 몬타도(Montados), 농작물 재배를 겸하는 중앙 유럽의 과수원(Streuobst), 북부 유럽의 순록 목축업(Reindeer husbandry), 농지와 초지 경계선에 산울타리를 조성하는 보카지(Bocage) 등이 있다[290].

288) Zomer, R.; Trabucco, A.; Coe, R.; Place, F.; van Noordwijk, M.; Xu, J. Trees on Farms: An Update and Reanalysis of Agroforestry's Global Extent and Socio-ecological Characteristics; Working Paper 179; World Agroforestry Center: Bogor, Indonesia, 2014; pp.1-33

289) 한국임업진흥원 숲드림(2013) 세계가 주목하는 혼농임업! 궁금해요?

290) 한국농촌경제연구원(2020) 유럽 혼농임업 현황과 정책

인공지능(AI)이 알려주는 핵심 포인트

2100년 우리나라 산림 식생은 어떤 모습일까?

2100년, 대한민국의 산림은 더 이상 우리가 익숙하게 알고 있던 온대 낙엽활엽수림의 모습이 아니다. 산업화 이후 누적된 온실가스와 급격한 기후변화는 한반도의 기후대를 구조적으로 변화시켰고, 그에 따라 산림 식생의 구성과 분포, 생태기능도 근본적으로 달라졌다. 오늘날 산림은 단순히 탄소흡수원 이상의 의미를 넘어, 기후 적응력의 최전선이자 생태적 회복력의 지표가 된다.

가장 큰 변화는 기후의 아열대화(Subtropicalization)다. 21세기 후반까지 한반도의 연평균 기온은 약 3~4℃ 상승하며, 서울을 포함한 중부지역까지 아열대 기후권에 포함된다. 이에 따라 한반도 중·남부 저지대의 기존 식생인 신갈나무, 굴참나무, 소나무 중심의 온대림은 쇠퇴하고, 그 자리는 후박나무, 동백나무, 종가시나무, 녹나무 등 상록활엽수가 점차 우점종으로 자리잡는다.

산림의 고도대별 식생대 분포 또한 뚜렷한 변화를 겪는다. 현재 고산지대에서만 볼 수 있던 구상나무, 분비나무, 잣나무 등 냉온대 침엽수림은 서식지를 점차 잃고 백두대간의 1,500m 이상 고산지로 밀려난다. 일부 종은 개체군 감소와 병해충 피해로 인해 멸종 위기에 직면하고, 인공 복원 프로그램이나 유전자 저장소에 의존하게 될 가능성도 있다.

기온 상승과 더불어 강수 패턴의 변화, 여름철 폭염과 가뭄, 겨울철 적설 감소는 산림의 생리적 스트레스를 가중시키며, 이는 산림 천이의 속도를 가속화한다. 특히 자연천이뿐 아니라, 기후 스트레스에 약한 종의 집단 고사나 병해충 확산(예: 솔잎혹파리, 붉은불개미, 참나무시들음병)으로 인해 비정상적이고 급격한 천이 현상이 발생할 수 있다. 이러한 천이는 우점종의 다양성을 감소시키고, 특정 강건종 또는 외래종 중심의 단순화된 식생 구조를 초래할 수 있다.

한편, 기후변화에 따라 외래 아열대 식물종의 자연화 및 확산 가능성도 높아진다. 대만산 벽오동, 열대성 관목류, 외래 덩굴식물 등이 남부 지역에서 자연화되어 고유 식생과 경쟁하거나 교란군락을 형성할 수 있다. 이는 식생 구성의 이질화(biotic homogenization)와 생태계 교란을 불러일으켜, 장기적으로는 생물다양성 감소와 생태계 서비스 저하로 이어질 수 있다.

그러나 일부 지역에서는 복원생태학과 기후적응형 산림관리 전략을 통해 새로운 균형점을 모색할 가능성도 있다. 예를 들어, 지역별로 기후적합성이 높은 수종을 재도입하거나, 생물종 이동을 고려한 '생태 회랑' 조성, 고산지대 '냉량섬(refugia)' 보전 등은 2100년 산림 생태계를 안정적으로 유지하는 핵심 전략이 될 수 있다. 더불어 인공지능 기반의 실시간 기후예측-산림응답 모델이 전국 단위 산림 모니터링에 활용되며, 적응적 관리(adaptive management)가 가능해진다.

결국 2100년 대한민국의 산림은 과거의 복원 상태로 돌아갈 수는 없지만, 변화하는 기후에 맞는 새로운 생태적 질서와 종 조합을 만들어내는 방향으로 전환되고 있다. 산림은 여전히 탄소를 저장하고, 물을 순환시키며, 생물의 안식처가 되지만, 그 모습은 더 이상 '과거의 숲'이 아니라 **'미래를 준비하는 유동적 생태계'**가 된다. 지금 우리가 결정하는 수종, 복원 전략, 경관 관리 방식이 미래의 숲의 형태를 결정하게 될 것이다.

Point 83. 우리나라 산림

국가승인통계로서 산림면적과 임목축적을 5년마다 조사하여 공표하는 산림기본통계(2020)에 의하면, '20년 말 기준 우리나라의 산림면적은 6,298천ha이다. 이는 국토면적 10,041천ha(국토교통부 지적통계연보, 2021) 대비 62.7%를 차지하는 크기다. 우리나라의 산림면적은 OECD 국가 중 핀란드(73.7%), 스웨덴(68.7%), 일본(68.4%)에 이어 4위에 해당한다.

'20년을 기준으로 집계된 산림면적은 '15년 말 집계된 산림면적(6,335천ha)에 비해 약 36천ha(0.58%)가 감소하였다. 이는 도시화와 산업화가 이루어져 타 용도로 지목이 변경된 결과로 추정된다. '15년부터 5년간 연평균 약 7,296ha[291]씩 산림이 감소하였다고 볼 수 있다.

[소유별 산림면적 및 임목축적[292)]

소유구분	산림면적(천ha)*		ha당 임목축적(m³/ha)**	
	2015	2020	2015	2020
국유림	1,618	1,652 (▲)	163.3	182.0 (▲)
공유림	467	483 (▲)	156.0	173.3 (▲)
사유림	4,250	4,162 (▼)	138.3	157.6 (▲)

* 산림의 공익적 가치 증진, 탄소흡수원 확충 등을 위한 국유림 확대 정책에 따라 국유림 증가, 사유림 감소
** 조림, 숲가꾸기 등 산림경영계획을 기반으로 체계적 관리가 이루어지는 국유림의 ha당 임목축적이 가장 높게 나타남

또한 우리나라는 「산림보호법」에 의하여 산림에서 생활환경·경관의 보호와 수원함양, 재해 방지 및 산림유전자원의 보전·증진이 특별히 필요한 구역을 산림보호구역[293]으로 지정하여 관리 및 보전에 힘쓰고 있다. '23년을 기준으로 한 우리나라 산림보호구역의 면적[294]은 총 482,271ha로, 이는 '19년 대비 34,637ha 증가한 수치이다.

[산림보호구역 지정 현황]

[단위: ha]

구분	계	재해방지 보호구역	생활환경 보호구역	경관 보호구역	수원함양 보호구역	산림유전자원 보호구역
2019	447,634	4,276	13	16,162	255,134	172,049
2023	482,271 (▲)	3,024 (▼)	13 (-)	17,794 (▲)	284,741 (▲)	176,699 (▲)

291) 서울 여의도 면적의 약 25배
292) 한국임업진흥원 숲드림(2013) 세계가 주목하는 혼농임업! 궁금해요?
293) 보안림과 산림유전자원보호림을 '산림보호구역'으로 통합(2010. 3. 10.)
294) 산림청(2023) 2024 산림임업통계연보(제54호)

함께 알아야 할 포인트

임목축적(Growing stock)

자본재중에서 임업경영의기본이 되는 것은 노동 대상인 임목이며, 임목은 원래 종자나 또는 묘목에서 자라서 성립된 것인데, 이것을 앞으로 생산을 계속하는 자본으로 볼 때에는 임목축적 명칭 사용

일정 면적을 차지하는 나무들의 부피의 합계로 이해하면 된다.임목축적은 해를 거듭할 수록 생장을 계속하는 동시에 임지의 보호, 치수보호, 다른 임목의 형질증진, 풍경유지, 수원함양등의 역할도 함께 수행하는 등 간접적 가치생산 또한 크다.

임목재적(Timber volume)

살아 있는 나무의 재적, 즉 3차원적인 부피를 말하는 것으로 보통 직경, 수고, 형수 등을 측정하여 결정한다. 벌채한 목재나 서 있는 나무 1그루에 대한 부피이다.

임목본수도

현재 자라고 있는 입목(立木)의 본수나재적을 그 임지의 적절한 본수나재적에 대한 비율(백분율)로 나타낸 것을 말한다.

임상도

임상도는 우리나라 국토의 산림이 어떻게 분포하고 있는가를 보여주는 대표적인 산림지도로 임종·임상· 수종·경급·영급·수관밀도 등 다양한 속성정보를 포함하고 있으며 지형도, 토양도, 지질도 등과 더불어 국가기관에서 전국적 규모로 제작하는 주요 주제도 중 하나이다.

산림청에서 운영하는 산림공간정보서비스 홈페이지 접속후 주제도 보기 선택 〉 지도 화면 왼쪽 상단의 산림공간정보 다운로드 무료신청 〉 일반인 신청 〉 대축척 임상도 선택 〉 다운받을 지도 위치 선택 〉 신청 목적 입력 〉 shp 파일 다운로드

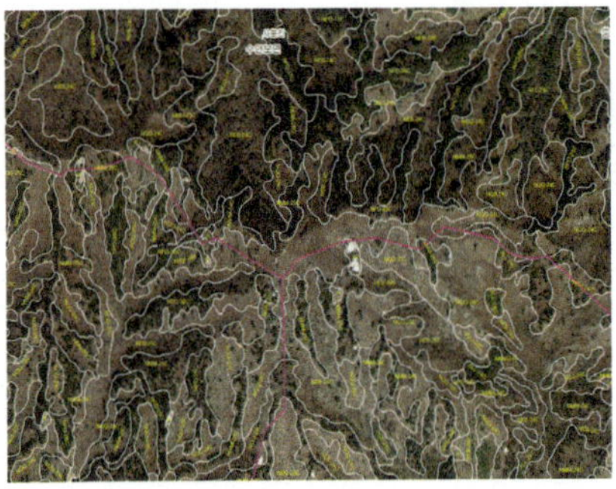

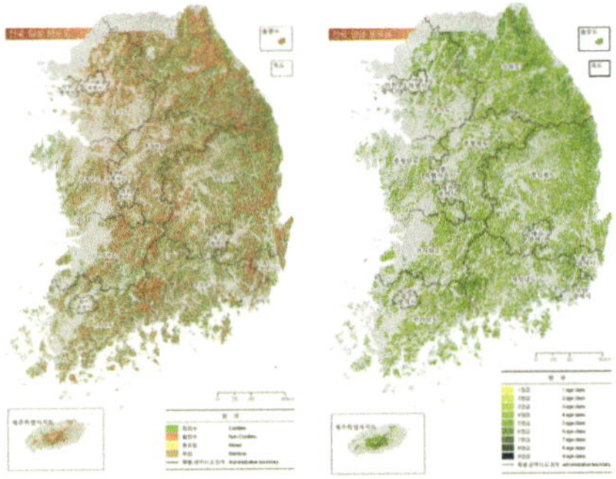

함께 알아야 할 포인트

산림의 정의

숲과 동일한 개념으로 산림 또는 삼림이라는 단어가 함께 사용되어 오다가 현재는 산림으로 통용하고 있다. 2005년 세계산림자원평가에서는 키가 5m 이상인 나무가 10% 이상 피복하고 있으며 그 면적이 0.5ha 이상인 땅을 숲이라고 정의한다.

우리나라 산림자원의 조성 및 관리에 관한 법률에서는 산림을 다음과 같이 정의하고 있다.

- 집단적으로 자라고 있는 입목, 죽(竹)과 그 토지
- 집단적으로 자라고 있던 입목, 죽이 일시적으로 없어지게 된 토지
- 입목, 죽을 집단적ㅇ로 키우기 위해 사용하는 토지
- 산림의 경영 및 관리를 위해 설치한 도로(임도)
- 상기 1~3까지의 토지에 있는 암석지와 소택지

산림기본계획

산림기본계획은 '산림기본법 제11조(산림기본계획의 수립 · 시행)'에 의거하여, 산림의 다양한 기능을 증진하고 임업의 발전을 도모함으로써 국민의 삶의 질 향상과 국민경제의 건전한 발전에 이바지하고자 10년마다 수립하는 장기계획이다.

제1차 치산녹화계획()1973~1978), 제2차 치산녹화계획(1979~1987년), 제3차 산림자원화계획(1988~1997), 제4차 산림기본계획(1998~2007), 제4차 산림기본계획 변경(2003~2007), 제5차 산림기본계획(2008~2017), 제5차 산림기본계획 변경(2013~2017), 제6차 산림기본계획(2018~2037)

제6차 산림기본계획 주요 내용

- ❑ 비전 : 일자리가 나오는 경제산림, 모두가 누리는 복지산림, 사람과 자연의 생태산림
- ❑ 목표 : 건강하고 가치 있는 산림, 양질의 일자리와 소득 창출, 국민행복과 안심국토 구현, 국제기여 및 통일 대비
- ❑ 8대 전략

① 산림자원 및 산지 관리체계 고도화
② 산림산업 육성 및 일자리 창출
③ 임업인 소득 안정 및 산촌활성화
④ 일상속 산림복지체계 정착
⑤ 산림생태계 건강성 유지 및 증진
⑥ 산림재해 예방과 대응으로 국민안전 실현
⑦ 국제산림협력 주도 및 한반도 산림녹화 완성
⑧ 산림정책 기반 구축

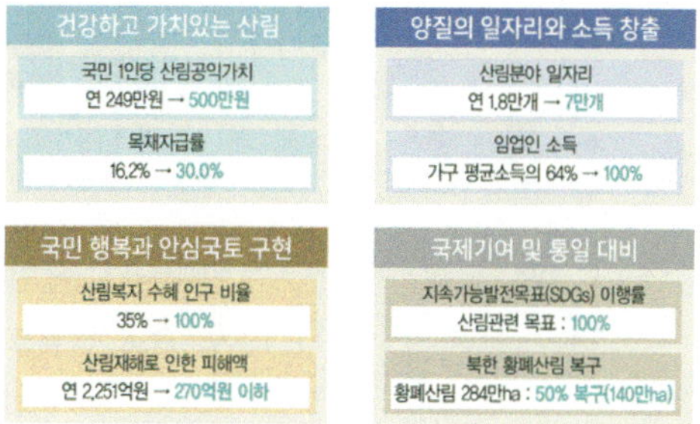

함께 알아야 할 포인트

우리나라 산림내 식생현황(임상도 기준)

제6차 산림자원조사 기준, 임상별로는 침엽수림 약 41%, 활엽수림 약 33%, 혼효림 약 26%, 죽림 및 무입목지 약 4% 수준이다. 이중 소나무의 분포면적이 약 20% 수준으로 가장 넓으며 침엽수종 중에서는 소나무 〉 일본잎갈나무(낙엽송) 〉 곰솔 〉 리기다소나무 〉 잣나무 〉 편백 등의 순이다. 활엽수종 중에서는 신갈나무 〉 굴참나무 〉 상수리나무 〉 밤나무 등의 순으로 참나무류의 분포면적이 넓다.

우리나라 고유 산림과 식생의 변화

- 1만 7000년~1만5000년 전 : 가문비나무속, 전나무속, 잣나무류, 낙엽송 등(한랭기후)
- 1만 5000년~1만년 전 : 초본, 고서리류 (늦은 빙기로 기후 한냉)
- 1만년~6700년 전 : 중부 동해안 지방에는 참나무속과 같은 온대성 낙엽활엽수가 점차 증가하였으며, 서늘한 기후를 좋아하는 나무들은 8000년 전을 기점으로 급격히 감소(온난습윤기후)
- 6700~4500년 전: 2엽송 소나무류, 참나무속, 서어나무속이 번성(온난건조기후)
- 4500년~1400년 전: 중부지방에는 서늘한 기후를 좋아하는 식물들, 남부지방에는 온난한 기후를 좋아하는 식물들이 각각 분포, 참나무속, 소나무류, 서어나무류, 개암나무,느릅나무, 가래나무속의 시대(한냉습윤기후)
- 1400년~현재 : 소나무류, 풀꽃(인간에 의한 간섭)

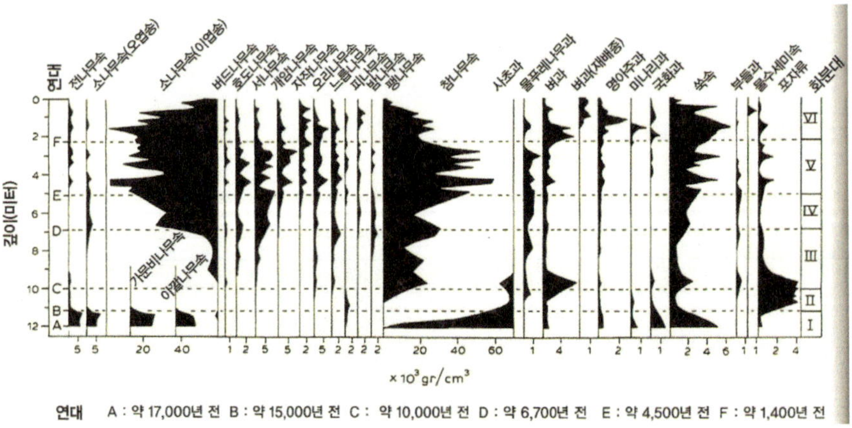

[강원도 속초 영랑호의 화분 분포도295)]

295) 김준민(1980) 한국의 환경변천과 농경의 기원 자료 재인용

Point 84. 산림복지와 산림복지서비스

[1] 산림복지[296)]

산림복지란 '국민에게 산림을 기반으로 하는 산림복지서비스를 제공함으로써 국민의 복리증진에 기여하기 위한 경제적·사회적·정서적 지원'을 말한다.

OECD 국가 중 산림률 4위에 달할 정도로 국토 내 산림면적이 큰 우리나라에서 산림은 국민의 중요한 여가·휴양·생산·소비 장소의 역할을 수행하고 있다. 2000년대 초반까지는 자연휴양림을 중심으로 산림휴양 정책이 추진되었으나, 산림치유나 숲체험, 숲해설 등 다양한 산림서비스에 대한 국민의 수요가 증대함에 따라 산림휴양에서 산림복지로 산림서비스의 저변이 확대되고 있다.

산림청은 '13년 「산림복지종합계획」을 마련하였으며, '15년과 '16년에는 「산림복지 진흥에 관한 법률(약칭: 산림복지법)」이 제정 및 시행된 바 있다.

[2] 산림복지서비스

산림복지서비스란 산림문화·휴양, 산림교육 및 치유 등 산림과 산림자원을 기반으로 하여 제공하는 서비스를 말한다.

[산림복지서비스 및 관련 전문직]

<table>
<tr><th colspan="2">구분</th><th>내용</th></tr>
<tr><td colspan="2">산림문화 · 휴양</td><td>산림 안에서 이루어지는 심신의 휴식 및 치유와 관련된 활동으로 자연휴양림, 산림욕장, 치유의 숲, 숲길, 숲속야영장 등에서 이루어지는 산림레포츠, 산림욕 등</td></tr>
<tr><td colspan="2">산림교육</td><td>숲체험 활동을 통해 국민이 산림에 대한 올바른 지식을 습득하고 가치관을 가지도록 함</td></tr>
<tr><td rowspan="3">산림교육 전문가</td><td>숲해설가</td><td>자연휴양림, 수목원, 도시숲 등에서 국민들에게 숲에서 살아가는 다양한 생물의 이야기, 역할 등에 관한 지식을 전달</td></tr>
<tr><td>유아숲 지도사</td><td>유아숲체험원에 배치되어 숲생태에 대한 지식뿐 아니라 유아의 정서를 이해하고 유아교육에 대한 전문성과 경험을 겸비하며, 유아들을 대상으로 교육, 놀이, 상담, 보호, 치유 등 다양한 역할 수행</td></tr>
<tr><td>숲길등산 지도사</td><td>숲길에 배치되어 국민이 안전하고 쾌적하게 등산 또는 트레킹을 할 수 있도록 도와주며, 건전한 등산문화 정착에 앞장</td></tr>
<tr><td colspan="2">산림치유</td><td>향기, 경관 등 자연의 다양한 요소를 활용하여 인체의 면역력을 높이고 건강을 증진시키는 활동</td></tr>
<tr><td colspan="2">산림치유지도사</td><td>자연휴양림, 산림욕장, 치유의 숲, 숲길 등에서 산림치유 프로그램을 개발 · 보급하거나 지도하는 업무를 담당</td></tr>
</table>

296) 한국산림복지진흥원(2021) 산림복지 서비스 안내 자료 재구성

[3] 자연휴양림

산림휴양시설은 국민에게 보건·휴양과 정서 함양의 기회를, 산주와 산촌주민에게는 소득증대의 기회를 제공하기 위해 산림에 조성되는 시설을 말한다. 자연휴양림, 산림욕장, 산림박물관, 수목원 등이 포함되며 되도록 환경친화적인 시설로 조성하여야 한다.

자연휴양림이란 국민의 정서함양 · 보건휴양 및 산림교육 등을 위하여 조성한 산림을 말한다. 휴양시설과 그 토지를 포함하며, 근거법은 「산림문화·휴양에 관한 법률(약칭: 산림휴양법)」이다.

또한 동법에 의하여 산림욕장(山林浴場)이란 국민의 건강증진을 위하여 산림 안에서 맑은 공기를 호흡하고 접촉하며 산책 및 체력단련 등을 할 수 있도록 조성한 산림(시설과 토지 포함)을 말한다.

'24년을 기준으로 우리나라의 자연휴양림은 202개소 132,014㏊, 산림욕장은 222개소 10,347㏊가 조성되어 있다.

[자연휴양림 및 산림욕장 조성 현황(2024)]

[단위: 개소]

구분	자연휴양림								산림욕장
	계		국립		공립		사립		
	지정	조성	지정	조성	지정	조성	지정	조성	
계	329	202	82	47	158	132	89	23	222
서울	1	1	-	-	1	1	-	-	0
부산	2	1	2	1	-	-	-	-	4
대구	6	4	-	-	3	3	3	1	11
인천	6	4	1	1	2	2	3	1	5
대전	4	2	-	-	3	2	1	-	4
울산	3	3	1	1	1	1	1	1	0
경기	44	19	7	5	13	11	24	3	43
강원	63	32	35	12	16	14	12	6	40
충북	25	23	4	3	21	20	-	-	14
충남	27	19	5	4	16	12	6	3	9
세종	0	0	-	-	-	-	-	-	1
전북	27	17	6	5	15	11	6	1	19
전남	32	20	6	4	15	14	11	2	31
경북	44	28	9	6	25	20	10	2	21
경남	39	25	4	3	24	19	11	3	20
제주	6	4	2	2	3	2	1	-	0

Point 85. 세계산림총회(WFC; World Forestry Congress)

세계산림총회란 유엔식량농업기구(FAO; Food and Agriculture Organization of the United Nations)가 주관하여 1926년부터 현재까지 6년마다 개최하는 산림 분야의 국제회의를 말한다. 약 200개 국가의 정부, 국제기구, 학계 등이 참여하며, 산림 관련 중요 이슈에 대한 권고문이나 선언문 등이 발표된다. 가장 최근에 열린 제15차 세계산림총회는 2022년 5월 서울에서 개최되었다. 이는 1978년 인도네시아 이후 아시아·태평양 지역에서 44년 만에 개최된 것이다.

[제15차 세계산림총회 요약]

구분	내용
일시 및 장소	2022. 5. 2. ~ 5. 6. / 대한민국 서울, 코엑스 ※ 1978년 인도네시아 개최 이후 아시아 · 태평양 지역에서는 44년 만에 개최
주제	숲과 함께 만드는 푸르고 건강한 미래 Building a Green, Healthy and Resilient Future with Forests
주요 논의사항	◆ UN 지속가능한 개발 목표(UN SDGs), UN 생태계복원을 위한 10개년 계획(UN Decade on Ecosystem Restoration), 파리 협정(Paris Agreement), UN 산림전략, 2020 이후 생물다양성 프레임워크(Post-2020 global biodiversity framework), 더반선언문(Durban Declaration) 등 ◆ 지구촌 산림재난(산불, 산사태) 대응, 산림을 통한 건강 증진, 삶의 질 향상에 기여하는 산림관리 등의 우수한 산림정책과 연구결과, 산림기술 소개 ◆ 산림생태계 훼손과 코로나19와 같은 인수공통 전염병간의 연계성을 발견하고 숲을 통한 인류의 건강증진 방안 논의
주요 성과	◆ 역대 최대 규모의 참가자 달성 (160여 개국, 1만 5천여 명) ◆ '서울산림선언문', '지속 가능한 목재에 관한 장관급 선언', '산림 청년 성명' 발표 및 채택 - 기후변화, 생물다양성 감소, 토지 황폐화, 빈곤 등 산림 분야가 당장 실천해야 할 6개의 주요 과제 포함 - 지속가능한 산림경영 기반 구축 및 2030년까지 NDCs 달성 결의 ◆ 녹화 성공국으로서 한국의 산림정책 사례 전파 - 산림재원 장관급 포럼을 통해 제26차 기후변화협약 당사국 총회 성과물인 '글로벌 산림재원서약(GFFP)' 의 차질 없는 이행 강조 ◆ 다양한 국제기구 및 전 세계 국가와 협력 강화 ◆ 기후위기 대응을 선도할 국제산림협력 후속 성과사업 발표 - AFFIRM 사업(FAO): 개발도상국의 통합산림위험관리 체계 구축 - SAFE 사업(UNEP): 생물다양성 핫스팟 지역 내 취약 산림생태계 보전 · 복원 - REDD+ 역량배양 플랫폼 개발 사업(UN-REDD Programme) : 개발도상국 REDD+ 이행 역량 강화

Point 86. 유엔식량농업기구 산림위원회(FAO COFO)

유엔식량농업기구 산림위원회(FAO COFO; Food and Agriculture Organization of the United Nations, Committee on Forestry)란 전 세계의 새로운 산림정책 및 문제를 확인하여 FAO 회원국과 산림 관련 기관들이 적절한 조치를 취할 수 있도록 해결책과 조언을 제공하는 것을 목적으로 한 국제 위원회이다. 1971년 설립되어 1972년 제1차 산림위원회를 개최하였으며 130여 개 회원국이 2년마다 정기 회의를 개최한다.

가장 최근에 열린 제27차 FAO 산림위원회는 2024년 7월 이탈리아 로마에서 개최되었다. '혁신을 통한 산림해결책 가속화(Accelerating Forests Solutions through Innovation)'을 주제로 2024년 세계산림현황 보고서(SOFO 2024; The State of the World's Forests 2024), 농업과 임업의 연계, 산림바이오경제, 통합산불관리, UN 생태계복원 10개년 계획, 2026년 제16차 세계산림총회 개최후보국 검토 등을 논의하였다.

함께 알아야 할 포인트

유엔산림포럼(UNFF; United Nations Forum on Forests)

유엔경제사회이사회(UN ECOSOC) 산하에 설립된 국제포럼이다. 유엔 회원국 정부 및 국제기구, 산림분야 이해관계자 등 193개국이 회원국으로 가입되어 있으며 모든 유형별 산림의 지속가능한 발전, 보전 및 경영 촉진, 산림 관련 정책 협의를 다룬다.

우리나라와 관련 있는 주요 성과로는 2021년 UNFF 52개 회원국 국가 보고서를 바탕으로 발간한 '2021 전지구적 산림목표 보고서'가 있다. 우리나라는 식물 유전자원 보존에 대한 노력을 인정받아 본 보고서에서 '백두대간 시드볼트' 사업을 소개했다. 백두대간 시드볼트 사업이란 기후변화나 전쟁과 핵 등의 재해·재난에 의해 멸종위기에 놓인 야생식물을 보존하기 위한 사업이다. 이를 통해 우리나라는 전 세계 야생식물종자 9만여 점을 보유하게 되었다.

Point 87. REDD+[297)]

[1] 배경과 정의

REDD+(Reducing Emissions fom Deforestation and forest Degradation, and the role of conservation, sustainable management of forests and enhancement of forest carbon stocks in developing countries)이란 산림전용 및 산림 황폐화 방지, 산림보전, 지속가능한 산림경영, 탄소축적 능력 향상 등 개발도상국에서 산림을 통해 온실가스를 감축하는 모든 활동을 말한다. 해외온실가스감축사업이라고도 한다.

[REDD+의 정의와 활동 예시]

활동	의미	예시
산림전용으로 인한 온실가스 배출 감축	산림의 타용도 전환(산림전용) 방지	농업, 거주, 기반시설 등에 의한 산림전용 방지활동
산림황폐화로 인한 온실가스 배출 감축	산림탄소축적 소실(산림황폐화) 방지	과도한 벌채, 연료채취 등 방지활동
산림탄소축적 보전	산림보전을 위한 활동	보호구역 확대
산림의 지속가능한 경영	산림탄소중립 유지 · 강화	지속가능한 산림경영 이행 강화
산림탄소축적 증진	非산림을 산림으로 전환 또는 산림의 탄소축적 강화	신규 · 재조림, 산림복원

1992년, 브라질 리우데자네이루에서 개최된 리우회의에서 기후변화완화를 위한 국가들의 노력을 뒷받침하기 위해 기후변화협약(UNFCCC)이 제정되었다. UNFCCC는 197개 국가의 비준을 받아 1994년 3월 21일 발효된다.

이를 배경으로 코스타리카와 파푸아뉴기니가 2005년 COP11에서 RED(개발도상국의 산림전용으로 인한 온실가스 감축)을 제안한다. 당시 교토의정서 체제를 따라 부속서 I 에 포함되지 않는 국가들은 온실가스 감축 의무를 지지 않았으나, 산림전용으로 인한 온실가스 발생 문제가 심각하게 대두됨에 따라 RED를 시행하여 온실가스 감축 의무가 없는 개발도상국이 산림을 보전하여 온실가스 배출을 감소시킬 시 이에 대해 인센티브를 제공하는 방안을 제안한 것이다.

297) 산림청(2021) 알고보면 쓸모있는 REDD+ 이모저모 설명집

2007년에는 RED 활동을 포함해 산림보전, 지속가능한 산림경영, 산림탄소축적 증진활동까지 포함하여 REDD+로 그 의미가 확장되었으며, 2013년에는 COP19에서 REDD+ 방법론에 대해 최종 합의가 이루어져 '바르샤바 REDD+ 프레임워크(WFR; Warsaw Framework for REDD+)'가 완성되었다.

2015년 프랑스 파리에서 이루어진 COP21에서는 파리 협정(Paris Agreement) 제5조에 산림을 포함한 온실가스 흡수원의 보전·증진과 함께 REDD+의 이행 및 지원 촉진을 위한 별도 조항을 마련하였다. 이후 REDD+에 관한 논의는 2021년 영국 글래스고에서 파리협정 제6조 세부이행 규칙이 완성되어 REDD+를 통해 확보한 온실가스 감축 실적을 국가 간 이전해 국가 온실가스 감축목표(NDC) 달성에 활용할 수 있게 되었다. 신기후체제에서 REDD+는 중요한 온실가스 감축 수단으로 기능한다.

[2] REDD+ 4대 이행기반 구축

2010년 칸쿤합의문 채택을 통해 각국이 REDD+를 원활하게 이행하기 위해서는 다음과 같은 4가지 기반이 선 구축되어야 한다.

[REDD+ 이행을 위한 4대 기반 구축]

구분	내용
① 국가전략(NS; National Strategy) 또는 행동계획(AP; Action Plan)	산림전용·황폐화 원인, 토지 소유권 문제, 산림 거버넌스, 젠더 고려사항, 안전장치, 이해관계자 참여 등의 내용을 포함한 REDD+ 이행 전략 및 계획 수립
② 산림(배출)기준선 (FR(E)L; Forest Reference (Emission) Level)	과거 일정 참조기간 동안의 산림전용·황폐화로 인한 탄소배출(흡수)량 평균치로 REDD+ 활동 이행 성과를 평가하는 기준선 설정 ※ 이산화탄소 환산톤(tCO2 eq)으로 표시하며 기준선 이하 감축량을 감축결과로 인정
③ 국가산림모니터링시스템(NFMS; National Forest Monitoring System)	REDD+ 활동 이행에 대해 측정·보고·검증(MRV; Measurement Reporting Verification)이 가능하도록 국가산림에 대한 데이터와 그 정보를 제공하는 시스템 구축
④ 안전장치정보시스템 (SIS; Safeguard Information System)	REDD+ 이행 전반에 걸쳐 어떻게 안전장치*가 다루어지고 준수되는지에 대한 정보 제공 시스템 구축 * 안전장치 7개 요소 : ① 국내법률 및 국제협약 등 준수 ② 산림 거너번스 ③ 지역주민 권리 존중 ④ 이해관계자 참여 ⑤ 천연림 및 생물다양성 보전 ⑥ 이행결과의 역전(reversal) 위험 해소 ⑦ 배출지역 이전(emission displacement) 방지

[3] 산림청 REDD+ 시범사업과 REDD+의 기대효과

산림청은 2012년 인도네시아를 시작으로 캄보디아, 미얀마, 라오스에서 REDD+ 시범사업을 이행해오고 있다. 특히 깜퐁톰주 산단, 산둑지구에서 시행한 한-캄보디아 REDD+ 소규모 시범사업은 온실가스 65만tCO_2라는 성과를 달성함('20.9.)으로써 시범사업 중 최초로 온실가스 배출권 발행에 성공하였다. 이는 자동차 34만 대가 연간 배출하는 양에 달한다.

[산림청 시행 REDD+ 시범사업]

국가명		사업지역	면적(ha)	사업기간
소규모 시범사업	인도네시아	리아우주 깜빠르	14,743	'13~'16
	캄보디아	깜퐁톰주 산단, 산둑지구	41,196	'16~'22
	미얀마	바고요마 북자마리	71,695	'16~'25
	라오스	참파삭주 동호사오 국립공원	80,959	'16~'30
준국가 사업	라오스	퐁살리주 전체	퐁살리주 전체 산림	'23~'32

산림청은 시범사업의 성공을 바탕으로 REDD+ 사업 규모를 준국가 수준(주정부 등 행정구역 단위)으로 확대할 계획이다. ASEAN 등 메콩지역 인근 국가의 신규 사업지를 발굴하고 중남미, 아프리카 지역으로 진출하여 지속가능한 산림보전을 시행하고 지역주민 삶의 질 향상에 기여하겠다고 밝혔다.

[REDD+ 기대효과]

구분	내용
국가온실가스감축 기여	신기후체제에서 REDD+를 통한 온실가스 감축량을 자국의 국가 온실가스 감축목표(Nationally Determined Contribution, NDC) 달성에 활용 가능
인센티브	REDD+ 이행 개도국은 산림전용 및 황폐화방지 노력을 통한 온실가스 감축결과에 대해 선진국 및 국제기구(GCF, FCPF 등)로부터 결과기반보상을 제공받을 수 있음
탄소배출권	자발적 탄소시장 이행체계에 따라 이행된 REDD+ 사업의 감축량은 탄소배출권으로 발행하여 개인 및 기업의 탄소중립 등에 활용 가능
비탄소편익	생물다양성 보전, 생태계서비스 증진, 대기환경 개선, 지역주민의 대체소득 발굴을 통한 빈곤완화 및 생계개선 등의 비탄소 혜택을 얻을 수 있음

함께 알아야 할 포인트

■ 인공지능(AI) 기술 발달이 산림에 미치는 영향

1. 정밀 산림 모니터링과 자동화

AI는 위성영상, 드론 촬영 데이터, IoT 센서로부터 수집된 방대한 데이터를 실시간으로 분석하여 산림 상태를 자동 감시하고, 이상 징후(산불, 병해충, 무단 벌채 등)를 조기에 탐지할 수 있게 한다. 이는 기존의 인력 중심 감시에 비해 시간과 공간적 한계를 극복하고, 산림관리의 대응 속도와 정밀도를 크게 향상시킨다.

2. 산불 예측 및 대응 최적화

기후 데이터, 지형 정보, 연료조건 등의 복합 데이터를 기반으로 AI는 산불 발생 가능성 예측 모델을 구축하고, 발생 시 확산 경로를 시뮬레이션하여 최적의 대응 전략을 제시한다. 이는 재난 규모를 줄이고 피해 지역의 생태 회복 계획 수립에도 도움을 준다.

3. 탄소흡수량 예측 및 탄소중립 정책 지원

AI 기반 생장 모델과 생태계 시뮬레이션을 통해 산림의 탄소흡수 능력을 정량적으로 평가할 수 있으며, 지역별 식생 특성과 기후 시나리오를 반영해 산림을 활용한 탄소중립 전략의 과학적 기반을 제공한다. 이는 국가 단위의 기후변화 완화 정책 수립에도 필수적인 요소다.

4. 디지털 트윈(Digital Twin) 산림 구축

AI는 3D 공간정보와 시계열 생태자료를 통합해 가상 산림 생태계(디지털 트윈)를 구성할 수 있다. 이를 통해 산림관리자는 시뮬레이션 기반으로 벌채, 식재, 재해 대응, 산림복원 등 다양한 정책의 효과를 사전 검토하고, 리스크를 최소화한 의사결정을 내릴 수 있다.

5. 시민 참여형 산림 모니터링과 교육

AI 기반 앱과 이미지 인식 기술은 일반 시민이 스마트폰으로 나무나 병해충을 인식하고, 관찰정보를 자동 공유할 수 있도록 해 시민 과학(Citizen Science)과 산림행정 간 연계를 강화한다. 이는 환경교육, 참여 확대, 공공 거버넌스 강화라는 사회적 효과로 이어진다.

■ 기후변화가 산림재해에 미치는 영향

기후변화는 산림재해의 발생 빈도와 강도를 증가시키며, 산림 생태계의 회복력을 저하시킨다. 고온 건조한 기후는 산불 발생 위험을 높이고, 계절의 변화로 인해 병해충의 발생 시기와 범위가 변화하면서 산림 병해충 피해가 광역화·장기화되는 경향이 나타난다. 또한 국지성 호우, 태풍 등 극한 기상현상의 증가로 인해 산사태, 토양 침식, 수목 뿌리 붕괴 등의 피해가 빈발하고 있으며, 이는 산림 기반 시설과 인접 지역 사회에도 직접적인 위협을 가하고 있다.

이러한 변화는 기존 산림관리 방식의 한계를 드러내며, 기후적응형 산림관리체계 구축의 필요성을 부각시키고 있다. 예측 불가능한 재해에 대응하기 위해 산불 예방을 위한 위험지 지도 구축, 병해충 감시 체계 강화, 토사재해 방지 시설의 확충 등이 요구되며, 기후 변화 시나리오에 기반한 종다양성 확보와 내재해성 수종의 도입, 산림 복원의 탄력적 계획 수립 등이 중장기적 대응 전략으로 제시되고 있다. 기후변화는 더 이상 단기적 이상기후가 아니라 산림재해의 구조적 배경으로 작용하며, 종합적이고 선제적인 산림정책 수립을 요구하고 있다.

Point 88. 식물의학

[1] 식물의학(Plant medicine, phytomedicine)[298]

식물의학은 농학의 한 분야로 식물에 피해를 주는 병해충, 잡초, 약해, 생리장해, 기상재해 등의 원인과 발생 경로를 밝히고 재해의 잔단, 예방, 치료 및 방제를 통하여 식물을 건강하게 생육하는 방법을 연구, 개발하는 학문이다. 나아가 식량작물, 원예작물, 임목 등의 유용식물을 재해로부터 보호함으로써 품질 좋은 농산물을 생산하고, 건강한 자연환경을 유지하는 것을 주요 목표로 한다.

식물의학의 분야로는 식물병학, 해충학, 농약학, 잡초학, 식물 생리장해, 기상재해 등이 있으며, 이와 관련된 방제(해충방제, 잡초방제 등) 또한 포함된다. 식물임상의학분야에는 식물병의 진단, 치료, 예방, 방제법 등이 있다.

[2] 수목의학(Arbormedicine)

수목의학은 식물의학에 기초하여 발달한 학문이다. 식물의학이 농작물의 생산성을 높이거나 원예식물의 건강을 증진하기 위해 발전했다면, 수목의학은 식물 중에서도 수목(교목, 관목)의 병에 대한 진단과 치료, 예방기술을 중점적으로 연구한다. 특히 산림에 자라는 목재생산용 수목보다 가로수, 정원수 등 경제적 가치가 더 큰 조경수(landscape tree)를 대상으로 한다.

수목의학이 식물의학에 의해 탄생한 학문은 맞으나 식물의학과 수목의학이 완전히 동일하다고 보기엔 어렵다. 수목의학은 식물의학에는 없는 고유한 영역을 가지고 있다. 대표적으로 수종별 전염성 병, 줄기 궤양, 수간 천공성 해충, 줄기 상처의 보호와 방어, 수간주사, 수간의 외과수술 등의 기술이 있다[299]. 수목 형성층의 활력도(CER)를 측정하여 형성층의 살아있는 부분과 죽어있는 부분을 정확히 찾아내는 사이고메타(Shigometer)의 사용 또한 수목의학에서 다루는 부분이다.

수목의학은 또한 천연기념물이나 보호수의 건전한 생태적 활성을 유지하기 위해서도 활용된다. 천연기념물·보호수로 지정된 수목의 생육환경을 개선하기 위해 외과수술로 수목의 부후(腐朽)부를 제거하는 등의 작업을 수행하는 것이다.

298) 최재을 외(2018) 식물의학 자료 재구성
299) 이경준(2020) 수목의학(2차 수정판) 자료 재구성

[3] 수목진료전문가(나무의사 제도)

수목진료란 수목의 피해를 진단·처방하고 그 피해를 예방하거나 치료하기 위한 모든 활동을 말한다. 나무의사(Tree Doctor)는 「산림보호법」 제21조의6제1항에 따라 나무의사 자격증을 발급받은 사람으로, 수목의 피해를 진단·처방하고 그 피해를 예방하거나 진료를 담당하는 전문가를 말한다. 나무의사는 처방전을 발급할 수 있다.

나무의사 제도는 전문적인 수목진료체계 구축을 위해 도입되어 2018년 6월부터 시행 중인 국가자격제도이다. 수목진료는 나무의사가 있는 나무병원을 통해서만 가능[300]하며, 농작물을 제외하고 산림과 산림이 아닌 지역의 수목, 즉 모든 나무를 대상으로 한다.

나무의사가 되기 위해서는 수목진료 관련 학과 졸업, 석사 또는 박사학위 취득자 및 국가기술자격 취득자 등이 나무의사 양성기관에서 일정 기간(총 150시간 이상, 필수과목 130시간 포함) 교육을 이수한 후 나무의사 자격시험에 합격하여야 한다[301].

나무의사만으로 수목치료가 가능한 것은 아니다. 수목치료기술자(Tree Care Technician)가 필요하다. 수목치료기술자는 나무의사의 진단·처방에 따라 예방과 치료를 실제로 담당하는 전문가를 말하며, 「산림보호법」 제21조의6제2항에 따라 수목치료기술자 자격증을 발급받은 사람이어야 한다. 수목치료기술자가 되려면 수목치료기술자 양성기관에서 일정 기간(총 190시간 이상, 강의 142시간 이상, 실습 48시간 이상) 교육 이수 후 양성기관의 자체시험에 합격하여 자격을 취득해야 한다.

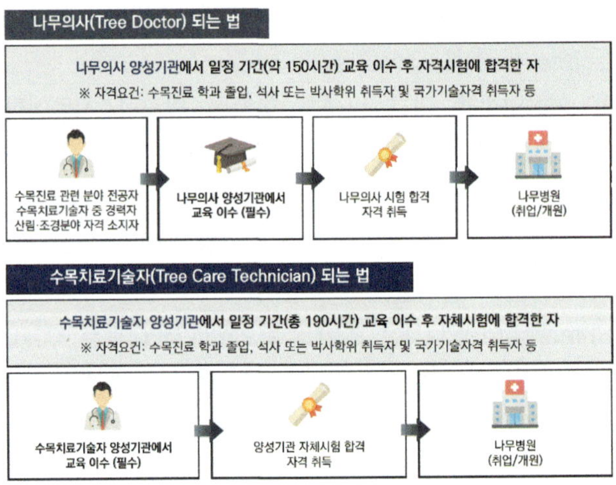

[나무의사 · 수목치료기술자가 되는 방법]

---

300) 단, 본인 소유의 수목을 직접 진료하는 경우나 국가 또는 지자체가 실행하는 산림병해충 방제사업의 경우 제외

301) 산림청, 한국임업진흥원(2024) 수목진료전문가-나무의사 소개 자료 재구성

PART Ⅸ.

디지털(Digital) 생태와 녹색기술

Point 89. 데이터 센터

[1] 데이터 센터

사물인터넷(IoT), 인공지능(AI) 등 디지털 트랜스포메이션(Digital Transformation) 시대에 첨단 기술을 자유롭게 사용하기 위해서는 방대한 양의 데이터가 필수적이며, 이를 처리 및 저장하는 데이터 센터는 미래 산업의 핵심 인프라로 주목받고 있다.

하지만 데이터 센터는 장비들이 365일 24시간 쉬지 않고 가동될 뿐만 아니라, 열에 취약한 장비들의 열관리를 위한 냉각 설비를 운용하기 때문에 매 순간 막대한 전력을 소모한다는 환경적 단점이 있다. 데이터 센터 1개당 평균 연간 전력사용량은 25GWh로 4인가구 6,000세대 수준에 해당한다[302]. 탄소중립에 대한 논의가 본격화되고 있는 요즘, 데이터 센터의 전력 소비 문제는 환경오염의 주범 중 하나로 꼽힌다.

이러한 문제를 해결하기 위해 많은 기업은 데이터 센터를 저탄소 기술, 재생 에너지로 운영하는 등 차세대 데이터 센터로 변화시키는 데 동참하고 있다. 특히, 탄소중립을 위한 데이터 센터 열관리 기술인 액침냉각(Liquid Immersion Cooling) 시스템 및 열관리 솔루션 사업이 새로운 미래 사업 분야로 부상했다.

302) 산업통상자원부(2023) 데이터 센터 수도권 집중 완화 방안

[2] 데이터 센터의 탄소 저감 방안

핀란드 해안에 위치한 Hamina 데이터 센터는 데이터 센터에서 발생하는 열을 포착하여 현장의 사무실과 건물에 난방을 공급할 계획을 세웠다. 데이터 센터에서 나오는 97%의 열을 회수하여 가정, 학교 및 공공서비스 건물 등 지역난방 네트워크에 80%에 해당하는 열 수요를 무료로 제공할 예정이다.

[지역 난방 네트워크 연계[303]]

구글의 많은 데이터 센터는 열관리를 위해 물을 사용한다. 데이터 센터 설립지 인근의 지하수를 비롯한 담수용수를 끌어와 데이터 냉각에 사용하는 것이다. 2021년, 평균적인 구글 데이터 센터는 하루에 약 450,000갤런의 물을 소비했다. 이는 약 6.9㏊의 잔디밭에 한 번 관개하거나, 160개의 청바지를 위한 면화를 재배하고 제조하는 데 사용되는 물과 거의 같은 양이다. 이 방법은 지하수의 고갈을 유도할 수 있다는 측면에서 부정적인 시각이 존재한다.

ChatGPT로 대표되는 인공지능 산업과 IT산업은 앞으로 꾸준히 발전할 것이다. 지하수를 고갈시키지 않고, 탄소 배출량을 획기적으로 줄이면서 IT 산업에 기여할 수 있는 방안은 무엇인지에 대한 심도 있는 고찰이 필요하다.

303) 구글(2024) Google's first-ever heat recovery project for neighborhoods in Finland

Point 90. 인공지능(AI; Artificial Intelligence)

인공지능은 컴퓨터와 기계가 인간의 지능과 문제 해결 능력을 시뮬레이션할 수 있도록 하는 기술이다. AI는 자체적으로 또는 다른 기술과 결합하여 인간의 지능이나 개입이 필요한 작업을 수행할 수 있다. 디지털 어시스턴트, GPS 안내, 자율 주행 차량, 생성형 AI 툴 등은 일상생활에서 활용되는 AI의 몇 가지 예에 불과하다.

Schwartz *et al.*(2020)은 인공지능이 객체인식, 게임플레이, 음식인식, 기계번역 등을 포함한 광범위한 범위에서 기능발전이 진행되어오고 있다는 점을 설명하면서, 레드 AI(Red AI)와 그린 AI(Green AI) 개념을 처음 도출하였다.

Red AI는 고비용 고예산의 컴퓨팅 비용(따라서 탄소 비용)을 급격히 증가시키고 더 많은 매개변수를 포함하여 연산하여, 정확도와 속도를 바탕으로 모델의 성능을 증가시켜 재정적, 환경적 비용이 증가하는 것을 의미한다. AI 모델 훈련에서 상당한 양의 전력이 소모되는 이유는, 고도로 복잡한 계산과 대량의 데이터 처리가 필요하기 때문이며, 모델이 더 정교해질수록, 즉 더 많은 데이터를 학습하고 더 복잡한 연산을 수행할수록 더 많은 컴퓨팅 자원이 요구되고 이는 결국 더 많은 전력 소비로 이어진다.

Green AI는 효율성 추구하고 환경적 비용과 사회적 비용을 줄여나가면서 새로운 결과를 산출하는 연구를 의미한다. 이러한 방식은 에너지에 효율적이고 계산 비용이 낮은 새로운 알고리즘과 모델을 개발하여 에너지 소비를 줄이는 방법이며, 모델 크기와 복잡성을 줄이면서도 성능을 유지하거나 향상시키는 기법을 적용하는 것이다. 재생 가능 에너지의 사용 측면에서도 그린 AI의 실현은 시스템을 운영 데이터 센터에서 재생 가능 에너지를 사용하는 것이다.[304] 우리는 장기적인 관점에서 Red AI의 활용을 지양하고 Green AI로의 전환을 목표로 할 필요가 있다.

[레드 AI(Red AI)와 그린 AI(Green AI)]

비교요인	레드 AI	그린 AI
중점 지표	정확도 / 속도 / 성능	효율성 / 환경적 비용 / 사회적 비용
측정 및 용어	계산비용/단일 예제 처리 비용/ 훈련 데이터셋 크기/하이퍼파라미터 실험수/ 부동소수점 연산 수	탄소 배출/전기 사용/훈련시간 효율성/ 추론시간 효율성/추론에너지 효율성

304) 국가녹색기술연구소(2024) 탄소중립을 위한 인공지능, 그린 AI(Green AI)의 역할

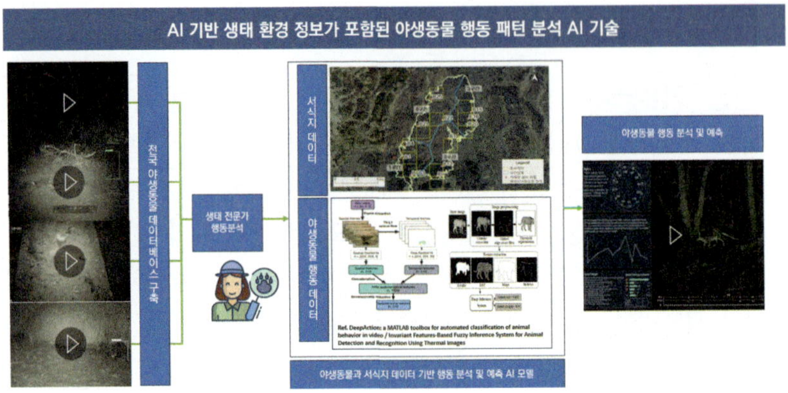

[AI 기반 생태환경 정보가 포함된 야생동물 행동 패턴 분석 AI 기술 사례]

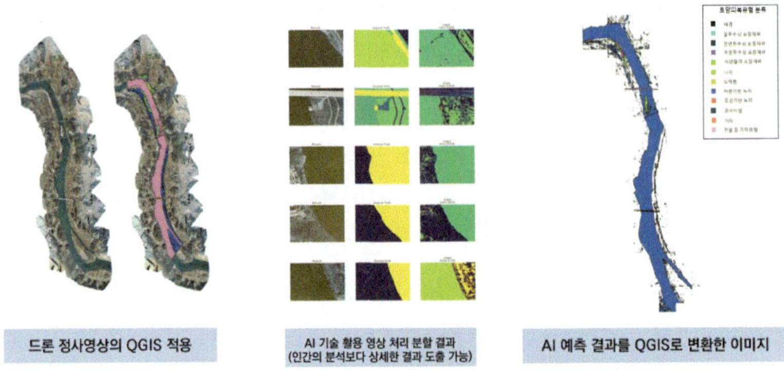

[AI Image Segmentation 기술 기반 드론 정사영상 식생 분석 기술 사례]

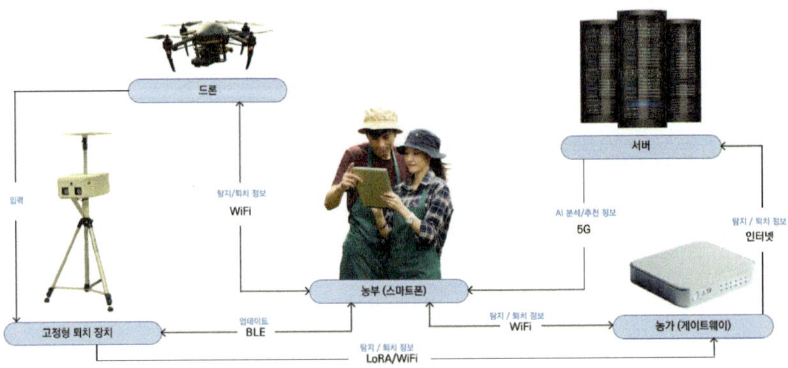

[농가 경작지 피해 예방을 위한 AI 기반 야생동물 탐지 및 제어시스템 기술 사례]

인공지능(AI)이 알려주는 핵심 포인트

■ 생태와 인공지능의 융합 기술 "Eco AI"

Eco AI(Ecological Artificial Intelligence)는 인공지능(AI) 기술을 활용하여 생태계 보전, 환경문제 해결, 자원 관리의 효율화를 목표로 하는 통합적 접근 방식이다. 즉, 단순히 AI 기술을 환경 분야에 적용하는 것을 넘어, 인간과 자연이 지속가능하게 공존할 수 있도록 하는 기후지능형 생태기술의 핵심이 된다.

Eco AI는 기후변화, 생물다양성 손실, 자연재해 증가 등 현재 인류가 직면한 복합적인 생태 위기에 대응하기 위해 등장했다. 방대한 양의 환경·생태 데이터를 처리하고 분석할 수 있는 AI의 잠재력은 기존 생태학과 환경과학의 한계를 극복할 수 있는 새로운 수단으로 주목받고 있다.

활용 분야는 다양하다. 위성 이미지와 센서 데이터를 통해 산불, 홍수, 산사태와 같은 자연재해를 사전에 예측하거나, AI 이미지 분석 기술을 통해 멸종위기종을 자동 식별하고 개체 수를 추정할 수 있다. 또한 GIS와 결합한 AI 모델은 서식지의 적정 분포를 시뮬레이션하여 보호구역 지정이나 복원사업의 공간계획을 지원한다. 이처럼 Eco AI는 기후 변화 대응, 생물 다양성 보전, 지속가능한 자원 관리, 환경 감시 및 정책 평가 등의 다양한 분야에 응용되고 있다.

기술적으로는 머신러닝, 딥러닝, 컴퓨터 비전, 자연어처리(NLP), 그리고 공간정보시스템(GIS)과의 융합 기술이 핵심을 이룬다. 예를 들어, 드론과 센서로 수집된 이미지를 딥러닝 모델로 분석하여 식물의 생육 상태나 동물의 행동 패턴을 정밀하게 파악할 수 있으며, 이러한 데이터를 바탕으로 정량적인 보전 전략을 설계할 수 있다.

실제 사례로는 Google Earth Engine을 활용한 위성기반 산림 감시 시스템, PAWS라는 AI 기반 밀렵 감시 시스템, 그리고 PlantVillage 프로젝트의 작물질병 진단 AI 등이 대표적이다. 모두 환경 데이터를 실시간으로 처리하고, 예측 분석을 통해 대응하는 생태 보전의 새로운 방식이다.

Eco AI의 기대효과는 크다. 무엇보다 생태계 변화의 예측력 향상, 모니터링의 자동화, 그리고 보전정책의 정량적 기반 확보가 가능해진다. 기존에는 수작업 중심으로 진행되던 생태 조사와 보전계획이 데이터 중심으로 전환되며, 보다 체계적이고 과학적인 정책 수립이 가능해지고 있다.

하지만 과제도 존재한다. 첫째, 생태 데이터의 지역적 편중과 종 다양성 부족으로 인한 학습 데이터 불균형 문제를 해결해야 하며, 둘째, AI 시스템 자체의 에너지 소비가 환경에 미치는 영향을 최소화하려는 Green AI 전략도 함께 고려되어야 한다. 또한, AI의 판단 과정에 대한 투명성과 설명력이 보장되어야 하며(설명 가능한 AI, XAI), 생태학자와 데이터 과학자 간의 긴밀한 협업 체계도 필요하다.

Eco AI는 단순히 기술의 진보가 아니라, 생태적 전환을 위한 도구이자, 지속가능한 미래를 설계하는 인류의 전략이 되고 있다.

Point 91. 지리정보시스템(GIS)

[1] 지리정보시스템(GIS; Geographic Information System)

지리정보시스템은 지리 공간 데이터, 즉 지구를 공간적으로 참조하는 데이터를 연결하여 시각화를 생성하는 컴퓨터 시스템이다. 시각화 생성 외에도 GIS는 지리 공간 데이터를 캡처, 저장, 분석 및 관리할 수 있으며 종종 이질적인 데이터 세트를 연결하고 오버레이하여 사람, 기업, 정부가 이전에는 미처 파악하지 못했던 패턴과 관계를 식별해 세상을 더 잘 이해할 수 있도록 도와준다. 또한 GIS 매핑 및 분석을 통해 자원 관리, 자산 관리, 환경 영향 평가, 마케팅, 공급망 관리 및 기타 여러 활동의 의사 결정과 최적화를 개선할 수 있다.

기후변화, 자연재해 등과 같이, 오늘날 가장 시급한 과제 중 다수는 GIS 도구와 위치 기반 정보를 활용하여 해결할 수 있다. 예를 들어 GIS를 사용하면 시설 관리자는 자연재해 발생 시 시설 자산이 받게 되는 영향을 쉽게 평가할 수 있다. GIS는 수역 및 습지와 관련 오염 현장의 정확한 지리적 위치를 파악하여 위험에 처한 상수원을 식별하는 데 도움을 준다.

미국해양대기관리처(NOAA)는 GIS를 사용하여 기름 유출 확산을 매핑하고 해수면 변동을 더 잘 이해하며 허리케인 경로를 그릴 수 있다. 질병통제예방센터(CDC)는 GIS 기술을 사용하여 지역이 질병에 미치는 영향을 분석하는 등 공중 보건 문제를 해결할 수 있으며, 국제우주정거장(ISS)에 탑재된 NASA와 메릴랜드 대학의 글로벌 생태계 역학 조사(GEDI) 우주용 LiDAR 기기는 지구의 숲과 지형을 더 잘 이해할 수 있게 도와준다.

[산림청, 산림공간정보시스템(FGIS; Forest Geospatial Information System) 활용 모식도]

[2] GIS의 활용

GIS는 공공기관에서 여러 방면으로 활용하고 있다. 예를 들어 대학 및 기관의 입지를 분석하는 데 GIS를 이용하거나 구글, 네이버, 카카오 등에서 제공하는 지도 로드뷰를 이용한 정보 취득도 GIS를 활용한 예시이다. 또한 문화재, 도시계획 정보 등의 서비스를 제공하거나 산림에서의 산불 등의 재해 발생, 조난사고 및 지표면 온도 분석 등을 GIS를 활용하여 분석할 수 있다.

GIS에 활용할 수 있는 기반 데이터는 공공기관에서 무료로 제공하고 있어 누구나 쉽게 접근하고 분석할 수 있다. 시군구 지역의 행정경계나 도시화지역 경계, 도시계획정보 등은 국토교통부가 운영하는 브이월드(V-World)에서, 산림과 관련된 자료는 산림청의 산림공간정보서비스에서, 수치지도 및 과거 위성사진 등은 국토지리정보원의 국토정보플랫폼에서, 지질환경 데이터는 지오빅데이터 오픈플랫폼에서, 그 밖의 행정, 교통, 재난, 환경, 문화, 사회 등의 데이터는 공공데이터 포털에서 자유롭게 다운받아 활용할 수 있다.

[GIS에 활용되는 기본 데이터의 취득처]

구분	내용
국토교통부 V-World	국토관리, 지역개발, 농림, 해양, 수산, 도로, 교통, 물류, 문화, 체육, 관광, 산업, 환경, 자연, 기후 등
산림청 산림공간정보서비스	등산로, 임도, 임상도, 산림입지토양도, 산사태위험지도, 산림기능구분도, 백두대간보호지역도 등
국토지리정보원 국토정보플랫폼	수치지도, 항공사진, 정사영상, DEM 등
지오빅데이터 오픈플랫폼	국토지질, 광물자원, 지질환경, 석유해저 등
공공데이터 포털	공공행정, 교통, 재난, 과학기술, 환경기상, 문화관광, 사회복지, 국토관리 등

함께 알아야 할 포인트

녹색기술분야에서 GIS 기술 적용 및 확장성

분야	활용 영역	설명 및 사례
환경	환경영향평가	• 사업 예정지 주변의 대기, 수질, 토양, 생태현황을 공간정보 기반으로 분석 및 예측
	오염 모니터링	• 오염원 위치 파악, 확산 경로 시뮬레이션, 환경위해도 공간 모형 구축 (예: 유류 유출 사고 시 확산 예측)
	기후변화 대응	• 기온·강수량·생물분포의 공간 변화 분석, 탄소흡수량 예측 모델링
	자연재해 관리	• 홍수 위험도 지도, 산사태 취약지역 분석, 침수지역 시뮬레이션 등 재난 대응계획 수립에 활용
산림	산림자원 조사	• 임상, 수종, 임령 등의 공간 분포도 작성 및 국가 산림자원 현황 파악
	산림재해 대응	• 산불 발생 위험도 지도 작성, 피해지역 분석 및 복구 우선순위 결정
	산림경영계획 수립	• GIS 기반 벌채지, 조림지, 보전지 등 경영계획 구역 설정
	탄소흡수량 산정	• 산림의 바이오매스 및 탄소저장량의 공간 분포 분석을 통한 탄소크레딧 산정
	산림휴양 및 탐방로 설계	• 접근성, 경사도, 경관 요소를 고려한 산림치유 공간 및 탐방로 최적 설계
조경	조경계획 및 설계	• 부지 분석(지형, 일조, 풍향 등)을 기반으로 적정 식재, 동선, 구조물 배치 등 결정
	녹지공간 분석	• 도시 내 녹지 분포, 생태네트워크(녹지축) 분석, 경관 시뮬레이션 및 가시권 분석
	문화재·공원 관리	• 역사적 조경유산, 도시공원 등의 위치 및 관리이력 DB화 및 시각적 관리체계 구축
	경관 시뮬레이션	• 건물 배치 변화에 따른 경관 변화, 일조 피해, 시야 방해 여부 등을 예측
융합	드론 및 위성 데이터 통합	• 고해상도 항공영상 기반 생태지도 및 실시간 산불감시
	AI + GIS 융합	• 생물종 분포 예측, 환경위해예측 모델링의 자동화
	디지털 트윈 (Digital Twin)	• 도시·산림·국립공원 공간을 3D로 가상 복제하여 정책 시뮬레이션 가능

"지리정보는 단순한 지도가 아닌, 지속가능한 환경계획의 언어이다."

– Jack Dangermond, ESRI 창립자

Point 92. 인공위성

[1] 인공위성(Artificial Satellite)

인공위성은 달처럼 지구를 타원 궤도에 따라 돌 수 있도록 만들어진 물체이다. 종류로는 우주 관측, 지구 관측, 상업용(GPS/방송), 군사용 등이 있으며, 목적에 따라 지구와의 거리 및 궤도를 유지한 채 끊임없이 움직이며 역할을 수행한다.

대한민국은 다른 선진국보다 40여 년 늦은 1990년대 중반에서야 국가 주도로 위성 개발을 시작했지만, 지속적인 투자와 연구개발로 현재 세계 6~7위권의 인공위성 개발 기술력을 가진 것으로 평가받고 있다. 세계 최첨단 수준의 인공위성 설계, 해석, 조립, 시험 기술을 확보했으며 다양한 국내 위성 수요를 충족하고 있다. 이와 함께 위성 개발에 필수적인 첨단의 위성 시험 시설과 위성 운용 인프라 및 기술, 위성정보 활용 기술 등도 보유하고 있다.

다목적실용위성(아리랑위성)은 독자적인 위성 개발 기술 확보와 공공 수요의 위성영상 확보를 목표로 추진되었다. 다목적실용위성은 저궤도 지구관측위성으로 전자광학 카메라, 영상레이더, 적외선 카메라 등의 탑재체를 통해 다양한 위성 데이터를 확보하고 있으며, 현재 국토·해양모니터링, 기상, 지질, 농업, 수자원, 재해재난 대응 등에 활용되고 있다.[305]

[2] 인공위성 사진

인공위성에 실린 카메라는 태양에서 지구로 전해지는 빛에너지 중 지면에서 반사된 에너지 값으로 이미지를 만든다. 빛의 삼원색[306]을 중심으로 태양의 전자기파장을 나누고, 파장대별 지표 반사도 이미지를 만든다. 그리고 이들 파장에서 여러 장의 이미지를 레이어로 조합해 컬러이미지를 만들어 낸다.

지표를 구성하는 물체는 저마다 태양 전자기파에 반응하는 특성이 다르다. 우리 눈에 보이는 색은 물체의 표면에서 반사되는 색을 인식하여 보이는 것이지만, 인공위성은 열적외선처럼 우리의 눈으로는 보이지 않는 열의 정보를 활용해 이미지로 만드는 것이 가능하다. 이러한 이미지의 각 화소에는 지상의 한 점과 대응되는 위치정보가 담겨 있어 지진이나 홍수 등 재난이 발생하거나 산불, 벌채 등으로 인해 변화하는 식생을 탐지하는 일에 활용될 수 있다.

---

305) 한국항공우주연구원(2022) 다목적실용위성(아리랑 위성) 자료 재구성
306) 빨강, 녹생, 파랑

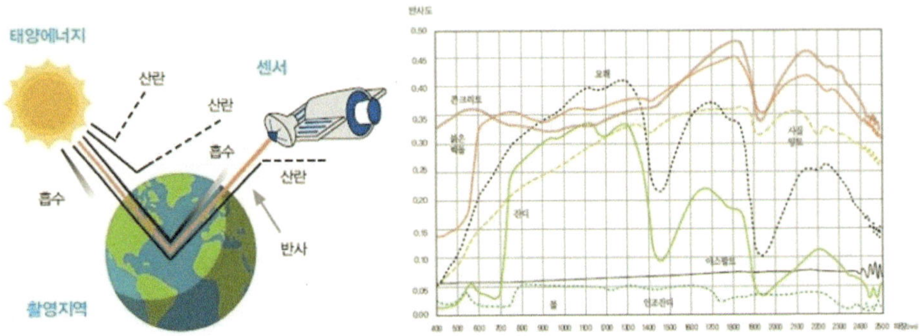

[광학 원격탐사의 원리(좌), 지표 특성에 따른 파장대별 반사도(우)]

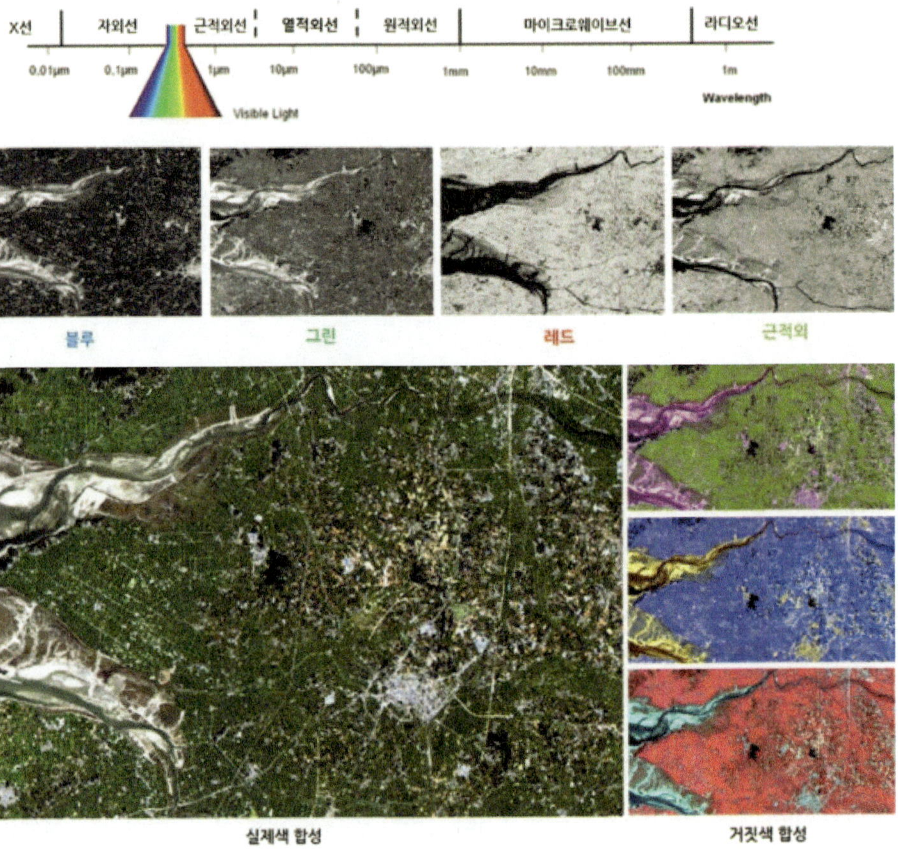

[인공위성 이미지의 생성과 색 합성]

[3] 인공위성의 활용

인공위성을 활용하면 인간의 눈으로는 관찰할 수 없는 넓은 범위의 현황을 파악할 수 있다. 또한 눈에 보이는 빛뿐만 아니라 보이지 않는 빛의 파장을 이용하여 식물의 활력도, 수질, 기후 등을 추정하고 분석할 수 있다. 한국에서도 인공위성을 통한 여러 연구가 진행되고 있으며, 인공위성을 통한 수질 분석이 그중 하나이다. 인공위성 데이터를 이용하여 엽록소-a, 용존산소, 오염물질과 같은 수질 지표를 추정하여 거의 실시간으로 수질 지표를 예측할 수 있는 모델 개발이 연구되고 있다[307].

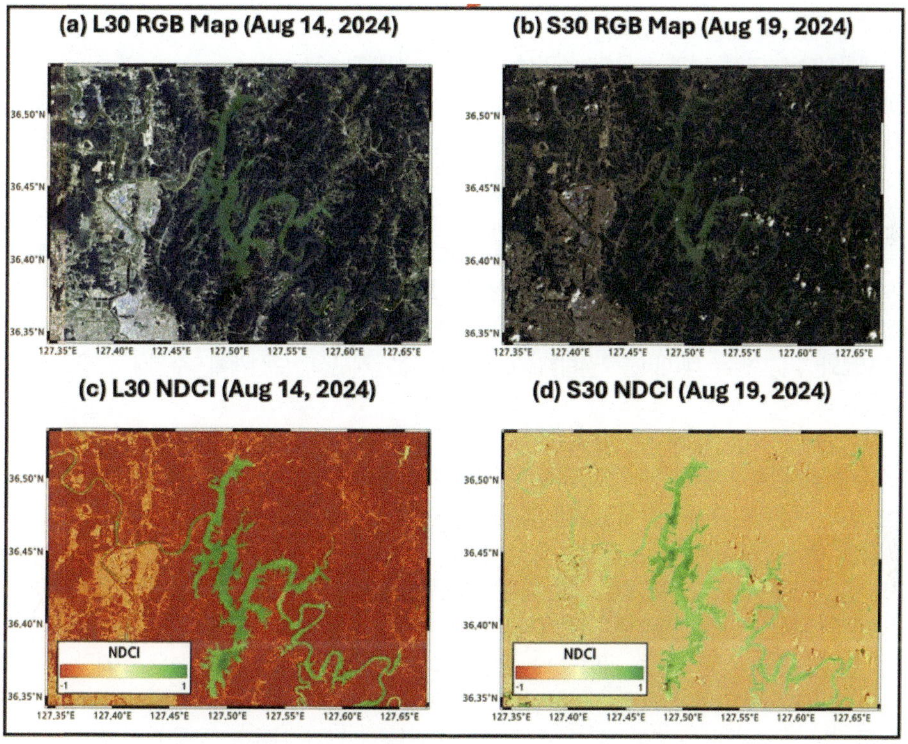

[한국 대청댐 상공에서 촬영된 HLS L30 이미지를 활용한 NDCI맵]

307) 출처 : https://landsat.gsfc.nasa.gov/

인공지능(AI)이 알려주는 핵심 포인트

■ 인공위성을 활용한 생태조사 및 분석 기술

인공위성을 활용한 생태분석은 위성에서 수집되는 광범위하고 지속적인 원격탐사 데이터(Remote Sensing Data)를 바탕으로 지구 표면의 생태계 상태를 정량적이고 시계열적으로 분석하는 방법이다. 위성기반 생태분석은 지구의 기후, 토지 이용, 식생, 수자원, 생물서식지 등 광범위한 환경 요소를 넓은 지역에서 장기적으로 관찰할 수 있는 가장 효율적인 수단으로 평가받고 있다.

인공위성의 주요 장점은 광역성과 주기성에 있다. 고정된 궤도를 따라 주기적으로 지구를 관측하는 위성은 수십 킬로미터에서 지구 전역에 이르는 범위까지 정기적인 생태 모니터링을 가능하게 한다. 특히 NASA의 MODIS, Landsat 시리즈, ESA의 Sentinel 시리즈 등은 수십 년간의 관측 데이터를 제공하여 기후변화, 토지피복 변화, 생물다양성 감소 등의 장기 생태 변화를 분석할 수 있도록 지원하고 있다.

생태학적으로 가장 널리 활용되는 위성 데이터는 식생지수(Vegetation Index)이다. 그 중에서도 NDVI(Normalized Difference Vegetation Index)는 식물의 엽록소 반사율을 활용해 식생의 생육상태, 밀도, 광합성 활성을 추정할 수 있는 지표로, 산림의 건강도 분석, 사막화 모니터링, 농업 생태계 진단 등에 광범위하게 사용된다. 이외에도 EVI, SAVI 등의 지수는 다양한 토지 피복 조건에서 보정된 식생 정보를 제공한다.

인공위성은 또한 서식지 분포와 연결성 분석에도 활용된다. 예를 들어 위성 영상으로부터 산림, 초지, 습지 등 다양한 생물 서식지의 공간 분포를 추출하고, GIS와 연계하여 생태통로 분석, 단절지역 식별, 보호지역 적정성 평가 등이 가능하다. 멸종위기종의 서식지 예측 모델은 이러한 공간자료와 기후변수 데이터를 결합해 개발되며, 전 지구적 보전계획 수립에도 중요한 근거로 활용된다.

해양 생태계 역시 위성으로 분석할 수 있다. 해수면 온도, 염분, 클로로필-a 농도 등은 해양 생물의 서식 환경과 밀접하게 관련되며, 이를 통해 플랑크톤 군집 분석, 적조 예측, 해양보호구역 설정 등이 이루어진다. 또한 극지방의 빙하 변화나 북극곰·펭귄과 같은 극지 생물의 서식지 변화를 감지하는 데에도 위성자료가 활용되고 있다.

산불, 홍수, 태풍 등 자연재해와 그에 따른 생태계 영향 분석에서도 위성은 강력한 도구이다. 산불 발생 전후의 식생 손상, 홍수로 인한 습지 확산, 태풍 경로에 따른 삼림 피해 등은 고해상도 위성 영상 분석을 통해 정량적으로 파악할 수 있다. 특히 긴급상황 발생 시 위성은 실시간 대응과 피해 예측에 있어서 핵심적인 기술로 기능한다.

물론 한계도 존재한다. 위성 영상은 대기 상태에 영향을 받기 쉬우며, 구름이나 연무, 강우 등으로 인해 영상 품질이 저하될 수 있다. 또한 공간 해상도가 수 미터 단위 이상인 경우, 세부적인 생물종 식별이나 미세한 생태 구조 분석에는 한계가 따른다. 따라서 최근에는 드론 영상이나 라이다 데이터와 융합하여 멀티센서 기반의 정밀 생태분석 체계를 구축하는 시도가 활발하다.

결론적으로, 인공위성을 활용한 생태분석은 거시적 시야에서 생태계의 변화를 정량적으로 이해할 수 있는 필수 도구로 자리 잡고 있다. 특히 기후변화가 가속화되고 있는 오늘날, 위성 기반의 장기 생태계 모니터링은 지속가능한 환경 정책 수립과 보전 전략의 과학적 근거로서 그 중요성이 더욱 강조되고 있다.

Point 93. 무인비행장치(UAV; Unmanned Aerial Vehicles)

무인비행장치란 사람이 타지 않고, 원격 조종 또는 스스로 조종되는 비행체를 말한다. 사용 용도에 따라 카메라, 센서, 통신장비 또는 다른 장비를 탑재하며, 다음과 같은 유형으로 나뉜다.

[무인비행장치의 분류]

구분	내용
무인비행기	◆ 사람이 타지 않고 무선통신장비를 이용하여 조종하거나, 내장된 프로그램에 의해 자동으로 비행하는 비행체 ◆ 구조적으로 일반 헬리콥터와 거의 같고, 레저용으로 쓰이거나 정찰, 항공촬영, 해안 감시 등에 활용(자체중량 150Kg 이하로 제한함)
무인헬리콥터	◆ 사람이 타지 않고 무선통신장비를 이용하여 조종하거나, 내장된 프로그램에 의해 자동으로 비행하는 비행체 ◆ 구조적으로 일반 헬리콥터와 거의 같고 항공촬영, 농약살포 등에 활용(자체중량 150Kg 이하로 제한함)
무인멀티콥터	◆ 사람이 타지 않고 무선통신장비를 이용하여 조종하거나, 내장된 프로그램에 의해 자동으로 비행하는 비행체 ◆ 대부분 충전식 배터리를 동력원으로 4개 이상의 전동모터로 구동되며 조종면이 없이 모터의 속도로 기체를 제어 ◆ 항공촬영, 농약살포, 물품배송 등에 활용(자체중량 150Kg 이하로 제한함)
무인비행선	◆ 가스기구와 같은 기구비행체에 스스로의 힘으로 움직일 수 있는 추진 장치를 부착하여 이동이 가능하도록 만든 비행체 ◆ 추진 장치는 전기식 모터, 가솔린 엔진 등이 사용되며 각종 행사 축하비행, 시범비행, 광고에 많이 쓰임(자체중량 180Kg 이하 및 길이 20미터 이하로 제한함)

[1] 드론(Drone)

드론에 대해 「항공안전법」 제2조제3호에서는 '초경량비행장치란 항공기와 경량항공기 외에 공기의 반작용으로 뜰 수 있는 장치로서 자체중량, 좌석 수 등 국토교통부령으로 정하는 기준에 해당하는 동력비행장치, 행글라이더, 패러글라이더, 기구류 및 무인비행장치 등을 말한다'라고 규정한다.

최근 드론은 무인기(UAV)의 별칭으로 통용되고 있으며, 무인기는 사람이 탑승하지 아니하고 원격 조종 또는 자율로 비행할 수 있는 항공기를 의미하고 사용목적과 크기, 형태에 따라 다양한 형태와 기계요소로 구성되어 있다.

미 공군이나 국제민간항공기구(ICAO)에서는 무인기를 원격조정항공기(RPA; Remotely Piloted Aircraft)라고도 지칭한다.

[2] 드론의 분류

아직까지 국제적인 드론의 분류기준은 없으며 국가마다 적용하는 중량기준 또한 서로 다르다. 가장 보편적인 드론의 분류기준은 군사적 용도에 따른 분류, 비행반경에 따른 분류, 비행고도에 따른 분류, 크기에 따른 분류, 비행/임무수행 방식별 분류, 이착륙 방식별 분류 등으로 구분할 수 있다.

드론은 비행체 형상에 따라 고정익형, 회전익형, 혼합형으로 분류되며, 혼합형을 고정익과 회전익의 특성을 함께 가진다.

[드론의 분류]

구분[308]	내용	사진
고정익형	◆ 고속 및 장거리 비행 가능 ◆ 활주로 또는 발사대를 이용하여 이륙 ◆ 주로 군수용으로 사용	
회전익형	◆ 수직 이착륙 및 제자리 비행이 가능 ◆ 속도, 항속거리 등에서 고정익형 대비 불리 ◆ 주로 농업방제, 영상촬영 등으로 사용 ◆ 주로 소형 드론에 적용되는 멀티콥터는 회전익형의 일종	
혼합형	◆ 고정익과 회전익의 특성을 동시 보유 ◆ 고속 비행과 수직 이착륙이 가능 ◆ 날개의 양력을 사용한 비행으로 회전익형 대비 연료효율 높음	

[3] 드론의 활용

드론은 군사적 목적으로 많이 활용되며, 무인기에 유도폭탄, 미사일 등으로 무장하여 전투임무 수행으로 운용된다. 민간분야에서 활용도가 점차 확대되고 있으며 사람이 접근하기 힘든 장소에 드론이 사용된다. 재해예방 및 방지 분야뿐아니라 산림, 환경, 조경 분야 등 실제 녹색기술 분야 활용도 매우 높아지고 있다.

308) 국토부 외(2022) 2021년 국내외 드론 산업 동향 분석 보고서 자료 재구성

인공지능(AI)이 알려주는 핵심 포인트

■ 생태조사에서의 드론 활용 기술의 확장성

최근 생태조사 분야에서 가장 주목받는 기술 중 하나는 바로 드론, 즉 무인항공기(UAV: Unmanned Aerial Vehicle)의 활용이다. 드론은 사람이 접근하기 어려운 지형에서도 높은 정밀도로 생태 정보를 수집할 수 있으며, 짧은 시간 안에 넓은 지역을 조사할 수 있다는 장점 때문에 환경·생태학 분야에서 빠르게 확산되고 있다.

기존의 생태조사는 대부분 현장 중심의 수작업 방식으로 이루어져 왔다. 연구자들이 일일이 산을 오르고 늪지대를 헤치며 동식물의 분포나 서식환경을 기록하던 방식은 시간과 노동력이 많이 들 뿐 아니라, 민감한 생태계에 물리적 영향을 줄 수 있다는 한계도 지녔다. 반면 드론은 고성능 카메라, 다중분광 센서, 열화상 카메라, LiDAR 등 다양한 센서를 탑재할 수 있어, 비접촉 방식으로 정확하고 정밀한 데이터를 빠르게 수집할 수 있다.

드론을 활용한 생태조사의 활용 분야는 매우 다양하다. 가장 대표적인 분야는 야생동물 모니터링이다. 드론은 열화상이나 고배율 카메라를 이용해 동물의 서식 위치를 감시하고 개체수를 추정하는 데 매우 유용하다. 특히 사람의 접근이 제한되는 지역이나 멸종위기종의 서식지에서는 드론이 인간 활동의 교란 없이 정보를 수집할 수 있는 이상적인 도구가 된다. 또한 드론을 통해 수집된 영상 데이터를 인공지능(AI)과 결합하면, 동물의 행동 패턴이나 이동 경로까지 분석할 수 있어 연구의 정밀도를 더욱 높일 수 있다.

식생조사에서도 드론은 혁신적인 전환을 이끌고 있다. 다중분광 센서를 장착한 드론은 엽록소 함량, 식물의 건강상태, 식생 군집의 분포 등을 분석할 수 있으며, 산림이나 초지의 변화, 외래식물의 확산 경향을 실시간으로 추적하는 데 활용된다. 특히 시계열 분석을 통해 특정 지역의 생태적 변화 양상을 정량적으로 평가할 수 있다는 점에서, 장기 생태 모니터링에 있어서도 드론의 잠재력은 매우 크다.

이외에도 드론은 습지 생태계의 수문 변화 감시, 해안선 및 조간대의 변화 탐지, 생태축 단절 분석, 도시 내 녹지구조 파악 등 다양한 환경 요소에 대한 정밀조사에 활용되고 있다. 드론은 단순한 영상 수집 도구를 넘어, 생태계의 구조와 기능을 입체적으로 파악하는 공간정보 플랫폼으로 진화하고 있는 것이다.

그러나 드론 기반 생태조사에도 한계는 존재한다. 우선 기상조건에 민감하다는 점은 운영의 제약 요인이다. 바람이 강하거나 비가 오는 경우, 드론의 비행 안정성과 데이터 품질이 저하될 수 있다. 또한 비행 시간과 배터리 용량의 제한, 일부 보호구역 내 비행 금지 규제, 조류 서식지에서의 교란 가능성 등도 고려해야 할 요소이다. 무엇보다 수집된 데이터를 해석하기 위해서는 공간정보 처리 능력과 생태학적 해석 역량을 동시에 갖춘 융합 인재의 필요성이 강조된다.

현재 드론은 인공지능, 사물인터넷(IoT), GIS 등 다양한 기술과 융합되어 생태계에 대한 예측력과 대응 능력을 높이는 방향으로 진화하고 있다. 향후에는 자율비행 드론을 활용한 24시간 모니터링 시스템, 드론 군집(fleet)을 활용한 서식지 매핑, 3차원 생태계 모델링 등 한층 고도화된 생태조사 기술이 등장할 것으로 기대된다.

Point 94. LiDAR(Light Detection and Ranging)

[1] LiDAR 기술

LiDAR는 '빛 감지 및 거리 측정'의 약어로, 레이저 빔을 사용하여 환경 내 정확한 거리와 움직임을 실시간으로 측정하는 원격 감지 기술이다. LiDAR 데이터는 상세한 지형도부터 빠르고 끊임없이 변화하는 환경에서 자율 주행 차량을 안전하게 안내하는 데 필요한 정밀한 동적 3D 모델에 이르기까지 모든 것을 생성하는 데 사용되기도 하고 용암 흐름, 산사태, 쓰나미 및 홍수와 같은 위험 및 자연재해를 평가하는 데에 사용되기도 한다.

[2] LiDAR의 작동 원리

LiDAR는 레이더('무선 탐지 및 거리 측정', 선박과 비행기에서 자주 사용하는 위치 시스템) 및 소나('음파 탐색 및 거리 측정', 잠수함에서 일반적으로 사용하는 시스템)와 동일한 원리로 작동한다. 세 가지 기술 모두 에너지 파동을 방출하여 물체를 감지하고 추적하지만 차이점은 레이더는 마이크로파를 사용하고 소나는 음파를 사용하는 반면, LiDAR는 반사광을 사용하기 때문에 레이더나 소나보다 정밀하고 높은 해상도로 더 빠르게 거리를 측정할 수 있다는 것이다.

LiDAR 장비는 펄스 레이저 빛을 주변으로 방출한다. 빛의 속도로 이동하는 이 펄스는 주변 물체에서 반사되어 LiDAR 센서로 돌아오게 되고 센서는 각 펄스가 반환되는 데 걸린 시간을 측정하고 이동한 거리를 계산한다. 레이저 빛의 속도는 일정하기 때문에 이 '비행시간'을 사용하여 매우 정밀한 거리를 계산할 수 있다. 이 과정을 반복하고 더 넓은 영역에 레이저 펄스를 전송하면 수십억 개의 개별 지점에서 비행시간 측정값을 수집하고 실시간으로 처리하여 LiDAR 포인트 클라우드라고 하는 데이터로 변환할 수 있다.

[3] LiDAR 응용 분야

LiDAR 센서는 농경지 및 지형을 측정하고, 작물 바이오매스를 추정하거나 지형의 깊이, 경사, 수분 및 측면의 변화를 매핑하여 토양 특성을 감지하는 데 사용할 수 있다. 또한 온도, 운량, 풍속, 공기 밀도 및 기타 대기 매개변수를 측정하는 데 활용할 수도 있으며, 이를 통해 얻은 데이터는 날씨 예보 모델에 적용할 수 있다.

산림·환경 분야에서는 LiDAR를 통해 임관을 스캔하고 초목 밀도, 종 및 상태를 모니터링하여 자연 생태계의 식생을 식별하는 데 사용할 수 있다. LiDAR를 통해 산림의 지형도를 분석할 수 있으며, 이외에도 잎 면적 지수, 임관 부피 등 나무의 구조적 특성을 측정해 임상별 원시데이터를 획득할 수 있다.

수심 측정 LiDAR는 녹색 레이저 빛을 사용하여 물을 투과하고 얕은 저수지, 강 및 해안 해저의 디지털 고도 모델을 생성한다. 이를 통해 해저지형의 침식 정도를 측정하고, 수생동물 서식지를 매핑하고, 홍수 지역 내 위험을 평가할 수 있다.

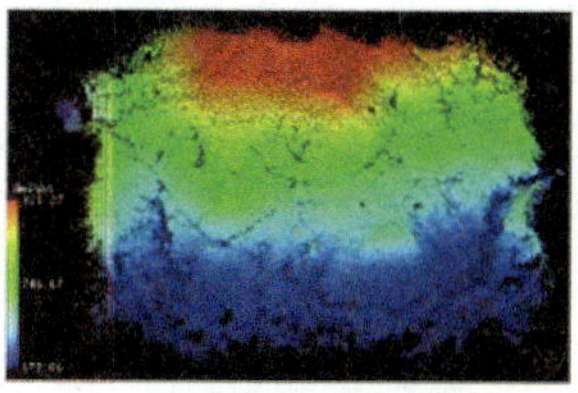
a. 소나무림

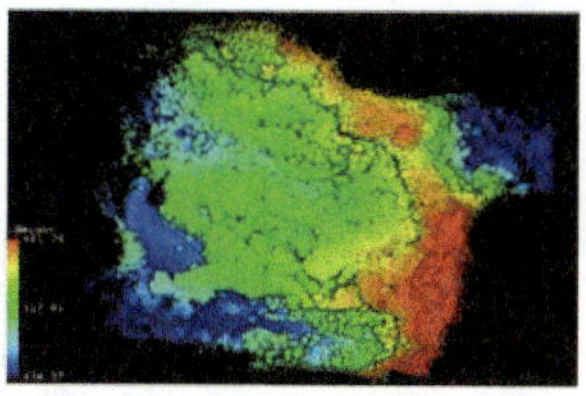
b. 잣나무림

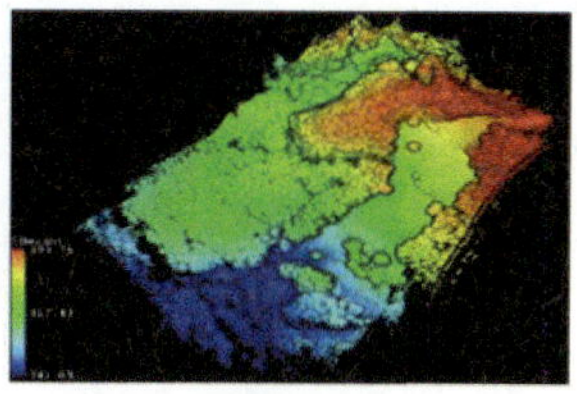
c. 낙엽송림

[산림 임상별 LiDAR 원시 데이터[309]]

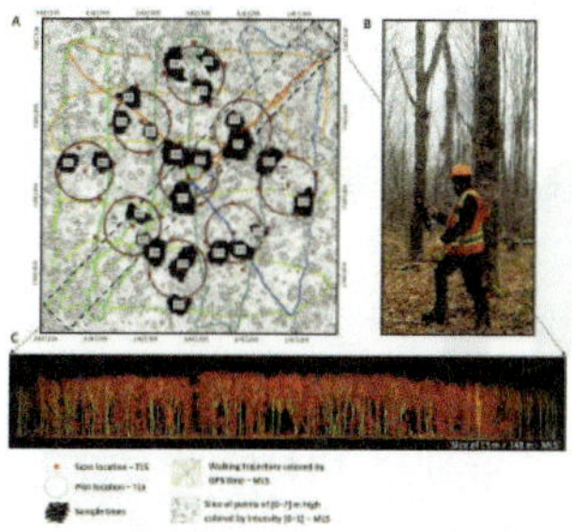
a. Case 1(Vandendaele et al., 2022)

b. Case 2(Hartley et al., 2022)

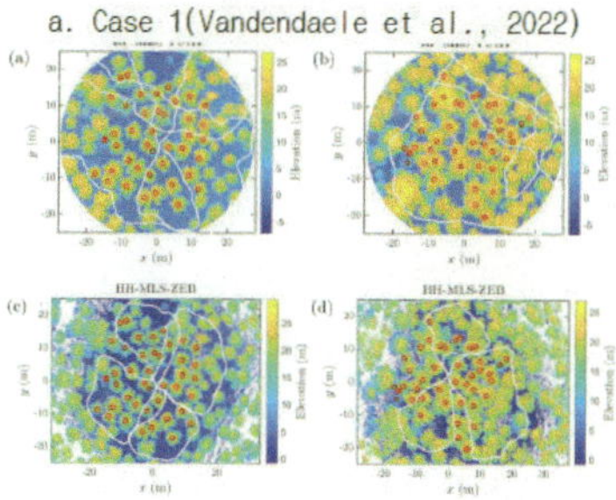
c. Case 3(Hyyppä et al., 2020)

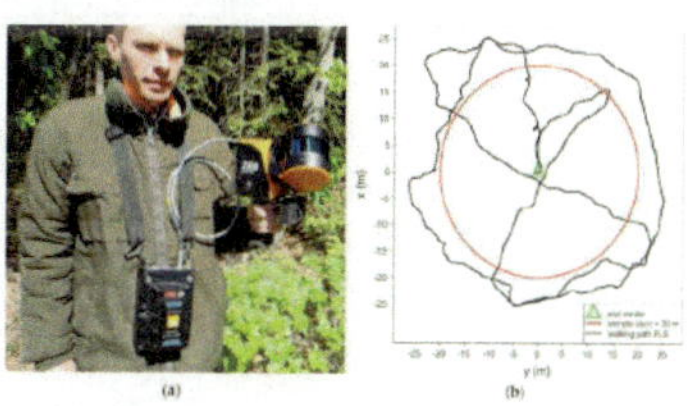
c. Case 4(Gollob et al., 2020)

[이동식 라이다를 이용한 데이터 취득과 관련 선행연구 사례[310]]

309) 이정수(2024) 드론 및 지상 LiDAR 기술을 이용한 정밀 산림자원 정보 구축 알고리즘 개발
310) 이정수(2024) 드론 및 지상 LiDAR 기술을 이용한 정밀 산림자원 정보 구축 알고리즘 개발

인공지능(AI)이 알려주는 핵심 포인트

■ 생태분야에서 라이다(LiDAR) 기술의 확장성

라이다(LiDAR, Light Detection and Ranging)는 레이저 펄스를 대상 물체나 지표면에 발사한 후, 그 빛이 반사되어 돌아오는 시간을 측정하여 거리, 높이, 형태 등의 3차원 정보를 정밀하게 추출하는 기술이다. 항공기, 드론, 위성, 차량 등에 탑재되어 활용되며, 최근에는 생태학과 환경과학 분야에서 생물서식지의 구조를 정밀하게 분석하는 데 있어 매우 유용한 수단으로 각광받고 있다.

생태조사에서 라이다의 가장 큰 장점은 수직 구조에 대한 정밀한 인식이 가능하다는 점이다. 일반적인 항공사진이나 위성영상은 식생의 상부만을 보여주는 데 반해, 라이다는 지표면부터 수관층까지의 입체적인 구조를 측정할 수 있어 숲의 높이, 밀도, 층위구조, 개방성 등 다양한 생태적 특성을 파악할 수 있다. 예를 들어 교목, 관목, 초본층의 층별 식생을 분리하여 분석함으로써 산림의 울폐도, 생물다양성, 탄소저장량 등을 정량적으로 평가할 수 있다.

특히 라이다는 산림 생태계 조사에 있어 탁월한 효율성을 보여준다. 험준한 지형이나 울창한 숲처럼 사람의 접근이 어려운 지역에서도 대면 조사를 대체할 수 있으며, 광범위한 지역을 짧은 시간 안에 정밀하게 조사할 수 있다는 점에서 기존의 방식보다 시간과 비용 면에서 뛰어난 효율을 제공한다. 이를 통해 고해상도 수목 분포지도, 생태통로 분석도, 식생천이 모형 등의 정교한 공간 정보를 구축할 수 있다.

라이다 기술은 또한 멸종위기종의 서식지 분석에도 활용된다. 예를 들어 산양, 반달가슴곰, 표범 같은 중대형 포유류는 주로 숲의 구조와 은폐성, 먹이 자원의 분포에 따라 서식지를 선택하는데, 라이다 데이터는 이들 종이 선호하는 환경 구조를 계량화하여 서식 적합도 모델을 생성하는 데 필수적인 자료를 제공한다.

뿐만 아니라, 기후변화와 생태계 변화의 추적에도 라이다는 강력한 도구다. 수년 간격으로 동일 지역에 대한 라이다 데이터를 축적하면, 숲의 성장, 벌채, 산불 피해, 침입종 확산 등의 변화를 정량적으로 비교할 수 있으며, 이는 생태계의 동태적 변화를 분석하고 탄소 흡수량이나 생물다양성 변화 등을 장기적으로 모니터링하는 데 중요한 기반이 된다.

물론 라이다 기술에도 한계는 존재한다. 우선 고가의 장비와 데이터 처리 소프트웨어가 필요하며, 수집된 점군 데이터(point cloud)를 생태적 의미로 해석하기 위해서는 전문적인 해석 능력이 요구된다. 또한 식물의 종류를 판별하는 데에는 분광 정보가 부족하므로, LiDAR와 다중분광 영상(Multispectral imagery)의 융합이 보완책으로 활용되기도 한다.

최근에는 라이다 기술이 드론에 탑재되어 소규모 지역의 정밀 조사에도 널리 활용되고 있다. 동시에 AI 기반의 자동 분류, GIS와의 통합 분석, 디지털 트윈 생태계 구축 등과 연계되며, 차세대 생태 공간정보 기반 기술의 중심으로 자리매김하고 있다.

결론적으로, 라이다는 생태계의 구조를 눈으로 볼 수 없는 수준까지 정밀하게 드러내는 강력한 도구로, 정량적 생태학(Quantitative Ecology)의 새로운 지평을 열고 있다. 공간의 구조를 수치로 이해함으로써, 보다 과학적이고 객관적인 생태계 보전 및 관리 전략 수립이 가능해지는 것이다.

함께 알아야 할 포인트

■ 디지털 트윈(Digital Twin)

디지털 트윈(Digital Twin)은 현실 세계의 물리적 객체, 시스템, 공간, 또는 프로세스를 디지털 환경 내에 정밀하게 복제한 가상 모델로, 실제 대상의 동작 상태, 성능, 환경 변화 등을 실시간으로 모니터링하고 예측할 수 있는 첨단 기술 개념이다. 단순한 시뮬레이션을 넘어서, 센서 및 IoT 기술을 통해 물리적 실체에서 수집한 데이터를 기반으로 가상의 객체를 동기화하고, 이를 통해 다양한 분석, 예측, 최적화 시나리오를 구현할 수 있다는 점에서 사이버-물리 시스템(Cyber-Physical System)의 진화된 형태로 간주된다.

디지털 트윈의 개념은 2000년대 초 NASA의 항공우주 장비 유지보수 전략에서 최초로 등장했으며, 이후 산업계의 디지털 전환(Digital Transformation) 흐름 속에서 급속히 확장되었다. 구성 요소로는 일반적으로 (1) 물리적 실체(Physical Entity), (2) 가상 모델(Virtual Model), (3) 데이터 연결(Data Linkage)로 이루어지며, 이 세 요소 간의 실시간 데이터 피드백 루프가 핵심 기능이다. 물리적 객체에 부착된 센서로부터 수집된 데이터는 클라우드나 엣지 컴퓨팅 환경을 통해 가상 모델에 반영되고, 인공지능이나 기계학습 기법을 활용해 미래 상태를 예측하거나, 고장 가능성을 사전에 진단하는 데 활용된다.

디지털 트윈은 제조업, 항공우주, 건축, 도시계획, 의료, 에너지 관리 등 다양한 분야에서 실질적인 혁신을 이끌고 있다. 예를 들어, 스마트 팩토리에서는 생산설비의 디지털 트윈을 통해 불량률을 줄이고 유지보수 시기를 예측할 수 있으며, 스마트시티 분야에서는 교통흐름, 인구 이동, 기후 영향 등을 가상 도시환경에서 분석하여 도시 정책의 효과를 사전 검토할 수 있다. 최근에는 생태계 모델링, 탄소배출 예측, 산림·수자원 관리 등 환경분야로도 확장되며, 지속가능한 미래 사회 구현을 위한 핵심 플랫폼 기술로 인식되고 있다.

❖ 디지털트윈 시스템과 국립공원 산림 및 보호구역 관리 기술개발 성과 연계

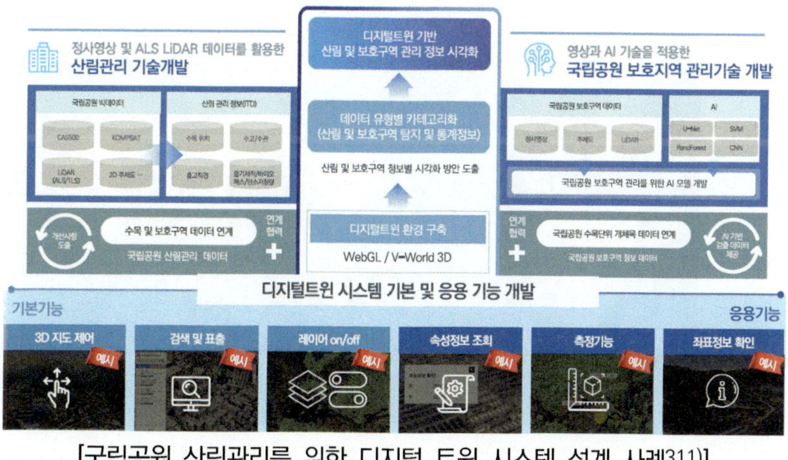

[국립공원 산림관리를 위한 디지털 트윈 시스템 설계 사례[311]]

311) 이현직(2025) (사)한국환경생태학회 2025 춘계학술대회 세미나 발표 자료 재인용

Point 95. 생체모방기술(Biomimicry)

생체모방기술은 생물체가 오랜 시간 동안 자연 환경에 적응하며 진화시켜 온 구조와 기능, 시스템을 모방하여, 인간의 기술적 문제에 대한 해결책을 찾는 과학기술적 접근 방식이다. 이 개념은 자연을 단순히 관찰의 대상이 아니라, 지속가능한 설계 원칙이 내재된 지혜의 원천으로 간주하며, 20세기 후반부터 과학과 공학, 디자인 분야에서 학제 간 융합의 형태로 발전해왔다. 생체모방은 생물학적 현상에 기반한 정량적 분석을 통해 기술 원리를 도출하고, 이를 인공시스템에 적용함으로써 기존 기술의 한계를 극복하거나, 새로운 기술적 패러다임을 제시한다.

생체모방기술은 자연의 설계 원리와 체계를 모방하여 인간이 직면한 다양한 환경 문제를 해결하는 데 중요한 역할을 한다. 자연은 수백만 년 동안 복잡한 생태계를 유지하며 효율적인 자원 관리와 환경 보호 시스템을 발전시켜 왔다.

다음은 생체모방기술의 몇 가지 사례다.[312)]

Biohm: Biohm사는 바이오를 재료로 하는 바이오 기반 건축자재를 제조하는 회사다. 아주 가는 버섯의 균사체를 모사하여 만든 바이오 단열재는 바이오폐기물과 식물에서 추출한 결착제(Binder)로 만든 ORB(Organic Reused Bio compound, 유기 재사용한 바이오 화합물)라는 100% 천연 시트를 재료로 하고 있어 보통 단열재의 폐섬유와 스티로폼이 배출하는 미세 폐기물이 환경오염과 건강을 해치는 문제를 해결해 준다.

[Biohm 사의 버섯 균사체를 모사한 건축 단열재]

312) Learn Biomimicry(2021) The Top 10 Best Biomimicry Examples of 2021

Infinite Cooling: 전 세계 물의 20%는 산업 제조 현장과 발전소에 사용되고 있고, 대부분은 산업 냉각탑에서 고밀도 증기로 방출되고 있다, Infinite Cooling 사는 나미브사막 딱정벌레(Namibian beetles)와 같은 곤충의 등에 있는 소수성 돌기를 이용하여, 사막에서 불어오는 바닷바람 속의 미량 수분을 채취하는 방법을 모사하여 산업체에서 발생하는 냉각탑 수증기를 100% 회수하는 방법을 개발하였다.

[Infinite Cooling 사의 딱정벌레 돌기를 모사한 수증기 회수 방법]

Novobiom: 곰팡이와 미생물이 독성 물질 또는 난분해성 물질을 분해하여 무독화시키는 능력을 자연 모사하여 중금속이나 기름으로 오염된 산업지역을 생물복원 할 수 있는 기술을 개발하였다. 기존의 오염된 산업단지 토양을 복원시키려면 오염된 토양을 중앙처리시설로 운반 후 처리하여 고가의 복원 비용이 소요된다. 개발된 복원기술은 토양의 운반 없이 오염 현장에서 곰팡이를 이용하여 복원할 수 있다.

[Novobiom 사의 곰팡이와 미생물을 모사한 토양 생물학적 복원 기술이 실제로 적용된 사례]

함께 알아야 할 포인트

■ 생체모방학의 개척자, 재닌 베니어스(Janine M. Benyus)

재닌 베니어스는 1997년에 그의 저서 생체모방을 통해 '생체모방'이라는 개념을 처음으로 사용하였다. 이후 지금까지도 생체모방협회와 생체모방연구소를 설립하여 꾸준한 연구와 교육을 하고 있다.

생체모방(biomimicry) 혹은 생체영감(bio-inspiration)은 자연으로부터 배운 것을 인간의 문제를 해결하는데 적용하라는 것이다.

생체모방(biomimicry)은 재닌 베니어스가 창조해된 단어로서 생명을 뜻하는 bio + 모방을 뜻하는 minesis의 합성어이다.

"생존자를 모방하라. 자연은 늘 생존자이었다."

- 자연은 햇빛으로 움직인다.
- 자연은 필요한 에너지만 소비한다.
- 자연은 기능에 형태를 맞춘다.
- 자연은 모든 것을 재활용한다.
- 자연은 협동에 대한 보상을 한다.
- 자연은 다양성에 의존한다.
- 자연은 지역에 대한 전문성을 요구한다.
- 자연은 자기 스스로 과잉을 억제한다.
- 자연은 한계에서 힘을 얻는다.

- 재닌 베니어스 -

■ 자연자본주의를 주장한 풀 호켄(Paul Hawken)의 차세대 산업혁명 4가지

- 자원생산성
- 생물모방 생산
- 서비스와 흐름의 경제
- 자연으로의 재투자

PART X.

환경과 녹색기술

Point 96. 환경과 환경과학 개념

환경(environment)이란 인간을 포함한 생물체를 둘러싸고 있는 자연적·인공적 요소들의 총체를 의미한다. 여기에는 공기, 물, 토양, 식생, 동물과 같은 자연환경(natural environment)뿐 아니라, 건물, 도로, 산업시설, 문화적 인프라 등 인위적 환경(artificial environment)까지 모두 포함된다. 환경은 단순히 배경이 아니라, 인간의 생존과 삶의 질에 직결되는 복합적인 상호작용의 총체이다.

좁은 의미에서 환경은 생태계나 자연계의 요소를 중심으로 정의되지만, 현대적 의미의 환경은 생태적, 사회적, 경제적, 기술적 맥락까지 포함한 통합적 개념으로 이해된다. 예를 들어, 대기오염, 수질오염, 온실가스 배출, 자원 고갈, 생물다양성 감소 등은 모두 환경의 구성 요소 간의 균형이 무너졌을 때 발생하는 문제로 간주된다.

이러한 환경 문제를 과학적으로 이해하고 해결하기 위한 학문이 바로 환경과학(environmental science)이다. 환경과학은 생물학, 화학, 물리학, 지질학 등의 자연과학을 기초로 하면서, 동시에 정책학, 경제학, 윤리학, 공학 등 사회과학과 응용기술을 통합하는 다학제적 학문 분야이다.

환경과학의 주요 목적은 인간 활동이 자연환경에 미치는 영향을 분석하고, 인간활동에 의해 발생하는 문제를 해결하기 위한 과학적 방법과 기술, 정책을 개발하는 것이다. 환경과학의 세가지 목표는 첫째, 지구상의 생명체가 어떻게 생존하고 번성하는지를 교육하고 연구하는 것, 둘째, 인간이 환경과 어떻게 상호작용하는지 교육하고 연구하는 것, 셋째, 지속가능한 방법으로 환경문제를 다룰 수 있는지를 교육하고 연구하는 것이다.

함께 알아야 할 포인트

■ 사전예방원칙

과학이란 자연 현상에 대하여 불활식성을 완전히 제거할 수 없기 때문에 우리는 사전예방원칙(precautionary principle)을 준수해야 한다.

과학에 있어서 불확실성이란 매우 위험한 요소이다. 과학자들이 제시하는 가설, 지배적인 학설들이 일반적으로 받아들여지고 있지만, 이에 대한 의구심이나 비판에 대해서도 귀기울려야 한다. 의구심이나 호기심이 과학을 발전시키지만, 이와 동시에 예상하지 못한 불필요한 문제를 야기시키는 요인이기 때문이다.

그래서 환경론자는 정확히 규명되지 않은 사실에 대해서는 일단 사전예방원칙에 입각하여 임하여야 한다. 즉, "유감보다는 안전한 것이 낫다"라는 우리의 지혜와 같은 개념일 수도 있다.

■ 환경적으로 지속가능한 사회

환경적으로 지속가능한 사회는 자연자본을 보호하고 자연소득(natural income)에 의해 살아가는 것이다.

지속가능성을 유지하기 위한 원칙은 첫째, 태양에너지, 둘째, 영양물질의 순환, 셋째, 생물다양성이다.

■ 환경권

대한민국에서 환경권은 대한민국헌법 제35조와 「환경정책기본법」 제6조(국민의 권리와 의무)에 명시되어 있는 기본권이다. 헌법 제35조의 내용은 다음과 같다.

헌법 제35조313) ① 모든 국민은 건강하고 쾌적한 환경에서 생활할 권리를 가지며, 국가와 국민은 환경보전을 위하여 노력하여야 한다.

② 환경권의 내용과 행사에 관하여는 법률로 정한다.

③ 국가는 주택개발정책등을 통하여 모든 국민이 쾌적한 주거생활을 할 수 있도록 노력하여야 한다.

모든 국민에게 건강하고 쾌적한 환경에서 생활할 권리가 있고, 국가와 국민은 환경보전을 위해 노력해야 한다는 사항이 법률로 명시되어 있다는 것은 지금 우리가 마주하고 있는 환경문제가 단순히 개인이나 단체 차원의 문제는 아님을 의미한다. 이는 더욱 진중하게 다루어져야 할, 우리의 생존권과 직결된 문제이다. 환경오염이나 환경파괴를 비롯한 각종 환경문제에 시급한 대처가 필요한 때다.

---

313) [시행 1988. 2. 25.] [헌법 제10호, 1987. 10. 29., 전부개정]

Point 97. 환경영향평가(EIA; Environmental Impact Assessment)

급격한 산업화로 경제개발이 이루어짐에 따라 환경훼손과 환경오염 문제가 발생하였다. 환경은 한 번 훼손되면 원상회복이 어렵고, 회복이 가능하더라도 많은 비용과 시간이 소모되므로, 오염물질을 제거하는 사후조치가 아닌 환경오염물질의 발생을 예방하는 사전관리 수단에 대한 사회적 요구가 증대하게 되었다.

1969년, 미국은 인간활동에 따른 환경상의 영향을 미리 조사·예측·평가하여 자연훼손과 환경오염을 최소화하기 위해 국가환경정책법(NEPA; National Environmental Policy Act)에 최초로 환경영향평가제도를 도입하였다. 이후 전 세계적으로 자국의 환경과 사회 특성을 고려한 다양한 형태의 환경평가제도를 운영하고 있다.

[1] 환경평가(EA; Environmental Assessment)

환경평가란 전략환경평가(SEA; Strategic Environmental Assessment)와 환경영향평가(EIA; Environmental Impact Assessment) 등 정책의 계층구조와 연쇄관계에 있는 Policy, Plan, Program, Project가 환경에 미칠 영향을 종합적으로 예측하고 분석·평가하는 과정을 말한다.

환경평가는 궁극적으로 환경파괴와 오염을 사전에 차단·방지하기 위한 정책수단으로서 환경적으로 건전하고 지속가능한 개발을 유도하여 쾌적한 환경을 유지·조성하는 것을 목적으로 한다.

즉, 환경평가(환경영향평가)란 환경오염의 사전예방 수단으로, 사업계획을 수립·시행함에 있어 해당 사업의 경제성·기술성뿐만 아니라 환경성까지 종합적으로 고려하여 환경적으로 건전한 사업계획안을 모색하는 과정, 계획, 기법이라고 할 수 있다.

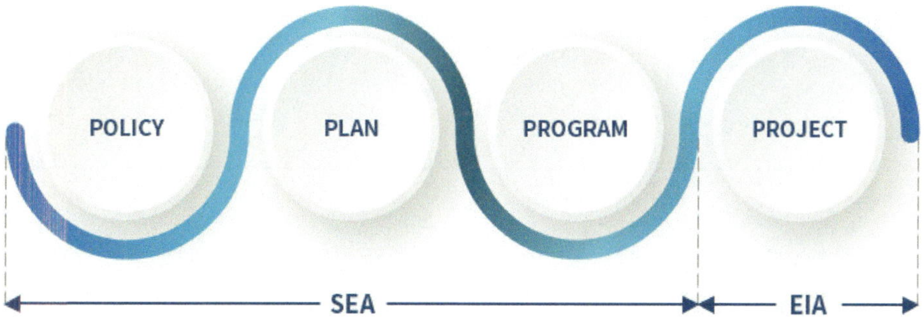

[2] 우리나라 환경영향평가 도입 배경

현재 우리나라는 2012년 7월 22일자로 전면 개정되어 시행 중인 「환경영향평가법」에 따라 환경영향평가를 '전략환경영향평가', '환경영향평가', '소규모 환경영향평가'로 나누어 시행하고 있다.

[우리나라 환경영향평가 도입 배경]

연도	내용
1960년대	급속한 경제 및 국토개발이 이루어진 바 있다. 이때 거점개발 정책으로 인한 일부 지역의 인구 편중과 공업화 초기 전력부족 문제 해결을 위한 댐 건설 등을 원인으로 환경문제가 대두되었다.
1970년대	중화학공업 육성에 대한 부작용으로 토양·수질·폐기물 문제가 발생하여 중금속 오염이 심각하게 다루어지기 시작했다. 난방용 연탄 사용으로 연탄 쓰레기에 의해 대기오염까지 심화되자 1977년 10월부터 전국적으로 자연보호 운동이 전개되었고, 정부도 환경보전법과 해양오염방지법을 제정하는 등 환경정책을 위해 노력하였다. 그러나 이 시기의 환경정책은 개발을 위한 보완 수단으로 인식되는 수준에 그쳤다.
1980년대	환경오염이 전국적으로 확산되어 산성비, 하천오염, 건물 및 교량의 부식, 식물 생육불량, 토양 유기물 분해 방해 등 생태계에 미치는 악영향이 또렷하게 나타나기 시작하자 환경보전에 대한 국민의식이 높아졌고, 경제개발계획 수립 시 환경부문과 관련된 계획을 별도로 수립해야 한다는 목소리가 커졌다. 이에 정부는 1981년 환경보전법을 개정하여 환경오염 사전예방의 원칙과 환경문제 해결에 경제원칙이 적용될 수 있는 기틀을 마련하였다. 해당 시기에 환경영향평가제도가 도입되었으며, 1986년에는 환경영향평가 사업의 범위가 민간대형 개발사업까지 확대되었다.
1990년대	환경기반시설이 부족하여 1990년대 팔당호 준설 사건이나 1991년 낙동강 페놀 오염 사고 등 환경오염 사고가 다수 발생하였고, 이는 전 국민의 환경 의식이 고취되는 계기가 되었다. 1995년부터 환경부는 환경영향평가 시 주민 의견을 의무적으로 수렴하도록 하였다. 또한, 사후관리 조항을 신설하여 환경처 장관이 확인토록 조치하였다.
2000년대	전 세계적으로 기후변화 문제가 대두되고 국민 삶의 질에 대한 수요가 증가하여 국내·외 모두 환경문제에 관심이 증대하였다. 지속가능한 발전의 이념이 정책에 반영되기 시작하여 환경영향평가가 환경친화적 개발을 유도함에 있어 한계가 있다는 것을 인지하고, 사업의 적정성과 입지의 타당성 등 환경성을 사전에 평가하는 사전환경성검토제도의 기틀을 확립하게 되었다.

[3] 환경평가의 종류와 필요성

「환경영향평가법」 제2조(정의)

전략환경영향평가	환경영향평가	소규모 환경영향평가
환경에 영향을 미치는 계획을 수립할 때에 환경보전계획과의 부합 여부 확인 및 대안의 설정 · 분석 등을 통하여 **환경적 측면에서 해당 계획의 적정성 및 입지의 타당성 등을 검토**하여 국토의 지속가능한 발전을 도모하는 것	환경에 영향을 미치는 실시계획 · 시행계획 등의 허가 · 인가 · 승인 · 면허 또는 결정 등을 할 때에 **해당 사업이 환경에 미치는 영향을 미리 조사 · 예측 · 평가하여 해로운 환경영향을 피하거나 제거 또는 감소시킬 수 있는 방안을 마련**하는 것	**환경보전이 필요한 지역이나 난개발(亂開發)이 우려되어 계획적 개발이 필요한 지역**에서 개발사업을 시행할 때에 입지의 타당성과 환경에 미치는 영향을 미리 조사 · 예측 · 평가하여 환경보전방안을 마련하는 것

환경평가는 정책수립 절차에서 지속가능 원칙을 반영하고, 환경적이고 지속가능한 맥락들을 의사결정과정을 통해 정책 및 계획 수립에 반영하며, 개발 관련 행정계획 및 사업시행에 따른 환경영향을 사전에 평가하여 '환경적으로 건전하고 지속가능한 개발'을 실천하고, 쌍방향적인 정보 교류를 통해 지역주민과 사업에 대한 이해·설득 혹은 합의를 형성할 수 있으므로 필요하다.

[4] 환경평가 및 절차

1. 환경영향평가제도

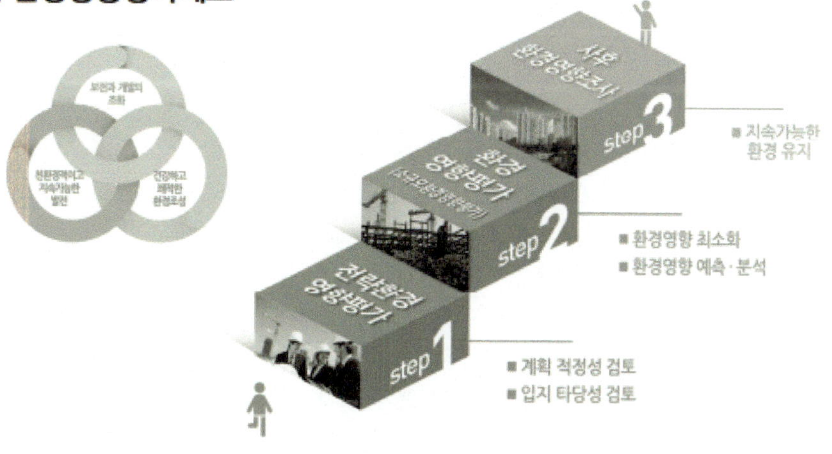

함께 알아야 할 포인트

■ 환경영향평가 작성 등에 관한 규정(환경부 고시 제2025-49호)

「환경영향평가법 시행령」 제정과 관련된 하위 규정 중 하나인 「환경영향평가 작성 등에 관한 규정」은 환경영향평가서 작성 기준과 절차, 방법 등을 명확히 하기 위한 법령이다. 이 규정은 환경영향평가의 신뢰성, 객관성, 투명성을 확보하기 위해 마련된 것으로, 그 주요 내용을 아래와 같이 요약할 수 있다.

구분	주요 내용
1. 목적 및 적용	• 환경영향평가서의 작성 기준과 절차를 정해 평가의 신뢰성과 객관성 확보 *(제1조)*
2. 평가서의 구성	• 전략환경영향평가서, 환경영향평가서, 소규모환경영향평가서, 재·변경협의서 포함 *(제2조, 제33조 등)*
3. 조사 대상 및 방법	• 지역 개황: 법정보호구역, 환경유해시설, 기후재해 등 조사 환경 현황: 현지 및 문헌조사 병행 자연생태: 생물다양성, 법정보호종, 생태축 등 포함 *(제6조~7조)*
4. 환경보전목표 설정	• 환경기준, 국가 및 지역 환경계획, 생태면적률 등 근거로 정성·정량적 목표 설정 *(제7조의2)*
5. 대안 설정	• 전략평가: 계획·입지·시기 등 / 환경평가: 입지·공법·사업규모 등 대안 간 비교 필수 *(제7조의3)*
6. 영향 예측 및 평가	• 정량적 또는 정성적 예측 후, 건강·생태·경관 측면에서 평가 *(제10~11조)*
7. 환경보전대책	• 예측·평가 결과를 바탕으로 구체적 저감 및 대책 수립 이행주체 명시, 대안 비교 포함 *(제12조)*
8. 평가서 작성 원칙	• 과학적 근거 기반, 용어 해설 필수, 중요사항 집중 기술 기초자료 출처 명시 *(제8조, 제33조 등)*
9. 사후환경영향조사	• 공사 및 운영단계로 구분, 조치계획 및 결과 보고 포함 *(제40~41조)*
10. 기타 주요사항	• 전략·환경영향평가서 초안/본안 작성요령 상세화 소규모 및 약식평가 절차 명시 평가서 대행 시 비용 기준 및 인적사항 명시 *(전반 조항)*

Point 98. ESG

ESG는 환경(Environmental), 사회(Social), 지배구조(Governance)의 영문 첫 글자를 조합한 단어로, 기업의 경영에서 지속가능성을 달성하기 위한 3가지 핵심 요소이다. 2004년 UN 글로벌 콤팩트(UNGC)가 발간한 'Who Cares Win'이라는 보고서에서 처음 사용되었다.

최근 기업과 투자자들은 환경에 대한 사회적 책임을 다하기 위해 ESG를 필수적인 경영·투자방침으로 삼고 있다. ESG 요소를 경영·투자 기준으로 활용한다는 것은 단순히 '기업이 얼마를 투자해서 얼마를 벌었는가' 하는 재무적 성과뿐만 아니라 환경보호나 사회적 책임을 수행한 정도와 같은 비(非)재무적 성과 또한 고려하겠다는 의미이다.

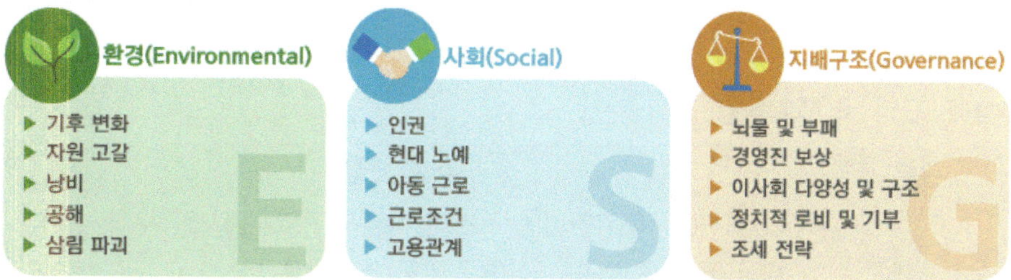

자료: UN, 「Principles for Responsible Investment」

함께 알아야 할 내용

■ ESG와 CSR은 어떻게 다른가?

CSR이 가업의 평판과 Good Company의 관점이라면, ESG는 기업의 재무 안정성과 연결되는 관점이라고 할 수 있다.

CSR		ESG
• 기업의 사회적 책임을 뜻함 • 사회에 기여하고자 하는 목적으로 진행되는 **기업의 부가 활동**	의미·목적	• **기업 활동 전반에 친환경, 사회적 책임, 지배구조 개선 등을 도입** • 지속가능한 발전 도모
• **봉사·기부 프로그램** 등을 운영하며 가치 실현	실행 방법	• **기업 경영, 재무 활동에 ESG 요소 연동**
• 소비자·NGO·임직원 등에 **긍정적인 이미지 부여** → 충성도 향상 계기로 작용	단기적 효과	• **주주, 잠재적 투자자, 투자매체 등에 영향** • ESG 현황을 지수로 발표하는 기관 증가
• 기업의 **평판 향상**에 도움	장기적 효과	• 기업의 **재무 안정성**으로 이어짐

함께 알아야 할 포인트

■ ESG의 향후 방향 및 과제

- 제도화 확대 : ESG 정보공개(공시)의 의무화가 확대될 예정이며, 산업별 세부 기준 정립이 필요함.
- ESG 평가 및 기준의 표준화 : 글로벌 ESG 평가기관 간 기준 차이 해소 및 K-ESG 가이드라인 고도화 필요
- 중소기업 참여 확대 : 대기업 중심 ESG에서 벗어나 공급망 전반으로 확산 필요
- 기술과 ESG 융합 : AI, 블록체인, 탄소측정 기술 등 녹색기술 기반 ESG 경영지원 활성화
- 인재양성 : ESG 관련 전공, 융합교육과정 확대 → 지속가능경영 전문가 수요 증가

"ESG는 단지 기업의 선택이 아니라, 우리의 미래를 설계하는 기준입니다."
– 지속가능발전목표(SDGs) 실천 선언문 中

■ ESG의 국내외 동향

구분	주요 흐름
국내	• 2021년, 금융위원회는 코스피 상장사 ESG 공시 의무화 추진 한국거래소(KRX)는 ESG 가이드라인 발표 기업들은 자발적 ESG보고서 발간 증가
국제	• EU: CSRD(기업 지속가능성 보고 지침) 의무화 추진 미국 SEC: 기후 관련 공시 강화 규제 논의 중 IFRS 재단: 국제지속가능성기준위원회(ISSB) 발족

Point 99. 녹색금융(Green finance)

유엔환경계획 금융이니셔티브(UNEP FI; UNEP Financial Initiative)는 녹색금융을 경제활동 전반에 걸쳐 자원 및 에너지 효율을 높이고 환경을 개선하는 상품 및 서비스 생산에 자금을 제공함으로써 녹색성장을 지원하는 활동으로 정의하고 있다. 녹색금융은 또한 환경을 파괴하는 활동에 자금이 공급되는 것을 효과적으로 차단하기 위한 자율적인 심사 및 감시체계를 만드는 금융시책으로도 여겨지고 있다.

기업과 개인의 생산·소비 활동이 친환경적으로 이루어질 수 있도록 관련 금융상품을 개발하거나, 산림복지서비스 확대 사업이나 숲가꾸기 사업처럼 녹색기술과 산업을 통해

일자리를 창출하고 관련 사업이 경쟁력을 갖출 수 있도록 자본을 지원하는 일 등이 녹색금융에 속한다고 볼 수 있다. 지속가능 금융과 같은 의미로 사용되기도 하며, 녹색펀드, 녹색예금, 녹색채권 등이 대표적인 사례이다. 최근 ESG 투자가 확대됨에 따라 녹색금융의 규모도 확대되고 있다.

함께 알아야 할 포인트

■ 녹색금융의 국내외 동향

구분	동향
국내	• 금융위원회: K-택소노미(녹색분류체계) 도입 한국은행·산업은행: 녹색채권 발행 및 기후리스크 분석 주요 은행: 탈석탄 선언, ESG 투자 확대
국제	• EU: EU 택소노미 법제화 G7/G20: 기후리스크 공시 의무화 논의 세계은행·IMF: 개발도상국 대상 기후금융 확대

"기후위기에 대응하는 금융은 미래세대에 대한 투자입니다."
– UNEP Finance Initiative

Point 100. ISO 14001(환경경영시스템) 인증314)

ISO 14001(환경경영시스템, EMS; Environment Management System)은 모든 산업 분야 및 활동에 적용할 수 있는 환경경영시스템의 요구사항을 규정한 국제표준이다. 국제표준화기구(ISO)에서 1996년에 처음 제정하였으며 2004년 1차 개정, 2015년 2차 개정을 거쳐 현재까지 2015년 표준이 운영되고 있다.

기업은 환경경영시스템을 통해 환경측면을 체계적으로 식별, 평가, 관리 및 개선함으로써 환경위험성을 효율적으로 관리할 수 있다. ISO 14001은 환경보호와 준수 의무를 강조하고 대내외 의사소통과 인식을 제고하여 보다 체계적인 오염방지 및 지속적 개선활동에 효과적인 시스템이다.

314) KSA 한국표준협회(2017) ISO 14001:2015 환경경영시스템(EMS) 자료 재구성

"이 저서는 2023년도 건국대학교 저역서발간연구비 지원에 의한 결과임"

환경생태, 조경, 산림, 도시, 건축 분야 전공자들이 알아야 할

포인트 녹색기술 100選

초 판 인 쇄 | 2025년 5월 28일
초 판 발 행 | 2025년 6월 10일

저　　자 | 김정호
발 행 인 | 이성범
발 행 처 | 문운당
주　　소 | 서울시 종로구 혜화로5길 16 (명륜1가 45-3)
전　　화 | (02)762-6010
팩　　스 | 영업 (02)745-0265 / 편집 (02)762-8758
이 메 일 | 영업 munun2@daum.net
편집 munundang@naver.com
홈페이지 | http://munundang.co.kr

ISBN 979-11-5692-815-7 93530

정가 30,000원